冶金工业出版社

普通高等教育"十四五"规划教材

矿区生态修复理论与实践

李富平　主编

北　京
冶金工业出版社
2024

内 容 提 要

　　本书阐述了矿区生态修复概念、土壤学基础知识、生态学基础理论等矿区生态修复基础知识及理论；重点讲述了尾矿库、露天矿边坡、排土场和地表塌陷区四类矿区生态修复关键单元生态修复技术；并介绍了矿区生态修复模式与评价及国内外典型矿区生态修复实践。

　　本书可作为矿业工程及相关学科本科生和研究生的特色教材，也可供从事矿区生态修复研究工作的工程技术人员、政府及相关管理人员参考使用。

图书在版编目（CIP）数据

　　矿区生态修复理论与实践／李富平主编. -- 北京：冶金工业出版社，2024. 12. --（普通高等教育"十四五"规划教材）. -- ISBN 978-7-5240-0048-8

　　Ⅰ. X322

　　中国国家版本馆 CIP 数据核字第 2024E5Z630 号

矿区生态修复理论与实践

出版发行	冶金工业出版社	电　　话	(010)64027926
地　　址	北京市东城区嵩祝院北巷 39 号	邮　　编	100009
网　　址	www.mip1953.com	电子信箱	service@ mip1953.com

责任编辑　王悦青　美术编辑　吕欣童　版式设计　郑小利
责任校对　梁江凤　责任印制　范天娇
三河市双峰印刷装订有限公司印刷
2024 年 12 月第 1 版，2024 年 12 月第 1 次印刷
787mm×1092mm　1/16；17.25 印张；415 千字；262 页
定价 55.00 元

投稿电话　 (010)64027932　投稿信箱　tougao@cnmip.com.cn
营销中心电话　(010)64044283
冶金工业出版社天猫旗舰店　yjgycbs.tmall.com
（本书如有印装质量问题，本社营销中心负责退换）

前　　言

矿业作为我国重要的基础材料和基础能源工业，为我国的经济建设作出了巨大贡献，但也造成了一定的环境问题和社会问题。矿产资源的开发会破坏矿区生态结构，降低或丧失生态功能，恶化生态环境。更为严重的是，矿业开发将导致数倍于开采面积的区域环境发生根本变化。矿业是除农业外扰动土地最多的行业，据统计，我国平均每年因矿业开发在陆地表面搬动运移的岩土量达 $3.25×10^8$ t，平均每人每年约扰动 2.5 t 岩土。在各行各业对生态施加的综合影响强度中，矿业居于首位。总之，我国矿业开发面临来自两方面的巨大压力，一是国民经济持续、快速的增长要求矿业提供更多的矿产资源；二是矿山开发过程中生态环境恢复与重建的任务也越来越重。

矿区生态修复是指矿产资源开发引起的生态破坏区及直接影响区的生态修复，这个区域包括露天采场、地表塌陷区、排土场、尾矿库及工业广场等。矿区生态修复不仅包括闭坑矿山生态修复，还包括生产矿山生态修复。矿区生态修复的主要任务是将因矿山开采活动而受损的生态系统恢复到接近于采矿前的自然生态环境，或重建成符合人类某种特定用途的生态环境，或恢复成与周围环境（景观）相协调的其他生态环境。矿区生态修复是一项系统工程，不仅涉及矿区地形地貌、水文、植被、土壤等要素，而且还需要岩土力学、环境学、生态学、生物学、土壤学、植物生理学、园艺学等多个学科的共同参与研究，具有多学科交叉综合的特点。矿区生态修复也是生态学理论的实践者和检验者。因此，矿区生态修复是在矿山生态系统的退化、自然恢复的过程与机理等理论研究的基础上，建立起相应的技术体系，用以指导和恢复因采矿活动所引起的退化生态系统，最终服务于矿山的生态环境保护、土地资源利用和生物多样性的保护等理论与实践活动。

作者团队自 20 世纪 90 年代开始，致力于矿区生态修复方面的教学和科研工作，先后完成国家"863 计划"课题"采煤塌陷区生态修复关键技术研究与示范"、科技部科技惠民项目"迁安矿山生态治理与修复技术集成与开发"及河北省科技厅项目"采矿迹地绿色产业生态重建关键技术研究与示范"等纵横向科研课题 80 余项。研究成果在河北省 100 余座矿山或责任主体灭失采矿迹地得到推广应用，累计完成采矿迹地生态修复面积 3 万余亩，其中科研成果获河北省科技进步奖二等奖 2 项、三等奖 7 项，并以此为基础出版了《矿业开发密集地区生态重建》等学术专著。

矿区生态修复现已成为华北理工大学矿业工程学科优势特色学科，为满足教学需要，作者团队系统总结多年科研及教学经验，同时广泛吸收国内外相关领域专家学者的学术观点及研究成果，编写了本书。本书内容包括土壤学基础知识、生态学基础理论和矿区各生态修复单元共性修复基础；重点讲述了尾矿库、露天矿边坡、排土场和塌陷区四类矿区生态修复关键单元的生态修复技术；并介绍了矿区生态修复模式及评价、国内外典型矿区生态修复实践。

本教材具体各章节编写人员为：第 1、8 章，由李富平执笔；第 2、4、7 章，由侯春华、袁雪涛、李富平执笔；第 3、6 章，由李华（河钢集团矿业有限公司）、李富平执笔；第 5 章，由艾艳君、李富平执笔；第 9、10 章，由武会强、李小光、李富平执笔；全书组织、编写和统稿由李富平负责。在编写过程中研究生迟晓杰、吴冠辰、胡小辉、王震坤、孙冉冉等人也参与了部分文字整理等工作。

由于矿区生态修复涉及学科众多，加之作者水平所限，书中不妥之处敬请同行专家和广大读者提出宝贵意见。

作　者
2024 年 10 月

目　　录

1 矿区生态修复概述

1.1 基本概念辨析

1.1.1 矿山与矿区

1.1.1.1 *矿山*

矿山最原始的定义是"蕴藏矿石的地方"。根据不同的需要有的将矿山定义为"有一定开采境界的采掘矿石的独立生产经营单位",有的将矿山称为"在依法批准的矿区范围内从事矿产资源开采活动的场所及其附属设施",有的定义为"矿山是开采矿石或生产矿物原料的场所",李祥仪教授在《矿业经济学》中对矿山企业进行定义,他认为矿山企业就是专门加工矿产产品和经营矿产产品的企业。综合分析国内在使用的矿山或矿山企业的定义,笔者认为矿山可定义为"在依法批准的矿区范围内从事矿产资源开采活动的独立生产经营单位",矿山是采矿作业的主要场所,包括开采形成的开挖体、运输通道和辅助设施,一般包括一个或几个露天采场、矿井或坑口,以及保证生产所需要的各种辅助车间,大部分矿山还包括选矿厂(洗煤厂)。

按照矿产资源开采方式,矿山一般分为露天矿山和地下矿山。

按照开采矿产资源的属性,矿山包括煤矿山和非煤矿山。非煤矿山是除煤矿山以外的固体矿资源开发经营单位,包括金属矿、非金属矿、建材矿和化学矿等,如铁矿山、铝矿山、铜矿山、盐矿山、锡矿山、钨矿山、铅锌矿山、钒钛矿山等。

按照矿山规模(也称生产能力),矿山分为大型、中型、小型 3 种类型。

1.1.1.2 *矿区*

"矿区"一词虽常用,却是一个内涵不十分明确,外延又相对模糊的概念。由于认识或研究的角度不同,人们对矿区的理解各异,由此产生了对矿区的多种定义或表述。

《现代汉语字典》(商务印书馆,1998 年版)中矿区被释义为"采矿的地区"。《辞海》(上海辞书出版社,1979 年版)对矿区的阐释是"一般指曾经开采,正在开采或准备开采的含矿地段。其范围常视矿床的规模而定。有的矿区不到 1 km²,有的达几十至几百平方千米。矿区内常由于矿体较多或规模较大,为适应开采的需要,而划分若干矿段或较小的矿区"。《中国大百科全书:矿冶卷》(中国大百科全书出版社,1984 年版)对矿区的解释是"矿区是包括若干矿井或露天矿的区域,有完整的生产工艺、地面运输、电力供应、通信调度、生产管理及生活服务等设施"。《矿区最优规划理论与方法》(王玉浚,中国矿业大学出版社,1993 年版)指出"矿区有两种侧重点不同的讲法和理解,一种是说由于行政上或经济上的原因,将邻近的若干个矿井划归一个行政机构管理,其所属的井田合起来称为矿区;另一种是说煤田的范围很大,需要划作若干区域分阶段分步骤地进行勘探和开发,由此将统一规划和开发的煤田或煤田的一部分称为矿区"。

综合国内有关"矿区"的概念，耿殿明通过归纳提炼认为矿区内涵以下三个基本特征：（1）区域性。矿区的区域性表明矿区在空间地域上的分布和范围。单纯从量的概念看，矿区可大可小，其规模大小能够满足研究的目的要求。（2）矿业主导性。采掘矿产资源是矿区存在的前提和发展基础，同时也是矿区内的主导产业。从长期发展看，矿区中矿业的主导作用将会随着矿产资源的耗竭和其他产业的发展而逐渐降低。（3）社会性。矿区的社会性有两层含义。其一，矿区本身是整个社会的一个组成部分，矿区发展是开放性的，它必须而且只能与社会的整体发展同步而协调；其二，矿区内的社会性。矿区的区域性，决定了矿区内部的社会属性，一个典型矿区中既有单个的人、家庭和团体，又有企业、村庄和城镇，以及彼此间的相互联系和错综复杂的各种关系。矿区的社会性决定了矿区发展研究的复杂性。

为更好地突出矿山生态破坏与环境污染的特点，将矿区范围界定为矿山开采、选矿直接形成的生产作业区和生活区，以及由于生态破坏或环境污染产生的颗粒物随风力吹扬、流水运移等形成的间接影响区域，包括矿界范围（指采矿许可证登记划定的范围，包括生产用地、辅助生产用地），以及废水、废气和固体废弃物污染，植被破坏和水资源破坏等生态介质影响区。

总之，矿区范围应根据研究需要分为狭义矿区范围和广义矿区范围，狭义矿区范围界定为矿产资源开发引起的生态破坏区及直接影响区，主要包括露天采场、地表塌陷区、排土场（排矸场、排渣场等）、尾矿库及工业广场等，广义矿区范围界定矿产资源开发引起的生态破坏区和直接影响区，以及由于生态破坏或环境污染产生的颗粒物随风力吹扬、流水运移等形成的间接影响区域。

1.1.2　生态修复概念

正常生态系统始终处于动态变化的平衡之中，当受到较大程度干扰以致其结构和功能发生位移时，就会打破其平衡状态，称为生态系统受损或退化。退化生态系统可通过自然恢复增强服务和功能，但将恢复留给自然过程需要时间，通常为数十年甚至几个世纪，期间会造成巨大的损失。因此，在生态系统受损后可以通过人工干预或修复活动来克服这一问题。

有关生态修复的研究可追溯至 20 世纪初欧美国家对山地、森林等自然资源的保护性管理。20 世纪 50—60 年代，在全球资源过度开发带来严重生态危机的背景下，欧洲和北美开展了针对矿山、水体等方面的生态修复工程，积累了丰富的实践经验。1985 年，Aber 和 Jordan 两位英国学者首次提出生态修复术语 "restoration ecology"，此后，生态修复作为一门新兴学科迅速发展，各国都相继开展了生态修复研究和实践。

明晰生态修复概念是有效推进生态修复的前提，但当前我国生态修复的概念及内涵尚未统一，且由于学者们对修复对象、目标、手段等方面的认识存在歧义，导致生态修复常常与生态恢复、生态重建等概念无法区分而被混用。表 1-1 列举了国外常用有关生态修复的概念。

表 1-1 列举了国外常用的与生态修复相关的表述，显而易见这些术语之间存在冲突或重叠。中国海洋大学李京梅教授通过使用人类干预程度、修复目标和修复轨迹等关键点，绘制了生态修复及相关概念的区别图，如图 1-1 所示。

表 1-1　"修复"相关概念分类

术语	内　涵	目标状态	干预程度
生态恢复 （restoration）	使退化生态系统回到原始位置或状态的行为，按字面解释需要在该精确位置上绝对复制	恢复原状即回到原始未受损状态	有限
生态修复 （rehabilitation）	部分替代生态系统中已减少或丧失的结构或功能特征的行为，以使本地生态系统"启动并再次成为可行的系统"	改善退化生态系统状态，但并不期望达到原始状态	积极
生态重建 （reconstruction）	在损害非常严重的地方，消除或者扭转所有退化因素，纠正所有生物和非生物损害，同时需要重新引入所有或大部分理想的生物区系	与当地原有生态系统相匹配	完全
生态重置 （replacement）	用其他地方的生态服务代替那些已经被破坏的服务	建立具有不同于原始或退化的用途或特征的新区域	完全

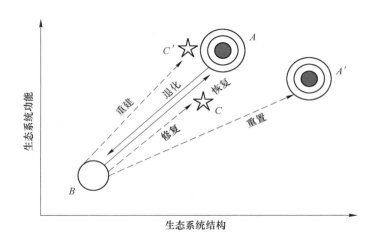

图 1-1　生态修复及相关概念模型

在图 1-1 中，原始自然生态系统状况由靶心表示（*A* 点），人为损害和自然变化减少了生态系统范围和生物多样性，其功能和对干扰的响应能力也相应降低，生态系统退化到 *B* 点，以空心圆表示。其中，生态系统退化过程和生态恢复过程用黑实线表示，生态修复、重建与重置过程用虚线条表示。为确保生态系统服务和产品的可持续性，可通过不同形式的人为干预加速其恢复。"restoration"可界定为"生态恢复"，即帮助退化生态系统恢复到扰动前的结构和功能状态，对应于图 1-1 中的 *A* 点，该术语强调生态系统的自组织和自我恢复能力，要求人类干预度有限，目标是受损系统恢复到未被损害前的完整状态，具有生态系统完整和健康的含义。"reconstruction"指"生态重建"，是在人类活动退化之后，重新建立原有自然状态下的生态系统，在重建中强调原有系统结构与种类的重新建造，对应于图 1-1 中的 *C′* 点。"replacement"是"生态重置"，其建立新的生态系统的目的是符合人类需求，使新建生态环境还原或者优于原有生态环境，而并非追求过去原始自然状态下的生态系统，对应于图 1-1 中的 *A′* 点。"rehabilitation"可理解为"生态修复"，其对应于图 1-1 中的 *C* 点，指借助人工力量使受损对象回到较好状态的行为或过程，不包括受损对象依靠自身力量恢复到较好状态的情形，修复的目标也只是部分返回到生态系统受干扰前的结构与功能，更强调人类对受损生态系统的改进，但不一定是初始的原有状态。

在我国，随着生态文明建设的发展，生态修复内涵逐步丰富完善，在国家和地方政府管理、企业生态修复业务开展层面，更倾向于广义上的生态修复，即在生态系统退化之后，采取必要的各项措施，在促进生态恢复的基础上，进一步改善生态环境以使其达到可持续利用状态的有益活动的总称，包括了表1-1中生态恢复、生态修复、生态重建与生态重置。它不仅通过生态系统自我恢复力量，还依靠外界力量使受损生态系统得以重建和重置，不仅在原地恢复，也包括在异地重建；其修复对象针对结构不良、功能受损的生态系统；修复手段包括污染物去除的化学修复，生境结构调整的物理修复，生物种群种植的生物修复及工程技术措施等的优化组合。

党的十八大报告中提出要"加大自然生态系统和环境保护力度"和"实施重大生态修复工程"。在中共中央、国务院《关于加快推进生态文明建设的意见》的总体要求中特别提出"在生态建设和修复中以自然修复为主，与人工修复相结合"。在恢复生态学中生态恢复重建是主概念，其定义是，生态恢复重建是协助一个被退化、损伤和破坏的生态系统恢复的过程。生态修复是在生态恢复重建中的一个重点内容，它比生态保护更具积极含义，又比生态重建更具广泛的适用性，也可用于人工生态系统。生态修复既具有恢复的目的性，又具有修复的行动意愿。地球上现存自然生态系统，包括森林、草原、荒漠、湿地、河湖水域、海洋，大多处在不同的退化阶段，因而需要不同的对待和处置。地球上一部分自然生态系统已经受到较严重的损伤或破坏，如矿产资源开发、过伐、过牧、过垦导致生态系统结构和功能的严重退化。对这样的生态系统要采取较为强烈的修复措施，包括改造、改良等措施，以改善生态系统的组成和结构。通过各种保护、保育和修复措施，达到生态系统的再植复原和恢复重建的目的。如工矿及交通用地的矿山废弃地修复、采空塌陷地修复、工厂废弃地修复、厂区绿化、交通建设损害地修复、绿道建设、油气管线、高压线路建设用地的修复等。这里的修复含义中实际上包括大量的新建内容。

1.1.3　矿区生态修复

我国矿区生态修复是很难与土地复垦进行分割的，世界不同国家对土地复垦有不同的定义。我国1988年11月国务院颁发的《土地复垦规定》对"土地复垦"一词的界定是："土地复垦是指对在生产建设过程中，因挖损、塌陷、压占等造成破坏的土地，采取整治措施，使其恢复到可供利用状态的活动"；俄罗斯在《露天矿土地复垦》一书中对其解释为："土地复垦是指恢复被破坏土地的生产效能和国民经济及改善环境条件为目标的各项工作之和"；英国《采石场复垦指南》一书中指出："采石场和露天场可恢复成为某种生产性目的的土地"。

综合分析我国矿山土地复垦与矿区生态修复概念及内涵，本书所指的矿区是狭义矿区的概念，矿山生态修复是指矿产资源开发引起的生态破坏区及直接影响区的生态修复，这个区域包括露天采场、地表塌陷区、排土场、尾矿库及工业广场等，生态破坏包括土地（土壤）、植被、地表水、动物栖息地、微生物群落等。矿区生态修复不仅包括闭坑矿山采矿迹地生态修复，还包括生产矿山生态修复，即所谓的"边开采、边修复"。通过矿区生态修复，将因矿山开采活动而受损的生态系统恢复到接近于采矿前的自然生态环境，或重建成符合人们某种特定用途的生态环境，或恢复成与周围环境（景观）相协调的其他生态环境。

矿区生态修复是一项系统工程，不仅涉及矿区地形地貌、水文、植被、土壤等要素，而且还需要岩土力学、环境学、生态学、生物学、土壤学、植物生理学、园艺学等多个学科的共同参与研究，充分体现了多学科交叉综合的特点。从理论上来说，矿区生态修复也是生态学理论的实践和检验者。因此，矿区生态修复是在矿山生态系统的退化、自然恢复的过程与机理等理论研究的基础上，建立起相应的技术体系，用以指导和恢复因采矿活动所引起的退化生态系统，最终服务于矿山的生态环境保护、土地资源利用和生物多样性的保护等理论与实践活动。从空间角度来说，矿山生态系统涉及岩石圈、生物圈、水圈、大气圈，因而矿山生态修复也需要从土壤、地下水、地表水、动植物、微生物、植物等方面，综合采用物理、化学、生物等修理方法，注重解决地形重塑、土壤重构、污染防治、植被恢复等问题，从而使矿山生态环境得到修复。从时间角度来说，生态修复需要一定的时间才能使受损的生态系统逐步恢复。

1.2　国外矿区生态修复

在 20 世纪 30 年代，发达国家就开始重视矿区生态修复研究工作。经过几十年的发展，矿山生态修复已成为矿山开发中必须开展的内容，并制定严格的开发管理规定，规定矿山在开发设计和环境影响评价中必须有生态修复内容，项目实施的同时，必须设立专门的生态修复研究机构，以保证矿山边开采边修复被破坏了的自然生态，使矿山的生态环境保持良好状况。由于概念的交叉重叠，国外对矿区生态修复多是结合土地复垦来实施的，且各有特色。

1.2.1　德国

德国的经验证明，通过合理的整治和复垦规划，采矿业对矿区环境的损害是可以得到弥补的。德国最早的土地复垦记录出现在 1766 年，当时的土地租赁合同明确写明采矿者有义务对采矿迹地进行治理并植树造林。德国系统地对土地进行复垦始于 20 世纪 20 年代。根据德国《矿产资源法》，矿区景观生态重建和对矿产的勘探、开发和开采都属于采矿活动的一部分。该法对景观生态重建作了如下定义："重建是指在顾及公众利益的前提下，对因采矿占用、损害的土地进行有规则的治理。"重建并不是将土地恢复到开采前的状况，而是建设为规划要求的状况。景观生态重建是一个连续不断的过程，从对矿产的勘探和开采，直到优良而健康的环境在该区域内重新生成为止，使土地被赋予符合可持续发展要求的新用途。德国的生态重建在发展过程中形成了比较完善的可操作体系。

（1）保障体系——法律手段。德国的《联邦矿产法》是矿区重建重要的法律依据。该法对国家的监督权，矿山企业的权利和义务，受到开采影响的社区，其他机构和个人的权利和义务，取得矿产资源的勘探、开采和初加工等采矿活动许可证的条件等都作了规定，并对采矿活动结束后的矿区环境治理也作了规定。获得采矿许可证的企业既要对勘探、开发和开采煤炭负责，也要对矿区重建负责。该法规定，从事采矿活动的企业，有义务编制企业规划，并交上级主管部门审批。《联邦自然保护法》对矿区的生态重建起到了重要作用。该法的基本出发点是自然保护和景观维护，要求企业对所造成自然景观的破坏，要通过土地复垦的方式进行恢复和治理，构造接近自然的景观。其他的《规划法》也对矿区的生态重建发挥着重要作用。

（2）控制体系——规划手段。规划控制体系一是指褐煤规划，二是指企业规划。褐煤规划是基于州《规划法》起草的。根据州《规划法》，褐煤规划必须符合州规划的基本原则，并将联邦空间规划和州规划的目标作为其基本目标。褐煤规划只对景观生态重建作出框架性规定，具体实施是通过企业规划来完成的。

（3）实施体系——技术手段。采掘机、运输皮带及推土机组成了露天矿区完整的采运系统。土地复垦也根据规划中规定的各种用途而采取不同的措施，从而使复垦后的环境能满足规划中的要求。德国矿区景观生态重建从最初的植树、绿化到多功能复垦区域的建立，经历了由简单到综合、由幼稚到成熟的过程。景观生态重建的理论研究也经历了以经济利用为主的矿区景观生态重建/土地复垦的理论研究、以景观构造为主的理论研究及以可持续发展为主导思想的理论研究的三个阶段。

1.2.2　美国

美国的生态修复工作一直走在世界前列，20 世纪 30 年代就在全国 26 个州，先后制定了露天采矿有关土地复垦方面的法规，并于 1977 年 8 月 3 日正式颁布了《露天采矿管理与恢复（复垦）法》，这是美国土地复垦史上一个划时代的法规。根据该法规规定的义务，所有的煤矿山都进行了合理的开采和复垦。

在美国，一般将矿区修复治理工作分为法律颁布前后两个阶段，使修复治理工作责任明确。对于法律颁布后出现的矿区土地破坏，一律实行"谁破坏、谁复垦"，即要求复垦率为 100%。对于法律颁布前已被破坏的废弃矿区则由国家通过筹集复垦基金的方式组织修复治理。美国环境法要求工业建设破坏的土地必须修复到原来的形态，原来的农田恢复到农田的状态，原来森林恢复到森林状态。由于国家法律的强制作用及其科研工作的进展，美国的矿区环境保护和治理成绩显著。在矿区种植作物，矸石山植树、造林和利用电厂粉煤灰改良土壤等方面做了很多工作，积累了大量经验。

美国土地复垦后并不强调农用，而是强调恢复破坏前的地形地貌，要求农田恢复到原农田状态，森林恢复到原森林状态，把防止破坏生态、保护环境提到极高的地位或看作唯一的复垦目的。要求控制水流的侵蚀和有害物质沉积；保持地表原状和地下水位；注重酸性和有害物质的预防和处理；保持表土仍在原位置；防止矸石和其他固体废弃物堆放后滑坡；消除采矿形成的高桥，使其恢复到近似等高的状态；要恢复植被，成为水生植物、陆地野生动物栖息场所。经过几十年的实践，不仅新近采矿破坏的土地能够及时进行复垦，昔日煤炭生产遗留下的工矿废弃地也得到修复，被污染的水资源得到了改善，如今土地复垦已成为采矿过程的一部分。

1.2.3　加拿大

加拿大是矿业大国，对于矿业开发结束后的矿山土地复垦与生态修复十分重视，联邦政府没有专门的矿业法，与矿业活动有关的法律主要有《领土土地法》和《公共土地授权法》。根据联邦宪法规定，联邦和省政府分别有独立的立法权限。因此各省政府都制定了专门的法律，通常要求经营者必须提交矿山复垦计划，包括矿山闭坑阶段将要采取的恢复治理措施和步骤，具有完备的法律体系，同时也有一套较为成熟的管理制度。如"矿山环境评估制度""矿山恢复保证金制度"及"废弃矿山信息系统制度"等。

加拿大将矿山环境视为可持续发展战略的重要方面，是采矿许可证的必备部分，在矿山投产前必须提出矿山环保计划和准备采取的环保措施。根据不同的矿山开发项目，运用的评估方式有四种：一是筛选，即对矿山提出的环保计划和措施进行筛选，适用于小型矿业项目；二是调解，对矿山开发可能产生的环境影响涉及当事人不多的矿业项目，由环境部指定调解人协调；三是综合审查，对矿山开发可能产生的环境影响，涉及多个部门或跨几个地区的大型矿业项目，必须由联邦政府组织综合审查；四是特别小组审查，适用于任何政府机构或公众要求必须包括一个独立小组的公众审查项目。为保证复垦方案得以落实，加拿大部分省份法律规定矿山企业从取得第一笔矿产品销售款开始，就要提取复垦基金（或保证金）。对于保证金缴纳方式不同的省份还有不同的规定，有的可直接交给政府，有的交给保险公司或存进银行。为全面掌握闭坑矿山的情况，加拿大部分省份实行了建立闭坑矿山信息系统的管理办法。该系统收集了所属区域所有的闭坑矿山的有关情况，包括每个矿山的遗址地理信息、闭坑矿山主要组成部分的情况描述、推荐治理恢复方案的可能成本、需要治理程度的排序等。

加拿大的矿区生态修复工作贯穿矿山生产的所有阶段。在矿山开采前，必须对当时的生态环境状况进行研究并取样，获得数据并作为采矿过程中及采矿结束后复垦的参照；在对矿区勘查阶段，管理部门也要正确引导，尽可能地减少这些活动对土地、水、植被、野生动物的影响；在采矿权申请阶段，矿山企业必须同时提供矿区环境评估报告和矿山闭坑复垦环境恢复方案。另外，在加拿大，闭坑复垦并不一定要求恢复原貌，而是因地制宜，有的把山夷平后改造成公园，原居民可回迁；有的露天大矿坑则建成水库或鱼池。总的要求是不能低于原有的生态水平。

1.2.4 澳大利亚

澳大利亚的矿山开发管理由中央政府确定立法框架，与土地复垦有关的法律主要包括《采矿法》《原住民土地权法》《环境保护法》和《环境和生物多样性保护法》等。澳大利亚政府规定，任何经济活动必须遵守国家生态可持续发展战略，复垦应贯穿于矿业项目规划、实施和闭矿的全过程。矿产和能源委员会于2000年提出了闭矿战略框架，包括了土地复垦需遵循的五大原则。土地复垦自上而下专门的组织管理机构共同使土地复垦贯穿于采矿的全过程，将矿业生产对环境的影响降到最低程度。

矿区生态修复贯穿于矿业项目全过程，首先是"综合目标控制和方案管理"，澳大利亚政府对土地复垦的管理首先体现在土地复垦目标、标准的指导及复垦方案的编制上。政府充分尊重土地所有者、社区和地方政府的利益诉求，在综合考虑复垦区域内的环境价值、原土地所有者的利用情况及相邻土地利用方式的基础上，确定区域土地复垦总体目标，以减少社会成本和社会风险。同时，政府要求矿山开采或开发前必须进行环境影响评价，编制详尽的复垦方案。企业提交的环境管理方案以土地复垦为主，包括水资源管理、土地复垦管理和污染防治。其次是"全程公众参与监督，全程监控和责任追究"，为保障前期的公众参与和决策，政府将矿山企业与土地所有者的谈判环节也作为颁发采矿权证的一个必要条件。土地权益的相关方和矿山企业共同决策复垦后土地的利用方向、复垦土地质量的检测指标和评价标准等。土地复垦全程都在公众的监督之下，矿山企业随时可能因为土地复垦和环境保护等方面问题遭到公众起诉及政府处罚，这有效保障了土地复垦的质量成果。澳大利亚政府加强土地复垦的过程管理和监控，督促矿山企业落实复垦责任。加强土地复垦年度计划管理、实施动态监控。实行土地复垦保证金制度，保证金缴纳面积为每年扩大开采的面积，并将已复垦面积按比例抵消破坏的土地面积以作为奖励。矿山企业在开矿前，要依法编制矿山环境保护和闭矿规划，申请环境许可证。取得许可证意味着企业接受了环境保护和土地复垦的"终身责任"，这种责任期限可能延续到采矿闭坑后的几十年，甚至更长。随着矿业权转移，责任也随之转移。

澳大利亚矿区土地复垦非常重视生态修复科学研究和应用，澳大利亚有很多专门从事土地复垦的机构，如澳大利亚科工联邦土地复垦工程中心、柯廷技术大学玛格研究中心及昆士兰大学矿山土地复垦中心等。这些研究机构与企业密切合作，一方面，矿山企业为科研机构提供了有效的科研资金，一个中等规模的矿山每年支付的科研经费达数百万澳元；另一方面研究机构帮助矿山企业解决复垦现场亟待解决的问题，协助企业开展土地复垦监测工作。

1.2.5　法国

法国由于工业发达，人口稠密，因此对土地复垦工作要求保持农林面积，恢复生态平衡，防止污染。法国十分重视露天排土场覆土植草，活化土壤，经过渡性复垦后，再复垦为新农田。为使复垦区风景与周围协调，还进行了绿化美化。在进行林业复垦时，分为三个阶段完成：一为实验阶段，研究多种树木的效果，进行系统绿化，总结开拓生土、增加土壤肥力的经验；二为综合种植阶段，筛选出生长好的白杨和赤杨，进行大面积种植试验（包括增加土壤肥力、追肥和及时管理等内容）；三为树种多样化和分期种植阶段，并合理安排林、农业，种植一些生命力强的树木、作物。

综上，发达国家的矿山生态修复工作开展得较早且比较成功，注意修复土地生产性能，生物复垦技术先进。美国和澳大利亚更注重环境效益的改善，矿区生态平衡的恢复，并积极研究应用微生物复垦。将先进技术运用于矿区生态复垦，所需资金由政府提供，现在复垦已经成为开采工艺的一部分，特点是：（1）采用综合模式，实现了土地、环境和生态的综合修复，克服了单项治理带来的弊端；（2）多专业联合投入，包括地质、矿冶、测量、物理、化学、环境、生态、农艺、经济学，甚至医学、社会学等多学科多专业；（3）高科技指导和支持，分子生物学和遗传学用于设计新的速生、丰产树种和草类，高科技的引入产生了高效益的复垦。卫星遥感提供复垦设计的基础参数并选择各场地位置，计算机完成复垦场地地形地貌的最佳化选择，以及最少工程量的优化选择和最适宜的经济投入产出选择，即费用-效率优化方案。高科技成果为矿山复垦提供了各种先进设备，借助先进设备进行生态恢复过程中的监测。

1.3　国内矿区生态修复

1.3.1　生态修复相关政策法规

1988年10月21日国务院常务会议通过，1989年1月1日正式实施的《土地复垦规定》，标志着我国土地复垦与生态修复工作开始走上了法制的轨道，我国土地复垦与生态修复工作进入了一个有组织、有领导的法制时期。

2006 年国土资源部等 7 部委颁发《关于加强生产建设项目土地复垦管理工作的通知》（国土资发〔2006〕225 号），土地复垦工作纳入开采许可和用地审批，即要求编制土地复垦方案。2007 年出台《关于组织土地复垦方案编报和审查有关问题的通知》（国土资发〔2007〕81 号），对土地复垦方案的编制内容、审批要求等进一步进行明确，从而使土地复垦有了很好的抓手，促进了复垦义务人对土地复垦的重视。《全国土地利用总体规划纲要（2006—2020 年）》《全国矿产资源规划（2008—2015 年）》和《全国土地整治规划（2011—2015）》均对土地复垦提出了明确要求，确立了土地复垦的重点区域和复垦目标。2011 年修订的《土地复垦条例》，标志着土地复垦工作全新阶段的开始，随后出台了《土地复垦条例实施办法》，构建了我国土地复垦的基本制度框架。此后，加强了土地复垦技术标准和规范的编制，先后颁布《土地复垦方案编制规程》（TD/T 1031—2011）、《土地复垦质量控制标准》（TD/T 1036—2013）、《生产项目土地复垦验收规程》（TD/T 1044—2014）和《矿山土地信息基础信息调查规程》（TD/T 1049—2016）等技术规范，使土地复垦迈入了高速发展的新时期。

2015 年出台的《历史遗留工矿废弃地复垦利用试点管理办法》（国土资规〔2015〕1 号）将历史遗留工矿废弃地复垦，与城市新增建设用地挂钩，调整建设用地布局，解决土地复垦资金不足和城市建设缺乏空间的矛盾。2017 年出台的《关于加快建设绿色矿山的实施意见》（国土资规〔2017〕4 号）提出绿色矿山建设要求及支持政策。2017 年出台的《国土资源部土地复垦“双随机一公开”监督检查实施细则》（国土资规〔2017〕23 号）要求进行土地复垦监督检查。2017 年颁布的《关于开展绿色矿业发展示范区建设的函》（国土资规〔2017〕1392 号）提出，到 2020 年在全国创建 50 个以上具有区域特色的绿色矿业发展示范区的目标。2018 年自然资源部成立并设立国土空间生态修复司，使矿区土地复垦与生态修复有了统一的管理机构，2019 年自然资源部印发了《自然资源部关于探索利用市场化方式推进矿山生态修复的意见》（下文写作《意见》），《意见》指出，要通过激励政策，吸引各方投入，推行市场化运作、科学化治理模式，加快推进矿山生态修复进度。

1.3.2　矿区生态修复阶段划分

针对矿区生态修复研究与实践阶段的划分，不同学者存在不同观点。有的学者按照土地复垦法规颁布实施来划分历史，有的从研究重点、突出成果划分阶段。不同视角可能划分的阶段也不尽相同。胡振琪教授把国家有关土地复垦法律法规的颁布实施与煤矿区生态修复研究与实践的成就相结合，将煤矿区土地复垦划分为萌芽阶段、初创阶段、发展阶段和高速发展阶段 4 个发展阶段。本书在综合分析我国矿区生态修复研究与实践情况的基础上，将矿区土地复垦划分为以下 5 个阶段。

第一阶段：自然阶段（1979 年以前）。在我国改革开放以前，矿山企业生态修复工作处于自然恢复状况，人为干预较少，早期生态修复的典型案例——浙江绍兴东湖风景区，早在秦汉时期，东湖一带成为采石场，隋朝时开采达到顶峰，大规模的开山取石，成就了无数的悬崖峭壁。通过长期的人工修饰，如今东湖已经成为一处巧夺天工的大盆景。利用原有自然环境"采石场",加以人工修复,达到了自然与人工天然合一的效果。我国近代土地复垦始于 20 世纪 50 年代末。

第二阶段:探索阶段(1980—1989 年)。进入 20 世纪 80 年代,随着我国经济的迅速发展,人口快速增长,人们环保意识的增强及国外关于矿区生态修复理论和技术的引进,1982 年马恩霖翻译了国外的《露天矿复田》,极大地推动了我国矿区生态修复工作的发展。1989 年生效的《土地复垦规定》标志着我国土地复垦与生态修复走上了法制化轨道。

第三阶段:发展阶段(1990—2007 年)。20 世纪 90 年代,国家土地管理部门不断加大矿区土地复垦工作,先后设立 12 个土地复垦试验示范点,大面积进行土地复垦试点工作;科研单位、高等院校纷纷与地方土地管理部门、煤炭企业进行科研合作,研发矿区生态修复新技术、新模式。2000 年在北京成功召开了首届土地复垦国际学术研讨会,标志着我国土地复垦的研究与国际接轨。进入 21 世纪,国土资源部结合国家投资土地整理项目的实施,开始在科研上给予一定投入,"十五"期间国家"863 计划"中安排了若干土地复垦科研项目,步入稳定发展期;同时全国各地都在研发新的矿区生态修复技术,实施土地复垦示范工程。该阶段以 2007 年土地复垦正式纳入采矿许可和用地审批为标志。

第四阶段:快速发展阶段(2008—2011 年)。在此阶段,矿区生态修复得到了长足发展,形成一个比较独立的知识体系,国家"863 计划"、国家科技支撑计划、国家自然科学基金都对矿区生态修复研究有更大的投入,土地复垦的研究队伍不断壮大。该阶段以土地复垦与生态修复新理念、新技术的提出为核心,以《土地复垦条例》的颁布及相关标准和监管方法的涌现为标志。

第五阶段:高质量修复阶段(2012—)。党的十八大报告中提出要"加大自然生态系统和环境保护力度"和"实施重大生态修复工程"。"生态修复"这个词出现在党的十八大及十八届三中全会的正式文件上,引起专家和公众的关注。2018 年自然资源部成立并设立国土空间生态修复司,使矿区土地复垦与生态修复有了统一的管理机构,标志着我国矿山生态修复全面进入高质量修复阶段。

1.3.3　矿区单元生态修复概述

1.3.3.1　尾矿库生态修复

尾矿是指金属或非金属矿山开采出的矿石,经选矿厂选出有价值的精矿后排放的"废渣"。这些尾矿由于数量大,含有暂时不能处理的有用或有害成分,随意排放将会造成资源流失,大面积覆没农田或淤塞河道,污染环境。尾矿库是指筑坝拦截谷口或围地构成的,用以堆存金属或非金属矿山进行矿石选别后排出尾矿或其他工业废渣的场所。尾矿库是矿山企业最大的环境保护工程项目。可以防止尾矿向江、河、湖、海、沙漠及草原等处任意排放。一个矿山的选矿厂只要有尾矿产生,就必须建有尾矿库。所以说尾矿库是矿山选矿厂生产必不可少的组成部分。

尾矿库在服务期及闭库后均需进行生态修复,在服务期主要是对其堆积子坝采取植被恢复等生态修复工作,闭库尾矿库在完成闭库设计后必须采取生态修复措施。根据尾矿库尾矿污染物含量的不同一般分为高污染尾矿库(重金属含量高或酸性物质含量高等)和低污染尾矿,针对不同污染程度的尾矿库其生态修复措施也不尽相同。

总体来说,尾矿库生态修复可以概括为两大措施,即不覆土直接进行生态恢复和覆土生态修复两大类。不覆土生态修复，即是在尾矿上，选择适宜的先锋植物品种，在尾矿改良（微生物等措施）的基础上，直接进行植被恢复，多适用于污染程度低的尾矿库。覆土生态修复即在尾矿库上采取客土覆盖，然后进行植被恢复的生态修复措施。总之，目前尾矿库生态修复多采用物理（客土）、化学（土壤改良）、生物及联合生态修复措施。

1.3.3.2 地表塌陷区生态修复

地表塌陷区生态修复是矿区生态修复研究起步较早的领域，尤其是采煤沉陷地的治理一直是煤矿区生态修复的研究重点，在高潜水位采煤沉陷地生态修复方面，由最初提出的疏排法、挖深垫浅法、泥浆泵法等非充填复垦的技术方法，到使用煤矸石、粉煤灰、黄河泥沙等作为充填材料的充填复垦技术，都有很大进展。最新研发的黄河泥沙充填复垦技术，攻克了取沙输沙技术、土工布排水固结技术，提出了间隔条带式充填沉陷地复垦技术工艺流程及交替多层多次充填复垦技术，这一技术减少了充填过程中细粒径泥沙流失，加快了充填后期饱和泥沙的侧向排水，缩短了复垦工期，该技术不仅解决了充填材料不足的问题而且也解决了黄河泥沙淤积问题。随着国家对生态环境保护日益重视，开展了矿区受损土地建设城市景观湿地的技术研究，并在多个地区建立试点，取得良好的效果。目前采煤沉陷湿地治理主要是通过采取水质净化、水系连通、基底改造、植物修复和景观设计等治理技术，使采煤沉陷湿地成为水质优良、景观优美的稳定、功能多样的湿地生态系统。

非煤矿区形成地表塌陷区主要是当地下开采采用崩落采矿法时，随着矿体顶板围岩的崩落导致地表形成塌陷区，非煤矿区地表塌陷区一般与煤矿不同，因非煤矿山矿体多为倾斜或急倾斜矿体，地表崩落范围相对煤矿要小，但破坏程度更严重，生态修复难更大，多采用自然恢复。

目前所采用的地表塌陷区生态修复技术都是"先破坏、后复垦"的末端治理方法，即在地表稳沉后再采取修复治理措施，这时生态环境已经遭到极大的破坏，复垦施工难度增大，成本增加。因此，为了更好地保护生态环境，提高矿产资源开发利用力度，矿业领域学者研究了大量绿色开采技术，以减少地下开采对地表生态环境的影响，尤其是地表塌陷区影响范围的大大缩小。如煤矿采用的"矸石充填开采技术"及"覆岩隔离注浆充填开采技术"等均取得了良好的效果。金属矿山采用"全尾砂充填开采技术"已在我国全面推广应用，目前我国基本不再批准采用崩落采矿法的地下开采矿山的审批手续。由于绿色开采技术的大力推广应用，采矿地表塌陷区"末端治理"向"源头控制、无须修复"转变，极大地减少了地下开采地表生态环境的破坏。

1.3.3.3 排土场（矸石山）生态修复

露天开采的最大特点就是在采出矿石的同时需要剥离大量岩土，这些岩土需要在地表适宜的地点堆放，就形成了排土场（排岩场），地下开采在巷道掘进等环节也会产生一定数量的固体废弃物，煤矿称为煤矸石，未能得到利用的部分均需在地表进行堆放，形成排岩场或矸石山。

有关排土场（排岩场）的生态修复工作，重点是在保障排土场不发生地质灾害的基础上防止水土流失，恢复植被。但随着露天开采规模的增大及生态修复理念的更新，露天矿排土场生态修复从过去的以外排土场生态修复为主，发展为采矿-修复一体化的生态修复模式。该模式实现了采矿过程的各个工序有序结合，同时结合 GPS、GIS 及三维可视化技术，对露天矿采场、排土场生态修复前后情况进行虚拟展示，实现边开采、边修复的目的。随着对复垦土壤质量的要求不断提高，相关研究采用植被修复与微生物修复的方式来改良排土场复垦土壤质量。目前露天矿排出场生态修复已经达到了国际先进水平，尤其是我国独特的黄土高原大型露天煤矿土地复垦和生态修复技术与实践，取得了显著的成效。

　　煤矸石是煤矿生产的必然产物，是矿区的主要污染源之一。即使我国煤矸石的综合利用率有了大幅度的提高，但是仍有很多煤矸石堆积如山。煤矸石山一方面占用大量土地，另一方面酸性煤矸石山的自燃易造成大气污染，甚至引发矸石山爆炸，严重影响矿区周边百姓生命安全。目前煤矸石山的生态修复主要从非酸性煤矸石山绿化、自燃煤矸石山的综合治理等方面着手。非酸性煤矸石山生态修复研究，从矸石山整地方式、绿化植被的选择、种植及管理方式等方面总结出了一套完整的煤矸石山绿化技术。后期随着研究的不断深入，又提出了以"配土栽植"为核心的煤矸石山无覆土绿化技术，重点研究植被恢复技术及其效应，筛选出适合煤矸石山生长的植被类。为了促进煤矸石山植被的生长，通过接种丛植菌根促进植被的生长发育，提高煤矸石山植被的成活率。通过物种的筛选及植被生长环境的改善，不断优化煤矸石山绿化技术。酸性煤矸石山往往自燃和容易复燃，是治理的难点。传统采用注浆与黄土覆盖相结合的灭火方法，但实践表明，经此方法治理后的煤矸石山复燃现象比较严重，针对此问题，提出了在煤矸石与覆盖土壤之间增加隔离层的方法。随着煤矸石山灭火技术的不断发展，提出了通过利用杀菌剂抑制煤矸石山酸化以防止煤矸石山的自燃与复燃，形成了酸性自燃煤矸石山原位治理与生态修复一体化技术，实现控灭防一体化自燃煤矸石山的综合治理。

1.3.3.4　露天矿边坡生态修复

　　金属及非金属矿产资源开采多采用露天开采，尤其是非金属矿山几乎都是露天开采，露天开采的最大特点就是在矿产资源开采过程中会形成大量立地条件极为恶劣的露天矿边坡（白茬山），露天矿边坡的生态修复是矿区生态修复最困难的区域。

　　露天开采根据开采位置的不同，分为山坡露天和凹陷露天，一般在露天开采境界封闭圈以下部分称为凹陷露天，封闭圈以上部分称为山坡露天。另外随着露天开采深度的不同，会形成土质边坡和岩质边坡，土质边坡生态修复相对容易，可以通过土壤改良等措施进行植被恢复，实现生态修复，而岩质边坡是露天矿边坡生态修复的难点。

　　凹陷露天会形成露天坑（俗称矿坑），有关露天坑的生态修复最彻底的方式就是利用其他工业固体废弃物等进行回填，覆土修复成农业或工业等能利用的土地。近年来，国内外均有很好的露天坑再开发利用的成功案例，如上海的深坑酒店等。

　　对于岩质边坡的生态修复，近年来，也取得了长足的进步，我国矿区生态修复研究者充分学习国内外有关边坡生态修复理论与技术，尤其是借鉴了铁路、公路及水利等领域岩质边坡生态修复技术，已初步形成了露天矿山岩质边坡生态修复技术体系，代表性的技术主要有：客土喷播技术、生态袋（植生袋）技术、飘台（飞挂吐槽）、免养护植生孔技术等。

1.4　矿区生态环境监测

　　矿区生态环境监测是有效地进行矿区生态修复方案设计及修复效果评价的前提条件和基本要求。由于矿区生态环境监测对象、指标复杂多样，具有综合性、动态性、不确定性、隐性显性共存等特征，经过多年的研究，主要有以下三方面成果。

（1）从传统地面监测手段发展到"天地空"一体化监测。传统的矿区生态环境监测手段主要依赖大地水准测量、近景摄影测量、静态GPS测量或动态GPS测量等，工作量大、成本高且难以长期保存。随着航空航天遥感技术发展，遥感技术、合成孔径雷达测量（synthetic aperture radar，SAR）技术、无人机技术等在矿区生态环境监测中应用增多，已经形成了"天地空"一体化监测体系。

（2）从对土地损毁信息的监测发展到生态环境损毁信息的综合监测，且关注隐性信息的监测。传统矿区生态环境监测主要关注地表下沉、积水面积、露天开采挖损、压占面积等土地的显性损毁信息，随着矿区生态修复综合治理的需要，对植被变化、景观变化、土壤变化等信息及损毁边界、自燃煤矸石山内部燃烧点、土壤裂缝等隐性信息的监测越来越重要。如提出了利用连续归一化差分植被指数（NDVI）时间序列数据监测矿区植被状态变化的方法，构建了自燃煤矸石山内部自燃位置点解算模型等。

（3）从对矿区生态环境现状的监测发展到"损毁—过程—成效"等全过程的监测。如基于3S技术和地统计学，整合修复前、中、后不同阶段不同部门的多源数据，提出了包含监测点布设、监测指标最小数据集确立、监测手段选择为一体的面向生态修复区内的土壤、地表水、地下水和农作物的采矿迹地生态修复跟踪监测方法，将探地雷达作为检测手段，对复垦实验区的土壤质量和工程质量进行无损检测。以平朔露天煤矿为实例，结合野外土壤采样和室内土样测定，选择土地的污染情况、地形坡度、理化性质及土地生产力作为矿区土地质量监测指标，建立了矿区土地质量监测与评价的指标体系。

2 土壤学基本知识

2.1 土壤的形成

土壤处于岩石圈、大气圈、水圈和生物圈的交界面上，是陆地表面各种物质（固态的、气态的、液态的等）能量交换、形态转换最为活跃和频繁的场所。作为独立的历史自然体，土壤既具有其本身特有的发生和发展规律，又有其在分布上的地理规律。它是成土母质在一定水热条件和生物的作用下，经过一系列物理、化学和生物化学的作用而形成的。

2.1.1 土壤形成因素

土壤形成因素又称成土因素，是影响土壤形成和发育的基本因素，土壤形成因素包括自然因素和人为因素。其中，自然成土因素包括母质、生物、气候、地形和时间，这些因素是土壤形成的基础和内在因素。而人类活动也是土壤形成的重要因素，可对土壤性质和发展方向产生深刻影响，有时甚至起着主导作用。

2.1.1.1 母质

通常把与土壤形成有关的块状固结的岩体称为母岩，而把与土壤发生直接联系的母岩风化物及其再积物称为母质。它是形成土壤的物质基础，是土壤的前身，其在土壤形成中的作用可大体概括为以下三方面。

（1）母质矿物、化学特性对成土过程的速度、性质和方向的影响。不同母质因其矿物组成、理化性质的不同，在其他成土因素的作用下，直接影响着成土过程的速度、性质和方向。例如，在石英含量较高的花岗岩风化物中，抗风化很强的石英颗粒仍可保存在所发育的土壤中，而且因其所含的盐基成分（钾、钠、钙、镁）较少，在强淋溶下，极易完成淋失后使土壤呈酸性反应；反之，富含盐基成分的基性岩，如玄武岩、辉绿岩等风化物，则因不含石英，盐基丰富，抗淋溶作用较强。

（2）母质的粗细及层理变化对土壤发育的影响。母质的机械组成和矿物风化特征直接影响土壤质地，从而影响土壤形成及一系列土壤理化性质。例如，对于砂质或砾质母质，水分可以自上而下地迅速穿过，在土壤中滞留和作用时间短，而不易引起母质中的化学风化，故其成土作用和土壤剖面发育缓慢。而壤质母质透水性适宜，最有利于当地各成土因素的作用，形成的土壤常具有明显的层次性。

（3）母质层次的不均一性对土壤的发育和形态特征的影响。如冲积母质的砂黏间层所发育的土壤易在砂层之下、黏层之上形成滞水层。

2.1.1.2 生物

土壤形成的生物因素包括植物、土壤动物和土壤微生物。生物因素促进土壤形成中有机质的合成和分解。只有当母质中出现了微生物和植物时，土壤的形成才真正开始。

植物通过合成有机质向土壤中提供有机物质和能量，促使母质肥力因素的改变，它的根部还可分泌二氧化碳和某些有机酸类，影响土壤中一系列的生物化学和物理化学作用；根系还能调节土壤微生物区系，促进或抑制某些生物和化学过程；同时，根在土壤中伸展穿插的机械作用可促进土壤结构体的形成。在一定的气候条件下，植物与微生物的特定组合决定了土壤形成的发展速度与方向，产生相应的土壤类型。

土壤动物对土壤形成的影响也是不可忽视的。自微小的原生动物至高等脊椎动物所构成的动物区系，均以其特定的方式参加了土壤中有机残体的破碎与分解作用，并通过搬运、疏松土壤及母质影响土壤物理性质。某些动物还可参与土壤结构体的形成，其分泌物可引起土壤的化学成分的改变。

微生物是地球上最古老的生物体，已存在数十亿年，它们早在出现高等植物以前就已发生作用，土壤微生物对成土的作用是多方面的，且非常复杂，其中最主要的是作为分解者推动土壤生物小循环不断发展。

2.1.1.3 气候、地形及时间

气候不仅直接影响土壤的水热状况和物质的转化和迁移，而且还可通过改变生物群落（包括植被类型、动植物生态等）影响土壤的形成。地球上不同地带，由于热量、降水量及干湿度的差异，其天然植被互不相同，土壤类型也不相同。此外，气候条件还可影响土壤形成速率。

地形是在成土过程中影响土壤和环境之间进行物质、能量交换的一个重要条件。它与母质、生物、气候等因素的作用不同，主要通过影响其他成土因素对土壤形成起作用。由于地形影响着水、热条件的再分配，从而影响母质和植被的类型，因此不同地形条件下形成的土壤类型均表现出明显的垂直变化特点。地形还通过地表物质的再分配过程影响土壤形成。

时间因素可体现土壤的不断发展。正像一切历史自然体一样，土壤也有一定的年龄。土壤年龄是指土壤发生发育时间的长短。通常把土壤年龄分为绝对年龄和相对年龄。绝对年龄是指该土壤在当地新鲜风化层或新母质上开始发育时算起，迄今所经历的时间，通常用年表示；相对年龄则是指土壤发育阶段或土壤的发育程度。土壤剖面发育明显，土壤厚度大，发育度高，相对年龄大；反之相对年龄小。我们通常说的土壤年龄是指土壤发育程度，而不是年数，即通常所谓的相对年龄。

2.1.1.4 人类活动

人类活动在土壤形成过程中具有独特的作用，有人将其作为第六个因素，但它与其他五个自然因素有本质区别。因为人类活动对土壤的影响是有意识、有目的、定向的，具有社会性，它受着社会制度和社会生产力的影响。同时，人类对土壤影响具有双重性，若利用合理则有助于土壤质量的提高；但如利用不当，就会破坏土壤。

上述各种成土因素可概括分为自然成土因素（母质、生物、气候、地形、时间）和人类活动因素，前者存在于一切土壤形成过程中，产生自然土壤；后者是在人类社会活动的范围内起作用，对自然土壤施加影响，可改变土壤的发育程度和发育方向。某一成土因素的改变，会引发其他成土因素的改变。土壤形成的物质基础是母质，能量的基本来源是气候，生物则把物质循环和能量交换向形成土壤的方向发展，使无机能转变为有机能、太

阳能转变为生物化学能，促进有机质的积累和土壤肥力的产生，地形、时间及人类活动则影响土壤的形成速度和发育程度及方向。

2.1.2　土壤形成过程

2.1.2.1　土壤形成过程的实质

植物营养因素在生物体和土壤之间的循环（吸收、固定和释放的过程），称为生物小循环。其结果使植物营养元素逐渐在土壤中增加，累积的方向是向上的；与之相反，岩石风化作用则是促进物质的地质大循环。所谓物质的地质大循环是指地面的岩石的风化、风化产物的淋溶与搬运、堆积，进而产生成岩作用，这是地球表面恒定的周而复始的大循环。物质大循环是一个地质学的过程，每一轮循环所需时间长，作用范围广；生物小循环则是生物学的过程，每一轮循环的时间短，范围小。土壤形成是一个综合性的过程，其实质是物质的地质大循环和生物小循环的对立统一，其中以小循环为矛盾的主要方面。因为地质大循环是物质的淋失过程，生物小循环是土壤元素的集中过程，二者是矛盾的。地质大循环和生物小循环的共同作用是土壤发生的基础。在土壤形成过程中，两种循环过程相互渗透和不可分割地同时同地进行，它们之间通过土壤而相互连接在一起。

2.1.2.2　主要的成土过程

主要的成土过程是地壳表面的岩石风化体及其搬运的沉积体，受其所处环境因素的作用，形成具有一定剖面形态和肥力特征的土壤的历程。因此，土壤的形成过程可以看作是成土因素的函数。由于各地区成土因素的差异，在不同的自然因素综合作用下，大小循环所表现的形式不同，由此产生土壤类型的分化。根据成土过程中物质交换和能量转化的特点和差异，土壤基本表现出原始成土、有机质积聚、富铝化、钙化、盐化、碱化、灰化、潜育化等成土过程。

（1）原始成土过程。从岩石露出地表着生微生物和低等植物开始到高等植物定居之间形成的土壤过程，称为原始成土过程。包括3个阶段，即岩石表面着生蓝藻、绿藻和叶藻等岩生微生物"岩藻"阶段，地衣对原生矿物发生强烈的破坏性影响的"地衣"阶段，以及苔藓阶段，生物风化与成土过程的速度大大增加，为高等绿色植物的生长准备了肥沃的基质。原始成土过程多发生在高山区，也可以与岩石风化同时同步进行。

（2）有机质积聚过程。有机质积聚过程是在木本或草本植被下，土体上部有机质增加的过程，它是生物因素在土壤形成过程中的具体体现，普遍存在于各种土壤中。由于成土条件的差异，有机质及其分解与积累也可有较大的差异。据此可将有机质积聚过程进一步划分为腐殖化、粗腐殖化及泥炭化3种。具体体现为6种类型：1）荒漠土有机质积聚过程；2）草原土有机质积聚过程；3）草甸土有机质积聚过程；4）林下有机质积聚过程；5）高寒草甸土有机质积聚过程；6）泥炭积聚过程。

（3）富铝化过程。富铝化过程又称为脱硅过程或脱硅富铝化过程。它是热带、亚热带地区土壤物质由于矿物的分化，形成弱碱性条件，促进可溶性盐基及硅酸的大量流失，而造成铁铝在土体内相对富集的过程。因此它包括两方面的作用，即脱硅作用和铁铝相对富集作用。

（4）钙化过程。主要出现在干旱及半干旱地区。由于成土母质富含碳酸盐，在季节性的淋溶作用下，土体中碳酸钙可向下迁移至一定深度，以不同形态（假菌丝、结核、层状等）累积为钙积层，其碳酸钙含量一般在10%~20%之间，因土类和地区不同而异。

（5）盐化过程。盐化过程指地表水、地下水以及母质中含有的盐分，在强烈的蒸发作用下，通过土壤水的垂直和水平移动，逐渐向地表积聚（现代积盐作用），或是已脱离地下水或地表水的影响，而表现为残余积盐特点（残余积盐作用）的过程，多发生于干旱气候条件。参与作用的盐分主要是一些中性盐，如$NaCl$、Na_2SO_4、$MgSO_4$等。在受海水影响的滨海地区，土壤也可发生盐化，盐分一般以$NaCl$为主。

（6）碱化过程。碱化过程是土壤中交换性钠或交换性镁增加的过程，该过程又称为钠质化过程。碱化过程的结果可使土壤呈强碱性反应，$pH > 9.0$，土壤黏粒被高度分散，物理性质极差。

（7）灰化过程。灰化过程是指在冷湿的针叶林生物气候条件下土壤中发生的铁铝通过配位反应而迁移的过程。在寒带和寒温带湿润气候条件下，由于针叶林的残落物被真菌分解，产生强酸性的富里酸，对土壤矿物起着很强的分解作用。在酸性介质中，矿物分解使硅、铝、铁分离，铁、铝与有机配位体作用而向下迁移，在一定的深度形成灰化淀积层；而二氧化硅残留在土层上部，形成灰白色的土层。

（8）潜育化过程。潜育化过程的产生要求具备土壤长期渍水、有机质处于嫌气分解状态这两种条件。该过程中铁猛强烈还原，形成灰蓝灰绿色的土体。有时，由于"铁解"作用，而使土壤胶体破坏，土壤变酸。该过程主要出现在排水不良的水稻土和沼泽土中，往往发生在剖面下部的永久地下水位以下。

2.2 土壤组成

土壤的组成是很复杂的，总的来说，它是一种多相的分散体系，即由矿物质、有机质、水分和空气等4种不同性质的物质，按不同的配置和比例组合而成的。这些物质彼此相互联系、相互制约地构成一个整体。土壤物质组成的特点不仅对土壤本身的性质和动态起决定性作用，而且对自然地理环境中的物质循环和能量转化也有重要的影响。

2.2.1 土壤矿物质

土壤矿物质是土壤固相部分的主体，一般占到土壤固相总质量的95%左右，构成土壤的"骨骼"。其中粒径小于$2~\mu m$的矿质胶体作为土壤体系中最活跃的部分，对土壤环境中元素的迁移、转化和生物、化学过程起着重要的作用，影响土壤的物理、化学与生物学性质和过程。因此，研究土壤矿物质的组成及其分布对于鉴定土壤质地、分析土壤性质、考察土壤环境中物质的迁移转化有着重要的意义和作用，而且和土壤的污染与自净能力也密切相关。

2.2.1.1 元素组成

土壤的化学组成很复杂，几乎包括地壳中的所有元素。其中氧、硅、铝、铁、钙、镁、钠、钾、碳、钛10种元素占土壤矿物质总量的99%以上，这些元素中以氧、硅、铝、铁4种元素含量最多，但植物必需营养元素含量低且分布很不平衡。

2.2.1.2 矿物组成

土壤矿物按岩石风化程度及来源可分为原生矿物和次生矿物。原生矿物是由岩石直接风化而来，未改变晶格结构和化学性质的部分；原生矿物进一步风化、分解，则形成化学构成和性质均发生变化的次生矿物。原生矿物和次生矿物相互搭配，构成了土壤样品中不同粒径及组成的组分，共同决定了土壤的粒级、结构及基本性质。

2.2.1.3　主要成土矿物及其性质

（1）石英。一般为白色透明，含有杂质时呈其他颜色。石英是最主要的造岩矿物、分布最广，为酸性岩浆的主要成分，在沉积岩石中常呈不透明或半透明晶粒，烟灰色，油脂光泽。石英的伴生矿物是云母、长石。石英硬度大，化学性质稳定，不易风化，岩石风化后，石英形成砂粒，含砂粒多的土壤含盐极少，养分一般贫乏，酸性也较强。

（2）正长石。晶体短柱状，肉红色、浅黄色、浅黄红色等，玻璃光泽，完全解理，硬度为 6.0。伴生矿物为石英、云母等。正长石易风化，风化后形成黏土矿物高岭石等，可为土壤提供大量钾养分。正长石类矿物一般含氧化钾 16.9%。

（3）斜长石。常呈板状晶体，白色或灰白色，玻璃光泽，完全解理，硬度为 6.0~6.5。伴生矿物主要是辉石和角闪石。斜长石比正长石容易风化，风化产物主要是黏土矿物，能为土壤提供 K、Na、Ca 等矿物养分。

（4）云母。根据化学成分不同分为白云母和黑云母。白云母，常见片状、鳞片状。白云母无色透明或浅色（浅黄、浅绿）透明，极完全解理，薄片具有弹性，珍珠光泽，硬度为 2.0~3.0。白云母较难风化，风化产物为细小的鳞片状，强烈风化后能形成高岭石等黏土矿物，对土壤中农药等污染物有较强的吸附性。黑云母为深褐色或黑色，其他性质同白云母。黑云母主要分布在花岗岩、片麻岩中，伴生矿物是石英、正长石等。黑云母较白云母易于风化，风化物为碎片状。

（5）角闪石。呈细长柱状，深绿至黑色，玻璃光泽，完全解理，硬度为 5.0~6.0。角闪石主要分布在岩浆岩和变质岩中的片麻岩和片岩中。在岩石中呈针状或纤维状。伴生矿物为正长石、斜长石和辉石，角闪石易风化，风化产物为黏土矿物。

（6）辉石。呈短柱状、致密块状，棕至暗黑色，条痕灰色，中等解理，硬度为 5.5。辉石多呈晶粒状，伴生矿物为角闪石、斜长石等，辉石难风化，风化物为黏土矿物，富含 Fe。

（7）橄榄石。呈粒状集合体出现，橄榄绿色，玻璃光泽或油脂光泽。橄榄石为超基性岩的主要组成矿物，伴生矿物为斜长石、辉石，不与石英共生，易风化，风化产物有蛇纹石、滑石等。蛇纹石呈绿色，玻璃光泽或油脂光泽，断口上有时呈蜡状光泽，相对密度为 2.5，硬度为 2.0~4.0。

（8）方解石。为次生矿物，呈菱面体，半透明，乳白色，含杂质时呈灰色、黄色、红色等，完全解理，玻璃光泽，与稀盐酸反应生成 CO_2 气泡。方解石分布很广，是大理岩、石灰岩的主要矿物，常为砂岩、砾岩的胶结物，也可在基性喷出岩气孔中出现。方解石的风化主要是受含 CO_2 的水的溶解作用，形成重碳酸盐随水流失，石灰岩地区的溶洞就是这样形成的。

（9）绿泥石。种类多，成分变化大，结晶体呈片状、板状，一般呈鳞片状存在，暗绿色至绿黑色，完全解理，玻璃光泽至珍珠光泽。绿泥石由黑云母、角闪石、辉石变质而成。存在于变质岩中，如绿泥片岩。绿泥石较难风化，风化物为细粒。

（10）白云石。呈弯曲的马鞍状、粒状、致密块状等，灰白色，玻璃光泽，性质与方解石相似，但较稳定，与冷盐酸反应微弱，只能与热盐酸反应，粉末遇稀盐酸起反应，这是与方解石的主要区别。白云石是组成白云岩的主要矿物，也存在于石灰岩中。白云石风化物是土壤 Ca、Mg 养分的主要来源。

（11）磷灰石。呈致密块状、土状等，灰白、黄绿、黄褐等色，不完全解理，硬度为 5.0。磷灰石以次要矿物存在于岩浆岩和变质岩中，磷灰石较难风化，风化产物是土壤磷养分的重要来源。

（12）石膏。呈板状、块状，无色或白色，玻璃光泽，硬度为 2.0，是干旱炎热气候条件下的盐湖沉积，常作为土壤改良剂。

总之，矿物质作为构成土壤的基本物质，又是植物矿物营养的源泉，是全面影响土壤肥力高低的一个重要因素。土壤中的矿物质来自岩石的风化物，而岩石又是由矿物质组成的，不同的矿物质构成不同的岩石。不同的岩石经过风化作用，形成土壤的矿物质，所以矿物能影响土壤的理化性质和土壤养分状况，同时，土壤矿物对体系中污染物的分布与迁移转化有重要的影响。

2.2.1.4　土壤矿物质的生态意义

提供植物、微生物等土壤生物体生命活动所需的营养元素，按其含量的高低分为常量元素与微量元素，其含量和性质会决定土壤中生物体生命活动的强弱。矿物质含量的高低是决定土壤元素背景值的内在因素，决定了不同地区土壤环境中元素的短缺，可能会造成天然的水土病，属于环境健康领域的重要研究内容。另外，土壤原有矿物质含量与人为或自然源对土壤环境的输入相结合，共同影响土壤环境中各元素的含量高低，对土壤生态环境质量共同造成影响。土壤中铁、锰等作为固有的矿物质组分，不作为土壤污染物进行调控，同时还可影响土壤修复技术的选择，如选择化学氧化技术，则高锰酸钾作氧化剂时其被还原产生的 MnO_2 不会成为土壤的二次污染物，同样含铁化合物可以作为化学氧化体系的添加剂而不对土壤产生二次污染。

2.2.2　土壤有机质

土壤有机质是土壤发育过程的重要标志，对土壤性质影响重大，是土壤固相的重要组成成分之一。广义上，土壤有机质是指各种形态存在于土壤中的所有含碳的有机物质，包括土壤中的各种动植物残体，微生物及其分解和合成的各种有机物质。狭义上，土壤有机质一般是指有机残体经微生物作用形成的一类特殊、复杂、性质比较稳定的高分子有机化合物（腐植酸）。

土壤有机质是土壤固相的组成成分，一般占到土壤总重的 5% 左右。尽管有机质含量只占固相总量的很小一部分，但它对土壤的形成与发育、土壤肥力、环境保护及农林业可持续发展等方面都有着极其重要的意义。一方面，它含有植物生长需要的各种元素，也是土壤微生物活动的能量来源，对土壤物理、化学和生物学性质都有着深远的影响。另一方面，土壤有机质对重金属、农药等各种有机、无机污染物的行为都有显著的影响。而且土壤有机质对全球碳平衡起着重要的作用，被认为是影响全球温室效应的重要因素。

2.2.2.1　土壤有机质来源

（1）微生物。微生物是最早出现在母质中的有机质，虽然这部分来源相对较少，但微生物是最早的土壤有机质来源，也是土壤发育过程中的重要作用因素。

（2）植物。地面植被残落物和根系是土壤有机质的主要来源，如树木、灌丛、草类及其残落物，每年都向土壤提供大量有机残体，对森林土壤尤为重要。森林土壤相对农业土壤而言，具有大量的凋落物和庞大的树林根系等特点。

（3）动物。土壤动物蚯蚓、蚂蚁、鼠类、昆虫等的残体和分泌物，也是土壤有机质的来源之一，这部分来源虽然很少，但对土壤有机质的转化也是非常重要的。

（4）施入土壤的有机类物质。人为施入土壤中的各种有机肥料（堆沤肥、腐植酸肥料、污泥以及土杂肥等），工农业和生活废渣等土壤添加物或改良剂，还有各种微生物制品等，对土壤尤其是现代农业土壤中有机质的改变有重要的影响。

（5）进入土壤的有机污染物。通过人为与自然途径进入土壤环境的有机污染物，如石油烃类、氯代烃、POPs等也是土壤有机质来源的特殊种类。尤其对于污染严重的土壤样品，有机污染物可能是土壤有机质的主要来源。例如，有研究表明，我国油田开发造成的落地原油可使个别地区土壤中石油烃含量达到10%，由此带来土壤有机质含量达到15%以上。

2.2.2.2　土壤有机质的组成

A　物质组成

土壤有机质主要包括以下几个部分：（1）未分解的动植物残体，它们仍保留着原有的形态等特征。（2）分解的有机质，经微生物的分解，已使进入土壤中的动植物残体失去了原有的形态等特征。（3）腐殖质，特殊性有机质，指有机质经微生物分解后再合成的一种褐色或暗褐色的大分子胶体物质。与土壤矿物质土粒紧密结合，是土壤有机质存在的主要形态类型，占土壤有机质总量的85%~90%。

B　化学组成

各种动植物残体的化学成分和含量因动植物种类、器官、年龄等不同而有很大的差异。一般情况下，动植物残体主要的有机化合物有碳水化合物、木质素、蛋白质、树脂、蜡质等。

碳水化合物是土壤有机质中最重要的有机化合物，碳水化合物的含量大约占有机质总量的15%~27%，包括糖类、纤维素、半纤维素、果胶质、甲壳质等。糖类有葡萄糖、半乳糖、六碳糖、木糖、阿拉伯糖、氨基半乳糖等。纤维素和半纤维素为植物细胞壁的主要成分，木本植物残体含量较高，两者均不溶于水，也不易化学分解和微生物分解，是土壤有机质中性质较稳定的部分。木质素是木质部的主要组成部分，是一种芳香性的聚合物，较纤维素含有更多的碳。木质素作为土壤有机质中最稳定的组分，难被细菌分解，但在土壤中可不断被真菌、放线菌所分解。

动植物残体中主要含氮物质是蛋白质，蛋白质由各种氨基酸构成，其蛋白质的平均氮含量为10%，除此之外其主要组成元素还有碳、氢、氧，某些蛋白质还含有硫（0.3%~2.4%）或磷（0.8%），一般含氮化合物易为微生物分解，生物体中常有一少部分比较简单的可溶性氨基酸可为微生物直接吸收，但大部分的含氮化合物需要经过微生物分解后才能被利用。

C　土壤有机质的含量

土壤有机质含量与气候、植被、地形、土壤类型、农耕措施密切相关。土壤学中把耕层土壤有机质含量在20%以上的土壤称有机质土壤，20%以下的土壤则为矿质土壤。目前，我国土壤有机质含量普遍偏低，耕层有机质大多数在 5% 以下，东北土壤有机质较多，华北、西北大多在 1% 左右，个别为 1.5%~3.5%，旱地土壤有机质也较少。

2.2.2.3 土壤有机质的转化

土壤有机质在水分、空气和土壤生物的共同作用下，发生极其复杂的转化过程，这些过程综合起来可归结为两个对立的过程，即土壤有机质的矿质化过程和腐殖化过程。

（1）矿质化过程。土壤有机质在生物作用下，分解为简单的无机化合物二氧化碳、水、氨和矿质养分（磷、硫、钾、钙、镁等简单化合物或离子），同时释放出能量的过程。土壤有机质的矿化过程分为化学的转化过程、动物的转化过程和微生物的转化过程。有机化合物进入土壤后，一方面在微生物酶的作用下发生氧化反应，彻底分解而最终释放出二氧化碳、水和能量，所含氮、磷、硫等营养元素在一系列特定反应后，释放成为植物可利用的矿质养料，同时释放出能量。这一过程为植物和土壤微生物提供了养分和活动能量，并且直接或间接地影响着土壤性质，同时也为合成腐殖质提供了物质基础。

（2）腐殖化过程。土壤腐殖质的形成过程称为腐殖化作用。腐殖化作用是一系列极其复杂过程的总称，其中主要是由微生物为主导的生化过程，但也可能有一些纯化学的反应。整个作用现在还很不清楚，近年的研究虽提供了一些新的论据，但均非定论。目前，一般的看法是，腐殖化作用可分为两个阶段：第一阶段为产生腐殖质分子的各个组成成分，如多元酚、氨基酸等有机物质；第二阶段为由多元酚和含氮化合物缩合成腐殖质单体分子。

矿质化与腐殖化作为土壤环境中有机物在微生物作用下相反的两个变化方向，二者共同决定了有机物在土壤中的变化方向与最终产物。在土壤有机污染物的微生物降解过程中，更需要关注腐殖化对有机物的作用，尤其是腐殖化带来的转化中间产物的配合及相互作用，对土壤环境的毒理学特性可能产生重要的影响，对有机污染土壤生物修复技术的评估具有重要的意义，是有机污染土壤体系中物质迁移转化过程的重要因素。

2.2.2.4 土壤有机质的作用

土壤有机质在土壤肥力和植物营养中具有重要的作用。具体地讲，包括以下几个方面。

（1）提供作物需要的养分。土壤有机质含有氮、磷、钾等作物和微生物所需要的各种营养元素。随着有机质的矿质化，这些养分都成为矿质盐类（如铵盐、硫酸盐、磷酸盐等），以一定的速率不断地释放出来，供作物和微生物利用。此外，土壤有机质在分解过程中，还可产生多种有机酸（包括腐植酸本身），这对土壤矿质部分有一定溶解能力，促进化风，有利于某些养料的有效化，另一方面还能吸附一些多价金属离子，使之在土壤溶液中不致沉淀而增加了有效性。

（2）增强土壤的保水保肥能力。腐殖质疏松多孔，又是亲水胶体，能吸持大量水分。据测定，腐殖质的吸水率为 500%~600%，而黏粒的吸水率为 50%~60%，腐殖质的吸水率比黏粒大 10 倍左右，能大大提高土壤的保水能力。腐殖质因带有正负两种电荷，故可吸附阴、阳离子，又因其所带电性以负电荷为主，所以它吸附的主要是阳离子。其中作为养料的主要有 K^+、NH_4^+、Ca^{2+}、Mg^{2+} 等。这些离子一旦被吸附后，就可避免随水流失，而且能随时被根系附近 H^+ 或其他阳离子交换出来，供作物吸收，仍不失其有效性。腐殖质保存阳离子养分的能力，要比矿质胶体大许多倍至几十倍。因此，保肥力很弱的砂土中增施有机肥料后，不仅增加了土壤中养料含量，改良砂土的物理性质，还可提高其保肥能力。腐殖质是一种含有许多功能的弱酸，所以在提高土壤腐殖质含量后，能提高土壤对酸碱度变化的缓冲性能。

（3）促进团粒结构的形成，改善物理性质。腐殖质在土壤中主要以胶膜形式被包在矿质土粒的外表。由于它是一种胶体，黏结力比砂粒强，施于砂土后能增加砂土的黏性，可促进团粒结构的形成。此外，由于它松软、絮状、多孔，而黏结力又不如黏粒强，所以黏粒被它包围后，易形成散碎的团粒，使土壤变得比较松软而不再结成硬块。这说明有机质能使砂土变紧、黏土变松，土壤的透水性、蓄水性及通气性都有所改变。对农事操作来讲，由于土壤耕性较好，耕翻省力，适耕期长，耕作质量也相应地提高。

（4）其他方面的作用。1）土壤有机质含碳丰富，是微生物所需能量的来源。但因其矿化率低，不像新鲜植物残体那样会对微生物产生迅猛的"激发效应"（指由于加入了有机质而使土壤原有机质的矿化速率加快或变慢的效应），而是持久稳定地向微生物提供能源。所以含有机质多的土壤，肥力平稳而持久，不易产生作物猛发或脱肥等现象。2）腐植酸在一定浓度下，能促进微生物和植物的生理活性。例如对褐腐酸研究表明其能改变植物体内糖类代谢，促进还原糖的积累，提高细胞渗透压，从而提高了植物的抗旱力；能提高酶系统的活性，加速种子发芽和养分吸收，从而增加生长速度；能加强植物的呼吸作用，增加细胞膜的透性，从而提高其对养分的吸收能力，并加速细胞分裂，增强根系的发育。3）腐殖质有助于消除土壤中的农药残毒和重金属的污染。例如 DDT 在 0.5% 褐腐酸钠的水溶液中的溶解度比在水中至少大 20 倍，这就使 DDT 容易从土壤中排出去；又如腐植酸能和某些金属离子配合，由于配合物的水溶性，而使有毒的金属离子有可能随水排出土体，减少对作物的危害和对土壤的污染。4）由于腐殖质是一种暗褐色的物质，它的存在能明显地加深土壤颜色。深色土壤吸热升温快，在同样日照条件下，其土温相对较高，从而有利于春播作物的早发速长。

2.2.3　土壤水溶液

土壤水溶液作为充填在固相物质孔隙中的重要部分，包括土壤水分和溶解在水相体系的无机离子、有机组分等，是土壤的主要组成部分之一。它在土壤形成过程中起着极其重要的作用，因为形成土壤剖面的土层内各种物质的转移，主要是以溶液的形式进行的，也就是说，这些物质随同液态土壤水一起运动。同时，土壤水分在很大程度上参与了土壤内进行的许多物质的迁移转化过程，如矿物质风化、有机化合物的合成和分解等。不仅如此，土壤水是作物吸水的最主要来源，它也是自然界水循环的一个重要环节，处于不断地变化和运动中，势必影响到作物的生长和土壤中许多化学、物理和生物学过程。

2.2.3.1　土壤水的类型和性质

土壤学中的土壤水是指在 1 atm（101325 Pa）下、105 ℃ 条件下能从土壤中分离出来的水分（见图 2-1）。土壤中液态水数量最多，与植物的生长关系最为密切。液态水类型的划分是根据水分受力的不同来划分的，这是水分研究的形态学观点。在土壤学中，一般按照存在状态将土壤液态水大致分为如下几种类型。

（1）吸湿水。干土从空气中吸着水汽所保持的水称为吸湿水。把烘干土放在常温、常压的大气之中，土壤的重量逐渐增加，直到与当时空气湿度达到平衡为止，并且随着空

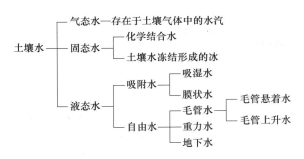

图 2-1　土壤水分构成

气湿度的高低变化而相应地做增减变动。土壤的吸湿性是由土粒表面的分子引力作用所引起的，一般来说，土壤中吸湿水的多少，取决于土壤颗粒表面积大小和空气相对湿度。由于这种作用力非常大，最大可达 10^4 atm（$1.01×10^9$ Pa），因此植物不能利用此水，称为紧束缚水。

（2）膜状水。土粒吸足了吸湿水后，还有剩余的吸引力，可吸引一部分液态水呈水膜状附着在土粒表面，这种水分称为膜状水。重力不能使膜状水移动，但其自身可从水膜较厚处向水膜较薄处移动，植物可以利用此水。但由于这种水的移动非常缓慢（0.2～0.4 mm/d），不能及时供给植物生长需要，植物可利用的数量很少。当植物发生永久萎蔫时，往往还有相当多的膜状水。

（3）毛管水。毛管水属于土壤自由水的一种，其产生主要是土壤中毛管力吸持的结果。根据土层中地下水与毛管水是否相连，可分为毛管悬着水和毛管上升水两类。

（4）重力水。降水或灌溉后，不受土粒和毛管力吸持，而在重力作用下向下移动的水，称为重力水。植物能完全吸收重力水，但由于重力水很快就流失（一般两天就会从土壤中移走），因此利用率很低。

（5）地下水。在土壤中或很深的母质层中，具有不透水层时，重力水就会在此层之上的土壤孔隙中聚积起来，形成水层，这就是地下水。狭义地下水指的是含水层中可以运动的饱和地下水，而广义的地下水则是包括所有地面以下，赋存于土壤和岩石空隙中的水。地下水往往具有水质好、分布广、便于开采等特征，是生活饮用水、工农业生产用水的重要来源。

2.2.3.2　土壤水分含量及其有效性

A　土壤水分含量

土壤水分含量，又称土壤含水量、土壤湿度，有时也称为土壤含水率，是表征土壤水分状况的重要指标，通常可采用土壤质量含水率和土壤容积含水率来表征。

土壤质量含水量即土壤中水分的质量与干土的比例，又称为重量含水量。土壤质量含水量相当于在干燥无水的土壤颗粒中添加水分，其水分所占的干土的比例。

土壤容积含水量为土壤总容积中水分所占的比例，又称容积湿度。它表示土壤中水分占据土壤孔隙的程度和比例，可度量土壤孔隙中水分与空气含量相对值。其计算公式为：

$$土壤容积含水量(\%) = \frac{水分容积}{总容积} × 100 = \frac{水质量 × 土壤密度(容重)}{水密度 × 烘干土重} × 100$$
$$= 土壤质量含水量(\%) × 容重 \tag{2-1}$$

B　土壤水分的有效性

土壤水分的有效性是指土壤水能否被植物吸收利用及其难易程度。不能被植物吸收利用的水称为无效水，能被植物吸收利用的水称为有效水。

土壤学中水分的有效范围主要是土壤萎蔫系数至田间持水量间的水分，其中土壤萎蔫系数是指植物发生永久萎蔫时土壤中尚存留的水分含量，它用来表明植物可利用土壤水的下限，土壤含水量低于此值，植物将枯萎死亡。而田间持水量是指在地下水较深和排水良好的土地上充分灌水或降水后，允许水分充分下渗，并防止其水分蒸发，经过一定时间，土壤剖面所能维持的较稳定的土壤水含量（土水势或土壤水吸力达到一定数值），是大多数植物可利用的土壤水上限。土壤萎蔫系数和田间持水量与土壤性质密切相关，一般情况下，土壤萎蔫系数和田间持水量的排序为：黏土>壤土>砂土。因此，土壤最大有效水分含量即为田间持水量与土壤萎蔫系数的差值。土壤水分形态及其有效性如图2-2所示。

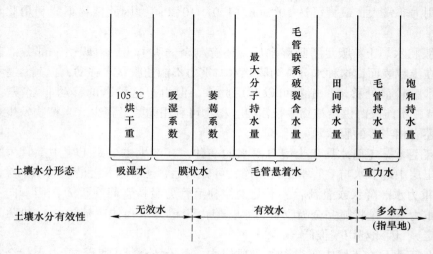

图2-2　土壤水分形态及其有效性

C　影响土壤水分状况的因素

影响土壤水分状况的因素主要有以下6个方面：

（1）气候。降雨量和蒸发量是两个相互矛盾的重要因素，在一定条件下，又伴以人为控制。因此，气候可以从宏观上影响甚至决定土壤的水分。

（2）植被。植被的蒸腾消耗土壤的水分，而植被可以通过降低地表径流来增加土壤水分。

（3）地形和水文条件。地形和水文条件作为间接生态因子，通过保持水分的难易等影响土壤的水分含量，地形地势的高低影响土壤的水分。对易遭水蚀的地方，要注意修成水平梯田。在植物修复过程中，也可进行大田实验作参考，以保证土壤的水分。

（4）土壤的物理性质。土壤质地、土壤结构、土壤密实度、有机质含量都对土壤水分的入渗、流动、保持、排除及蒸发等均产生重要的影响。在一定程度上，决定着土壤的水分状况。与气候因素相比，土壤物理性质是比较容易改变，而且是行之有效的因素。

（5）人为影响。主要是通过灌溉、排水等措施调节土壤的水分含量。

（6）污染物含量及组成。通过各种人类活动等途径进入土壤环境体系的污染物，特别是有机污染物，由于其水分配系数高，憎水性强，较易吸附于土壤颗粒或滞留在土壤孔隙中，阻碍土壤颗粒上水分的吸附和土壤孔隙中水分的吸持与通透，从而降低土壤水分的含量。

2.2.4 土壤气体

2.2.4.1 土壤气体的数量与组成

土壤气体作为土壤的重要组成之一，对土壤微生物活动、营养物质、土壤污染物质的转化及植物的生长发育都有重要的作用。土壤气体来源于大气，但组成上与大气有差别，近地表差别小，深土层差别大。由于土壤生物（根系、土壤动物、土壤微生物）的呼吸作用和有机质的分解等原因，土壤气体的 CO_2 含量一般高于大气，约为大气含量的 $5 \sim 20$ 倍；同时，由于生物消耗，土壤气体中的 O_2 含量则明显低于大气。土壤通气不良时，或当土壤中的新鲜有机质状况及温度和水分状况有利于微生物活动时，都会进一步提高土壤气体中 CO_2 的含量和降低 O_2 的含量。当土壤通气不良时，微生物对有机质进行厌氧性分解，产生大量的还原性气体，如 CH_4、H_2S 等，而大气中一般还原性气体极少。此外，在土壤气体的组成中，经常含有与大气污染相同的污染物质。土壤气体和组成不是固定不变的，土壤气体与土壤水分同时存在于土体孔隙内，在一定容积的土壤中，在孔隙度不变的情况下，两者所占的容积比数量随土壤水分而变化，而且呈相应的消长关系。

2.2.4.2 土壤气体的运动

土壤气体的运动又称为土壤气体更新，指的是土壤气体与近地层大气的交换过程，通常包括土壤气体的对流和土壤气体的扩散。

（1）土壤气体的对流。土壤气体的对流是指土壤与大气间由总压力梯度推动的气体的整体流动，也称为质流。土壤与大气间的对流总是由高压区向低压区流动。

（2）土壤气体的扩散。扩散是促使土壤与大气间气体交换的最重要物理过程。在此过程中，各个气体成分按照它们各自的气压梯度而流动。因此土壤中的生物活动总是使 O_2 和 CO_2 的分压与大气保持差别，所以对 O_2 和 CO_2 这两种气体来说，扩散过程总是持续不断进行的。因此，土壤学中把这种土壤从大气中吸收 O_2，同时排出 CO_2 的气体扩散作用，称为土壤呼吸。土壤大孔隙的数量、连续性和充分程度是影响气体交换的重要条件。土壤大孔隙多，互相连通而又未被充水，就有利于气体的交换。但如果土壤被水所饱和或接近饱和，这种气体交换就难以进行。

2.2.4.3 土壤通气性的生态意义

（1）对植物的直接影响。土壤气体为植物的呼吸作用提供必需的氧气。在通气良好的条件下，土壤中的根系长、颜色浅、根毛多，根的生理活动旺盛。缺氧时，根系短而粗、色暗、根毛大量减少，生理代谢受阻。若土壤气体中氧的浓度低于 9% 时，根系发育就受到影响。低于 5% 时，大部分的植物根系就会停止发育。

（2）对土壤微生物生命活动和养分转化的影响。通气良好时，好气微生物活动旺盛，有机质分解迅速、彻底，植物可吸收利用较多的速效养分；通气不良时，有机质分解和养分释放慢，还会产生有毒的还原物质（如硫化氢等）。

（3）对土壤中污染物迁移转化的影响。土壤气体可以为微生物、植物、原生动物等污染物生物转化的功能主体提供生命活动必需的氧气，影响甚至决定其生命活动水平，从而改变土壤中污染物的生物转化与降解周期。如污染土壤生物修复过程中，通气可在一定程度上提高有机污染物的生物降解速率。

2.2.5　土壤生物

土壤生物作为土壤生态系统的核心部分，其数量、活性、种群组成、多样性构成了土壤发育及其特点的核心要素。同时，在污染土壤生物修复过程中作为功能主体，其区系组成更是决定了土壤环境体系中污染物的去除效率和机制。土壤生物主要包括土壤动物、土壤微生物及高等植物根系。

2.2.5.1　土壤动物及其生态意义

土壤动物指长期或一生中大部分时间生活在土壤或地表凋落物层中的动物。它们直接或间接地参与土壤中物质和能量的转化，是土壤生态系统中不可分割的组成部分。土壤动物通过取食、排泄、挖掘等生命活动破碎生物残体，使之与土壤混合，为微生物活动和有机物质进一步分解创造了条件。土壤动物活动使土壤的物理性质（通气状况）、化学性质（养分循环）及生物化学性质（微生物活动）均发生变化，对土壤形成及土壤肥力发展起着重要作用。近年来，随着土壤动物在环境生态毒理学分析中的应用，其对生态环境的指示乃至修复功能也受到了关注。

A　原生动物

原生动物是生活于土壤和苔藓中的真核单细胞动物，属原生动物门，相对于原生动物而言，其他土壤动物门类均为后生动物。原生动物结构简单、数量巨大，只有几微米至几毫米，在土壤剖面上分布为上层多，下层少。已报道的原生动物有300种以上，按其运动形式可把原生动物分为3类：变形虫类（靠假足移动）、鞭毛虫类（靠鞭毛移动）、纤毛虫类（靠纤毛移动）。从数量上以鞭毛虫类最多，主要分布在森林的枯落物层；其次为变形虫类，通常能进入其他原生动物所不能到达的微小孔隙；纤毛虫类分布相对较少。原生动物以微生物、藻类为食物，在维持土壤微生物动态平衡上起着重要作用，可使养分在整个植物生长季节内缓慢释放，有利于植物对矿质养分的吸收。

B　土壤线虫

土壤线虫属线形动物门的线虫纲，是一种体形细长（1 mm左右）的白色或半透明无节动物，是土壤中最多的非原生动物，已报道种类达1万多种，每平方米土壤的线虫个体数达 $10^5 \sim 10^6$ 条。线虫一般喜湿，主要分布于有机质丰富的潮湿土层及植物根系周围。线虫可分为腐生型线虫和寄生型线虫，前者的主要取食对象为细菌、真菌、低等藻类和土壤中的微小原生动物。腐生型线虫的活动对土壤微生物的密度和结构起控制和调节作用，另外通过捕食多种土壤病原真菌，可防止土壤病害的发生和传播。寄生型线虫的寄主主要是活的植物体的不同部位，寄生的结果通常导致植物发病。线虫是多数森林土壤中湿生小型动物的优势类群。

C　蚯蚓

土壤蚯蚓属环节动物门的寡毛亚纲，是被研究最早（自1840年达尔文起）和最多的土壤动物。蚯蚓体圆而细长，其长短、粗细因种类而异，最小的长0.14 mm、宽0.13 mm，最长的达3600 mm、宽24 mm。身体由许多环状节构成，体节数目是分类的特征之一，蚯蚓的体节数目相差悬殊，最多达600多节，最少的只有7节，目前全球已命名的大约有 2700 多种，中国已发现有 200 多种。蚯蚓是典型的土壤动物，主要集中生活在表土层或枯落物层，因为它们主要捕食大量的有机物和矿质土壤，所以有机质丰富的表层，蚯蚓密度最大，平均最高可达每平方米 170 多条。蚯蚓通过大量取食与排泄活动富集养分，促进土壤团粒结构的形成，并通过掘穴、穿行改善土壤的通透性，提高土壤肥力。因此，土壤中蚯蚓的数量是衡量土壤肥力的重要指标。

土壤中主要的动物还包括蠕虫、蛞蝓、蜗牛、千足虫、蜈蚣、蚂蚁、蜘蛛及昆虫等。

2.2.5.2 土壤微生物及其生态意义

土壤微生物是指生活在土中借用光学显微镜才能看到的微小生物，包括细胞核构造不完善的原核生物，如细菌、蓝细菌、放线菌，和完善细胞核结构的真核生物，如真菌、藻类、地衣等。土壤微生物参与土壤物质转化过程，在土壤形成和发育、土壤肥力演变、养分有效化和有毒物质降解等方面起着重要作用。土壤微生物种类繁多、数量巨大，其中以细菌量为最大，占 70%~90%。在每克肥土中可含 25 亿个细菌、70 万个放线菌、10 万个真菌、5 万个藻类及 3 万个原生动物。土壤微生物主要包括细菌、真菌、放线菌和藻类等，其特点主要是在土壤环境中数量高、繁殖快。土壤中的微生物分布十分不均匀，受空气、水分、黏粒、有机质和氧化还原物质分布的制约。另外，土壤微生物在土壤生态系统的物质循环起着重要的分解作用，具体包括分解有机质、合成腐殖质等，对土壤总的代谢活性至关重要。土壤细菌、真菌等微生物对有机污染物的降解和对重金属的转化或固定已成为土壤生物修复的重要研究内容。

A 土壤细菌

土壤细菌是一类单细胞、无完整细胞核的生物，细菌菌体通常很小，直径为 0.2~0.5 μm，长度约几微米，因而土壤细菌所占土壤体系重量并不高，但由于其数量庞大，变异性与适应性好，故对土壤生态系统中污染物的转化起重要作用。细菌的基本形态有球状、杆状和螺旋状 3 种，相应的细菌种类则为球菌、杆菌和螺旋菌。土壤中存在各种细菌生理群，其中主要的有纤维分解细菌、固氮细菌、氨化细菌、硝化细菌和反硝化细菌等。它们在土壤元素循环中起着主要作用。

B 土壤真菌

土壤真菌是指生活在土壤中菌体多呈分枝丝状菌丝体，少数菌丝不发达或缺乏菌丝的具有真正细胞核的一类微生物。在土壤中细菌与真菌的菌体质量比较接近，可见土壤真菌也是构成土壤微生物生物量的重要组成部分。土壤真菌属好氧性微生物，通气良好的土壤中多，通气不良或渍水的土壤中少；土壤剖面表层多，下层少。土壤真菌为化能有机营养型，以氧化含碳有机物质获取能量，是土壤中糖类、纤维类、果胶和木质素等含碳物质分解的积极参与者。

C 土壤放线菌

土壤放线菌是指生活于土壤中呈丝状单细胞、革兰氏阳性的原核微生物。土壤放线菌数量仅次于土壤细菌，通常是细菌数量的 1%~10%。每克土中有 10 万个以上放线菌，占土壤微生物总数的 5%~30%。土壤中的放线菌和细菌、真菌一样，参与有机物质的转化。多数放线菌能够分解木质素、纤维素、单宁和蛋白质等复杂有机物。放线菌在分解有机物质过程中，除了形成简单化合物以外，还产生一些特殊有机物，如生长刺激物质、维生素、抗菌素及挥发性物质等。

D 土壤藻类

土壤藻类是指土壤中的一类单细胞或多细胞、含有各种色素的低等植物。土壤藻类构造简单，个体微小，并无根、茎、叶的分化。大多数土壤藻类为无机营养型，可由自身含有的叶绿素利用光能合成有机物质，所以这些土壤藻类常分布在表土层中。也有一些藻类可分布在较深的土层中，这些藻类常是有机营养型，它们利用土壤中有机物质为碳营养，进行生长繁殖，但仍保持叶绿素器官的功能。

土壤藻类可分为蓝藻、绿藻和硅藻 3 类。蓝藻也称蓝细菌，其形态为球状或丝状，细胞内含有叶绿素 a、藻蓝素和藻红素。绿藻除了含有叶绿素外还含有叶黄素和胡萝卜素。硅藻为单细胞或群体的藻类，它除了有叶绿素 a、叶绿素 b 外，还含有胡萝卜素和多种叶黄素。

土壤藻类可以和真菌结合成共生体，在风化的母岩或贫瘠的土壤上生长，积累有机质，同时加速土壤形成。有些藻类可直接溶解岩石，释放出矿质元素，如硅藻可分解正长石、高岭石，补充土壤钾素。许多藻类在其代谢过程中可分泌出大量黏液，从而改良了土壤结构性。藻类形成的有机质比较容易分解，对养分循环和微生物繁衍具有重要作用。在一些沼泽化林地中，藻类进行光合作用时，吸收水中的二氧化碳，放出氧气，从而改善了土壤的通气状况。

E 地衣

地衣是真菌和藻类形成的不可分离的共生体。地衣广泛分布在荒凉的岩石、土壤和其他物体表面，地衣通常是裸露岩石和土壤母质的最早定居者。因此，地衣在土壤发生的早期起重要作用。

2.2.5.3 高等植物根系

高等植物根系作为土壤生物的重要组成部分，是植物吸收水分和养分的主要器官，另外土壤中的重金属、有机物等污染物也是通过植物根系的吸收、转运到达植物地上部分，对植物的生长发育起着不可忽视的作用，同时在土壤系统中污染物的富集和去除也扮演了重要的角色，植物修复已成为目前世界范围内广泛使用的绿色生物修复技术。另外，在土壤生态系统的生成和发育过程中，植物根系和微生物、土壤动物等共同作用，在水分的参与下，形成了特定的土壤水、肥、气、热条件，对土壤的生产力和净化能力都有重要的影响。

2.3 土壤基本性质

2.3.1 土壤物理性质

从物理学的观点来看，土壤是一个极其复杂的、三相物质的分散系统。它的固相基质包括大小、形状和排列不同的土粒。这些土粒的相互作用和组织，决定着土壤结构与孔隙的特征，水和空气就在孔隙中保存和传导。土壤的三相物质的组成和它们之间强烈的相互作用，表现出土壤的各种物理性质。

2.3.1.1 土壤质地

任何一种土壤，都是由粒径不同的各种土粒组成的。也就是说，任何一种土壤都不可能只有单一的粒级。但是土壤中各粒级的含量也不是平均分配的，而是以某一级或两级颗粒的含量和影响为主，从而显示出不同的颗粒性质。把土壤中各粒级土粒质量分数的组合，称为土壤质地（或称土壤颗粒组成、土壤机械组成）。通常所说的砂土、壤土和黏土等，就是根据粗细不同的土粒各占的质量分数来决定的。土壤质地是土壤的重要物理性质之一，对土壤肥力有重要的影响。

A 土壤质地分类

a 国际制土壤质地分类

国际制土壤质地分类是一种三级分类法，即按砂粒、粉粒、黏粒 3 种粒级的质量分数划分为 4 类 12 种（见表 2-1）。国际制土壤质地分类的主要标准是：以黏粒含量 15% 作为砂土类、壤土类和黏壤土类的划分界限；而以黏粒含量 25% 为黏壤土类和黏土类的划分界限；以粉砂含量达 45% 以上作为"粉砂质"土壤的定名标准；以砂粒含量达 85% 以上为划分砂土类的界限；砂粒含量在 55%～85% 时，作为"砂质"土壤定名标准。新中国成立前我国多采用这种分类，目前有的地区仍在采用。

表 2-1 国际制土壤质地分类标准

质 地 分 类		所含各级土粒质量分数/%		
类别	名　　称	黏粒 （<0.002 mm）	粉（砂）粒 （0.02～0.002 mm）	砂粒 （2～0.02 mm）
砂土类	1. 砂土及壤质砂土	0～15	0～15	85～100
壤土类	2. 砂质壤土 3. 壤土 4. 粉砂质壤土	0～15 0～15 0～15	0～45 30～45 45～100	55～85 40～55 0～55
黏壤土类	5. 砂质黏壤土 6. 黏壤土 7. 粉砂质黏壤土	15～25 15～25 15～25	0～30 20～45 45～85	55～85 30～55 0～40
黏土质	8. 砂质黏土 9. 壤质黏土 10. 粉砂质黏土 11. 黏土 12. 重黏土	25～45 25～45 25～45 45～65 65～100	0～20 0～45 45～75 0～35 0～35	55～75 10～55 0～30 0～55 0～35

b 中国制土壤质地分类

我国北方寒冷少雨，风化较弱，土壤中砂粒、粉粒含量较多，细黏粒含量较少。南方气候温暖，雨量充沛，风化作用较强，故土壤中细黏粒含量较多。所以，砂土的质地分类中的砂粒含量等级主要以北方土壤的研究结果为依据。而黏土质地分类中的细黏粒含量的等级则主要以南方土壤的研究结果为依据。对于南北方过渡的中等风化程度的土壤，根据砂粒和细黏粒含量是难以区分的，因此，以其含量最多的粗粉粒作为划分壤土的主要标准，再参照砂粒和细粒的含量来区分。中国科学院南京土壤研究所等单位综合国内研究结果，将土壤分为 3 大组 12 种质地（见表 2-2）。

表 2-2　我国土壤质地分类标准

质　地　分　类		颗粒组成（质量分数）/%		
类别	名　　称	砂粒 （1~0.05 mm）	粉粉粒 （0.05~0.01 mm）	细黏粒 （<0.001 mm）
砂土	粗砂土	>70	—	<30
	细砂土	60~70	—	
	面砂土	50~60	—	
壤土	砂粉土	≥20	≥40	
	粉土	<20		
	砂壤土	≥20		
	壤土	<20	<40	
黏土	砂黏土	≥50	—	≥30
	粉黏土	—	—	30~35
	壤黏土	—	—	35~40
	黏土	—	—	40~60
	重黏土	—	—	>60

B　土壤质地与肥力的关系

土壤的固、液、气三相组成中，液相和气相状况是由固体颗粒的特性和组合状况决定的，也就是取决于土壤质地状况。因此，土壤质地是土壤最基本的性状之一。它常常是土壤通气、透水、保水、保肥、保温、导温和耕性等的决定性因素，我国农民历来重视土壤质地问题，因为它和土壤肥力、作物生长的关系最为密切、最为直接。现将不同质地土壤的肥力特性综述如下。

a　砂土类

砂土类由于粒间孔隙大，毛管作用弱，通气透水性强，内部排水通畅，不易积聚还原性有毒物质。整地无须深沟高畦，灌水时畦幅可较宽，但畦不宜过长，否则因渗水太快造成灌水不匀，甚至畦尾无水。砂性土水分不易保持，水蒸气也很容易通过大孔隙而迅速扩散逸向大气。因此，土壤容易干燥、不耐旱。毛管上升水的高度小，故地下水上回润表土的可能性小。

砂质土主要矿物成分是石英，含养分少，要多施有机肥料。砂土保肥性差，施肥后因灌水、降雨而易淋失。因此施用化肥时，要少施勤施，防止漏失。施入砂土的肥料，因通气好，养分转化供应快，一时不被吸收的养分，土壤保持不住，故肥效常表现为猛而不稳，前劲大而后劲不足。如只施基肥不注意追肥，会产生"发小苗不发老苗"的现象。因此砂土施肥除增施有机肥作基肥外，还必须适时追肥。

砂质土经常处于通气良好状态，好气性微生物活动强烈，土壤中有机质分解迅速，易释放有效养分，促使作物早发。但有机质不易积累，一般有机质含量比黏土类少。砂质土因含水量小，热容量较小，易增温也易降温，昼夜温差较大，这对某些作物是不利的，如小麦返青后容易因此而受冻害，但对薯类及其他块根块茎类作物，在块根块茎生长时，有利于淀粉的累积。砂土在早春气温上升时很快转暖，所以称为"热性土"，但晚秋一遇寒潮，温度下降也快，易受冻害。砂质土松散易耕，但缺少有机质的砂土泡水后易沉淀板实、闭气，且不易插秧，要边耕边插，混水插秧。

b 黏土类

黏质土由于粒间孔隙很小，多为极细毛管孔隙和无效孔隙，故通气不良，透水性差，内部排水慢，易受渍害和积累还原性有毒物质。故需"深沟高畦"以利排水通气。

黏土一般矿质养分较丰富，特别是钾、钙、镁等含量较多。这一方面是因为黏粒本身含养分多，同时还因为黏粒有较强的吸附能力，使养分不易淋失，因黏土通气性差、好气性微生物受到抑制，有机质分解较慢，易于积累腐殖质，故黏土中有机质和氮素一般比砂土高。在施用有机肥和化肥时，由于分解慢和土壤保肥性强，表现为肥效迟缓，肥劲稳长。

黏土保水力强，含水量多，热容量较大，增降温慢，昼夜温差小。早春升温时土温上升较慢，故又称"冷性土"。低温时黏土在早稻前期容易因低温而僵苗不发。在黏土上，一般作物的小苗生长期也常由于土温低、氧气少、有效养分少，而生长缓慢，小苗瘦弱矮黄；但生长后期因肥劲长、水分养分充足而生长茂盛，甚至贪青晚熟，即所谓"老苗不发小苗发"现象。黏土干时紧实坚硬，湿时泥烂。耕作费力，宜耕期短。在黏土中，顶土力弱的种子不易发芽出苗，容易产生缺苗断垄现象。因此黏土必须掌握宜耕期耕作，注意整地质量。

c 壤土类

这类土壤由于砂黏适中，兼有砂土类、黏土类的优点，消除了砂土类和黏土类的缺点，是农业生产上质地比较理想的土壤。它既有一定数量的大孔隙，又有相当多的毛管孔隙，故通气透水性良好，又有一定的保水保肥性能。含水量适宜，土温比较稳定。黏性不大，耕性较好，宜耕期较长。适宜各种作物，"既发小苗又发老苗"。有些地方群众所称的"四砂六泥"或"三砂七泥"的土壤就大致相当于壤质土。

从上面的讨论可以看到，土壤质地与土壤性质和肥力有极为重要的关系，而土壤质地主要是一种较稳定的自然属性。但是，质地不是决定土壤肥力的唯一因素，一种土壤在质地上的缺点，可通过改善土壤结构或调整颗粒组成而得到改善。

2.3.1.2 土壤结构性

A 土壤结构及结构性

自然界中土壤固体颗粒完全呈单粒状况存在是很少见的。在内外因素的作用下，土粒相互团聚成大小、形状和性质不同的团聚体，称为土壤结构，或叫土壤结构体。而土壤结构性是指土壤中结构体的形状、大小及排列情况。土壤结构性影响着土壤中水肥气热状况，从而在很大程度上反映了土壤肥力水平。结构性与耕作性质也有密切关系，所以它是土壤的一种重要物理性质。

B 土壤结构的类型

土壤结构类型的划分主要根据结构的形状和大小，不同结构具有不同的特性。目前国际上尚无统一的土壤结构分类标准，常见的结构有以下几种类型。

（1）块状结构，近立方体型，纵轴与横轴大致相等，边面与棱角不明显。按其大小又可分为大块状结构（轴长大于 5 cm）、块状结构（轴长 3~5 cm）和碎块状结构（轴长

0.5～3 cm）。这类结构在土质黏重、缺乏有机质的表土中常见。特别是土壤过湿或过干时，最易形成。块状结构的内部孔隙小、土壤紧实而不透气，微生物活动微弱，植物根系也不易穿插进去。块状结构还影响插种质量，使地面高低不平，插种深浅不一，有的露籽，有的种子压在土块下面难以出苗。经过耙地及中耕后，一部分块状结构可变成较小的碎块状结构，碎块状结构的性状比块状结构为好，对农作物的生长较有利。

（2）核状结构，近立方体型，边面和棱角较明显，轴长 0.5～1.5 cm，在黏土而缺乏有机质的心、底土层中较多。

（3）柱状结构，这类结构纵轴远大于横轴，在土体中呈直立状态。按棱角明显程度分为两种：棱角不明显的叫柱状结构；棱角明显的叫棱柱状结构。这类结构往往在心、底土层中出现，是在干湿交替的作用下形成的。在南方发育于下蜀系黄土母质的黄泥土，其心土和底土即有棱柱状结构。碱土和碱化土壤的心土常有柱状结构。有这种结构的土壤，土体紧实，结构体内孔隙少，但结构体之间有明显裂隙。水稻田心土中有棱柱状结构，就会引起漏水、漏肥。

（4）片状结构，横轴远大于纵轴呈扁平薄片状，老耕地的犁底层中常见到。厚度稍薄，团聚体较弯曲的，称为鳞片状结构。此外，在雨后或灌水后所形成的地表结壳和板结层，也属于片状结构体。这种结构体不利于通气透水，会阻碍种子发芽和幼苗出土，还加大土壤水分蒸发。因此，生产上要进行雨后中耕松土，以破除地表结壳。

（5）团粒结构，团粒是指近似球形，疏松多孔的小团聚体，其直径为 0.25～10 mm。粒径在 0.25 mm 以下的称为微团粒。农业生产上最为理想的团粒结构粒径为 2～3 mm。团粒结构是一种较好的结构。根据团粒结构经水浸泡后的稳定程度分为水稳性团粒结构和非水稳性团粒结构，经水浸泡较长时间不散的叫水稳性团粒结构，经水浸泡立即松散的叫非水稳性团粒结构（粒状结构）。我国东北地区的黑土含大量优质的水稳性团粒结构，粒径大于 0.25 mm 的水稳性团粒结构可高达 80% 以上。而我国绝大多数的旱地土壤耕作层则多为非水稳性的团粒结构。即使在肥沃的潮土中，耕层内 0.25～5 mm 的水稳性团粒结构也仅 10% 左右，有的土壤只有 2%～3%。

C　农业土壤剖面结构

土壤剖面就是土壤自上而下的垂直切面。它是土壤内在特性的外在表现，这是土壤形成过程产生的结果，每一类土壤都有它特有的剖面。农业土壤剖面是在不同的自然土壤剖面上发育而来的，旱地的农业土壤剖面如图2-3所示，它包括以下几个层次结构。

（1）耕作层，厚度一般在 20 cm 左右，是受耕作、施肥、灌溉等生产活动和地表生物、气候条件影响最强烈的土层，作物根系分布最多，有机质含量较高、颜色较深，一般为灰棕色至暗棕色。疏松多孔，物理性状好。有机质多的耕层常有团粒和粒状结构，有机质少的耕层往往是碎屑或碎块状结构。耕作层的厚薄和肥力性状，常反映人类生产活动熟化土壤的程度。

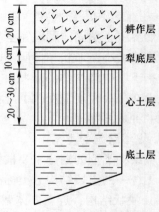

图 2-3　旱地的农业土壤剖面

（2）犁底层，位于耕层以下，厚度约 10 cm，由于长期受耕犁的压实及耕作层中的黏粒被降水和灌溉水携带至该层并沉积的影响，土层紧实，一般较耕层黏性大，结构呈片状。此层有保肥保水作用，但会妨碍根系伸展和土体的透气性，影响作物生长发育，需逐年进行深耕，以消除其不利影响。

（3）心土层，位于犁底层或耕作层以下，厚度为 20~30 cm，此层受上部土体压实而较紧密，受气候和地表植物生长的影响较弱，土壤温度和湿度的变化较小，透气、透水性较差，微生物活动较弱，物质的转化和移动都比较缓慢，植物根系有少量分布。有机质含量较少，颜色较耕作层浅，若土质黏性大则呈核状或棱柱状结构，土体较紧实，耕作层中的易溶性化合物会随水渗到此层来，起保水、保肥的作用，对作物生长发育后期的供肥起着重要作用。

（4）底土层，位于心土层以下，一般在地表 50~60 cm 以下的深度。受气候、作物和耕作措施的影响很小，但受降雨、灌溉、排水的水流影响仍然很大。底土层的性状对于整个土体水分和养分的保蓄、渗漏、供应、通气状况、物质转运、土温变化，都有一定程度的影响，有时甚至还很深刻。

2.3.1.3　土壤孔性

土壤孔性是土壤的一项重要的物理性质，它对土壤肥力有多方面的影响。孔性良好的土壤能够同时满足作物对水分和空气的要求，有利于养分状况的调节，有利于植物根系的伸展。土壤孔性包括孔隙的数量、孔隙的大小及比例，前者决定着液相和气相的总量，后者决定着液相和气相的比例。土壤孔隙的数量，用孔（隙）度或孔隙比表示。土壤孔度一般不直接测定，而是由土壤容重和密度计算而来，土壤孔隙比则是由土壤孔度计算得出。

A　土壤密度

土壤密度是单位容积的固体土粒（不包括粒间孔隙）的干重与 4 ℃时同体积水重之比。土壤密度的数值大小主要取决于土壤的矿物组成，有机质含量对它也有一定影响，多数矿物质的密度在 2.6~2.7 g/cm³ 之间，所以，常把 2.65 g/cm³ 作为土壤表层的平均值。一般土壤有机质的密度为 1.25~1.40 g/cm³，所以，表土的有机质含量较多，其密度通常都低于心土及底土。

B　土壤容重

土壤容重是指单位容积土壤体（包括粒间孔隙）的烘干重，单位为 g/cm³ 或 t/m³，其数值的大小主要取决于土壤质地、腐殖质含量、结构和松紧情况。砂性土的孔隙粗大，但总的孔隙体积较小，容重较大；黏性土的孔隙细小，但总的孔隙体积较大，故容重较小；壤性土的情况，介于两者之间。一般砂性土的容重为 1.2~1.8 g/cm³，黏性土的容重为 1.0~1.5 g/cm³。腐殖质含量越多的土壤，容重越小，对于质地相同的土壤来说，形成团粒结构的土壤容重小，无团粒结构的土壤容重大。耕作后土壤疏松，容重变小，随着时间的延长，土壤受重力作用，容重增大。降雨和灌水使土壤沉实，土粒密结，容重增大。此外，土壤容重与土壤层次有关，耕层容重为 1.10~1.30 g/cm³，能适应多种作物的要求，土层越深则容重越大，可达 1.40~1.60 g/cm³。水稻土浸水耕作之后，浸水容重常小于 1.0 g/cm³。土壤容重大小是土壤肥力高低的重要标志之一。

土壤容重是十分重要的基本数据，其重要性表现在以下几个方面：

（1）反映土壤的松紧度。在土壤质地相似的条件下，容重的大小可以反映土壤的松紧度。容重小，表明土壤疏松多孔，结构性良好，容重大则表明土壤紧实板硬而缺少团粒结构。

（2）计算土壤质量。每公顷的耕层土壤有多少质量，可根据土壤的平均容重来计算；同样，要在一定面积上挖土或填土，也要根据容重来计算。

（3）计算土壤中各种组分的数量。在土壤分析中，制定出土壤中某一种组分，如土壤含水量、有机质含量、养分含量和盐分含量等，要换算成每公顷这些物质的具体数量，作为灌排、施肥的依据，也需要根据容重来进行计算。

C 土壤孔隙状况

（1）土壤孔度。土粒或团聚体之间及团聚体内部的孔隙，称为土壤孔隙。土壤中孔隙的容积占整个土体容积的百分数，称为土壤孔度，也叫总孔度。它是衡量土壤孔隙的数量指标，一般土壤孔度多为 30%～60%。对农业生产来说，土壤孔度以 50% 或稍大于 50% 为好，一般是通过土壤容重和土壤密度来计算。即：

$$土壤孔度（\%）= \left(1 - \frac{容重}{密度}\right) \times 100\% \tag{2-2}$$

（2）土壤孔隙比。土壤孔隙的数量也可用土壤孔隙比来表示，它是土壤中孔隙容积与土粒容积的比值。其值为 1 或稍大于 1 为好。

（3）土壤孔隙的分级。土壤孔度或孔隙比只说明土壤孔隙"量"的问题，并不能说明土壤孔隙"质"的差别。即使是两种土壤的孔度比相同，如果大小孔隙的数量分配不同，则它们的保水、透水、通气及其他性质也会有显著差异。为此，应把孔隙按大小和作用分为若干级。

由于土壤孔隙的形状和连通情况极其复杂，孔径的大小变化多端，难以直接测定。土壤学中所谓的孔隙直径，是指与一定的土壤吸力相当的孔径，称为当量孔径或有效孔径。它与孔隙的形状及均匀性无关。土壤水吸力与当量孔径的关系计算公式如下：

$$d = \frac{300}{F} \tag{2-3}$$

式中 d——孔隙的当量孔径，mm；

　　　　F——土壤水所承受的吸力（土壤水吸力），Pa。

当量孔径与土壤水吸力成反比，孔隙越小则土壤水吸力越大。每一当量孔径与一定的土壤水吸力相对应。例如，当土壤水吸力为 1 kPa 时，当量孔径为 0.3 mm。也就是说，此时的土壤水分保持在孔径为 0.3 mm 以下的孔隙中，而在大于 0.3 mm 的孔隙中则无水。通常将土壤孔隙分为三级：非活性孔、毛管孔和通气孔。

非活性孔是土壤中最微细的孔隙，当量孔径在 0.002 mm 以下，土壤水吸力在 150 kPa 以上。在这种孔隙中，几乎总是被土粒表面的吸附水所充满。土粒对这些水有极强的分子引力，使它们不易运动，也不易损失，不能为作物所利用。这种孔隙内没有毛管作用，也不能通气，在农业利用上是不良的，故也称为无效孔隙。在最微细的无效孔隙（<0.002 mm）中，不但植物的细根和根毛不能伸入，而且微生物也难以侵入，使得孔隙内部的腐殖质分解非常缓慢，因而可以长期保存。

毛管孔是土壤中毛管水所占据的孔隙，其当量孔径为 0.02～0.002 mm。毛管孔中的土壤水吸力为 150～1500 kPa。植物细根、原生动物和真菌等已难进入毛管孔中，但植物根毛和一些细菌可在其中活动，其中保存的水分可被植物吸收利用。

通气孔比较粗大，其当量孔径大于 0.02 mm，相应的土壤水吸力小于 15 kPa。这种孔隙中的水分，主要受重力支配而排出，不具毛管作用，成为空气流动的通道，所以叫做通气孔或非毛管孔。通气孔按其直径大小，又可分为粗孔（直径大于 0.2 mm）和中孔（直径为 0.2～0.02 mm）两种。前者排水速度快，多种作物的细根能伸入其中；后者排水速度不如前者，作物的细根不能进入，常见的只是一些作物的根毛和某些真菌的菌丝体。

（4）土壤孔隙状况与土壤肥力的关系。土壤孔隙大小和数量影响着土壤的松紧状况，而土壤松紧状况的变化又反过来影响土壤孔隙的大小和数量，二者密切相关。土壤孔隙状况密切影响土壤保水通气能力，土壤疏松时保水与透水能力强；而紧实的土壤蓄水少，渗水慢，在多雨季节易产生地面积水与地表径流，但在干旱季节，由于土壤疏松则易通风跑墒，不利于水分保蓄，多采用耙、耱与镇压等办法，以保蓄土壤水分。松紧和孔隙状况由于影响水、气含量，也就影响养分的有效化和保肥供肥性能，还影响土壤的增温与稳温。因此，土壤松紧和孔隙状况对土壤肥力的影响是巨大的。

（5）土壤孔隙状况与作物生长的关系。从农业生产需要来看，旱作土壤耕层的土壤总孔度为 50%～56%，通气孔度不低于 10%，大小孔隙之比为 1∶2～1∶4，较为合适。但是，各种作物对土壤松紧和孔隙状况的要求也略有不同，因为各种作物、蔬菜、果树等的生物学特性不同，根系的穿插能力不同。如小麦为须根系，其穿插能力较强，当土壤孔度为 38.7%，容重为 1.63 g/cm³ 时，根系才不易透过；黄瓜的根系穿插力较弱，当土壤容重为 1.45 g/cm³，孔度为 45.5% 时，即不易透过；甘薯、马铃薯等作物，在紧实的土壤中根系不易下扎，块根、块茎不易膨大，故在紧实的黏土地上，产量低而品质差；李树对紧实的土壤有较强的忍耐力，故在土壤容重为 1.55～1.65 g/cm³ 的坡地土壤上能正常生长；而苹果树与梨树则要求比较疏松的土壤。

另外，同一种作物，在不同的地区，由于自然条件的悬殊，对土壤的松紧和孔隙状况要求是不同的。据研究，在东北嫩江地区，小麦最适合的土壤容重为 1.3 g/cm³；而在河南长葛与北京郊区，则为 1.14～1.6 g/cm³；研究通气孔隙与甜菜生长的关系发现，通气孔度在 10% 时甜菜产量最高，其缺苗率减少至最小范围，通气孔度低于 8% 时，甜菜产量显著下降。

2.3.1.4 土壤水分特征

土壤水分特征曲线是土壤水的基质势或水吸力与土壤含水量的关系曲线，反映了土壤水的能量和数量之间的关系及土壤水分基本物理特性。

A 土壤水分特征曲线

土壤水分的基质势与含水率的关系，目前还不能根据土壤的基本性质从理论上分析得出，通常是用原状土样测定其在不同水吸力（或基质势）下的相应含水率后绘制出来的，如图 2-4 所示。

当土壤中的水分处于饱和状态时，含水率为饱和含水率 θ_s，而吸力 S 或基质势 φ_m 为零。若对土

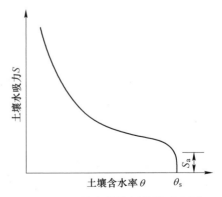

图 2-4 土壤水分特征曲线示意图

壤施加微小的吸力，土壤中还无水排出，则含水率维持饱和值。当吸力增加至某一临界值 S_a 后，由于土壤中最大孔隙不能抗拒所施加的吸力而继续保持水分，于是土壤开始排水，相应的含水率开始减小。饱和土壤开始排水意味着空气随之进入土壤中，故称该临界值 S_a 为进气吸力，或称为进气值。一般地说，粗质地砂性土壤或结构良好的土壤进气值是比较小的，而细质地的黏性土壤的进气值相对较大。由于粗质地砂性土壤具有大小不同的孔隙，故进气值的出现往往较细质土壤明显。当吸力进一步提高，次大的孔隙接着排水，土壤含水率随之进一步减小，如此，随着吸力不断增加，土壤中的孔隙由大到小依次不断排水，含水率越来越小，当吸力很高时，仅在十分狭小的孔隙中才能保持着极为有限的水分。

　　B　影响因素

（1）土壤质地。不同质地，其土壤水分特征曲线各不相同。一般而言，黏粒含量越高，同一吸力条件下土壤的含水量越大，或同一含水量下其吸力值越高。这是因为土壤中黏粒含量增多会促使土壤中的细小孔隙发育。图 2-5 是低吸力下实测的几种土壤的水分特征曲线（只绘出脱湿过程）。其中黏质土壤随着吸力的提高含水量缓慢减少；而与之相比，砂质土壤曲线则变化突出。究其原因，在于黏质土壤孔径分布较为均匀，故水分特征曲线变化平缓；而砂质土壤，由于绝大部分孔隙都比较大，随着吸力的增大，这些大孔隙中的水首先排空，土壤中仅有少量的水存留，呈现出一定吸力以下缓平，而较大吸力时陡直的特点。

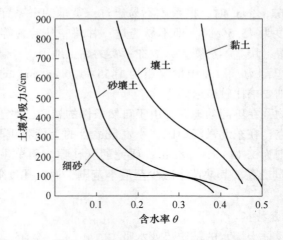

图 2-5　不同土壤的水分特征曲线（低吸力脱湿过程）

　　（2）土壤结构及土温。土壤结构也会影响水分特征曲线，在低吸力范围内，此种作用更为明显。土壤越密实，则大孔隙数量越少，中小孔径的孔隙越多。因此，在同一吸力值下，干容重越大的土壤，相应的含水率一般也要大些。此外，温度升高，水的黏滞性和表面张力下降，基质势相应增大，或者说土壤水吸力减少。在低含水率时，这种影响表现更为明显。

　　（3）土壤水分变化过程。土壤水分特征曲线和土壤中水分变化的过程密切相关。对于同一土壤，土壤水分特征曲线并非固定的单一曲线。由土壤脱湿（由湿变干）过程和土壤吸湿（由干变湿）过程测得的水分特征曲线不同（见图 2-6），这一现象称为滞后现象。滞后现象在砂土中比在黏土中明显，这是因为在一定吸力下，砂土由湿变干时，要比由干变湿时含有更多的水分。产生滞后现象的原因可能与土壤颗粒的胀缩性及土壤孔隙的分布特点（如封闭孔隙、大小孔隙的分布等）有关。

2.3.1.5 土壤通气性

土壤通气性是指气体透过土体的性能，它反映土壤特性对土壤空气更新的综合影响。土壤空气与大气的交换，主要取决于气体的扩散作用，而扩散作用只能在未被水占据的空气孔隙中进行。因此，土壤通气性的好坏，主要取决于土壤的总孔度特别是空气孔度的大小。土

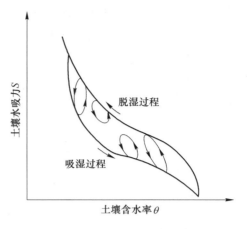

图 2-6 水分土壤特征曲线的滞后现象

壤通气性对于保证土壤空气的更新有重大意义，如果土壤没有通气性，土壤空气中的氧在很短时期内就会被全部消耗，而 CO_2 含量则会过高地增加，以致危害作物的生长。所以，土壤通气性的重要性可归结为通过与大气交流，不断更新土壤空气组成，保持土体各部分的气体组成趋向均一。衡量土壤的通气性常采用下列 3 种指标：

（1）空气孔度，即非毛管孔隙度。一般将非毛管孔隙度不低于 10% 作为土壤通气性良好的指标；或将土壤空气孔度占总孔度的 1/5~2/5，而且分布比较均匀时，作为土壤通气性良好的标志。

（2）土壤的氧扩散率。土壤氧扩散率是指氧被呼吸消耗或被水排出后重新恢复的速率，以单位时间内扩散通过单位面积土层的氧量表示，单位为 $mg/(cm^2 \cdot min)$。土壤氧扩散可作为土壤通气性的直接指标，一般要求在 30 $mg/(cm^2 \cdot min)$ 以上，植物才可良好生长。

（3）氧化还原电位（E_h 值）。土壤通气状况在很大程度上决定了其氧化还原电位，所以氧化还原电位也是土壤通气性的指标之一。一般以 E_h 值 300 mV 为界，大于此值土壤处于氧化态，小于此值为还原态。

土壤通气性好坏直接与土壤中植物的生长、微生物群落组成和活性及溶解氧等相关，因而影响到土壤中养分元素、污染元素、有机化学品等众多物质的环境行为。通气良好的土壤中，植物根生理活动旺盛，根分泌作用强，好气性微生物数量增加、活性增强，土壤中溶解氧浓度高，从环境意义角度，势必对重金属、农药等有机污染物在土壤中的迁移转化及降解过程产生影响，因而在污染土壤的修复研究中有着重要的意义。

2.3.1.6 土壤力学性质与耕性

土壤受外力作用（如耕作）时，显示出一系列动力学特性，统称土壤力学性质（又称物理机械性）。主要包括黏结性、黏着性和塑性等。耕性是土壤在耕作时所表现的综合性状，如耕作的难易，耕作质量的好坏，宜耕期的长短等。土壤耕性是土壤力学性质的综合反映。

A 土壤黏结性

土壤黏结性是土粒与土粒之间由于分子引力而相互黏结在一起的性质。这种性质使土

壤具有抵抗外力破碎的能力，是耕作阻力产生的主要原因。干燥土壤中，黏结性主要由土粒本身的分子引力引起。而在湿润时，由于土壤中含有水分，土粒与土粒的黏结常常是以水膜为媒介的，因此实际上它是土粒-水膜-土粒之间的黏结作用。同时，粗土粒可以通过细土粒（黏粒和胶粒）为媒介而黏结在一起，甚至通过各种化学胶结剂为媒介而黏结。土壤黏结性的强弱，可用单位面积上的黏结力（g/cm^2）来表示。土壤的黏结力，包括不同来源和土粒本身的内在力。有范德华力、库仑力及水膜的表面张力等物理引力，有氢键的作用，还往往有如化学胶结剂（腐殖质、多糖胶、碳酸钙等）的胶结作用等化学键能的参与。

B　土壤黏着性

土壤黏着性是土壤在一定含水量范围内，土粒黏附在外物（农具）上的性质，即土粒-水-外物相互吸引的性能。土壤黏着力的单位仍用 g/cm^2 表示。土壤开始呈现黏着性时的最小含水量称为黏着点；土壤丧失黏着性时的最大含水量，称为脱黏点。

C　黏结性与黏着性的影响因素

土壤黏结性和黏着性均发生于土粒表面，同属表面现象，影响因素相同，主要有土壤活性表面和含水量高低两个方面。

（1）土壤比表面及其影响因素。土壤质地、黏粒矿物种类、交换性阳离子组成及土壤团聚化程度等，都是影响其黏结性和黏着性大小的因素。土壤质地越黏重，黏粒含量越高，尤其是 2∶1 型黏粒矿物含量高，交换态钠在交换性阳离子中占的比例大，而使土粒高度分散等，则黏结性与黏着性增强；反之，土粒团聚化降低了彼此间的接触面，所以有团粒结构的土壤就整体来说黏结力与黏着性减弱。腐殖质的黏结力与黏着力比黏粒小，当腐殖质成胶膜包被黏粒时，可减弱黏粒的黏结性和黏着性。同时，腐殖质还能促进团粒结构的形成、减少土壤分散度，有利于减弱砂质土壤的黏结性与黏着性。腐殖质的黏结性与黏着性比砂粒大，故可改善砂土过于松散的缺点。

（2）土壤含水量。土壤含水量的多少，对黏结性和黏着性的强弱的影响很大。一个完全干燥和分散的土粒，彼此间在常压下不表现黏结力。加入少量水后就开始显现黏结性，这是由于水膜的黏结作用。当水膜分布均匀，并且所有土粒接触点上都出现接触点的弯月面时，黏结力达最大值。此后，随着含水量的增加，水膜不断加厚，土粒之间的距离不断增大，黏结力便越来越弱了。所以，在适度的含水量范围内，土壤才有最强的黏结性。

就土壤黏着性来说，开始出现黏着性的含水量要比开始出现黏结性的含水量为大，这就是说，当在土壤水量低时，水膜很薄，土壤主要表现黏结现象；当含水量增加顺水膜加厚到一定程度时，水分子除了能为土粒吸引外，也能为各种物质（如农具、木器或人体）所吸引，表现出黏着性；土壤含水量再继续增加，则水膜过厚，黏着性又减弱，当土壤表现出流体的性质时黏着性完全消失。

D　土壤塑性

塑性是指土壤在外力的作用下变形，当外力撤销后仍能保持这种变形的特性，也称可塑性。土壤塑性是片状黏粒及其水膜造成的。一般认为，过干的土壤不能任意塑形，泥浆状态土壤虽能变形，但不能保持变形后的状态。因此，土壤只有在一定含水量范围内才具有塑性。此时，土粒间的水膜已厚到允许土粒滑动变形，但又没有丧失其黏结性，否则所施压力解除或干燥后就不能维持变形后的形状。此外，土壤塑性还必须以具有一定的黏结性为前提。例如，湿砂是可塑的，但干后就散碎了，因为它的黏结力很弱，所以砂土不具有塑性。因此，完全没有黏结性的土壤也没有塑性，而黏结性很弱的土壤不会有明显的塑性。

土壤呈现塑性的含水量范围，称为塑性范围，它的上、下限分别叫做上、下塑限，两者之差称为塑性值。塑性值越大，塑性越强。土壤塑性值的大小与黏结性强弱呈现正相关的趋势。凡是影响土壤黏结性的因素（也就是影响土壤表面积大小的因素和土粒形状等）都影响塑性。然而，其中有一点值得注意，即土壤有机质能明显减弱土壤黏结性，提高土壤上、下塑限，但几乎不改变其塑性值。

E　土壤耕性

土壤耕性是指由耕作所表现出来的土壤物理性质，它包括：（1）耕作时土壤对农具操作的机械阻力，即耕的难易问题；（2）耕作后与植物生长有关的土壤物理性状，即耕作质量问题。因此，对土壤耕性的要求包括耕作阻力尽可能小，以便于作业和节约能源，耕作质量高，耕翻的土壤要松碎，便于根的穿扎和有利于保温、保墒、通气和养分转化，适耕期尽可能长。由于耕性是土壤力学性质在耕作上的综合反映，因此凡是影响土壤力学性质的因子，如土壤质地、有机质含量、土壤结构性及含水量等，必定影响着土壤的耕性。

2.3.2　土壤化学性质

2.3.2.1　土壤胶体特性及吸附性

A　土壤胶体及种类

土壤胶体是指土壤中粒径小于 2 μm 或小于 1 μm 的颗粒，为土壤中颗粒最细小而最活跃的部分。按成分和来源，土壤胶体可分为无机胶体、有机胶体和有机无机复合胶体3 类。

（1）无机胶体，包括成分简单的晶质和非晶质的硅、铁、铝的含水氧化物，成分复杂的各种类型的层状硅酸盐（主要是铝硅酸盐）矿物。常把此两者统称为土壤黏粒矿物，因其同样都是岩石风化和成土过程的产物，并同样影响土壤属性。含水氧化物主要包括水化程度不等的铁和铝的氧化物及硅的水化氧化物。其中又有结晶型与非晶质无定型之分，结晶型的如三水铝石（$Al_2O_3 \cdot 3H_2O$）、水铝石（$Al_2O_3 \cdot H_2O$）、针铁矿（$Fe_2O_3 \cdot H_2O$）、褐铁矿（$2Fe_2O_3 \cdot 3H_2O$）等；非晶质无定型如不同水化度的 $SiO_2 \cdot nH_2O$、$Fe_2O_3 \cdot nH_2O$、$Al_2O_3 \cdot nH_2O$ 和 $MnO_2 \cdot nH_2O$ 及它们相互复合形成的凝胶、水铝英石等。

（2）有机胶体，主要是腐殖质，还有少量的木质素、蛋白质、纤维素等。腐殖质胶体含有多种官能团，属两性胶体，但因等电点较低，所以在土壤中一般带负电，因而对土壤中无机阳离子特别是重金属等土壤吸附性能影响巨大。但它们不如无机胶体稳定，较易被微生物分解。

（3）有机无机复合胶体，土壤的有机胶体很少单独存在，大多通过多种方式与无机胶体相结合，形成有机无机复合体，其中主要是二、三价阳离子（如钙、镁、铁、铝等）或官能团（如羟基、醇羟基等）与带负电荷的黏粒矿物和腐殖质的连接作用。有机胶体主要以薄膜状紧密覆盖于颗粒矿物的表面上，还可能进入黏粒矿物的晶层之间。土壤有机质含量越低，有机无机复合度越高，一般变动范围为 50%~90%。

B　土壤胶体特性

土壤胶体是土壤中最活跃的部分，其构造由微粒核及双电层两部分构成，这种构造使土壤胶体产生表面特性及电荷特性，表现为具有较大的表面积并带有电荷，能吸附各种重金属等污染元素，有较大的缓冲能力，对土壤中元素的保持和忍受酸碱变化及减轻某些毒性物质的危害有重要的作用。此外，受其结构的影响，土壤胶体还具有分散、絮凝、膨胀、收缩等特性，这些特性与土壤结构的形成及污染元素在土壤中的行为均有密切的关系。而它所带的表面电荷则是土壤具有一系列化学、物理化学性质的根本原因。土壤中的化学反应主要为界面反应，这是由于表面结构不同的土壤胶体所产生的电荷，能与溶液中的离子、质子、电子发生相互作用。土壤表面电荷数量决定着土壤所能吸附的离子数量，而由土壤表面电荷数量与土壤表面积所确定的表面电荷密度，则影响着对这些离子的吸附强度。所以，土壤胶体特性影响着污染元素、有机污染物等在土壤固相表面或溶液中的积聚、滞留、迁移和转化，是土壤对污染物有一定自净作用和环境容量的基本原因。

C　土壤吸附性

土壤是永久电荷表面与可变电荷表面共存的体系，可吸附阳离子，也可吸附阴离子。土壤胶体表面能通过静电吸附的离子与溶液中的离子进行交换反应，也能通过共价键与溶液中的离子发生配位吸附。因此，土壤学中将土壤吸附性定义为：土壤固相和液相界面上离子或分子的浓度大于整体溶液中该离子或分子浓度的现象称为正吸附。在一定条件下也会出现与正吸附相反的现象，即称为负吸附，是土壤吸附性能的另一种表现。土壤吸附性是重要的土壤化学性质之一。它取决于土壤固相物质的组成、含量、形态和溶液中离子的种类、含量、形态，以及酸碱性、温度、水分状况等条件及其变化，影响着土壤中物质的形态、转化、迁移和有效性。按产生机理的不同可将土壤吸附性分为交换性吸附、专性吸附、负吸附及化学沉淀与土壤吸附等。

（1）交换性吸附。交换性吸附指带电荷的土壤表面借静电引力从溶液中吸附带异号电荷或极性分子。在吸附的同时，有等当量的同号另一种离子从表面上解吸而进入群液。其实质是土壤固液相之间的离子交换反应。

（2）专性吸附。相对于交换吸附而言，专性吸附是非静电因素引起土壤对离子的吸附。土壤对重金属离子专性吸附的机理有表面配合作用说和内层交换说等；对于多价含氧酸根等阴离子专性吸附的机理则有配位体交换说和化学沉淀说。这种吸附仅发生在水合氧化物型表面（也即羟基化表面）与溶液的界面上。

（3）负吸附。负吸附指与上述两种吸附相反的，土壤表面排斥阴离子或分子的现象，表现为土壤固液相界面上，离子或分子的浓度低于整体溶液中该离子或分子的浓度。其机理是静电因素引起的，即阴离子在负电荷表面的扩散双电层中受到相斥作用；是土壤体系力求降低其表面能以达体系的稳定，因此凡会增加体系表面能的物质都会受到排斥。在土壤吸附性能的现代概念中的负吸附仅指前一种（阴离子），后者（分子）常归入土壤物理性吸附范畴。

（4）化学沉淀与土壤吸附。化学沉淀与土壤吸附指进入土壤中的物质与土壤溶液中的离子（或固相表面）发生化学反应，形成难溶性的新化合物而从土壤溶液中沉淀而出（或沉淀在固相表面上）的现象，实为化学沉淀反应，而不是界面化学行为的土壤吸附现象。但在实践上有时两者很难区分。

2.3.2.2　土壤酸碱性

土壤酸碱性与土壤的固相组成和吸收性能有着密切的关系，是土壤的一个重要化学性质，对植物生长和土壤生产力以及土壤污染与净化都有较大的影响。

A　土壤 pH 值

土壤酸碱性常用土壤溶液的 pH 值表示。土壤 pH 值常被看作土壤性质的主要变量，它对土壤的许多化学反应和化学过程都有很大影响，对土壤中的氧化还原、沉淀溶解、吸附、解吸和配位反应起支配作用。土壤 pH 值对植物和微生物所需养分元素的有效性有显著的影响，在 pH 值大于 7 的情况下，一些元素特别是微量金属阳离子如 Zn^{2+}、Fe^{3+} 等的溶解度降低，植物和微生物会受到由于此类元素的缺乏而带来的负面影响；pH 值小于 5.0 时，铝、锰及众多重金属的溶解度提高，对许多生物产生毒害；更极端的 pH 值预示着土壤中将出现特殊的离子和矿物，例如 pH>8.5，一般会有大量的溶解性 Na^+ 或交换性 Na^+ 存在，而 pH<3 则往往会有金属硫化物存在。

B　土壤酸度

土壤总酸度是用碱（如 $Ca(OH)_2$）进行滴定而获得的，它包括了各种形态的酸，其大小顺序是：（1）土壤潜在酸（或储备酸）是与固相有关的土壤全部滴定酸，其大小等于土壤非交换性酸和交换酸之总和。（2）土壤的非交换性酸是不能被浓中性盐（一般是 1.0 mol/L 的 KCl）置换或极慢置换进入溶液的结合态 H^+ 和 Al^{3+}。非交换性酸与腐殖质的弱酸性基、有机质配合的铝、矿物表面强烈保持的羟基铝等有密切关系。（3）土壤的交换性酸是能被浓中性盐（往往是 1.0 mol/L 的 KCl）置换进入溶液的结合态 H^+ 和 Al^{3+}。交换性酸与有机配合铝、腐殖质的易解离酸性基及保持在黏土交换点位上的 Al^{3+} 有关。矿质土壤的交换性酸主要由交换性 Al^{3+} 组成，有机质土壤的交换性酸主要由交换性 H^+ 组成。有些土壤交换性酸的量能超过非交换性酸的量。（4）土壤的活性酸是土壤中与溶液相关的全部滴定酸（主要是溶液中的游离 Al^{3+} 和 H^+）。最好是从土壤溶液中 Al^{3+} 浓度和 pH 值的直接测定进行计算而得。

保持在土壤固体上的、形态明显的酸度和潜在形态（产生质子的）的酸度与土壤 pH 值密切相关。土壤固体表面酸度的重要形态包括：（1）解离而释放酸的有机酸；（2）水解而释放酸的有机-Al^{3+} 配合物；（3）被阳离子交换和水解作为酸释放的交换性 H^+ 和 Al^{3+}；（4）矿物上的非交换性酸，主要指铁、铝氧化物，水铝英石及层状硅酸盐矿物表面吸附的羟基铁和羟基铝聚合物等可变电荷矿物的表面产生的非交换性酸。以上这些形态的酸共同组成土壤潜在酸，因为这些酸性离子在土壤微孔隙中扩散缓慢，铝配合物的解离也相当缓慢，所以他们对土壤溶液中 H^+ 和 Al^{3+} 浓度（土壤活性酸）变化的化学过程反应很迟钝。

C　土壤碱度

土壤碱性反应及碱性土壤形成是自然成土条件和土壤内在因素综合作用的结果。碱性土壤的碱性物质主要是钙、镁、钠的碳酸盐和重碳酸盐，以及胶体表面吸附的交换性钠。形成碱性反应的主要机理是碱性物质的水解反应，如碳酸钙的水解、碳酸钠的水解及交换性钠的水解等。和土壤酸度一样，土壤碱度也常用土壤溶液（水浸液）的 pH 值表示。

土壤碱化与盐化有着发生学上的联系。盐土在积盐过程中，胶体表面吸附有一定数量的交换性钠，但因土壤溶液中的可溶性盐浓度较高，阻止交换性钠水解。所以，盐土的碱度 pH 值一般都在 8.5 以下，物理性质也不会恶化，不显现碱土的特征。只有当盐土脱盐到一定程度后，土壤交换性钠发生解吸，土壤才出现碱化特征。但土壤脱盐并不是土壤碱化的必要条件。土壤碱化过程是在盐土积盐和脱盐频繁交替发生时，促进钠离子取代胶体上吸附的钙、镁离子，从而演变为碱化土壤。

D 影响土壤酸碱度的因素

土壤在一定的成土因素作用下都具有一定的酸碱度范围，并随成土因素的变迁而发生变化，其主要影响因素有以下几个方面：

（1）气候。温度高、雨量多的地区，风化淋溶较强，盐基易淋失，容易形成酸性的自然土壤。半干旱或干旱地区的自然土壤，盐基淋溶少，又由于土壤水分蒸发量大，下层的盐基物质容易随着毛管水的上升而聚集在土壤的上层，使土壤具有石灰性反应。

（2）地形。在同一气候小区域内，处于高坡地形部位的土壤，淋溶作用较强，所以其 pH 值常较低处为低。干旱及半干旱地区的洼地土壤，由于承纳高处流入的盐碱成分较多，或因地下水矿化度高而又接近地表，使土壤常呈碱性。

（3）母质。在其他成土因素相同的条件下，酸性的母岩（如砂岩、花岗岩）常较碱性的母岩（如石灰岩）所形成的土壤有较低的 pH 值。

（4）植被。针叶林的灰分组成中盐基成分常较阔叶树为少，因此发育在叶林下的土壤酸性较强。

（5）人类耕作活动。耕作土壤的酸度受人类耕作活动影响很大，特别是施肥。施用石灰、草木灰等碱性肥料可以中和土壤酸度；而长期用硫酸铵等生理酸性肥料，会因遗留酸根而导致土壤变酸。排灌也可以影响土壤酸碱度。

此外，某些土壤性质也会影响土壤酸碱度，例如盐基饱和度、盐基离子种类和土壤胶体类型。当土壤胶体为氢离子所饱和的氢质土时呈酸性，为钙离子所饱和钙质土时接近中性，而为钠离子所饱和的钠质土时则呈碱性。当土壤的盐基饱和度相同而胶体类型不同时，土壤酸碱度也各异。这是因为不同胶体类型所吸收的 H^+ 具有不同的解离度。

2.3.3 土壤生物学性质

2.3.3.1 土壤酶特性

在土壤成分中，酶是最活跃的有机成分之一，驱动着土壤的代谢过程，对土壤圈中养分循环和污染物质的净化具有重要的作用，土壤酶活性值的大小可较灵敏地反映土壤中生化反应的方向和强度，它的特性是重要的土壤生物学性质之一。土壤中进行的各种生化反应，除受微生物本身活动的影响外，实际上是在各种相应的酶参与下完成的。同时，土壤酶活性大小还可综合反映土壤理化性质和重金属浓度的高低，特别是脲酶的活性可用于监测土壤重金属污染。土壤酶主要来自微生物、土壤动物和植物根，而土壤微小动物对土壤酶的贡献十分有限。植物根与许多微生物一样能分泌胞外酶，并能刺激微生物分泌酶。在土壤中已发现的酶有 50~60 种，研究较多的包括氧化还原酶、转化酶和水解酶等，旨在对土壤环境质量进行酶活性表征。20 世纪 70 年代，国内外学者将土壤酶应用到土壤重金属污染的研究领域，重金属污染的土壤酶监测指标主要有脱氢酶、转化酶和磷酸酶等。

A 土壤酶的存在形态

土壤酶较少游离在土壤溶液中，主要是吸附在土壤有机质和矿质胶体上，并以复合物状态存在。土壤有机质吸附酶的能力大于矿物质，土壤微团聚体中酶活性比大团聚体的高，土壤细粒级部分比粗粒级部分吸附的酶多。酶与土壤有机质或黏粒结合，固然对酶的动力学性质有影响，但它也因此受到保护，增强它的稳定性，防止被蛋白酶或钝化剂降解。

B 土壤环境与土壤酶活性

酶是有机体的代谢动力，因此，酶在土壤中起重要作用，其活性大小及变化可作为土壤环境质量的生物学表征之一。土壤酶活性受多种土壤环境因素的影响。

（1）土壤理化性质。不同土壤中酶活性的差异，不仅取决于酶的存在量，而且也与土壤质地、结构、水分、温度、pH 值、腐殖质、阳离子交换量、黏粒矿物及土壤中 N、P、K 含量等相关。土壤酶活性与土壤 pH 值有一定的相关性，如转化酶的最适 pH 值为 4.5~5.0，在碱性土壤中受到不同程度的抑制；而在碱、中、酸性土壤中都可检测到磷酸酶的活性，最适 pH 值是 4.0~6.7 和 8.0~10；脱氢酶则在碱性土中的活性最大。土壤酶活性的稳定性也受土壤有机质的含量和组成及有机矿质复合体组成、特性的影响。此外，轻质地的土壤酶活性强；小团聚体的土壤酶活性较大团聚体的强；而渍水条件引起转化酶的活性降低，但却能提高脱氢酶的活性。

（2）根际土壤环境。由于植物根系生长作用释放根系分泌物于土壤中，使根际土壤酶活性产生很大变化，一般而言，根际土壤酶活性要比非根际土壤大。同时，不同植物的根际土壤中，酶的活性也有很大差异。例如，在豆科作物的根际土壤中，脲酶的活性要比其他作物根际土壤高；三叶草根际土壤中蛋白酶、转化酶、磷酸酶及接触酶的活性均比小麦根际土壤高。此外，土壤酶活性还与植物生长过程和季节性的变化有一定的相关性，在作物生长最旺盛期，酶的活性也最活跃。

（3）外源土壤污染。许多重金属、有机化合物包括杀虫剂、杀菌剂等外源污染物均对土壤酶活性有抑制作用。重金属与土壤酶的关系主要取决于土壤有机质、黏粒等含量的高低及它们对土壤酶的保护容量和对重金属缓冲容量的大小。土壤酶活性的变化可用于表征受农药等有机物污染的土壤质量的演变。这方面的研究工作大部分集中在除草剂对土壤中转化酶、磷酸酶、蛋白酶、硝酸还原酶、脱氢酶、过氧化氢酶、多酚氧化酶等的影响方面。农药对土壤酶活性的影响，取决于许多因子，包括农药的性质和用量，以及酶的种类、土壤类型及施用条件等。其结果可能是正效应，也可能是负效应，同时也可以生成适于降解某种农药的土壤酶系。一般来说，除杀真菌剂外，施用正常剂量的农药对土壤酶活性影响不大。土壤酶活性可能被农药抑制或激发，但其影响一般只能维持几个月，然后就可能恢复到原来的水平。

2.3.3.2 土壤微生物特性

微生物是土壤重要的组成部分，土壤中普遍分布数量众多的微生物。土壤微生物是土壤有机质、土壤养分转化和循环的动力；同时，土壤微生物对土壤污染具有特别的敏感性，它们是代谢降解有机农药等有机污染物和恢复土壤环境的先锋者。土壤微生物特性，特别是土壤微生物多样性是土壤的重要生物学性质之一。土壤微生物多样性包括其种群多样性、营养多样性及呼吸类型多样性 3 个方面。

A 土壤微生物种群多样性

在土壤植物生态系统中，微生物分布广、数量大、种类多，是土壤生物中最活跃的部分。其分布与活动，一方面反映了土壤生物因素对生物的分布、群落组成及其种间关系的影响和作用；另一方面也反映了微生物对植物生长、土壤环境和物质循环与迁移的影响和作用。目前已知的微生物绝大多数是从土壤中分离、驯化、选育出来的，但只占土壤微生物实际总数的 10% 左右。一般 1 kg 土壤可含 5×10^8 个细菌、1.0×10^{10} 个放线菌、近 1.0×10^9 个真菌和 5×10^8 个微小动物。其种类主要有原核微生物、真核微生物、非细胞型生物（分子生物）——病毒。

B 土壤微生物营养类型的多样性

根据微生物对营养和能源的要求，一般可将其分为 4 大类型。

（1）化能有机营养型（又称化能异养型）所需能量和碳源直接来自土壤有机物质。土壤中大多数细菌和几乎全部真菌及原生动物都属于此类。

（2）化能无机营养型（又称化能自养型）无须现成的有机物质，能直接利用空气中二氧化碳或无机盐类生存的细菌。这种类型的微生物数量、种类不多，但在土壤物质转化中起重要作用。

（3）光能有机营养型（又称光能异养型）其能源来自光，但需要有机化合物作为供氢体以还原 CO_2，并合成细胞物质。

（4）光能无机营养型（又称光能自养型）利用光能进行光合作用，以无机物作供氢体以还原 CO_2 合成细胞物质。藻类和大多数光合细菌都属光能自养微生物。

上述营养型的划分都是相对的。在异养型和自养型之间、光能型和化能型之间都有中间类型存在。而在土壤中，都可以找到土壤具有适宜各类型微生物生长繁殖的环境条件。

C 土壤微生物呼吸类型的多样性

根据土壤微生物对氧气的要求不同，可分为好氧、厌氧和兼性 3 类。好氧微生物是指在生活中必须有游离氧气的微生物。土壤中大多数细菌如芽孢杆菌、假单胞菌、根瘤菌、固氮菌、硝酸化细菌、硫化细菌、霉菌、放线菌、藻类和原生动物等属好氧微生物；在生活中不需要游离氧气而能还原矿物质、有机质的微生物称厌氧微生物，如梭菌、产甲烷细菌和脱硫弧菌等；兼性微生物在有氧条件下进行有氧呼吸，在微氧环境中进行无氧呼吸，但在两种环境中呼吸产物不同，这类微生物对环境变化的适应性较强，最典型的例子就是酵母菌和大肠杆菌。同时，土壤中存在的反硝化假单胞菌、某些硝酸还原细菌、硫酸还原细菌是一类特殊类型的兼性细菌。在有氧环境中，与其他好气性细菌一样进行有氧呼吸；在微氧环境中，能将呼吸基质彻底氧化，以硝酸或硫酸中的氧作为受氢体，使硝酸还原为亚硝酸或分子氮，使硫酸还原为硫或硫化氢。

土壤微生物多样性与土壤生态稳定性密切相关，因此，研究土壤微生物群落结构及功能多样性，特别是应用分子生物学技术、在基因水平上来研究土壤微生物多样性，已成为当今世界上土壤学科及环境科学学科研究的前沿领域之一。近年来人们借助 BIOLOG 微量板分析技术、细胞壁磷脂酸分析技术和分子生物学方法等对污染土壤微生物群落变化也进行了一些研究，结果表明土壤中残留的有毒有机污染物不仅能改变土壤微生物生理生化特征，而且也能显著影响土壤微生物群落的结构和功能多样性。如通过 BIOLOG 微量板分析技术研究发现，农药污染将导致土壤微生物群落功能多样性的下降，减少了能利用有关碳底物的微生物数量，降低了微生物对单一碳底物的利用能力。而采用随机扩增的多态性 DNA 分子遗传标记技术的研究表明，农药厂附近农田土壤微生物群落 DNA 序列的相似程度不高、均匀度下降，但其 DNA 序列丰富度和多样性指数却有所增大，即表明农药污染很可能会引起土壤微生物群落 DNA 序列本身发生变化，如 DNA 变异、断裂等。

2.3.3.3 土壤动物特性

与土壤酶特性及微生物特性一样，土壤动物特性也是土壤生物学性质之一。土壤动物特性包括土壤动物组成、个体数或生物量、种类丰富度、群落的均匀度、多样性指数等，是反映环境变化的敏感生物学指标。

土壤动物作为生态系统物质循环中的重要分解者，在生态系统中起着重要的作用，一方面积极同化各种有用物质以建造其自身，另一方面又将其排泄产物归还到环境中不断地改造环境。它们同环境因子间存在相对稳定、密不可分的关系。因此，当前研究多侧重于应用土壤动物进行土壤生态与环境质量的评价方面，如依据蚯蚓对重金属元素具有很强的富集能力这一特性，已普遍采用蚯蚓作为目标生物，将其应用到了土壤重金属污染及毒理学研究上。对于通过农药等有机污染物质的土壤动物监测、富集、转化和分解，探明有机污染物质在土壤中快速消解途径及机理的研究，虽然刚刚起步，但却备受关注。有些污染物的降解是几种土壤动物及土壤微生物密切协同作用的结果，所以土壤动物对环境的保护和净化作用将会受到更高的重视。

思 考 题

2-1 土壤是如何形成的，其形成因素包括哪些？

2-2 自然成土因素对土壤的影响有哪些？请具体说明。

2-3 简述土壤的组成及作用。

2-4 土壤中主要的成土矿物有哪些？请列出至少 8 种，并简述其性质。

2-5 土壤有机质的物质组成有哪几部分？

2-6 土壤有机质的转化包括矿质化过程和腐殖化过程，请简述这两个过程，并阐明这两个过程的意义是什么？

2-7 土壤水包含哪些类型，它们的性质包括什么？

2-8 影响土壤水分的因素有哪些？请简述说明。

3 生态学基础理论

生态学是一个庞大的学科体系，按所研究的生物类别不同，可分为微生物生态学、植物生态学、动物生态学、人类生态学等；按生物系统的结构层次划分，可分为个体生态学、种群生态学、群落生态学、生态系统生态学等；按生物栖息的环境不同，可分为陆地生态学和水域生态学，陆地生态学又可分为森林生态学、草原生态学、荒漠生态学、农田生态学等，水域生态学又可分为海洋生态学、湖沼生态学、流域生态学、湿地生态学等。近代生态学研究的范围，除生物个体、种群和生物群落外，已扩大到包括人类社会在内的多种类型生态系统的复合系统。人类面临的人口、资源、环境等几大问题都是生态学的研究内容。

生态学的基本原理，通常包括4个方面的内容：个体生态、种群生态、群落生态和生态系统生态。个体生态是研究生物个体与其环境因子之间关系的科学，侧重研究生物个体对某些环境因子的生态适应，包括生理调节、生长发育等适应机制；种群生态着重将一个种的地区群体作为研究对象，它是以种群为研究对象的生态学分支；群落生态是研究群落与环境相互关系的科学，是生态学的一个重要分支学科，它不是以一种生物作为对象，而是把群落作为研究对象；生态系统是指在一定的时间和空间内，生物组分与非生物组分环境之间通过不断的物质循环和能量流动而相互联系、相互作用、互相依存并具有一定功能的统一整体。生态系统生态指由生物群落与无机环境构成的统一整体为研究对象，属于生态学研究的最高层次。

从生态系统的角度看，任何生物的生存都不是孤立的。同种个体之间有互助、有竞争；植物、动物、微生物之间也存在复杂的相生相克关系。人类为满足自身的需要，不断改造环境，环境反过来又影响人类。例如自工业革命以来，由于人口骤增、过度开垦、过度放牧等不合理的活动，以及工业化、城镇化过程所产生的土地利用变化及各种污染物的影响，再加上全球变化的影响，使得地球生态系统大面积严重退化，它们所提供的各类产品和各种服务功能的能力都受到了很大的损害。大量研究表明，一个生态系统要能够长期保持其结构和功能的相对稳定性，物质和能量的输入和输出应当接近相等，也就是要保持所谓的生态平衡。否则，在热力学规律的作用下，系统将走向无序。由此，人类迫切需要掌握生态学理论来调整人与自然、人与资源、人与环境、人与生态系统的关系。唯有维持生态系统平衡，才能促进可持续发展。

3.1 生态位理论

生态位是指每个个体或种群在种群或群落中的时空位置及功能关系，它表示生态系统中每种生物生存所必需的生境最小阈值。在自然环境里，每一个特定位置都有不同种类的生物，其活动及与其他生物的关系取决于它的特殊结构、生理和行为，因而每种生物都具有自己的独特生态位。更具体来说，每一种生物占有各自的空间，在群落中具有各自的功能和营养位置，以及在温度、湿度、酸碱度、氧化还原电位等环境变化梯度中所居的地位。一个种的生态位，是按其食物和生境来确定的，生境是指某个种的个体或群体为完成生命过程需要的、一定面积上的资源和环境条件。下面介绍生态位的几个主要特征。

3.1.1 生态位宽度

在多维研究中，生态位宽度是度量植物种群对资源利用状况的尺度。生态位宽度常表示为被一个种群所利用的不同资源位的总和，因此生态位宽度的大小就体现了种群在群落中的竞争地位，物种生态位宽度越大，则它对环境的适应能力越强。在现有资源谱中，仅能利用其中小部分的生物称为狭生态位种；而能够利用较大部分的，称为广生态位种。一个物种的态位宽度表征了物种的生态适应性和分布幅度，它不仅与物种的生态学和进化生物学特征有关，而且与种间的相互适应和相互作用有密切联系。一个种的生态位越宽，其特化程度就越小，即更倾向于是一个泛化种，反之则倾向于是一个特化种。泛化种生态位宽，具有较强的竞争能力，尤其是在可利用资源量有限的情况下，而特化种在资源竞争中处于劣势。资源量（重要值大小）和资源位（样方出现频度）之间并没有必然的联系，即并不是某一物种在群落中的重要值大，它的生态位就会宽。这是因为生态位宽度的含义在于体现物种利用资源的幅度，生态位宽度较大的种群必然占有较多的资源位，如果同时在各资源位中均占有较大的资源量，那么此种群在群落中处于较大的优势地位，因此，在群落中占有资源量较大的种群，其生态位宽度可以是比较大的，也可以是比较小的，但在群落中占有资源位比较多的种群，往往是生态位宽度比较大的种群。生态位度量的方法有很多，主要有：Shannon-Wiener 生态位宽度指数（$B_{(SW)i}$）和 Levins 生态位宽度指数（$B_{(L)i}$），其计算公式如下：

$$B_{(SW)i} = -\sum_{j=1}^{r}(P_{ij}\ln P_{ij}) \tag{3-1}$$

$$B_{(L)i} = \frac{1}{r\sum_{j=1}^{r}P_{ij}^2} \tag{3-2}$$

式中　r——资源状态总数（资源位总数）；

P_{ij}——物种 i 在第 j 资源位上的重要值与它在全部资源位上的重要值的比例，计算公式如下：

$$P_{ij} = \frac{n_{ij}}{\sum_{j=1}^{r}n_{ij}} \tag{3-3}$$

式中　n_{ij}——物种 i 在第 j 资源位上的重要值。

3.1.2 生态位重叠

生态位重叠是指两个或更多的物种对一个资源或多个资源的共同利用，或者是指两个或多个邻接生态位所共有的生态位空间区域。也有学者定义生态位重叠指不同物种的生态位之间的重叠现象或共有的生态位空间，即两个或更多的物种对资源位或资源状态的共同利用。在特定群落中，一个物种特定的形态适应、生理反应和特有的行为决定了该物种在群落或生态系统中的地位和状况。而复杂的生态关系又使各种群的生态位通常不是表现为离散的，而总是倾向于分享其他种群的基础生态位部分，结果两个或更多的植物种群对某些资源的共同需求，使不同种群的生态位之间常处于不同程度的重叠状态。一般来说，种群的生态位宽度越宽，与其他种群的生态位重叠机会越大，生态位宽的种群对生态位低的种群可能有较大的重叠值，反之则低。种群之间重叠值的大小只能说明他们对资源的需求或利用情况，并不能真实地反映竞争关系。因为，在群落有限的资源中，如果都能满足所有物种的需求，这个时候高的重叠值也只是说明了物种对某种资源的需求相似；如果资源不足以满足物种的需求，竞争才有可能发生，物种的生态位开始发生分化，并朝着利于自身发展的方向进行。生态位重叠的度量方法是多采用 Levins 生态位重叠指数法，其计算公式如下：

$$L_{ih} = B_{(L)i} \sum_{j=1}^{r} P_{ij} P_{hj} \tag{3-4}$$

$$L_{hi} = B_{(L)h} \sum_{j=1}^{r} P_{ij} P_{hj} \tag{3-5}$$

式中　$B_{(L)h}$——物种 h 的 Levins 生态位宽度指数；
　　　L_{ih}——物种 i 重叠物种 h 的重叠指数；
　　　L_{hi}——物种 h 重叠物种 i 的重叠指数；
　　　P_{hj}——物种 h 在第 j 资源位上的重要值与它在全部资源位上的重要值的比例。
　　其中重要值计算公式如下：

$$V = (R_C + R_H + R_D)/3 \tag{3-6}$$

式中　R_C——相对盖度；
　　　R_H——相对高度；
　　　R_D——相对密度。
　　重要值的大小反映物种在群落中的优势程度。

3.1.3　生态位相似比例

　　生态位相似比例是指两个物种在资源序列中可利用资源的相似程度，相似性比例越大，表明物种种间在资源序列上分布的相似性越大，利用资源的相似程度也就越高。生态位相似比例其实就是生态位重叠的另一种表述形式，它们都说明了物种之间对环境资源的利用状况或偏好。其计算公式如下：

$$C_{ih} = \sum_{j=1}^{r} \min(P_{ij},\ P_{hj}) \tag{3-7}$$

式中　C_{ih}——物种 i 和物种 h 之间的生态位相似程度，且 $C_{ih} = C_{hi}$，值域为 [0, 1]。

3.1.4　生态位应用的现实意义

　　通过分析不同生物在群落中的生态位，对其生态位的宽度、重叠、分离等的测度具有重要的现实意义。通过研究生物在群落中的生态位，可以了解各个种群在群落中的功能、地位和作用，以及群落中主要种群在群落中的功能和地位、相互关系、生态适应性及各种群对资源的利用情况，对种质资源保护、可持续利用和生态修复等都具有重要的意义，还可以为林分的人工经营管理提供科学依据。有学者根据生态位理论，从空间的资源利用上分析了阿尔山落叶松主要蛀干害虫的联系和竞争共存机制，为害虫的综合防治提供理论依据。通过生态位属性、变化趋势等的影响，进一步揭示气候变化和物种入侵对生物多样性的影响。

3.2 生物群落演替理论

生物群落的演替是指在生物群落发展变化过程中，由低级到高级，由简单到复杂，一个阶段接着一个阶段，一个群落代替另一个群落的自然演变现象。在通常情况下，开始是先锋植物侵入遭到破坏的地方并定居和繁殖。先锋植物改善了被破坏地段的生态系统后，随着其他更适宜物种的生存和繁衍，比如更能忍受有限的资源或具有更大的竞争优势，先锋植物逐步被取代。在遭到破坏的群落地点所发生的这一系列变化就是演替。

3.2.1 演替过程与演替阶段

群落从发生向顶极阶段的演替具有一定的规律，即总是由先锋群落向顶极群落演替，这一系列的演替过程就是一个演替系列。其中的任何一个群落都称为系列群落；任何一个在植物种类和结构上具有相对特色的片段都称为一个阶段。但是，从一个阶段向另一个阶段的过渡往往是一个逐渐转变的过程，因此，对每个阶段来说，只有当特征优势种被确认之后，它才取得了阶段的资格。

演替是一个有序的过程，它是沿着合乎道理的方向进行的，因此是可以预测的；演替是群落改变物理环境的结果，因而可以控制，即群落控制，演替的最终走向是具有自我平衡性质的稳态（即顶极群落）。演替的预期趋势反映了演替的一般规律。

3.2.2 顺行演替与逆行演替

群落的演替是从先锋群落经过一系列的阶段，达到顶极群落的过程。沿着顺序阶段向顶极群落的演替称为顺行演替；反之，由顶极群落向先锋群落的退化演变称为逆行演替。逆行演替的结果是产生退化的生态系统。而退化生态系统恢复的基本点是促使退化生态系统的演替方向发生转变，即变逆行演替为顺行演替。

顺行演替的次序是植物个体逐渐增多的次序，也是植物种组合建立的次序。在这一次序中，演替群落的生产力随着时间的进程不断地增加，其功能也不断地增强。顺行演替是整体生态系统对气候与土壤环境的响应；而逆行演替在人类干扰下是暂时的、局部的，但在气候变化等自然干扰下则是长期的、大范围的。群落的顺行演替过程是从植物种在某一地段上定居这一简单过程开始的，因此，它没有什么独特的特有种；但逆行演替过程则常常出现一些特别适应不良环境的特有种。在顺行演替过程中，群落结构逐渐变得复杂化；而在逆行演替过程中，群落结构则趋于简单化。因此，从某种意义上来说，退化的群落和生态系统是逆行演替的群落和生态系统。

3.2.3 原生演替与次生演替

3.2.3.1 原生演替

原生演替是指从原生裸地开始的群落演替。通常，根据原生质地的不同可分为水生演替和旱生演替。原生演替过程的物种变化规律常用来作为植被生态恢复过程中物种构建与物种调控的参照系。

（1）水生演替，通常在水域和陆地交界的环境里进行。以淡水湖中的群落演替为例，其水生演替过程包括自由漂浮植物阶段、沉水植物群落阶段、浮叶根生植物群落阶段、挺水植物群落阶段、湿生草本植物群落阶段和木本植物群落阶段等几个演替阶段。

（2）旱生演替，通常是从环境条件极端恶劣的岩石表面或旱沙地开始的。下面以岩石表面开始的群落演替为例说明旱生演替过程。整个旱生演替过程大致经过地衣植物群落、苔藓植物群落、草本植物群落和木本植物群落阶段。在地衣和苔藓植物群落阶段，植物群落与环境之间的关系主要表现在土壤的形成和积累方面，对岩石表面小气候的影响还不太明显。在草本植物群落阶段，土壤继续增加，小气候也开始形成。同时，土壤微生物和小型土壤动物的活力增强，植物的根系可深入到岩石缝隙，因此环境条件得到了很大的改善。这为一些木本植物的生长创造了条件。在旱生演替过程中，草本植物群落演替阶段的速度相对较快，到森林群落阶段，演替速度又开始减慢。

3.2.3.2　次生演替

次生演替是发生在次生裸地上的群落演替。人为或自然的强度干扰使原生态系统造成灾难性后果而产生次生裸地，但通常它并未使全部原有植被灭绝。这样，残存种类可能与入侵种类交织在一起。在次生演替开始时，通常没有原生演替过程中出现的先锋群落阶段，次生裸地土壤含有氮素的腐殖质里，蕴藏有休眠的种子与孢子的供应库，已经毁坏的原生植被的枯枝落叶和根系可能会比以前更为丰富。与此同时，环境潜力随时间的推移而增大。次生演替形成的群落称为次生群落或次生植被。典型的次生演替有森林的砍伐演替和草原的放牧演替等。

次生演替通常总是趋于恢复到受破坏前的植被状态，并趋于重新建立顶极群落，这样的过程称为复生或再生。次生演替过程也称为植被的自然生态恢复过程。在自然条件下，次生演替过程总是依据自然规律，由先锋群落向顶极群落演变，其反方向则是退化的一般过程。

3.2.4　演替的主要学说

演替是生态系统最重要的动态过程，一直为生态学家所关注，并出现了许多相关学说。演替顶极学说（climax theory）是早期最重要的演替理论，包括单元顶极学说（mono climax theory）、多元顶极群落理论（polyclimax theory）和顶极配置假说（climax pattern hypothesis），这一学说对全球植物群落学产生了很大的影响。此外还有不少较有影响的演替理论，包括初始植物区系学说（initial floristic theory）、适应对策演替理论（adapting strategy theory）、资源比率理论（resource ratio hypothesis）和等级演替理论（hierarchical succession theory）等。

3.2.4.1　单元顶极学说

单元顶极学说是影响最广的演替理论。这个学说设想一个地区的全部演替都将会聚为一个单一、稳定、成熟的植物群落或顶极群落。这种顶极群落的特征只取决于气候。若给以充分的时间，演替的过程及群落对环境的改变终将克服地形位置和母质差异的影响。至少在原则上，在一个气候区域内的所有生境中，最后都将是同一的顶极群落，顶极群落和气候区域是协调一致的。该学说把群落和单个有机体相比拟来解释生态演替的过程。由于该理论认为群落演替是基于群落在每一阶段的动态而不断地向高阶段发展，最终达到顶极群落，所以该理论又称为促进作用理论或接力植物区系学说（relay floristics）。其理论总结起来包括如下6方面内容：

（1）植物群落演替可以分为原生演替和次生演替两类，每类又可分为旱生与水生以及更细的类型。

（2）演替都经过迁移、定居、群聚、竞争、发展、稳定6个阶段，最后达到和该地区气候条件最协调、最平衡状态的植被，即演替的顶极群落。

（3）顶极群落如遭破坏，演替又会按上述6个阶段重新发展再次恢复。

（4）在同一气候区内，无论演替初期的条件是如何的不同，植被的响应总是趋向于向减轻极端情况的方向发展，从而使得生境适合于更多的植物生长。

（5）演替的方向是由植物改变生境的影响而决定的，只可能前进，不可能后退。

（6）同一气候区内，也会出现因地形、土壤或人为等因素决定的稳定群落，有前顶极、亚顶极、后顶极或歧顶极等。事实上，一个地区的植被是非常复杂的，同时包含有许多稳定的群落类型。对真正顶极群落外的其他稳定群落加以变通，将之解释为原顶极，区分出许多原顶极类型；次顶极是演替群落因特殊的环境条件而被长期阻止在早期的发育阶段；前顶极可以出现在某地区不大有利的条件下（如干燥）；后顶极则出现在某地区很有利的条件下。前顶极和后顶极可能是以前气候变化和植被迁移的残遗，它可以作为顶极群落而出现在气候条件或好或差的其他地区内。亚顶极是后期的演替群落，它指成熟期后顶极被长期地延缓了的群落。歧顶极是因动物或人为干扰，使得演替的群落保持在不同于气候顶极的稳定状态。

3.2.4.2　多元顶极群落理论

多元演替顶极理论认为演替顶极是一种相对平衡的地位，不管它是代表一个气候区中主要由气候决定的群落，还是代表由其他因素或多种因素联合决定的群落。成熟的或顶极的群落可被气候以外的其他因素所决定；演替并不导致单一的顶极群落，而是导致一个顶极群落的镶嵌体，它由相应的生境镶嵌所决定；停留在气候顶极以前阶段的亚顶极是偏顶极，它是由于演替的偏移及干扰而造成的群落稳定化。多元顶极群落理论可表述为：

（1）自然演替的会聚是一个重要现象，但这种会聚是部分的和不完全的。

（2）由于演替的不完全会聚，在某一地区不同生境中产生一些不同的稳定群落或顶极群落。

（3）在这些群落中，有一种群落分布得最广，并且最直接地表征气候特征，即为气候顶极，但是，这并不需要假设该地区的其他稳定群落都一定要发展成气候顶极。

（4）稳定性及区域优势或气候代表性是分别考虑的。稳定性规定了顶极群落，但在一个地区的几个稳定群落中，气候顶极群落同时也是区域占优势的一种群落。

（5）由于承认一个地区存在着一些或多或少同样稳定的群落，因此，这种解释可以称为多元顶极学说。

3.2.4.3　顶极配置假说

顶极配置假说是美国威斯康星学派的重要理论，它是由美国学者Whittaker于1953年首先提出的，简述如下：

（1）一个景观中的环境构成一个环境梯度的复杂配置或者是环境变化方向的复合梯度，它包括许多单个因素的梯度。

（2）在景观配置的每一点，群落都向一个顶极群落发展。因为群落和环境在生态系统中的功能联系非常密切，因此，演替群落和顶极群落的特征都取决于那一点的实际环境因子，而不取决于抽象的区域气候。顶极群落被解释为适应自己特殊环境或生境特征的稳定状态群落。环境的差异（地形位置的不同或母质的显著差异等）通常意味着顶极群落的组成不同。

（3）沿着连续的环境梯度，环境的差异常常意味着不同的位置交织着连续变化的顶极群落。顶极群落配置（这里不能用演替群落替代）将与景观环境梯度的复合配置相一致。植物种在顶极群落配置中有一个"独特"的种群散布中心，这也可以解释为复杂的种群连续。群落类型（群丛等）是很任意的（虽然对某些研究来说是必不可少的）。

（4）在顶极群落类型中，通常有一个群落类型是景观中分布最广的，这种区域类型可以叫做景观的优势顶极群落。

在 Whittaker（1953 年）所述及的"顶极配置"假说中，"配置"与前面多元顶极观点中的"镶嵌"相比，所强调的重点有两处明显的不同。首先，"配置"认为植物群落相互之间连续是主要的（尽管由于地形和土壤的差异及干扰，必然产生某些不连续）。植物群落本是沿着环境梯度的群落连续体的一部分。其次，"配置"认为景观中的种以各自的方式对环境因素（包括和其他种的相互作用）进行独特的反应。物种常常以许多不同的方式结合到一个景观的多数群落中去，并以不同方式参与不同构成的群落；物种并不是简单地属于特殊群落相应的明确类群。这样，一个景观的植被所包含的与其说是明确的块状镶嵌，不如说是一些由连续交织的物种参与的、彼此相互联系的、复杂而精巧的群落配置。

3.2.4.4 初始植物区系学说

初始植物区系学说是 Egler（1954 年）提出来的，他认为演替具有很强的异源性，因为任何一个地点的演替都取决于是哪些植物种首先到达那里。植物种的取代不一定是有序的，每一个种都试图排挤和压制任何新来的定居者，使演替带有较强的个体性。演替并不一定总是朝着顶极群落的方向发展，所以演替的详细途径是难以预测的。该学说认为，演替通常是由个体较小、生长较快、寿命较短的种发展为个体较大、生长较慢、寿命较长的种。显然，这种替代过程是种间的，而不是群落间的，因而演替系列是连续的而不是离散的，这一学说也称为"抑制作用理论"。

3.2.4.5 适应对策演替理论

适应对策演替理论是 Grime（1979 年）提出的，他通过对植物适应对策的详细研究，在传统 R 对策和 K 对策的基础上，将植物分为 3 类基本对策种：（1）R 对策种，适应于临时性资源丰富的环境；（2）C 对策种，生存于资源一直处于丰富状态下的生境中，竞争力强，称为竞争种；（3）S 对策种，适用于资源贫瘠的生境，忍耐恶劣环境的能力强，也叫做耐胁迫种（stress tolerant species）。

Grime 提出，R-C-S 对策模型反映了某一地点某一时刻存在的植被是胁迫强度、干扰和竞争之间平衡的结果。该学说认为，次生演替过程中的物种对策格局是有规律的，是可预测的。一般情况下，先锋种为 R 对策种，演替中期的种多为 C 对策种，而顶极群落中的种则多为 S 对策种。该学说为从物种的生活史、适应对策方面来理解演替过程作出了新的贡献。该理论提出来的时间并不长，但到目前为止，已表现出强大的生命力，许多学者试图用实验研究来论证这一学说。

3.2.4.6 资源比率理论

资源比率理论是 Tilman（1985 年）基于植物资源竞争理论提出来的。该理论认为，物种优势是由光和营养物质这两种资源的相对有效性决定的。在演替期间，营养物的有效性随枯枝落叶的积累和土壤的形成而增加。光的水平随遮阴而减弱，直到最后该群落被对营养物有最大需求而且耐阴的物种所统治。换言之，一个种在限制性资源为某一定比率时表现为强竞争者，而当限制性资源比率改变时，因为种的竞争能力不同，组成群落的植物种已随之改变。因此，演替是通过资源的变化而引起竞争关系的变化来实现的。该理论与促进作用演说有很大的相似之处。

3.2.4.7 等级演替理论

等级演替理论是 Pickett（1987 年）提出的。他们以此理论为基础，提出一个关于演替原因和机制的等级概念框架，该框架包括 3 个基本层次：第一个层次是演替的一般性原因，即裸地的可利用性，物种对裸地利用能力的差异，物种对不同裸地的适应能力；第二个层次是以上的基本原因分解为不同的生态过程，比如裸地可利用性决定于干扰的频率和程度，种对裸地的利用能力决定于种繁殖体的生产力、传播能力、萌发和生长能力等；第三个层次是最详细的机制水平，包括立地种的因素和行为及其相互作用，这些相互作用是演替的本质。这一理论较详细地分析了演替的原因，并考虑了大部分因素，它有利于解释演替分析的结果。由于演替存在着明显的景观层次，各层次的动态又与演替的机理相关，因而学术界广泛认为，该学说最有前途形成统一的演替理论框架。

3.3 生物多样性及生态适宜性理论

3.3.1 生物多样性理论

生物多样性通常指生命形式的多样化，生物多样性通常可划分为 3 个层次，即遗传多样性、物种多样性与生态系统多样性。随着遥感、地理信息等现代技术的广泛应用，景观的概念逐渐渗入生态学领域，景观多样性作为生物多样性的第四个层次被广为研究。

（1）生物多样性遗传多样性。广义的遗传多样性是指地球上所有生物携带的遗传信息的总和。遗传多样性通过物种演化过程中遗传物质突变并累积而形成。物种具有的遗传变异越丰富，它对生存环境的适应能力也就越强，进化潜力也越大。而生态系统的多样性是基于物种的多样性，也就离不开不同物种所具有的遗传多样性。可以说，遗传多样性既是生物多样性的重要组成部分，也是生物多样性的重要基础。

（2）生物多样性物种多样性。物种是生物分类的基本单位，物种多样性是指地球上动物、植物、微生物等生物种类的丰富程度。它包括两个方面：1）一定区域内的物种丰富程度，可称为区域物种多样性；2）生态学方面的物种分布的均匀程度，可称为生态多样性或群落物种多样性。物种多样性是衡量一定地区生物资源丰富程度的一个客观指标。在阐述一个国家或地区生物多样性丰富程度时，最常用的指标是区域物种多样性。区域物种多样性的测量有以下 3 个指标：1）物种总数，即特定区域内所拥有的特定类群的物种数目；2）物种密度，指单位面积内的特定类群的物种数目；3）特有种比例，指在一定区域内某个特定类群特有种占该地区物种总数的比例。物种多样性也是生物多样性保护的中心问题。

（3）生物多样性生态系统多样性。生态系统多样性是指生物圈内生境、生物群落和生态过程的多样化及生态系统内生境、生物群落和生态过程变化的多样性。生态系统是生态学上的一个主要结构和功能单位，对生态系统的研究不仅要关注组成生态系统的生物成分与非生物成分，还需要重视生态系统中的能量流动、物质循环和信息传递。同时，生态系统是一个动态的系统，经历了从简单到复杂的发展过程，并以动态的平衡保持自身稳定。因此，生态系统多样性是一个高度综合的概念，既包含生态系统组成成分的多样化，更强调生态过程及其动态变化的复杂性。

（4）生物多样性景观多样性。景观多样性是指不同类型的景观在空间结构、功能机制和时间动态方面的多样化和变异性。景观是比生态系统更高层次上的概念，是在一个相当大的区域内由不同类型的生态系统组成的整体。景观多样性主要研究组成景观的斑块、景观的类型及其分布格局的多样性。景观多样性的特征对于物质迁移、能量流动、信息交换、生产力以及物种的分布、扩散与觅食等有重要的影响。

3.3.2　生态适宜性理论

生态适宜性是指在一个具体的地域空间范围内，环境中的要素为生物群落所提供的生存空间的大小及对其正向演替的适合程度。温度、湿度、食料、氧气、二氧化碳和其他相关生物等生态因子都会对生物生长、发育、生殖、行为和分布产生直接或间接的影响。任何一种生态因子只要不能满足生物的需要，或者超越生物的耐受范围，它就会成为这种生物的限制因子。这种影响生物生存发展的生态因素，存在着强度"阈限"的现象，称为"因素限制律"。例如，大约半个世纪以前，澳大利亚开始了数百万英亩的荒地，这里的自然条件较好，水分比较充分，温度也有较好的保障，但是田野里却像沙漠一样，完全是一派不毛之地的现象。即使是一些先锋植物也不在此生长。后来发现，这些开垦的土地中缺少一种微量元素钼，它是生物固氮过程中必不可少的催化剂。当施加钼盐后，红花苜蓿开始生长，随后越来越繁茂，最终成为一个重要的牧场。其实，早在1840年，德国化学家李比西就提出了"最低因素限制律"的理论。该理论认为：在各种植物生长因素中，如有一个生长因素强度低于植物的最少需求量，则将使植物减产或抑制其生长发育。国土空间生态修复应该重视寻找生态修复的限制因子，重视生态适宜性评价，根据当地的气候、地形、土壤、水文、地质等来选择适合当地生长的生物种类，找出与当地环境相适宜的物种，使生物种类与环境因子相适宜。在干旱地区的荒漠化治理过程中，水是最重要的限制因素。如果种上杏仁桉树，一棵该树每年能蒸发175 t的水，这不仅不能治理荒漠化，反而加剧了地下水的干涸。

3.4　恢复生态学理论

人口剧增、全球变化、生物多样性丧失、地下水枯竭和生态环境退化使人类陷于难以摆脱的生态困境之中，并威胁到人类社会的可持续发展。如何保护现有的自然生态系统，综合整治和恢复已经退化的生态系统，以及重建可持续的人工生态系统，成为人类亟待解决的重大课题。在这种背景之下，恢复生态学在20世纪80年代应运而生。按照国际恢复生态学会的定义：生态恢复是帮助研究生态整合性恢复和管理的科学，生态整合性包括生物多样性、生态过程和结构、区域及历史情况、可持续的社会实践等广泛的范围。恢复生态学在发展过程中充分吸收了生态学已有的理论，如竞争、生态位、耐性定律、演替、定居限制、护理效应、互利共生等，但在自身发展过程中也产生了一些特有的理论。

3.4.1　自我设计和人为设计理论

自我设计理论认为，只要有足够的时间，随着时间的推移，退化生态系统将会根据环境条件合理地组织自己，并最终改变其组分结构。人为设计理论则认为，通过工程方法和植物重建可直接恢复退化生态系统，但恢复的类型可能是多样的。在矿区生态修复过程中，需要因地制宜地将两种理论相结合。如果生态系统退化已经比较严重，种子库已经丧失，自我设计的结果只能是环境决定的群落。而人为设计理论把恢复放在个体或种群层次上考虑，恢复的可能是多样性的结果。是否采取自我设计手段取决于周边景观状况、历史、地区物种池中本土物种或者外来物种的共享、损失生境的快速补偿的必要性及有关的生态系统服务如侵蚀控制等。一般来说，在矿区生态修复中应尽量采用自我设计，可以提高恢复场地生物多样性和自我维持能力。

3.4.2　适应性恢复理论

研究表明，即使有一定年限的恢复，相对于原生生态系统，也只有23%～26%的生物结构（主要由植物集合驱动）和生物地球化学功能（主要由土壤碳库驱动）恢复。可见，生态系统是很难完全恢复的，因为它有太多的组分，而且组分间存在非常复杂的相互作用。此外，在生态系统恢复过程中，由于物理、生态环境及社会经济因素发生变化，对生态系统的认识也要发生变化，在恢复过程中要考虑恢复目标与措施进行适应性生态恢复。也就是说，恢复目标的确定要根据生态、经济和社会现实；不是重建历史上的系统状态，而是帮助系统获得自我发展和维持的能力。

3.4.3　集合规则理论

集合规则理论认为，一个植物群落的物种组成是按照环境和生物因子对区域物种库中植物种的选择与过滤组合的，在一定条件下生物群落中的种类组成是可以解释和预测的。已有研究表明：物种库通常包括区域、地方和群落物种库3个层次，集合规则显示种与种之间的组合是受到环境过滤影响的，而某些种与种之间是互相不联系的。这主要与生态位相关的过程、物种是平等的中性过程、特化和扩散过程有关。生物间相互作用的集合规则主要基于物种和功能群等生物组分的频率；而生物间及生物与非生物环境因子间相互作用的集合规则强调基于确定性、随机性及多稳态模型的生态系统结构和动态响应。在矿区生态修复过程中，进行生物多样性恢复时需要充分考虑集合规则的影响。

3.4.4　恢复力理论

生态恢复的核心不仅是治理被破坏的植被或者退化的土壤，而且还应该建强生态系统恢复力。恢复力理论并不是恢复生态学所特有的，但恢复生态学的恢复力理论进行了创新发展。该理论认为，重建有恢复力的系统需要了解这个系统的自然演替、相互作用及动态过程。恢复能力应该包括两种能力：（1）在当下扰动中的恢复能力；（2）在未来扰动中的恢复能力。因此，按照恢复力理论，生态恢复需要重新建立与地形、土壤相匹配的物种多样性，用表土物质来促进多样的、自然的植物群落的演替，还可以使用定植技术来提高抗压能力。也就是说，生态系统恢复要强调动态平衡、多样性与稳定性的关系，还要考虑冗余性和生态网络的恢复，考虑它在景观背景下与其他生态系统的边界、连接性、能量与物质流动态、物理环境等问题。重建有持久恢复力的系统，建设生态功能再生场所，是矿区生态修复的重大任务。明确恢复力建设的目标，探索提高土壤恢复力、植被群落恢复力、景观恢复力等的机理和路径，是一个需要持续探索的重大理论和实践课题。

3.5　景观生态学理论

　　景观生态学的研究起源于 20 世纪 50 年代的德国、荷兰等欧洲国家。20 世纪 80 年代以来，景观生态学理论在全球范围内得到迅速发展。景观生态学中的景观，它既不是地理学意义上的景观，也不是人们日常生活中所说的景观，而是从生态系统组合的意义上来理解的。它强调景观是由生态系统所组成的异质性区域，是一种具有异质性或缀块性的空间单元。景观生态学主要研究景观结构、景观功能和景观动态及其相互作用的过程。从矿区生态修复的角度看，下述景观生态学的基本原理，具有重要的指导意义。

3.5.1　基本概念

3.5.1.1　景观结构
　　景观是由斑块、廊道和基质等景观要素组成的异质性区域，各要素的数量、大小、类型、形状及在空间上的组合形式构成了景观的空间结构。矿区生态修复的重要目标之一，就是要对受损景观结构进行生态修复，如对景观中的栖息地进行生态修复，以保证生物的栖息、觅食、繁衍等基本生物过程的延续。

3.5.1.2　景观功能
　　景观功能包括景观构成要素（斑块、廊道、基质）和网络结构等所形成的各种功能，如廊道的传输作用、斑块形成的源和汇、网络连接形成的景观整体结构所体现出来的景观整体性功能。具体来说，景观的功能主要有 4 个方面：（1）植被的第一性生产力功能；（2）景观生态系统的服务功能；（3）自然景观的美学功能；（4）景观的生态功能。修复和提升景观功能，是矿区生态修复的重要使命和核心内容。公元前 256 年我国耗费 4 年时间建成的都江堰，天旱时能够放水灌溉，雨季时可堵塞闸门蓄水。洪水季节，大部分洪水泄入外江，使内江免遭水灾；到枯水季节大部分水流则流入内江，保证灌溉用水。都江堰水利工程有效地利用了景观内的廊道，科学合理地输送水流，有效提升了景观的生态功能，确保了当地的生态稳定性。

3.5.1.3　景观过程
　　景观的结构和功能会随着时间的推移而发生变化，是一个动态的过程。景观破碎化过程就是现代景观最为重要的过程，它不仅极大地降低了生物多样性，而且还加速了荒漠化等许多其他负面影响。连通过程是景观破碎化的反过程，通过连通不仅改变了原有的斑块，还会引起景观机制的改变，有利于维护和促进生物的多样性。土地转换是另外一种重大的现代景观过程，它总体上是有害于自然群落，对生物多样性的保护不利。较大规模的土地转换加大了景观破碎化程度，因而也影响了该地的生物多样性，并导致了湿地面积持续下降。通常情况下，狼群要避开某些特定的土地利用类型，例如耕地、园地、草地和落叶林地，它们喜欢至少有一些针叶树的森林。同时，狼群的发生很大可能需要满足公路密度在 0.23 km/km^2 以下的条件，在被重要高速路分割的地区不会有任何狼群的出现。美国密歇根州北部狼种群数量远高于威斯康星州，原因就是后者的景观很破碎，且缺少高的空间连接性。

3.5.2 岛屿生物地理学理论

对于岛屿生物地理现象的关注可追溯到近代生物学先驱达尔文关于岛屿生物物种多样性的记述。以麦克阿瑟和威尔逊（MacArthur and Wilson）于 1967 年提出的"均衡理论"（equilibrium theory）为标志，岛屿生物地理学理论成为成熟的理论。群落生态学研究中关于物种数量与取样面积关系的许多结论，促进了该理论向陆地生境研究推广，当把生境斑块看作是被其他非生境景观要素所包围的孤立"岛屿"时，类似岛屿生境的基本假设可以在一定条件下存在，并可应用于景观生态学研究中。

岛屿生物地理学研究从物种-面积关系开始，其物种数量与岛屿面积之间的关系可表示如下：

$$S = cA^z \tag{3-8}$$

式中　S——岛屿的生物物种数；

　　　A——岛屿面积；

　　　c——与单位面积平均物种数有关的常数；

　　　z——待定参数，它与岛屿的地理位置、隔离度和邻域状况等有关。

景观中生境斑块的面积大小、形状、数目及空间关系，对生物多样性和各种生态学过程都会有影响。考虑到景观生态斑块的不同特征，种与面积的一般关系可表示为：物种丰富度 = f（生境多样性，干扰，斑块面积，演替阶段，本底特征，斑块隔离度）。一般而言，斑块数量的增加常伴随着物种的增加。岛屿生物地理学理论将生境斑块的面积和隔离度与物种多样性联系在一起，成为许多早期北美景观生态学研究的理论基础。可以认为，它对斑块动态理论及景观生态学的发展起到了重要的启发作用。

岛屿生态地理学理论是研究物种生存过程的时空耦合理论，既涉及物种的空间分布，又涉及物种的迁移、扩散、存活及动态平衡，它的最大贡献就是把生境斑块的空间特征与物种数量联系在一起，为此后生态学概念和理论的发展奠定了基础。其最直接的应用价值则是为生物保护的自然保护区设计提供了原则性指导，并为景观生态学的发展奠定了理论基础，通过与相关其他理论的结合为景观综合规划设计提供理论基础。

3.5.3 空间异质性与景观格局

异质性是生态学领域中应用越来越广的一个概念，用来描述系统和系统属性在时间维和空间维上的变异程度。系统和系统属性在时间维上的变异实际就是系统和系统属性的动态变化，因此，生态学中的异质性一般是指空间异质性。空间异质性是指生态学过程和格局在空间分布上的不均匀性和复杂性。

3.5.3.1 景观异质性的意义

景观异质性是景观尺度上景观要素组成和空间结构上的变异性和复杂性。由于景观生态学特别强调空间异质性在景观结构、功能及其动态变化过程中的作用，许多人甚至认为景观生态学的实质就是对景观异质性的产生、变化、维持和调控进行研究和实践的科学。因此，景观异质性概念与其相关的异质共生理论、异质性及稳定性理论等一起成为景观生态学的基本理论。

景观异质性不仅是景观结构的重要特征和决定因素，而且对景观的功能及其动态过程有重要影响和控制作用。决定着景观的整体生产力、承载力、抗干扰能力、恢复能力，决定着景观的生态多样性。

景观异质性的来源主要是环境资源的异质性、生态演替和干扰。其中，生态演替和干扰与景观异质性之间的关系，建立以太阳能为主要能源的耗散结构，提高景观组织水平，是指导人类积极进行景观生态建设和调整生产、生活方式的理论基础。

3.5.3.2 异质共生理论与景观稳定性

自然界的异质共生现象十分普遍。由竞争排斥、生态位分化和协同进化等长期和短期的生态学过程建立起来的复杂反馈控制机制，是生态系统保持长期稳定性和生产力的基础。景观是由异质景观要素以一定方式组合构成的系统，景观要素之间通过物质、能量和信息（物种）的流动与交换保持着密切的联系，决定着景观要素之间的相互影响和控制关系，也决定着景观的整体功能，并对景观的整体结构有反馈控制作用。景观异质共生理论是指导景观生态建设和景观规划设计的理论基础。

异质性与稳定性的关系始终是景观生态学的一个基本认识。正如多样性与稳定性的关系一样，在一定范围内，增加系统的多样性将有利于提高其稳定性，这一点在景观尺度上有更明显的表现。景观的空间异质性能提高景观对干扰的扩散阻力，缓解某些灾害性压力对景观稳定性的威胁，并通过景观系统中多样化的景观要素之间的复杂反馈调节关系使系统结构和功能的波动幅度控制在系统可调节的范围之内。

3.5.3.3 景观格局

景观生态学中的格局，一般是指空间格局，它表示景观要素斑块和其他结构成分的类型、数目及空间分布与配置模式，景观空间格局是景观结构的重要特征之一，是景观异质性的外在表现形式。因此，景观异质性与景观空间格局在概念上和实际应用中是密切联系的，并且都对尺度有很强的依赖性。探讨格局与过程之间的关系是景观生态学的核心内容，为此发展了一系列景观格局指数和空间分析方法进行定量描述。

3.6 生态工程学基本理论

生态工程学是一门新兴的多学科交叉渗透形成的边缘学科和综合工程学，它以复杂的社会-经济-自然复合生态系统为对象，应用生态系统中物种共生、物质再生循环，以及结构与功能协调等原则，结合系统工程最优化方法，以整体调控为手段，以人与自然协调关系为基础，以高效和谐为方向，以时空结合为主线，为人类社会及其自然环境双双受益和资源环境可持续发展而设计的具有物质多层分级利用、良性循环的生产工艺体系，以期同步取得生态环境效益、经济效益和社会效益。生态工程是一门实用技术，它已成功地用于废污水资源化处理、湖泊富营养化控制、热带森林管理、盐场管理、水产养殖、土地改良、废弃地开发和资源再生等方面，取得了显著的效益。

生态学和工程学，整体论科学与还原技术的有机结合，是生态工程建设的关键。运用生态控制论原理去促进资源的综合利用，环境的综合整治及人的综合发展是生态工程的核心。生态工程原理是实施生态工程的重要理论基础。针对生态工程的原理，Jorgensen 和Mitsch（1989 年）已总结了 13 项，国际生态工程主席 Heeb 博士（1996 年）则总结出 50多项。如生态系统结构和功能取决强制函数、生态系统是自我设计和自我组织的系统、生态系统协调需要生物功能和化学成分的一致性、生物和化学多样性对生态系统缓冲能力的贡献、具有脉冲形式的生态系统常具有高生产力和生态系统具有与其先前进化的关系相一致的反馈机制、复原及缓冲的能力等。由于生态工程涉及生态学、生物学、工程学、环境科学、经济和社会等领域，原理众多，难以一一叙述。而我国学者在系统生态学理论的基础上，吸收了中国传统哲学中有益的部分，根据我国朴素的生态工程实践经验，把生态工程原理总结为整体、协调、自生、再生循环等基本原理，对生态工程的原理做了精辟的论述和提炼。

3.6.1　整体性原理

3.6.1.1　整体论和还原论

整体论和还原论是探索自然的两类不同的途径，也是科学方法论中长期争论的一个问题。生态学家所碰到的分歧大多由于他们各自站在整体论或还原论的立场。自 17 世纪牛顿首先提出运动定理以来，在科学研究中，实际上是还原论占据了优势。还原论认为宇宙是一个机械系统，最终能还原为一个决定性的力的控制下的个别微粒的行为。这样在研究中将一个整体的成分分开来研究，主要进行要素分析、定量表述，从而简化了研究，并更容易阐述科学结果，确信整个世界可还原为简单的要素。这一科学方法对于探索出自然界中的支配关系实际是很有用的，例如在生态学中探索光的强度与初级生产力的关系、某种有毒物质的浓度与某种生物的死亡率的关系等。整体论者认为还原论的方法有其明显的不足，对一些从有机整体（系统）中分开来的成分的研究，是不能揭示复杂系统或有机整体的性质和功能的。例如不能按组成人体（或生物有机体）的所有细胞的性质来揭示人体的性质和功能；不能按构成一个建筑物的砖、石、沙、木、钢筋、水泥等建筑材料的性质和功能来说明该建筑物的性质和功能。因此，对一个系统的研究，要以整体观为指导，在系统水平上来研究。虽然这类研究目前是较困难的，但却是必要的。整体理论是综合了解系统如生物圈、生态系统整体性质及解决威胁区域以致全球生态失调问题的必要基础。当然这并不意味对组成成分性质的研究和了解是多余的，因为对各成分的性质及与其他成分相互关系的了解越多，就能越好地了解系统的整体性质。但是仅对一个生态系统成分的了解是不够的，因为这些研究不能解释系统的整体性质和功能，一个生态系统的成分是通过协同进化成为一个统一的不可分割的有机整体。

3.6.1.2　社会-经济-自然复合生态系统

生态工程研究与处理的对象是作为有机整体的社会-经济-自然复合生态系统，或由异质性生态系统组成的、比生态系统更高层次水平的景观。它们是其中生存的各种生物有机体和其非生物的物理、化学成分相互联系、相互作用、相生相克、互为因果地组成的一个网络系统。一个生态系统的成分是通过协同进化成为一个统一的不可分割的有机整体，其中每一个成分，如一种生物或某一种化学物质（营养盐、污染物等）的表现、行为、动态、变化及功能，无一例外地、或多或少地、直接地或间接地受其他一些成分和过程的影响，反过来也影响其他的成分，它们是多种成分综合作用的效应，是两种或两种以上不同成分的合力，或相互激发与加强的结果，是多种成分的因果（剩余）体现。每种成分的特性、行为、动态、变化及功能，只能在此系统内表现和发展，而不能离开该系统和自然界单独表现和发展。例如在一个水体生态系统（池塘、湖泊或河流）内的一种营养元素的表现，化学形态、分布、浓度、动态及变化既受一些物理因素和过程，如沉淀、再悬浮、稀释、扩散的影响；又受一些化学因素和过程，如氧化或还原、化合或分解、络合或螯合等的影响；同时还受一些生物因素和过程，如某些生物的吸收或摄食、同化与异化的影响。另如其中某一种植物的存在、分布、密度、生长、生殖、生产力及对某些化学元素的富集等，要受到所在生态系统中水的深度、温度、透明度、多种营养盐及物质的化学形态、浓度及比量等物理、化学因素和过程的影响；同时也受其他生物与它的互利共生及竞争、排斥等作用的影响，而这些植物反过来也对水的流速、透明度，一些化学元素的化学形态、浓度、动态、分布等产生成分与强制函数综合的效应。当一个系统内结构间、功能间及结构与功能间协调时，其整体效应往往大于组成该系统的各种成分的效应的简单加和。但是，反之，一个系统的结构间、功能间、结构与功能间不协调，则其整体效应往往小于组成该系统的各成分的效应的简单加和。因此，生态工程所研究或处理的对象是一个系统的整体，而不仅是其中某个组成部分的某种生物，或某种无机成分。社会-经济-自然复合生态系统由3类相互联系、互相作用、相生相克、互为因果的亚系统组成。其功能可用图3-1来表示，顶点人（H）、生产（P）、生活（L）、资源（R）、环境（E）和自然（N）分别表示这一系统的控制、生产、生活、供给、接纳与还原的功能，它们可归纳为社会的、经济的、自然的3类功能，这3类功能相互联系、相互作用、相生相克构成了这种复合生态系统的复杂生态关系，包括人与自然之间的促进、抑制、适应、改造关系，人对资源开发、利用、加工、储存、保护与破坏，人类生产和生活活动中的竞争、共生、隶属关系等。因此，复合生态系统是一种特殊的人工生态系统，兼有自然和社会两方面的复杂属性，一方面，人类在经济活动中，以其特有的智慧，利用强大的科学手段，管理和改造自然，使自然为人类服务，促使人类文明和生活持续上升。另一方面，人类来自自然界，是自然界进化的一种产物，其一切改造和管理自然的活动，都受到自然界的反馈约束和调节，不能违背自然生态系统的基本规律。这对矛盾冲突是复合生态系统的最基本特征之一。

生态工程是以整体观为指导，在系统水平上来研究，整体调控为处理手段。虽然这样研究与处理是较困难的，但却是必要的。整体理论是综合了解系统，以及解决受胁区域以致全球生态失调问题的必要基础。当然这并不意味对组成成分的研究和处理是多余的，因为对各成分的性质及与其他成分相互关系的了解越多，对系统的整体性质就能更好地了解。但是仅对一个生态系统成分的了解与处理是不够的，因为对单一成分孤立地研究与处理不能解释与改进系统的整体性质和功能。在研究、设计及建立一个生态工程过程中，必

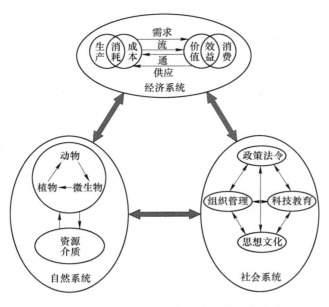

图 3-1 社会自然经济复合生态系统生态关系

须在整体观指导下统筹兼顾。一个生态系统，或社会-经济-自然复合生态系统，在自然和经济发展中往往有多种功能，但其中各种功能的主次和大小常因地、因时而异。应按自然、经济和社会的情况和要求，确定其主次功能，在保障与发挥主功能的同时，兼顾其他功能。统一协调与维护当前与长远、局部与整体、开发利用与环境和自然资源之间的和谐关系，以保障生态平衡和生态系统的相对稳定性。防止片面追求当前的局部利益，牺牲了整体和长远利益，兴利却伴随着废利或增害，产生了一些不利于持续发展的问题与后果。

3.6.2 协调与平衡原理

3.6.2.1 协调原理

由于生态系统长期演化与发展的结果，在自然界中任一稳态的生态系统，在一定时期内均具有相对稳定而协调的内部结构和功能。生态系统的结构是组成该系统生物及非生物成分的种类及其数量与密度、空间和时间的分布与搭配、相互间的比量，以及各种不同成分间相互联系、相互作用的内容和方式。结构有其相对的稳定性，绝对的波动性、变异性和有限的自我调节性。结构是完成功能的框架和渠道，直接决定与制约组成各要素间的物质迁移、交换、转化、积累、释放和能流的方向、方式与数量，决定功能及其大小。它是系统整体性的基础，不同类的生态系统，不同时期、不同区域的同类生态系统，其结构可能不同，因此呈现不同状态和宏观特性，从而对自然界、人类社会、经济的支持、贡献和制约作用也不同。而生态系统的功能是接受物质、能量、信息，并按时间程序产生物质、能量、信息。概括来说，可谓"由输入转化为输出的机制，从而造成系统及其状态的变换"。它是组成系统的全部或大部分成分（状态变量）与由系统外输入及向系统外输出的物质、能量和信息的综合效应。例如物流（物质的迁移、转化、积累、释放、代谢等）、能流、信息流、生物生产力、自我调节、污染物的自净等。功能是维持结构的存在及发展的基础，但又是通过结构这一框架和渠道来实现的。一个生态系统的功能决定一个生态系统的性质、生产力、自净能力、缓冲能力，以及它对自然、人类社会、经济的效益和危害，也是该生态系统相对稳定和可持续发展的基础。在一个生态系统中，物质的迁移、转化、代谢、积累、释放等功能，在空间上、时间上要遵循一定的序列，按一定层次结构来进行，且各层次、环节间的量及物质和能的流通量也各有一定的协调比量。任何超越一个生态系统自我调节能力的外来干扰，破坏结构间协调或功能间协调或结构与功能间协调，势必破坏与改变该生态系统的原有性质及整体功能。例如在我国苏南及内蒙古等地区，原有许多水草型湖泊，但由于过量（超越水草的年生产量和再生量）利用，如滥捞水草作为肥料、饲料或过量放流草鱼、螃蟹等草食性动物，使水草量减少，破坏了原有水草与其他成分如营养盐，以及以水草为饵料的水生动物的合适协调比量，削弱原来水体中通过水草迁移、转化、积累及输出氮、磷等营养元素的通道（营养链）及量比，使水体中浮游植物的量增加，促进了浮游植物的生产力和现存量，从而降低水的透明度及补偿深度（约为透明度的2.5倍处深度，该处光通量约为水表面光量的1%）。原可供沉水植物生长繁衍的湖底层，由于补偿深度降低，落于补偿深度以外的区域，抵达该水层的光通量减少，已不能满足绝大多数种类的沉水植物的光合作用需要，进一步减少该处沉水植物的生产量，甚至使沉水植物在该水层处消失。全湖水草量进一步减少，浮游植物生产量和现存量进一步增加，湖水透明度及补偿深度随之进一步降低，如此恶性循环，导致全湖沉水植物消失，加速了富营养化过程，使这些湖由草型湖变为藻型湖，由中营养型或贫营养型湖变为富营养以致恶营养型湖，降低了生物多样性和水体对一些营养盐及有机质的自净能力，减小了水体的环境容量，恶化了水质。虽水量未变，但水质变差，削弱了这些湖泊作为生活及工业用水水源的社会经济功能。这类破坏生态系统结构和功能的教训很多，不一一列举，要从中吸取教训，明确维护生态系统结构与功能的协调性是生态工程的重要原则。

辩证唯物主义的哲学认为外因（强制函数）是变化的条件，内因（内部结构和功能）是变化的根据，外因通过内因才起作用。有学者在污水处理和利用生态工程、农业生态工程等很多实践中，按照这一原则去设计、运行并取得成功的经验。例如在一些受污水体中，并没截污分流，来控制外来污染物的量，而是调控受污水体内部结构，如种植或养殖一些水生动植物，增加或扩大一些有机质及营养盐在该生态系统中迁移、转化、积累和输出的环节、途径和数量，提高了该水体自净能力及环境容量，不仅净化与改善了水质，改善了生物多样性，而且化害为利，增产了青饲料及鱼鸭等产品及产量；又如在一些农田中，在种植面积不变，施肥量及其他强制函数不增加的情况下，调整内部结构，即通过轮种、套种、间种、改良作物品种等措施，使结构间、功能间、结构与功能间更加协调，充分发挥物质生产潜力，既增加产量又保护了水、土资源及生物多样性。

3.6.2.2　平衡原理

生态系统在一定时期内，各组分通过相生相克、转化、补偿、反馈等相互作用，结构与功能达到协调，而处于相对稳定态。此稳定态是一种生态平衡。生态平衡就整体而言可分为：（1）结构平衡。生物与生物之间、生物与环境之间、环境各组分之间，保持相对稳定的合理结构，及彼此间的协调比例关系，维护与保障物质的正常循环畅通。（2）功能平衡。由植物、动物、微生物等所组成的生产-分解-转化的代谢过程和生态系统与外部环境、生物圈之间物质交换及循环关系保持正常运行。但由于各种生物的代谢机能不同，它们适应外部环境变化的能力与大小不同，加之气象等自然因素的季节变化作用，所以生物与环境间相互维持的平衡不是恒定的，而是经常处于一定范围的波动，是动态平衡。

（3）收支平衡。生态系统是一个开放系统，它不断地与外部环境进行物质和能量的交换，并有趋向输入与输出平衡的趋势，如收支失衡就将引起该生态系统中资源萧条和生态衰竭或生态停滞。当一个生态系统中物质的输入量大于输出量，且超越生态系统自我调节的能力时，过度输入的物质和能将以废物的形式排放到周围环境中，或是以过剩物质的形式积蓄于生态系统中，这样就造成收支失衡，原有协调结构与功能失调，导致环境污染，这种状况即生态停滞。其指标可以按输入与输出的某些物质的比量来计测，即在一定时期内，某些物质的输入量与输出量的比例大于1。当生态停滞严重时，如水体接受过量废水中的一些物质（污染质），其量超越该水体可迁移、转化、输出的量，出现收支失衡，导致污染，这就应当增支节收，恢复收支平衡。一方面调整并协调内部结构和功能，改善与加速生态系统中物质的迁移、转化、循环及输出，以增加过剩物的输出，同时，另一方面控制过剩物的输入。在一个生态系统中某些物质的输出量大于输入量，其比例小于1，此种状况即生态衰竭，如过度放牧、过度捕捞等，这是以破坏资源及环境，牺牲持续发展为代价，来获取一时的高产与暂时效益的。在这种情况时，应当采取增收节支，以恢复收支平衡。一方面增加生态系统物流中匮乏物质的输入量，另一方面调整与协调该生态系统内部结构与功能，改善与加速物质循环，减少匮乏物质的输出。只有某些物质输入与输出量平衡时，即其比量接近1时，才反映人类活动对该生态系统的不利影响是不大的。社会-经济-自然复合生态系统中，不仅在物流方面要力求收支平衡，而且在人力流、货币流方面也可能出现停滞与衰竭的问题，这可应用一些经济规律来解决。

3.6.3 自生原理

自生原理（self-resiliency）包括自我组织（self-organization）、自我优化（self-optimum）、自我调节（self-regulation）、自我再生（self-regerenation）、自我繁殖（self-reproduction）和自我设计（self-design）等一系列机制。自生作用是以生物为主要和最活跃组成成分的生态系统与机械系统的主要区别之一。生态系统的自生作用能维护系统相对稳定的结构和功能、动态的稳态及可持续发展。

3.6.3.1 自我设计和自组织原理

自然生态系统的自我设计能力是生态工程或生态技术中最主要的基本原理之一。这包括通过设计能很好地适应对系统施加影响的周围环境，同时系统也能经过操作，使周围的理化环境变得更为适宜。正是由于这一自我设计的特点，自然界也在扮演着"工程师"的角色，不断完成或进行着一个又一个的"工程"。例如宇宙的形成，地球的形成及地球生命环境的形成，这是地地道道的毫无人工斧凿的"天作地合"，毫无疑问是最客观的大自然自我设计的杰作。再从生物界来看，树枝上叶子的排列，也可谓是树木利用光能自我设计的精巧之作。饭田和费希尔两位学者先用计算机为某一树种的枝条做出最优设计，使其上的树叶都能获得最大量日光；然后将这最优设计图同这些树木本身相比较，发现两者有惊人的相似。他们不禁惊叹："树木已经完全懂得如何组织他们的叶子和枝丫了。"当然，大自然的"沧海桑田""百川归海"等工程有许多"上乘之作"，如"桂林山水""尼亚加拉大瀑布"给人类带来了美的享受；矿物燃料、各类矿藏等给人类提供了生活必需品和无价之宝；然而也有给人类带来灭顶之灾的，如庞贝的沉没、古楼兰的消逝，直至可怕的大地震等。总之，自然的变迁、自然的工程是不依人的意志为转移的。问题的关键在于怎样很好地认识它的自我设计，从而如何巧妙地利用它的自我设计，或补充设计它。

自组织或自我设计，是系统不借外力自己形成具有充分组织性的有序结构，也即生态系统通过反馈作用，依照最小耗能原理，建立内部结构和生态过程，使之发展和进化的行为，这一理论即为自组织理论。自我优化是具有自组织能力的生态系统，在发育过程中，向能耗最小、功率最大、资源分配和反馈作用分配最佳的方向进化的过程。自组织系统有3个主要特征：（1）它们是不断同环境交换物质和能量的开放系统；（2）它们都是由大量子系统（或微观单元）所组成的宏观系统；（3）它们都有自己演变的历史。低层次的子系统或元素一旦形成，就会出现原有层次所没有的性质。自组织过程就是子系统之间关系升级的过程。Odum（1989年）认为生态工程的本质就是生态系统的自组织。他将自组织理论在生态工程中的作用提到极其重要的地位。他认为在一个生态工程的设计与建设中，人类干预仅是提供系统一些组分间匹配的机会，其他过程则由自然通过选择和协同进化来完成。假如要建立一个特定结构和功能的生态协调系统，人们在一定时期对自组织过程的干涉或管理必须保证其演替的方向，以便使设计的生态系统和它的结构与功能维持可持续性。

3.6.3.2　自我维持原理

生态系统是直接或间接地依赖太阳能的系统，因而是一个自我维持系统。一旦一个系统被设计并开始运作，它就能不断地自我维持，期间仅靠适量的外界投入。如果该系统不能自我维持下去了，说明在系统和环境间的某处联结环出了问题或外界的干扰（补充设计）有误。

3.6.3.3　自我调节

自我调节是属于自组织的稳态机制，其目的在于完善生态系统整体的结构与功能。而不仅是其中某些成分的量的增减。当生态系统中某个层次结构中某一成分改变，或外界的输出发生一定变化，系统本身主要通过反馈机制，自动调节内部结构（质和量）及相应功能，维护生态系统的相对稳定性和有序性。在一个稳态的生态系统中负反馈常较正反馈占优势。自我调节能在有利的条件和时期加速生态系统的发展，同时在不利时也可避免受害，得到最大限度的自我保护，即它们对环境变化有强的适应能力。生态系统的自我调节主要表现在以下3个方面。

A　同种生物种群间密度的自我调节

种群不可能在一个有限空间内长期地、持续地呈几何级数增长，随着种群增长及密度增加，对有限空间及其资源和其他生存繁衍的必需条件在种内竞争也将增加，必然影响种群增长率，当它达到在一个生态系统内环境条件允许的最大种群密度值，即环境容纳量时，种群不再增长。而当超过环境容纳量时，种群增长将成为负值，密度将下降。而种群增长率是随着密度上升逐渐地按比例下降。种群生态学中有名的逻辑斯蒂增长方程（Logistic growth equation）和曲线，就是对这种种群内自我调节的定量描述。这一规律应是人工林种植密度，湖泊、池塘放养鱼量和冬夏草场放牧牲畜头数等必须遵循的原则。种群密度在 $1/2$ 环境容纳量（K）时的生产量是最高的。因为生产量是现存量与增长率的乘积，在低于 $1/2K$ 时，虽然增长率较高，但生物现存量却很低，故其生产量（现存量和增长率的乘积）并不高。而当密度大于 $1/2K$ 时，虽然现存量较大，但增长率却变低，故生产量也不高。只有当现存量及增长率均处于该中值时，生产量才是最高的。

B 异种生物种群之间数量调节

在不同种动物与动物之间，植物与植物之间，以及植物、动物和微生物三者之间普遍存在异种生物种群之间数量调节。有食物链联结的类群或需要相似生态环境的类群，在它们的关系中存在相生相克作用，如互利共生、他感作用、竞争排斥等，因而存在着合理的数量比例问题。农业中的轮作、间作、套种，森林（包括防护林）的树种结构及草本、灌木和乔木的结合，养殖生产中混养不同类群生物的搭配，防富营养化水体中藻类等均以此项原理为依据。在荷兰，应用食物链中类群间关系，在富营养湖中放养一些肉食性鱼类，从而摄食并降低了食浮游动物的鱼类和幼鱼，导致浮游动物数量增加，这些浮游动物是浮游藻类的摄食者，随着浮游动物数量的增加，被摄食浮游藻类量增多，抑制了水体中浮游藻类数量，从而控制了水体富营养化。在浮游藻类较多的水体中，直接放养一些滤食性鱼类（如白鲢、白鲫）或河蚌（如三角帆蚌、褶纹冠蚌），不仅利用浮游藻类生产出有经济价值的产品（食用鱼、珍珠），且也抑制了水体中浮游藻类，获得环境效益。

C 生物与环境之间的相互适应调节

生物要经常从所在的生境中摄取需要的养分，生境则需对其输出的物质进行补偿，二者之间进行物质输出与输入的供需适应性调节。例如在水体中输入较多量的有机质及营养元素，则水体中分解这些有机质微生物的菌株、生产力和生物量将随之增加，从而加速与增加有机质的速率和数量，降低了水中有机质浓度增加的幅度。由于输入及有机质分解产生的营养盐量的增加，从而吸收与转化这些营养盐的植物（水草或浮游藻类）的生产量及生物量也随之增加，迁移转化及贮存了更多营养元素，从而自我调节与控制了水中这些营养盐浓度，避免水体中有机质及营养盐浓度的过度增高。这种调节是维持土地生产力持久不衰，防治水体被有机质物污染的基础，也是设计区域环境和维持生态平衡的理论依据。但是这种调节能力，即缓冲能力是有一定限度的，如果干扰超过其缓冲能力，则将破坏原有的生态系统结构功能和生态平衡，可能对人类社会及自然产生不利。

3.6.4 循环再生原理

3.6.4.1 物质循环和再生原理

我们生存的地球上，为什么能以有限的空间和资源持续地长久维持众多生命的生存、繁衍与发展？其中奥妙就在于物质在各类生态系统中，生态系统间的小循环和在生物圈中的生物地球化学大循环。在物质循环中，每一个环节是给予者，也是受纳者，循环是往复循环，周而复始，无底也无源的。因此，物质在循环中似乎是取之不尽，用之不竭的。

生态系统中构成生物的各种化学元素来源于生物生活的环境，有机体维持生命所需要的基本元素，先是以无机的化学形态（如 CO_2、NO_n、PO_n 等）被植物从空气、水和土壤中吸收，并转化为有机形式，形成植物体，再为动物摄食转化，从一个营养级传递到下一个营养级，植物光合作用产生的氧，复归于环境（水或大气中），为动物呼吸所用，动物呼吸排出 CO_2，也归还环境，又作为植物光合作用的原料。动物一生中排泄大量粪便，动植物死后遗留了大量残骸，这些有机质经过物理的、化学的和微生物的分解，将复杂的有机化学形态的物质，如蛋白质、糖类、脂肪等又转化为无机化学形态的物质（如 CO_2、

NH_4^+、H_2O 等）归还到空气、水及土壤中，并被植物重新利用，如此，矿物养分在生态系统内一次又一次循环（即营养循环），它推动生态系统持续地正常运转。

在生物圈中，各种化学物质，如 O_2、C、N、S、H_2O 等，在地球上生物与非生物之间，在土壤岩石圈、水圈、大气圈之间循环运转。各种化学元素滞留在通常称之为"库"的生物与非生物成分中，元素在库与库之间迁移转化构成生物地球化学大循环。将库容量大，元素在"库"中滞留时间长、流动速度慢的"库"称之为"贮存库"，反之，库容量小，元素在"库"中滞留时间很短，流动速度快的"库"称之为"交换库"。按照物质在"贮存库"中存在状态，物质循环可分为水循环、气相循环和沉积循环。水循环的核心是水圈和大气圈水层。气相循环的贮存库主要是大气层，O_2、CO_2、N 等循环都属于气相循环。沉积循环的贮存库主要在土壤岩石圈。Ca、K、Na 等都属于沉积循环，它主要是通过岩石的风化和沉积物的分解作用，将贮存库的物质转变成生态系统中的生物可以利用的营养物质，生物体排泄物和残骸沉积于土壤岩石圈中再转化为矿物质。这类自然转变过程，通常是相当缓慢的，但是由于近代人类活动，如一些矿藏的利用，加速了土壤岩石圈中某些物质（如煤、石油、一些金属和非金属矿藏）的迁移和转化，并正改变大气和一些水体中所含物质的浓度与比量，如大气中 CO_2 的逐渐增加。

正是由于这些生态系统内的小循环和地球上的生物地球化学大循环，保障了存在于地球上的物质供给，通过迁移转化及循环，使可再生资源取之不尽，用之不竭。从热力学第二定律及耗散结构论来看，物质循环是能流过程中，从有序的能向无序能（熵）的直线变化中的一个漩涡或干扰，将能转变为焓，是阻滞熵变的物质运动，周行而不殆，循环不已，将成为未来"低熵社会"的原则。从物质生产和生命再生角度看，则每次物质循环的每个环节都是为物质生产或生命再生提供机会，促进循环就可更多发挥物质生产潜力，生物的生长繁衍的条件。

生态工程处理废水，就是采取措施，调整循环运转的各个环节及途径，协调这些环节的输入、转化与输出的物质的量；损其多余，使废物（水）资源化、促使"废物"转化为有用原料或商品；益其不足，保护濒危或遭受破坏的资源动植物，增加循环运动中不足的物质和协调比量偏小的环节，理顺循环各环节间关系。使之协调和谐，促使循环之路畅通。在物质循环的范围上缩小到比生物地球化学大循环的范围更小的一些生态系统内或之间，促使循环速度更快，为物质生产和生物再生，提供更多机会，变废为宝，化害为利。

3.6.4.2 多层次分级利用原理

物质再生循环和分层多级利用，不仅意味着在系统中通过物质、能量的迁移转化。去除一些内源和外源的污染物；还要利用这特有的工艺路线，达到尽量高产、低耗、高效地生产适销对路的优质商品；此外还要做到变废为利，保证转化后的一些物质输出的可行性，同步收到生态、经济、社会三方面效益。再生循环与分层多级利用物质是系统内耗最省、物质利用最充分、工序组合最佳最优工艺设计的基础。分层多级地充分利用空间、时间及副产品、废物、能量等资源，在代谢（生产）过程中，一种成分（环节）的输出物（产品、副产品和废物等）和剩余物（所用的原料）是另一些后续成分（或环节）代谢（生产）的原料（输入物），它们的输出物（产品、副产品、废物）又是其他一些后续成分（环节）的代谢（生产）原料……，许多环节按此方式联结成网络，使物质在系统内流转、循环往复，运行不息。若结构合理，各成分（环节）比量协调合适，使每个成分

（环节）所输出之物，正好全部为其他后续成分（环节）所利用。这样在系统中多层分级利用的结果，使所有副产品及废物均作为原料，也就无废物了，从环保观点看，也就无污染物了。而空间、时间、物质均被充分利用，增加了产品与总产量，且节约了原料、时间和空间，导致高产、低耗、高效、优质、持续的生产。从经济观点看，这是极为经济的。这种多层分级利用模式是自然生态系统中各个成分长期的协同进化与互利共生的结果，也是自然生态系统自我维持与持续发展的方式。在生态工程中应当遵循、模拟和应用这一原理和模式，同步兼顾生态环境、经济及社会效益。

3.6.5 环境影响综合性原理

3.6.5.1 物种耐性原理

一种生物的生存、生长和繁衍需要适宜的环境因子，环境因子在量上的不足和过量都会使该生物不能生存或生长、繁殖受到限制，以致被排挤而消退。换句话说，每种生物有一个生态需求上的最大量和最小量，两量之间的幅度，为该种生物的耐性限度。由于环境因子的相互补偿作用，一个种的耐性限度是变动的，当一个环境因子处于适宜范围时，物种对其他因子的耐性限度将会增大，反之，则会下降。如热带兰在低温时，可以在强光下生长，而在高温环境时，仅能在阴暗的光照下生存，此时，强光具有破坏作用。物种的繁殖阶段是一个敏感期，总体的耐性限度较小，丝柏木（cypress tree）成体可在干燥的山地或长期水淹的环境中生活，而仅能在沼泽地繁殖。许多海洋动物可以在咸水中生活，但繁殖时必须回到淡水环境。一些生物耐性范围广阔，一些则狭窄，前者的分布通常会很广。

3.6.5.2 限制因子原理

一种生物的生存和繁荣，必须得到其生长和繁殖需要的各种基本物质，在"稳定状态"下，当某种基本物质的可利用量小于或接近所需的临界最小量时，该基本物质便成为限制因子，如光照、水分、温度、CO_2、矿质营养等均可成为限制因子。对基本物质和环境条件的需求，不同的物种及其不同的生活状态而有所不同。在基本物质、环境因子和生物生活状态的变化下，即"不稳定状态下"，限制因子是可以变动的。如在水体富营养化进程中，氮、磷、CO_2 等因子可以迅速地相互取代而成为限制因子。当然，由于因子之间的相互作用，某些因子的不足，可以由其他因子来部分地代替，或其他因子的充足可以提高成为限制因子的利用率，从而缓解其限制作用。如在锶丰富的区域，软体动物会利用锶代替一部分钙，作为壳体的组成。

3.6.5.3 环境因子的综合性原理

自然界中众多环境因子都有自己的特殊作用，每个因子都对生物产生重要影响，而同时，众多相互关联和相互作用的因子构成了一个复杂的环境体系。在生态工程实施中，要十分注意多项因子对生物的综合影响。这种综合影响的作用往往与单因子影响有巨大的差异。以温度与降水量两个因子对森林群落形成的综合作用为例，比如，年降水量同是500 mm，年平均温度在30 ℃以上的地带可能形成荒漠，10~30 ℃的地带可以形成热带灌丛、温带灌丛或温带草地，而2~5 ℃的地区则可以形成泰加林。当然这些因子与土层厚度、土壤质地及地下水位也有重要的相关关系。

思 考 题

3-1　从生态系统的角度描述为什么人类需要掌握生态学理论？

3-2　生态位的几个特征包括哪些？简要描述这几个特征。

3-3　在演替的主要学说中为什么等级演替理论被认为是可能形成统一的理论框架？

3-4　生物多样性理论的四个层次是什么，区域物种多样性的测量有哪些指标？

3-5　从矿区生态修复的角度说明景观生态学的意义。

3-6　简述生态工程学的基本理论。

3-7　阐述下生态工程学的协调与平衡原理，生态平衡就整体而言可分为哪三个部分？

3-8　生态工程学的自生原理是什么，主要包括哪些机制和原理？

3-9　生态工程学的环境影响综合性原理是什么，主要包括哪些原理？

4 矿区生态修复基础

4.1 地貌重塑

地貌重塑是针对矿区的地形地貌特点，结合采矿设计、开采工艺及土地损毁方式，通过采取有序排弃、土地整形等措施，重新塑造一个与周边景观相互协调的新地貌，最大限度消除和缓解对植被恢复、土地生产力提高有影响的因素，总体来说，地貌重塑是矿区修复土地质量的基础。

常用的地貌重塑技术主要有传统坡面重塑、等高线重塑、自然相似性重塑和近自然地貌重塑等技术。

4.1.1 传统坡面重塑技术

传统坡面重塑将坡面地貌重建为坡面和平台相间的梯田式景观，平台表面地势平坦，一马平川，坡面呈固定边坡角分布。排水渠道在坡面上线性布局，并垂直于平台和边坡的相交线，一般位于坡面凸出边角处。这种地貌重塑方式形成了规整的斜坡和等距台阶，对地貌自然美产生一定的负面效应，容易引发视觉单调性，是一种不成熟的地貌重塑方式。坡面排水沟分布稀疏，容易产生新的细沟侵蚀，植被配置单一，也缺乏自然地貌和景观多样性的特征。但由于该方法在施工上的简便性和安全性，仍被大多数工程方案所采纳，如露天采矿地貌修复、垃圾填埋场设计等，另外设计师对现场的熟悉程度也确保了该方案设计的合理性。

4.1.2 等高线重塑技术

等高线重塑与传统坡面重塑最大的区别是边坡与平台的交会线呈曲线布置，而不是规整的形状，所以形成的坡面在横向上具有明显的起伏变化，反复变化也使坡面产生类似海浪的形态，这种设计的初始目的是达到良好的视觉效果，并不是效仿自然，因而坡面起伏具有随机性。另外等高线重塑地貌中平台表面依然呈一马平川，没有自然地形起伏，边坡呈固定角度分布，不同的是坡面底端与自然地貌实现了缓坡衔接，这种景观融合方式代替了传统坡面重塑地貌衔接的突兀性。该方法所设计的输水渠道一般位于凹处的斜坡地段，但是这种布局会占据坡面起伏缓冲区，并且渠道线性布置，视觉效果依然很差，除此之外，坡面上植被配置同样单一，人工地貌景观痕迹明显。

4.1.3 自然相似性重塑

自然相似性重塑通过沟道将坡面分割为多个大小不一的单元，以保持地貌的抗侵蚀性和多样性，是一种试图模仿自然稳定地貌的技术，这种方法是针对传统或常规坡面重塑方法的不足发展起来的。自然相似性重塑方法由一系列凹凸坡面形成，并混有大小不一的洼地和突起，人工重建地貌与自然地貌间没有明显的界线，这在一定程度上减少了地貌突变。重建地貌坡面上的渠道布局与传统坡面重塑方法差别明显，现有地表径流流向坡面洼地，呈线状、片状分布，并且在下覆岩层稳定的情况下，限制非自然材料的应用。植被配置也是以最大化利用水资源为目的的，乔木和灌木主要集中在凹坡地带和坡面洼地，突起或河间地带配置当地常规物种，这种植被分布模式在自然界非常普遍，乔木和灌木成群聚集，而不是均匀平铺。自然相似性重塑是地貌发展的一个飞跃阶段，是技术和理论上的重大突破。

4.1.4   近自然地貌重塑技术

自然相似性重塑虽然尝试设计出了自然地貌形态，但没有考虑地形、水文及植被的内在联系，多以自然外观为导向，缺乏地貌特征的内在关系分析。近自然地貌重塑是在野外调查水文与植被、土壤数据的基础上，分析其内在相关性，在水文地貌学、流域地貌学等理论的支持下，用蜿蜒水系代替直线沟渠，自然坡面代替梯田式坡面发展起来的地貌重建方法。该方法以河网规划为基础，重建的水系仿照了自然稳定地貌的水系特征，具有高效输水功能，不会出现严重土壤侵蚀和冲积物堆积现象，在地貌过程理论支撑下，可以设计出"模拟自然外观和稳定功能的地貌"。近年来，该方法在矿区采掘作业中逐渐被确认为当前可用的最佳地形恢复技术和最佳可用技术，新墨西哥矿业和矿产部门也将这种地貌重塑方法确定为当前可用的最佳技术。

4.1.5   地貌重塑理论

4.1.5.1   微地形重塑理论

微地形是针对地理学中巨地形和大地形而言的小尺度的地形变化，是基于地貌学的分类，可以用来反映整个研究区土地景观的整体形态特征。日本学者对丘陵地区微地形进行研究并将其分为顶坡、上边坡、谷头凹地、下边坡、麓坡、泛滥性阶地和谷床 7 种类型，而露天煤矿区内的微地形主要指部分区域出现的切沟、浅沟、缓台、塌陷和陡坎等。若在矿区受损土地景观重塑与再造过程中只考虑宏观立地条件，而忽视微地形的改造，往往会加剧矿区水土流失状况，因此，矿区微地形改造是不可忽视的环节。目前浅沟和切沟侵蚀过程及水流动力机制等方面已有大量研究，而大型露天矿的陡坎、塌陷及缓台 3 种微地形的研究还需加强。邝高明等人对黄土丘陵沟壑区陡坡坡面的微地形进行研究，发现在不同坡面坡向和坡面坡度分布着不同面积占比的切沟、浅沟、塌陷、缓台和陡坎等微地形，在陡坡坡面植被恢复中，微地形是重要因素。缓台、陡坎、切沟和塌陷微地形与植被的高度、胸径和枯落物厚度等生长指标、植被结构存在相关性。同一植被在缓台与切沟上的生长状况一般较陡坎好，以此进行矿区复垦植被配置及开展排土场微地貌建设。微地形改造对土壤属性和微生境、降雨入渗和水蚀过程、植被恢复的效果及其生态服务功能等均有重要影响，可以通过调节排土场边坡继而构造出适宜的微地形，改善植被立地条件，预防水土流失和阻止水土侵蚀的发生，改善土壤有机质和调节矿区小气候条件，进而改善整个矿区的生态环境。后续应加强微地形理论在露天矿土地景观重塑与再造中的应用。

4.1.5.2　仿自然地貌理论

露天矿的开采活动形成的人造景观与周围原有景观不协调,景观连接性差,造成生态系统的不和谐,导致了一系列生态问题,由此就衍生出仿自然地貌理论。美国土地重建始终把环境保护看作第一位,要求复垦土地达到当地原有的可持续发展的景观生态环境水平,通过仿自然地貌重塑的方法使受损土地景观更快地恢复到原来的状态。我国 1995 年试行的土地复垦技术标准要求复垦后地形与当地自然景观相协调,统筹保护土壤、水源和环境质量。我国露天煤矿多集中在山西、陕西、内蒙古和新疆等土壤贫瘠、生态脆弱的地区,露天开采造成的环境破坏更为严重,因此,开展土地景观重塑与再造,应更加注重当地原有的生态系统,尽可能接近原有地貌,甚至优于原有地貌景观。自然地貌形态特征是废弃矿区进行土地景观重塑与再造的重要参考,有研究学者指出仿照自然地貌的设计能使重建和再造的土地景观更具协调性和稳定性,生态结构更加合理,视觉效果和经济性均有所提高。我国山西平朔露天煤矿的排土场地貌在重塑时便运用该理论仿照黄土高原丘陵山地的层层梯田,设计出相对高差一般为 100~150 m、平台与边坡相间分布的景观格局,达到人工景观与自然景观相互协调的效果。景明也运用仿自然地貌重塑理论模仿黄土煤矿区周围临近成熟的、未扰动的地貌,在复垦区建设自然式缓坡地,设计蜿蜒自然的河道,减少了研究区地表侵蚀及水土流失的可能性。

4.2　土　壤　重　构

4.2.1　土壤重构概念及内涵

4.2.1.1　土壤重构概念

土壤重构是土壤科学、工程生态学和农业科学的一个交叉创新分支,是土地复垦与生态修复的研究重点和核心任务。

土壤重构是一个长期的过程,研究对象是损毁的土地生态系统,是在损毁的土地上恢复或重建土壤,以土壤剖面重构为原理,运用土地工程及物理、化学、生物和生态措施,确定和优化土壤生态位和关键层,重新构造一个提高土壤生产力和适宜植物生长的复合剖面结构人工土壤,改善土壤性质,恢复土壤生态功能。

4.2.1.2　土层生态位与关键层

土壤具有典型的分层特征,是在长期的地质风化、成土和熟化过程中形成的。对于不同的土地利用类型,土层的生态功能与作用是不一样的;不同性状的土层有其独特的生态功能,从而也有其独特的空间位置。不同土层的组合(即不同的土壤剖面构型)就构成具有独特功能的土壤系统。因此,将各个土层在空间上所占据的位置及其与相关土层之间的功能关系与作用,称为"土层生态位"(见图 4-1)。对于植物生长来说,处于不同生态位的多个土层在土壤水分、溶质运移、气体热量传输方面具有不同的功能和作用。植物不同对土层深度功能的需求也不同,一般 2 m 之内各个土层是发挥重要生态功能的空间。表土层 A 是植物萌发、幼苗生长期发挥重要作用的土层,要求较高含水率和有机质及富含营养元素,此外,要求疏松的土层使得植物根系易于生长穿插,易于植物根冠发育。心土层 B 需要为大量植物根系提供空间并为植物提供大量水分、营养,同时保障植物坚挺不倒伏，因此，要求土壤有足够含水量、紧实度和持续的营养供应，使得根系能够扎稳。土壤母质层 C 往往还未完全熟化为土壤、颗粒较大、矿物含量高，位于土壤较低层位，为土壤提供基础支撑。

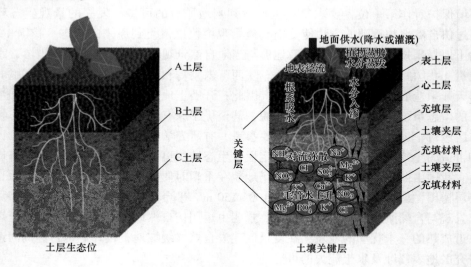

图 4-1　土层生态位和土壤关键层示意

　　土层生态位的内涵是每一土层有其独特的生态功能和空间位置，它与其他土层有密切的相互作用关系，需要科学合理的处理每一土层才能构造出理想的土壤剖面，实现高质量的土壤系统功能。这一新概念的提出，其目的就是要求认真对待每一土层的生态特征及功能，而不能将不同土层当成均质的土壤同等对待。将"土壤剖面构型"扩展到考虑"单个土层"和"土层群"的"土层生态位"，不仅仅是概念名称的变化，更重要的是从生态功能视角，正确认识每一土层的作用及空间位置适宜性，更有利于"土壤剖面构型"的优化和土壤重构技术的革新。

　　许多相关学科的研究都有"关键层""关键带"等概念，如地学研究中的"地球关键带"、采矿和岩石力学研究中的岩石"关键层"，都在学科理论中发挥了重要作用。在土壤剖面的系列土层中，也有一些土层发挥着重要作用，直接影响土壤系统的整体功能和生产力，如表土层、毛管阻滞或渗漏阻滞层等，因此，把影响土壤生产力的关键土层，称为"土壤关键层"（见图 4-1）。土壤关键层以其显著的形态分异特征为重要标志，其功能明显区别于相邻或其他的土层。土壤关键层的质地、位置、厚度直接影响关键层的作用效果。大多数情况下土壤关键层是对植物生长有关键正向作用的土层，也有一些情况下是植物生长的障碍层。因此，深入了解土壤关键层，对土壤改良和重构土壤剖面构型具有重要作用。常见的土壤关键层主要有以下 3 种：

　　（1）表土层。表土是植物赖以生存的介质，不仅含有当地植被恢复的重要种子库，还可保证根区土壤的高质量和微生物数量及其群落结构，缩短土壤熟化期。因此，生态修复时要对其单独剥离、储存和回填，对缺少表土区域，要研发表土替代材料。

　　（2）含水层。在地质学上含水层常指土壤通气层以下的饱和层，其介质孔隙完全充满水分。在土壤剖面构型中，含水层主要指具有一定厚度的保水持水性能高的介质层次。

相关研究表明，多层质地剖面相较于均质型剖面可蓄持更多的水分；细质地土壤的含水量高于均质土，起到储水作用；黏土层会对土壤水运动产生影响，且不论黏土层出现的位置，其含水量均相对较高。

（3）隔水层。在地质学中主要指重力水流不能透过的土层或岩层，如黏土层、重亚黏土层及致密完整的页岩、火成岩、变质岩等。隔水层必须具有结构稳定性和渗流稳定性才具有阻隔水的能力，其阻隔水能力的大小与岩性组合特征有显著相关性。也有一些严重影响土壤剖面功能或生产力的障碍层，也称之为"关键层"，这就需要在土壤重构时消除原有的障碍，改善土壤生产力。

科学理解土壤剖面重构的关键是对各个土层功能及相互关系的认识，即"土层生态位"。"土壤关键层"是各个土层中发挥重要作用的土层，因此，"土壤关键层"是在"土层生态位"基础上对土壤剖面的进一步认识和精细刻画。

4.2.1.3　土体有机重构

土体有机重构是近年来提出的一个新概念，它通过工程措施改变土体结构，将没有生命特征、条件恶劣的土地改造成适宜生命体生存和繁衍的土壤，以实现损毁土壤的生态修复，重建生态系统并提高土壤质量。土体有机重构以一定深度的土体和有机生命作为研究对象，是集物理-化学-生物等修复为一体的综合治理措施，通过土体结构重组，对矿区损毁、退化、污染、破坏和低效等有缺陷或未利用的土体进行再生或重建，以达到土体改良的目标，使土体环境得到最大程度的改善，从而保护生物多样性，切实惠及民生。

土体有机重构是通过增减等技术手段实现土体重构的条件，作为土地工程的基础，其服务对象主要是土壤有机生命。土体有机重构的主要目的是满足目标生命的承载需求，如修复对象的调查、材料的选择、土体结构的构建及土体化学成分和生物养分的调配等。土体有机重构工程技术是对未利用土地、退化土地进行改造和重建，创新性地将土体分为5个层，从下到上依次是基础层、屏障层、排水层、营养层、植被层，重点研究构成土体的材料和结构，对退化、污染、损毁、低效等有缺陷或未利用的土体进行再生或改造，使其重塑为能够支持生命特征的土体，实现生物的生存和繁衍。土体有机重构需要因地制宜，将其研究对象划分为一定深度的土体，通过相应的技术手段改变土体结构，对受污染的土体及周边环境进行综合治理和修复，通过施配、土体物理重构和土体生物重构等技术手段对土体进行有机重构。

我国土壤类型复杂多样，土壤重构和土体有机重构仍需进一步完善相关理论体系，比较并分析两者在研究对象、研究目的、填充材料和关键技术上的异同，可以发现土壤重构和土体有机重构存在交叉和包含关系：（1）土壤重构研究对象是损毁的土地，主要针对损毁的矿区，土体有机重构强调功能退化土地；（2）二者目标均为损毁土地的再生利用及生态系统的恢复；（3）土壤重构填充材料因地制宜，以固体废物、垃圾和泥沙等填充采煤塌陷区，土体有机重构填充材料强调土壤有机质，多数为有机物和生物材料，包含矿区副产品等；（4）二者关键技术均为土壤剖面结构的研究与重构，土体有机重构着重强调土壤有机质改良，土壤重构研究热点有填充材料的创新、剖面结构的优化、修复后土壤质量和生态环境的动态监测。

在国土空间规划和国土综合整治的背景下，土体有机重构通过综合修复来治理土地，但工程量较大、成本较高，有机质填充材料极易产生土壤养分障碍和污染。经过国内外几十年的研究和实践，形成了较为完善的塌陷区土壤重构技术体系，针对复杂多样的损毁或退化土地，土壤重构的修复理念、修复关键技术、应用和修复后评价及改善措施等方面的研究趋于成熟，有了分层构造的理论方法，且填充材料多为土地开发利用后的副产品，可有效减少环境危害和土地占用等问题，并为土壤资源保护和生态修复提供理论依据和技术支撑。因此，土壤重构是未来我国土地利用和保护的重要研究方向。

4.2.2　土壤重构原理

基于前面对土壤重构的分析和提出的新理念，重新构造土壤剖面需要遵循以下基本认知：（1）土壤剖面是一个多土层的垂向叠加结构；（2）每一土层一般由相似或相同质地的单元土体集合而成；（3）每一土层有其独特的生态功能和空间位置，即"土层生态位"；（4）每一土层的生态位由其理化和生物特性及其与其他土层的关系所决定；（5）土层中存在对整个土壤系统功能起决定作用的"关键层"，即"土壤关键层"。

基于对土壤剖面的正确认识，土壤剖面重构原理就是以土层生态位为理论基础、土壤关键层为构造核心，设计和优化土壤剖面构型并付诸实施的过程，重点是优化设计各个土层生态位、确定和优化关键层。

基于上述原理，土壤剖面重构的优化设计方法为：（1）在深入分析自然土壤剖面结构和损毁土地特征的基础上，基于需求确定重构土壤剖面的功能目标；（2）通过待构土层理化、生物特性的分析及土层生态位适宜度评价，确定各土层生态位的基本属性特征；（3）通过土层生态位的空间位、宽度、重叠、差距和竞争性等要素分析及土层间相互作用关系分析，确定可能的土壤剖面构型和土壤关键层；（4）通过室内外种植试验或模拟试验进行整体优化和方案筛选，重点是土壤关键层的优化和作用机理分析，从而获得最佳生产力功能的土壤剖面构型（见图4-2）。

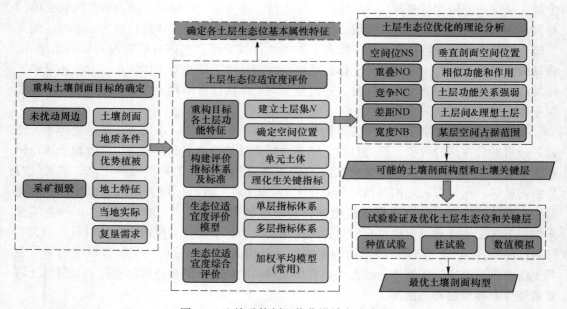

图4-2　土壤重构剖面优化设计方法流程

（1）重构土壤剖面目标的确定。依据采矿未扰动周边土壤剖面、地质条件及优势植被（作物）的分析，确定参考土壤剖面构型，刻画出土层数和各层的生态位特征。依据采矿损毁土地的特征和当地的实际情况和需求，确定复垦土地的利用目标，再考虑有无外来土源及质量情况，确定拟构造的土壤剖面层数、作用等目标，如恢复不低于原始土层生态位的仿自然土壤剖面构型、利用充填材料构建的新土壤剖面构型等。

（2）土层生态位适宜度评价和各土层生态位的基本属性特征确定。每一土层的生态位由其理化和生物特性及其与其他土层的关系所决定。因此，需要对各待构土层和可能的土壤材料进行理化、生物特性分析，为土层生态位的确定奠定基础。一方面需要研究待重构土壤的各种单元土体性质，进行筛选分类，做到物尽其用；另一方面，通过不同方式筛选或研制重构土壤需要的替代材料，如对露天矿复垦从剥离土层地层中筛选表土替代材料、采煤塌陷地筛选充填复垦材料、单元土体改良与材料组配等。因此，单元土体性状的分析、采矿前各个土层地层性状的分析等都是必不可少的。在各种备选土层材料分析的基础上，可采用胡振琪教授提出的"土层生态位适宜度"定量分析的方法研究确定各待重构土层生态位的基本属性特征。

（3）土层生态位优化的理论分析和可能的土壤剖面构型和土壤关键层确定。土层生态位具有空间位、宽度、重叠、差距和竞争等特性。对生态位各个特性进行分析和优化，就能发挥每个待构土层的作用，构建更好的土壤剖面构型。土层生态位的空间位是指某一土层在土壤垂直剖面空间的位置，如上、中、下等位置。不同土层空间位，在土壤水分、溶质运移、气体热量传输方面具有不同的功能和作用。对耕地土壤，空间位越高，往往其提供植物营养的能力越大，表土层往往空间位最高。

土层生态位重叠是指两个或两个以上土层具有相似的功能和作用，可以进行混合并可处于同一空间位，它表明土层功能关系的类似、作用相同（见图4-3）。土层生态位重叠时在土壤水分、溶质运移、气体热量传输能力等方面有相似性。多个土层重叠度越小，土壤剖面结构越丰富，对土壤水分、空气竞争性越强，比如，毛管孔隙多的土层比毛管孔隙少的土层对土壤水的毛管吸力更强。有机质含量高的土层比有机质少的土层对肥料吸附更强。多个土层重叠度越大，土壤剖面结构越单一，土层之间对土壤水分、空气的传输性越相似。

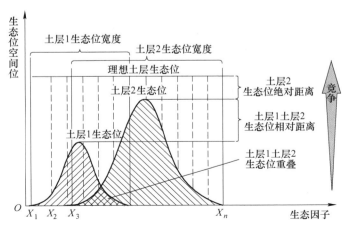

图4-3　"土层生态位"概念模型

土层生态位竞争是指土层不能在同一空间位存在，存在相对的竞争排斥现象，反映土层功能关系的强弱。土层生态位竞争性越强，土层适应性越广，类似于壤土土层。土层生态位竞争性越弱，土层适应性越窄，类似于沙土土层。

土层生态位差距是指土层间的生态功能差距或某一土层与理想土层功能的差距，前者为相对差距，后者为绝对差距（见图 4-3）。绝对差距越小，土层生态位功能提升改良的成本就越低。相对差距小，两个土层关系密切，具有良好的空间位关系。在土壤剖面整体优化时，可以依据该差距进行土层间空间位的优化，也可作为空间位关系评价的验证。分析出差距后，还需要考虑有无缩小差距的途径和如何缩小差距及其可行性。根据差距可以判断是否为功能强大的土层或障碍层。

土层生态位的宽度又称生态位广度、生态位大小，是指某一土层在空间占据的范围。土层生态位宽度大，说明这种土层资源量大，反之资源量越小。在面积固定的情况下，资源量越多，土层生态位的厚度就越大，其发挥该土层功能的作用往往也越大。因此，在复垦面积相同的情况下，表土层或关键层材料越多，该土层的宽度就越大，就可提高该土层的功能。基于这种思想，在复垦规划设计时应合理确定各个土层的生态位宽度，增大关键层的生态位宽度。

4.2.3　土壤重构技术

土壤剖面重构是土壤重构技术的核心，指土壤物理介质和土壤剖面层次的重建。研究表明，土壤剖面构建对重构土壤质量起着决定性的作用，其意味着表土的保护和构建，即采用剥离、储存、回填等绿色开采技术，构建有利于土壤剖面发展和植被生长的土壤环境和物理环境。

根据土壤重构技术方法和工程措施，将自然土壤剖面分为有矿产资源和无矿产资源两种剖面构型（见图 4-4），自然土壤剖面构型由腐殖质层、淋溶层、淀积层和母质层 4 个基本层次组成，腐殖质在表层与矿物质结合产生有团粒状结构和富含营养的腐殖质-淋溶层，50% 的根系在该层；淀积层不利于植物生长，主要作用是阻隔地下水位上升；母质层是由残积物或沉积物组成，随着土壤颗粒由小变大，自

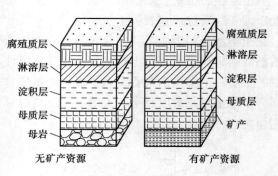

图 4-4　自然土壤剖面构型

然土壤剖面的养分含量随深度增加而减少。有矿产资源的自然土壤剖面，由于其结构被采矿严重破坏，影响植物生长和生态环境。根据土壤损毁的特征，将土壤剖面重构类型归纳为功能退化型、土层损毁型、土层结构紊乱型和土层污染型，针对这 4 类土壤有不同的土壤剖面重构技术。

4.2.3.1　功能退化型土壤剖面构型

功能退化型土壤剖面构型如图 4-5 所示，该类剖面的形成是由于城乡建设、过量施肥等人为活动，导致自然土壤功能退化或缺失。

4.2.3.2 土层损毁型土壤剖面构型

土层损毁型土壤剖面构型如图 4-6 所示，该类剖面的形成是由于采矿损毁等使土层缺失或严重损毁。

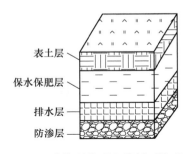

图 4-5 功能退化型土壤剖面构型

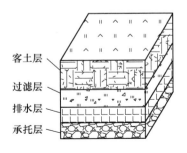

图 4-6 土层损毁型土壤剖面构型

4.2.3.3 结构紊乱型土壤剖面构型

结构紊乱型土壤剖面构型如图 4-7 所示，采矿等活动会使土层发生扰动、剖面构型发生紊乱，导致土壤质量和肥力明显下降。现有的煤矿沉陷区土壤剖面结构为"土壤层+充填层"的双层剖面配置。

4.2.3.4 土层污染型土壤剖面构型

土层污染型土壤剖面构型如图 4-8 所示，工矿企业排放的废水、尾矿渣、危险废品等各类固体废物，以及过量使用化肥农药、污水灌溉等会导致土地被污染。回填表土和客土覆盖都能够为污染土壤的生态恢复提供良好的土壤条件，但存在诸多局限性，其关键是寻找合适的土源和确定覆盖的厚度和方式。王萍在重构土壤剖面中选用针刺非机织土工布和 HDPE 土工膜构造防渗层，有利于阻隔土壤污染物下渗迁移。污染型土壤剖面重构应根据土壤剖面结构分层构造阻隔层。

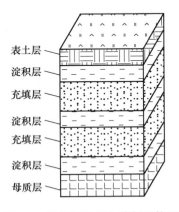

图 4-7 结构紊乱型土壤剖面构型

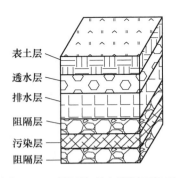

图 4-8 土层污染型土壤剖面构型

损毁土壤的原因多种多样，如采矿挖损、过分施肥、交通建设、市政管道、城乡建筑等人为活动，使得损毁土壤的特征具有不确定性和复杂性，这给土壤重构技术的选择带来极大的挑战。为实现土壤剖面的重构，需要采取科学合理的土工施工技术，根据具体土壤条件考虑土壤剖面结构设计，分析该地区土壤形成条件，制定土壤剖面重构方案，优化设计土壤关键层，从而获得具有最佳生产力的土壤剖面构型。

4.2.4　土壤重构材料

土壤重构材料主要指充填用材料，常用的有以下几种：

（1）煤矸石。采煤严重破坏了农田土层结构，煤矸石是煤炭的主要副产品，它是煤矿区最主要的环境危害之一，煤矸石的堆积占用大量土地，导致土壤肥力和土地生产力下降。煤矸石填充可直接用于建筑用地，也可覆土后用于农业生产，覆土厚度、煤矸石层中有机活性炭及活性成分的积累是影响采煤沉陷区土壤重构的最重要的因素，也是土壤重构和生态重建的基础。

（2）粉煤灰。为了节约和充分利用煤炭资源，燃煤电厂和火电厂通常会靠近煤矿区和矿山，其会产生大量的固体废物，即粉煤灰。粉煤灰由于颗粒较细，占用土地面积大，对矿区周边环境影响较大。一些学者将粉煤灰与水按一定比例掺混，充填到塌陷地，上层0~50 cm由土壤充填，可直接用于农业生产，也可以填充到地面高程用于建筑用地。粉煤灰作为填充材料填充在塌陷区，既利用了固体废物，又恢复了塌陷区的土地，还可以用作肥料来改善土壤营养状况。

（3）河湖淤泥。如果塌陷区靠近河流和湖泊，可以用河湖中的淤泥或泥沙进行填埋，这种方法简单，但条件限制较大，因为淤泥通常比较黏重，重构后的土壤质地较细，容重较大，不利于农业生产。

（4）垃圾。受限于充填材料的来源，上述充填方式具有一定的局限性。垃圾因量大、范围广，而成为塌陷区比较理想的回填材料。城市垃圾可充填采空区加固采空区基础，建筑垃圾可直接充填，而腐菜、烂叶、塑料、电池等，则需经过一定的处理后才能填充塌陷的土地，进行土壤重构。

（5）尾矿或剥离岩土充填。金属矿山开采最大的特点就是会产生大量的尾矿，如承德地区超贫钒钛磁铁矿的开发，在获取1 t铁精粉的同时，会产生高达10 t以上的尾矿，若采用露天开采，还会产生大量剥离废石，这些材料也是矿区生态重建过程中土壤重构很好的充填材料。

由于土壤重构的材料不是原始土壤材料，因此实际应用中存在一定的缺陷，例如煤矸石和河湖泥沙通常粒径大、有机碳含量高、保水性差，往往会对植物生长产生障碍；粉煤灰可能会造成重构土壤的二次污染；河湖淤泥黏粒高，渗透性小，不利于大气降水的补给。由于传统的土壤重构土地恢复率低、重构周期长，有学者提出了采矿-复垦一体化的新理念，使损毁土壤的恢复周期大大缩短。填充材料有限的数量及潜在的污染限制了该技术的应用，因此在选择土壤重构材料时应充分考虑材料的优缺点，除单一材料重构外，还可采用两种或多种材料混合重构；同时考虑环境友好型生态材料的研究开发和应用，并全方位评估土地重构后对土壤质量和生态环境的影响。

4.2.5　土壤重构施工技术方法

矿区生态修复中的土壤重构极其复杂，对于不同的矿种、不同的开采方式及不同地区的采矿迹地均存在其特殊性，因此，导致其土壤重构施工技术方法复杂多样，在实际应用中应因地制宜，选择适宜的低成本施工技术，目前常用的土壤重构施工技术方法主要有以下几种：

（1）土地平整法。对于地形起伏小、面积大、变化单一、沉降浅的均质沉降地，可通过土地平整措施进行土壤重构，为防止土地平整后表土养分过于贫瘠和物理环境恶化，同时保证不破坏土壤结构层次，需要引入表土处理技术，即先剥离 20~50 cm 的表土层进行土地平整，最后覆盖表土。土地平整法操作简单、适用面广、经济效益高、生态效益显著。

（2）修筑梯田法。对于地形起伏大、损毁严重、沉陷较深的混合沉陷地，可采用修筑梯田的方法进行土壤重构，通过坡改梯减缓土壤坡度，增加耕作层土层的厚度，达到改善土壤的目的，使土壤向有利于作物生长的方向发展。三峡库区退化坡耕地采取了坡改梯田整治技术、耕作农艺技术和生物篱生态过滤带技术进行恢复重建。有学者提出用植物坎代替石坎的设想，解决了石坎坡改梯中成本高和施工难度大的问题。

（3）标准条田法。标准条田法适用于地势低洼、洪涝灾害频发的地区，地势平坦、排水不畅的地区，以及低度盐碱化和次生盐碱化的地区，在区域内进行条田修筑，可达到排水排盐、改良土壤、便于机械作业的目的。

（4）深沟台田法。深沟台田法适用于排水良好的混合型或条带型浅塌陷地。具体方法为在塌陷地挖几段深沟，取出的土壤就近摊平，抬高地面搭建台田。深沟台田法是"挖沟"与"造田"相结合的土壤重构，成本较低，既能有效降低土壤盐碱化，又能解决耕地排水问题。淮南、淮北、滨海、黄河口等矿区均有采用"深沟台田"法恢复大面积塌陷区或盐渍荒地的实践案例。

（5）挖深垫浅法。挖深垫浅法适合多种类型的塌陷地，也是塌陷较深、高积水、中潜水位采煤沉陷地非填充土壤重构最常用的方法。具体是将造田与挖塘相结合，利用机械挖深沉陷区形成水塘，取出的土填入浅沉陷区形成耕地，实现水产养殖和农业种植共同发展。目前常用的方法是利用泥浆泵将深层含黏粒高的下层土翻上来，但该土壤含水量过大、透水性变差，入渗率降低，从而影响微生物活性和根系正常发育，导致生产力低下。有学者提出一种新型的沉陷地复垦技术——拖式铲运机复垦技术，与其他土壤重构相比，该技术具有速度快、效率高、工期短、土壤养分流失较小的优点。

目前，我国已形成较为完善的塌陷区土壤重构技术体系，逐步实现了量化、程序化、规范化、标准化，为矿区生态修复提供了有力的科学依据和支持。利用探地雷达检测重构土壤的体积含水量，以确定植被重建过程中的最佳浇水时间，促进植被生长，可为研究人员分析复垦区植被生长情况提供依据和技术支持。我国的土壤重构技术针对复杂多样的塌陷地开展修复理念、关键技术、应用、修复后评价及改善措施等方面的研究，传统的一次性充填和泥浆泵充填方式存在土壤结构紊乱和养分流失严重等问题，不利于土壤的生产力恢复，之后提出的表土剥离技术和多层交替填土法解决了原有充填方式的缺陷。为降低土壤重构工程的施工难度，提升经济效益，有必要对不同区域条件的土壤剖面结构进行研究。另外，我国对非采煤塌陷区的采矿迹地生态修复的土壤重构的研究还相对落后，有待继续加强，形成更有针对性的土壤重构技术。

4.2.6 土壤重构对土水特性的影响

4.2.6.1 土壤水分变化和运移规律

土壤是一个复杂的生态系统，其含水率和持水能力受取样时间、压实度、容重、地形、有机碳含量、土壤结构和表层枯落物层厚度等因素的影响。土壤一般为交错复杂的层状结构，不同土壤层状结构的土壤含水量和持水能力存在显著差异，由于土壤重构中的土壤剖面构型会影响土壤容重、质地和水分，因此土壤重构中不同充填材料和表土替代材料必然影响土壤水分运移。水分在土壤形成过程中直接影响土壤孔隙，极大地改变了土壤地下水和生态环境。

学者对土壤重构过程中土壤水分变化和运移规律进行了大量研究，根据不同的土壤剖面结构，分析了层状土壤水分入渗过程的研究现状，揭示了土壤的饱和导水率主要取决于土壤的导水特性，以及不同土壤对水分和溶质运移的影响，建立了浅层与深层之间水分运移的定量模型。

土壤重构中的充填法在很大程度上改变了土壤含水率和土壤水分运移规律，粉煤灰填充土壤含水量明显高于原状土壤表层，但溶质向下运移容易造成潜在地下水污染；煤矸石填充土壤温度超过 25 ℃时，水分会随深度增加而减小，重构后的土层之间的界面会形成积水带。目前，关于不同土壤重构模式下土壤水分运移规律的研究较少，土壤水分运移的土壤剖面重构最优设计及其机理研究有待加强。

4.2.6.2　土水特征曲线

土水特征曲线是模拟土壤基质吸力和土壤含水率变化的模型，反映不同土壤的持水和释水特性，该曲线反映了土壤理化性质和土壤持水能力之间的相互关系，不同土壤的水分常数和特征指标是研究土壤水分必不可少的重要参数。土壤水文性质在一定程度上控制着生态系统的构成和演替，决定着生态修复的成败与效益高低。

综上所述，土壤水分特征曲线可以有效反映土壤理化性质和土壤持水能力的关系，短期内重构土壤持水性能得到有效提高，但不利于降水入渗补给，土壤重构长期的持水特性和物理性质却没有明显改善。目前，重构土壤的持水能力主要通过直接测量土壤含水率判断，土壤水分特征曲线模型运用较少，今后可通过模拟不同时段的土壤水分特征曲线模型，判断土壤含水量的有效程度。

4.2.6.3　土壤入渗特性

土壤水分入渗是指水从土壤表面渗入土壤的过程。土壤入渗特性是土壤保水和抗侵蚀能力的重要指标。层状界面由于存在毛管障碍，会降低土壤水分入渗率，提高土壤持水能力，土壤剖面不同层次的土壤入渗能力有所差异。

研究表明，模拟土壤不同土层入渗特性精确度最高的是 Hydrus-1D 和 Kostiakov 入渗模型，土壤重构中夹层充填的土壤水分入渗更接近普通农田，黏土夹层不同位置和厚度影响着土壤重构后的含水率和入渗速率，对于不同土壤损毁类型需要不同的土壤重构关键层方案，创新损毁土地的土壤重构理论，研发联合修复手段，实现土壤生态系统的修复与提升。

4.2.6.4　土壤稳定性

在土壤重构过程中，由于各种土地工程措施，土壤容重往往会发生显著变化。天然土壤容重一般为 $1.35 \sim 1.53 \ g/cm^3$，而重构的土壤大多为 $1.50 \sim 1.80 \ g/cm^3$，在土壤重构施工过程中会使用大型机械对土壤进行翻、挖、垫、平等工程措施，使土壤压实并增加其容重。

土壤重构中的非充填重构对土壤的结构扰动较小，机械使用频率较低，其重构后表土容重（1.20 g/cm³）比天然土壤容重（1.50 g/cm³）小，但土壤总孔隙度和毛管持水量较大。

由于非充填重构对土壤扰动较小，土壤容重接近正常农田。对土壤容重和团聚体影响因充填重构中使用的不同机械设备而不同，使用自卸汽车的土壤容重为 1.50 g/cm³，而使用推土机的土壤容重则高达 1.80 g/cm³。由于土壤孔隙决定土壤透水性、通气性和肥力保持，因此未受干扰的土壤比压实的土壤对土地复垦更有利，压实土壤的微观结构已被严重破坏，土壤物理性质（容重、团聚体等）产生较大的变化，土壤容重增加，导致水分入渗速率和持水量降低，不利于植物生长，因此应在土壤重构的技术方法中考虑减少土壤的压实扰动。

4.2.7 土壤重构未来研究重点

（1）基于生态材料的土壤重构技术研发，土壤重构具有改善土壤结构、保水保肥、提高农作物产量等优点，但由于填充材料多为矿区废弃物、淤泥、垃圾等，易产生二次污染，可能对土壤造成潜在的环境风险，因此，在选择填充材料时，应注意重构后土壤材料残留组分对土壤的影响。应重点发展人工生态系统技术，开发纳米材料、生态环保材料等新材料作为土壤重构的填充材料，实现易获取、低成本、生态环保和循环利用。

（2）土壤要素与其他要素耦合机理研究，由于损毁或退化的土地类型多样，不同的损毁农区和矿区应采取不同的重构方式，应深入系统地研究土壤重构的粒度要求、层次重构特征、生化需求和营养支持等，根据具体土壤条件设计土壤剖面结构，分析区域土壤形成条件，制定科学合理的土壤剖面重构方案和施工技术，创新发展联合修复技术手段，协同土壤、水分、植被、微生物、生态环境等多领域，实现整体土壤生态系统的修复与提升。

（3）土壤重构全过程监测和土地信息化技术融合研究，结合大数据技术使土地信息化，用于土壤重构后的土壤质量长时间序列监测，利用大数据模拟损毁土壤不同土层的发展状况，旨在利用科学数据信息开展土壤重构实施和土地工程开发，发展"3S"技术，对重构后土壤的生态系统进行长期的动态监测与预测，更好地保障土地生态环境健康。

（4）农区土壤重构和城市景观重构技术与方法研究，不同土壤损毁类型需要不同的土壤重构关键层方案，应不断创新损毁土地的土壤重构理论，实现土壤生态系统的修复与提升。目前土壤重构的研究对象多为矿区损毁土地，农区土壤重构和城市景观重构研究较少。对于低产田，可利用重构技术方法提升土地质量，减少或消除土地污染，提升农村粮食种植安全，保障农村土地生态环境健康发展。

4.3 矿区植被恢复

4.3.1 植被分布地带性

任何植物个体，在其生长发育过程中，始终与所处环境发生作用，一方面环境影响和改变植物形态结构及生物学特性；另一方面植物对所分布的环境具有适应性。因此各种植物都具有自己的地理分布规律，不同地带生长着不同的植物类群，从而形成了多种多样的植被类型。所以，在采矿迹地植被恢复的植物选配中，首先必须遵循植被的地带性分布规律。

一定地区内植物群落的总体称作植被，植物群落是构成植被的基本单位。地球上不同植被类型的分布基本上决定于气候条件，主要是热量和水分及其他有关的自然要素。在地球的不同地区，水热条件的组合配置不同，形成的植被类型也不同。

4.3.1.1 植物分布的水平地带性规律

太阳辐射是地球表面热量的主要来源，随着地球纬度的高低不同，地球表面从赤道向南、向北形成了各种热量带。植被随着这种规律的更替，称为植被的纬度地带性。植被分布的经度地带性主要与海陆位置、大气环流和地形相关，一般规律是从沿海到内陆，随着降水量的逐渐减少，植被也出现明显的规律性变化。

我国植被分布的纬向地带性变化可分为东西两部分。在东部湿润森林区，自北向南依次分布着寒温带针叶林、温带落叶阔叶林、亚热带常绿阔叶林和热带季雨林、雨林；西部从北至南依次出现一系列东西走向的巨大山系，打破了纬向地带性，自北向南植被纬向变化是温带半荒漠荒漠带、暖温带荒漠带、高寒荒漠带、高寒草原带和高寒山地灌丛草原带。

我国植被的径向地带性在温带地区特别明显，从东南至西北受海洋性季风和湿润气流的影响程度逐渐减弱，依次有湿润、半湿润、半干旱、干旱和极端干旱的气候。相应出现东部湿润森林区、中部半干旱草原区和西部干旱荒漠区。

值得注意的是，经度地带性和纬度地带性并无从属关系，它们处于相互联系的统一体中，某一地区植被分布的水平地带性规律，取决于当地热量和水分的综合作用，而不是其中一种因子（即热量或水分）。

4.3.1.2 植物分布的垂直地带性规律

植被分布的地带性规律，除纬向和经向规律外，还表现出因高度不同而呈现的垂直地带性规律，它是山地植被的显著特征。一般来说，从山麓到山顶，气温逐渐下降，而湿度、风力、光照等其他气候因子逐渐增强，土壤条件也发生变化，在这些因子的综合作用下，植被随海拔升高依次呈带状分布。其植被带大致与山体的等高线平行，并有一定的垂直厚度，这种植被分布规律称为植被分布的垂直地带性。在一个足够高的山体，从山麓到山顶更替着的植被带系列，大体类似于该山体所在的水平地带至极地的植被地带系列。因此，有人认为，植被的垂直分布是水平分布的"缩影"。但两者间仅是外貌结构上的相似，而绝不是相同。

山地植被垂直带的组合排列和更替顺序构成该山体植被的垂直带谱。不同山体具有不同的植被带谱，一方面山地垂直带受所在水平带的制约，另一方面也受山体的高度、山脉走向、坡度、基质及局部气候等因素影响。总之，位于同一水平植被带中的山地，其垂直地带性总是比较近似的。

4.3.1.3 中国植物分布区划

我国植被分布的地带性规律也取决于温度和湿度条件，但由于青藏高原、北部寒潮和东南季风的影响，使得主要植被分布的方向，是从东南向西北延伸，依次出现森林、草原、荒漠三个基本植被地带。

大兴安岭—吕梁山—六盘山青藏高原东缘一线，将我国分为东南和西北两个半部，东南半部是季风区，发育各种类型的中生性森林，西北半部季风影响微弱，为无林的旱生性草原和荒漠。东南半部森林区，自北而南，随着热量递增，植被的带状分布比较明显，依次为寒温带针叶林带、温带针阔叶混交林带、暖温带夏绿阔叶林、亚热带常绿阔叶林、热带季雨林带和赤道雨林带。除上述植被的纬向变化外，由于受夏季东南季风的作用，从东南向西北，植被出现近乎经度方向的更替。而且北部的温带及暖温带地区较南部的亚热带、热带地区表现得更加明显。

中国树种分布区主要受水、热条件限制，反过来说，中国的树种分布区可以反映各区的水、热等自然环境。根据水土保持中适地适树的原则，结合我国的气候环境，可以把植物作如下划分。

（1）南亚热带：主要分布于五岭山麓以南、台湾、海南等地；土壤为红壤、赤红壤、砖红壤；不低于 10 ℃天数大于 300 天；年积温 6500~8000 ℃。主要水土保持植物有：马尾松、海南五针松、华南五针松、火炬松、思茅松、木麻黄、台湾杉、杉木、水杉、巨尾桉、柠檬桉、窿缘桉、大叶桉、大叶相思、金毛相思、肯氏相思、毛卷相思、苦楝、木荷、火力楠、格木、合欢、樟黄牛木、厚皮香、春花木、箣竹、麻竹、黄竹、青皮竹、笋竹、黑荆树、肉桂、八角、千年桐、木棉、蔡蒲、柑橘、龙眼、荔枝、余甘、芒果、三华李、猕猴桃、木波罗、番石榴、油梨、橡胶树、胡椒、椰子、金鸡纳树、腰果、咖啡树、白藤。

（2）中亚热带：主要分布于浙、赣、湘、川的南部和滇、桂、黔的丘陵低地；土壤为红壤、黄壤、紫色土；不低于 10 ℃天数 240~300 天；年积温 5300~6500 ℃。主要水土保持植物有：马尾松、杉木、柏木、水杉、柳杉、秃杉、湿地松、火炬松、云南松、华南五针松、黄山松、麻栎、栓皮栎、青冈栎、大叶桉、窿缘桉、檫、樟、川楝、苦楝、枫杨、桤木、木荷、刺槐、楸、紫楠、泡桐、合欢、马桑、紫穗槐、胡枝子、南酸枣、黄荆、六月雪、毛竹、淡竹、青皮竹、慈竹、茶、桑、黑荆树、香椿、漆树、油茶、油桐、杜仲、猕猴桃、刺梨、银杏、山苍子、板栗、柑橘、桃、李、枇杷、杨梅、梨、柿、葡萄、泰国石榴。

（3）北亚热带：主要分布于淮河、秦岭以南；土壤为黄壤、黄棕壤；不低于 10 ℃天数 200~300 天；年积温 4500~5300 ℃。主要水土保持植物有：马尾松、杉木、油松、火炬松、湿地松、秃杉、华山松、柏木、水杉、柳杉、池杉、麻栎、栓皮栎、青冈栎、椴、木荷、枫杨、刺槐、檫、樟、紫花泡桐、枫杨、桤木、皂荚、檀木、柳、榆、合欢、苦楝、紫穗槐、胡枝子、栀子、马桑、黄荆、毛竹、箭竹、刚竹、淡竹、斑竹、笋竹、漆树、杜仲、辛夷、山茱萸、香榧、猕猴桃、刺梨、拐枣、山苍子、杨梅、桃、李、苹果、枇杷、葡萄、樱桃、石榴、梨、杏。

（4）南温带：主要分布于秦岭、淮河以北，西起天水，北至延安、太原、丹东；土壤为黄绵土；不低于 10 ℃天数 160~220 天；年积温 3500~4500 ℃。主要水土保持植物有：油松、樟子松、红松、黑松、华北落叶松、日本落叶松、水杉、中山杉、华山松、侧柏、柏木、刺槐、泡桐、麻栎、栓皮栎、臭椿、白蜡、复叶槭、黄连木、紫椴、楸、皂荚、桑、白榆、日本桤木、枫杨、旱柳、杨类、紫穗槐、胡枝子、杞柳、黄荆、杜梨、酸枣、柽柳、马桑、杠柳、黄刺玫、刚竹、淡竹、板栗、核桃、桑、柿、枣、花椒、香椿、忍冬、枸杞、辛夷、山杏、杜仲、漆、猕猴桃、拐枣、茱萸、斑竹、苹果、梨、桃、杏、李、山楂、葡萄、樱桃、玫瑰。

（5）中温带（Ⅰ）东北半湿润区：南温带以北，东北大部，内蒙古东部；土壤为黑土、栗钙土、森林土；≥10℃天数小于160天；年积温3400℃。主要水土保持植物有：樟子松、长白落叶松、兴安落叶松、红松、白榆、椴、水曲柳、黄波罗、槭类、蒙古栎、胡桃、楸、旱柳、杨树、山杏、白桦、胡枝子、沙棘、柠条、花棒、杞柳、沙柳、黄柳、树柳、胡颓子、酸枣、丁香、苹果、山楂、葡萄、梨、海棠、沙果、黑豆、李、刺槐、紫穗槐、红皮云杉。

（6）中温带（Ⅱ）西北华北半干旱区：主要分布于黄土高原北部及毗邻地区；土壤为黄绵土、栗钙土、灰钙土；不低于10℃天数100～160天；年积温1600～3400℃。主要水土保持植物有：油松、华北落叶松、樟子松、侧柏、白皮松、槭类、椴、白桦、白榆、栓皮栎、辽东栎、核桃、楸、杨树、臭椿、沙枣、杠柳、苦参、柠条、沙棘、柽柳、杞柳、黄柳、沙柳、旱柳、花棒、胡枝子、紫穗槐、酸枣、火炬树、杜梨、狼牙刺、花椒、枸杞、桑、山杏、文冠果、杜仲、黄芪、苹果、梨、杏、桃、李、山楂、葡萄、刺槐、玫瑰。

（7）中温带（Ⅲ）西北干旱区：主要分布于新疆大部，内蒙古、甘肃北部，宁夏、陕西、青海的北部；土壤为荒漠土、风沙土、栗钙土；不低于10℃天数100～160天；年积温1600～4000℃。主要水土保持植物有：沙柳、黄柳、花棒、踏郎、沙棘、杞柳、柠条、紫穗槐、胡枝子、柽柳、樟子松、油松、沙枣、山杏、旱柳、白榆、小叶杨、小青杨、河北杨、海红子、槟果、梭梭、白梭梭、沙拐枣、骆驼刺、新疆杨、银白杨、箭杆杨、旱柳、灌木柳、紫穗槐、葡萄、核桃、杏、苹果、沙果、巴旦杏、石榴、樱桃、李、桃。

4.3.2　植被恢复研究概况

植被恢复是指运用恢复生态学原理，通过保护现有植被、封山育林或营造人工林灌草植被，修复或重建被毁坏或被破坏的森林和其他自然生态系统，恢复其生物多样性及其生态系统功能。植被恢复通过人工或人工与自然结合等手段营造出植物长久生长的生育基础，使植被得到有效恢复的过程。植被恢复与植被重建、植被修复、生物多样性恢复及生物工程治理等都是内涵基本相同的词语，它既是一种治理手段，同时也是治理的过程和目的。

4.3.2.1　植被恢复主要研究内容

关于植被恢复的研究很多，主要有以下几个方面：植被退化的基本特征及其生态后果，植被恢复目标及其生态学原理，干扰体系对退化植被或生态系统的影响，植被恢复途径，以及植被恢复对环境影响及效益等。

（1）植被退化的基本特征及其生态后果，具体研究退化植被种类组成变化，群落时空结构变化，生物生产力下降，生物间关系的改变。研究认为草原退化实质上是生态系统的退化，退化体现在非生物因素，也体现在生产者、消费者和分解者三个生物功能组分及草地生态系统的结构特征和功能过程，退化阶段不同其表征指标不同。

（2）植被恢复目标及其生态学原理，主要包括生境组合胁迫原理、生态适应性原理、种群密度制约和分布格局原理、群落内种间关系协同进化依赖原理、生态位原理、群落演替原理、生物入侵理论、生物多样性原理、斑块-廊道-本底景观结构模式原理等。

（3）干扰体系对退化植被或生态系统的影响，主要干扰方式有森林采伐、开垦、过度放牧、开采矿产资源、采摘、不合理的种植和养殖、人为有意或无意帮助下外来种的侵入和偶见种取代群落建群种与优势种的生态现象及病虫害的大发生等。适当的干扰（如土壤干扰、引入新物种等）对恢复乡土物种是有必要的，但同时也存在生物入侵的隐患。

（4）植被恢复途径。日本学者宫胁昭，根据植被科学中的演替理论，采用当地乡土树种的种子进行营养钵育苗，配以适当的土壤改造，在较短时间内建立起适应于当地气候的顶极群落类型。这一方法取得了显著成绩，得到了世界公认，称之为宫胁法。

退化生态系统植被恢复措施，在退化草地生态系统恢复中，因地制宜地进行松土、浅耕翻等改善土壤结构，增施肥料，补播乡土优良牧草增加植被恢复速率，合理放牧等也是有效的人工促进恢复措施。对于退化水生生态系统的恢复，应根据不同湿地选择最佳位置重建湿地生物群落。近年来，在矿山废弃地及城市垃圾场上都已开展了植被重建的研究。此外，我国已经和正在开展的许多重大生态环境工程，如三北防护林和长江上游防护林建设、沙漠治理、草场改良、荒山绿化、次生林改造也都是植被恢复和重建的工作。

（5）植被恢复对环境影响及效益。通过栽种野生豆科灌木种恢复半干旱地中海地区植被，研究结果表明，土壤干旱对于季节性落叶模式和落叶化学成分没有显著影响，相对典型硬叶类树种，豆科植物在提高土壤氮素和有机质含量方面表现出更大的潜力，从而提高退化土壤的生物活性，改良土壤。碳固定作为日本京都草案在国际气候变化研讨会中的一项重要内容，具有很大的防治土壤退化和荒漠化的潜力。土壤保持局对冰岛植被恢复研究很好地说明了严重的土壤退化和气候变化所带来的灾害，可以通过植被恢复的碳固定效益得到很大的消减。通过栽种一种叫耐盐碱草，可以显著改善盐碱土的物理性状。

4.3.2.2 我国植被恢复存在问题

（1）大量使用外来物种。所谓外来物种是指对于一个生态系统而言，其中原来并没有这个物种的存在，它是借助人类活动越过不能自然逾越的空间障碍而进来的种类。能够成为外来入侵种的物种通常具有抗逆性强和繁殖能力强，能够迅速扩展和蔓延等特点。而我们在进行植被恢复的过程中，积极寻找的是什么样的植物类型呢？正是具有上述特点的外来入侵种。因为这样可以迅速覆盖裸露地表。因此利用危险的外来物种的愿望是很强烈的，我国也确实已经进口了这类危险物种用于植被恢复（例如红树林树种和草种）。

（2）忽略了健康生态系统要求的异质性。天然的生态系统具有多种多样的异质性：1）物种组成上的异质性；2）空间结构上的异质性；3）年龄结构上的异质性；4）资源利用上的异质性。我们在进行植被恢复的过程中，可以促进这些异质性的形成，这将大大加速天然植被的恢复。而在人工林的建设过程中却忽略了天然林对异质性的要求。人工林常是单一物种、其年龄结构也相同、成行成列等间距地排列。这样形成的树林，树木之间难以形成自然竞争，更难以形成高低错落、层次丰富的结构，这样就会导致"绿色沙漠"的出现。"绿色沙漠"是指大面积的树林，其构成树木种类单一，年龄和高矮比较接近，十分密集，林下缺乏中间的灌木层和地表植被。从外表上看，这些恢复起来的植被精心整理覆盖很好，曾经被视为我国植被恢复成功的典范。事实上，"绿色沙漠"现象在我国并不少见，反而是十分普遍的现象，而且这种现象随着人工林面积的增加，也日益严重。

（3）忽略了物种之间的相互作用。物种间的相互作用关系是维持生态系统健康的基础。大多数植物的种子得以传播、扩散、生根发芽，依赖的是传播种子的媒介动物；树木和其他植物没有授粉或传播种子的媒介就不能繁殖和扩散。所以，应该保护野生动物，充分发挥它们作为授粉和种子传播媒介的作用。昆虫的传粉，对大多数植物的繁衍具有重要作用。在进行植被恢复的时候，必须考虑到野生动植物之间的相互关系，采取适当的方法促进建立这种良好的关系，这应该是植被恢复的必需步骤。而且可以利用物种之间的这种关系，来加快植被的恢复工作。人工清除倒木将降低森林的土壤肥力和生态功能。倒木具有很重要的生态作用，是生态系统必需的组成部分。植被恢复过程中应该保留，甚至可以人工制造一些倒木来改善地表覆盖和促进营养循环。

（4）覆盖率常被用作唯一的评估标准。对于植被恢复工作是否成功，需要有一定的指标进行衡量，这些目标包括环境效益、生物多样性保护及经济可持续能力等。但长期以来人们常常把植被的覆盖率作为植被恢复是否成功的唯一标准。

（5）对当地濒危物种的需要缺乏考虑。濒危动植物的保护是当前自然保护的重要目标之一。如果从当地濒危物种的需要去考虑选择适当的物种和适当的方法，一方面可以有利于这些濒危物种的生存，也会极大地有利于当地其他物种的保护和恢复。有些濒危物种具有特定的生态需求，树木结果的时间应该是交错的，才能保证长臂猿一年四季都可以找到食物。长臂猿无法在人工纯林或没有食物的森林里生存。食肉动物也不能居住在孤立的小森林里，因为这里没有足够大的捕食基地可以养活一个能自我维持的种群。要种植可以用作野生动植物栖息地的森林，必须考虑栖息地斑块的大小和物种混合的程度。我国几乎所有地方都有一定数量的濒危物种存在，各个地区在进行植被恢复的时候，需要根据当地的生态情况和濒危物种的需要进行考虑。

4.3.3　植被恢复步骤及途径

植被恢复步骤及途径如下：

（1）环境背景调查和诊断。环境背景的调查主要是弄清：1）气候及其时空变化规律；2）土壤及其空间变化规律；3）植被及物种多样性现状、植被演替的过程和方向及其存在的问题；4）人类活动及其与植被、自然环境演变的相互关系；5）人口和社会经济发展现状及其趋势；6）恢复与重建区域的地理区位特征等六个方面问题。通过环境背景调查和研究，弄清哪些环境因子是有利因素，哪些是不利因素，以及哪些是限制因子。在植被恢复与重建时扬长补短，发挥区域优势，弥补不足，充分考虑植被的作用，这是植被恢复和重建的基础，也是制定切实可行的对策和方法的保证。

（2）恢复与重建对策的选择和布局。植被恢复和重建对策的选择依据是所处的社会、经济和自然环境条件，通常有3种对策：1）消除人为因素，通过自然恢复过程，缓慢地恢复；2）在人为的帮助下，恢复到初始状态或某一阶段；3）按照人们的愿望通过建立人工植被，替代原生植被的演替。很多学者建议第二种与第三种相结合，恢复和重建生态经济型植被，既遵循自然恢复演替规律，同时一定程度上满足了人类生存发展的经济需求。确定恢复与重建对策后，必须进行合理的生态经济规划。根据区域自然特征、退化现状和趋势、人类经营方式和人类干扰活动状况等进行因地制宜、因势利导地分区分片地恢复与重建植被。

（3）物种（品种）的引种和筛选。物种的选择是植物群落和植被重建的基础。植被重建能否成功很大程度上取决于植物种类的选择，只有选用具有良好水土保持功能和较好经济效益的、适应当地精心整理生长的植物种类，才能取得好的治理效果。物种的选择应针对具体的不同地段而进行，通常以乡土物种为主。在引入外来物种时，必须先做适宜性评价。

（4）植物群落的设计和配置。根据生态经济规划目标和布局，应用筛选出的适宜物种，模拟自然群落的时空结构，组建不同类型的植物群落，并实施于布局好的适宜地段。坡下部、坡腰在不引起水土流失的前提下配置农业人工植物群落和农林业人工植物群落，以经济效益为主；坡上部以森林群落为主体，发挥森林的生态防护屏障功能。

（5）监测和优化调控。植被恢复与重建是一个生态学过程，对这个过程中的生态效益、经济效益、种间关系、群落关系及其与环境的关系跟踪观测，一方面为进一步调整群落及其组合，为功能优化提供依据，另一方面也可为定量评价植被恢复与重建对区域自然-社会-经济复杂系统的作用及贡献提供依据。

4.3.4　植物筛选及优化配置

4.3.4.1　植被恢复基本原则

（1）以实现生态系统的完整性为原则，一个生态系统要发挥其应有的功能，必须有合理的时序和空间结构。通过引进和保护动植物资源，形成完善的食物链和食物网，构建生态系统的有序结构和和谐关系，保持生态系统的完整性。

（2）以仿自然群落和近森林建设为原则，自然群落是在长期自然选择下形成的，对环境资源的利用较充分，与环境建立了一种动态平衡，稳定性好。因此在建造植物群落时模仿自然群落结构，包括合理的群落组成、空间结构特征等，构建仿自然群落能取得较好效果。

（3）遵循植被恢复与重建的生态学原则，最早的利用矿区废弃地、垃圾填埋场建设实质是植被恢复与重建过程，通过植被恢复与重建改善景观和生态环境。因此在恢复中必须遵循相关生态学原理，如主导生态因子原理、耐性定律和最小量定律、生态位原理、种群密度制约原理、群落演替理论等。在植被的空间配置上重视建群种与其他从属种的合理结合，要求植物种之间的阴阳性、深浅根、疏密生、养分元素吸收等生态学特征上具有生态位的互补性，以减少竞争造成的不稳定性。

（4）以提高和保护生物多样性为原则。生物多样性是地球上所有动物、植物和微生物的综合体，包括遗传多样性、物种多样性、生态系统多样性和景观多样性四个层次，因此在建设中应从不同层次考虑保护生物多样性。实践中通过增加物种种类、创建多种生境类型和不同类型生态系统来实现。

（5）遵循群落演替原则，植物群落的动态变化是一个有序而渐进的系统发育和功能完善过程，在群落演替过程中植物的种间关系对其具有决定性影响。在自然条件下，生态系统总是自动向物种多样性、结构复杂化和功能完善化的方向演替，只要有足够的时间和条件，系统迟早会进入成熟的稳定阶段。因此在建设中要保护原有自然植被，养护管理中保护非目标的引入植物，保护和促进更新层发育，维护自然演进过程。因此，在群落组建和管理过程中应加强植物生物学和生态学特性研究，充分借鉴地带性群落的种类组成和结构规律，师法自然。要考虑植物间的互利、竞争关系，合理选择耐阴植物，开发利用绿地空间资源，丰富林下植物，改变单一物种密植的做法，使自然更新种具有生存和繁衍空间，并通过密度或频度制约等方式调整群落种间关系；凋落物能迅速分解的物种能提高环境营养有效性，促进其他植物生长；成株比幼苗的耐性强，错开种间的更新时间，也有利于种间的共存，使群落内各种群趋向互相补充而不是直接竞争。充分利用太阳辐射、热量、水分和土肥等资源，提高绿地的生产力和稳定性，以快于自然演替的速度建立近自然植被。

（6）生物气候区适应原则。由于长期适应自然条件，植物形成了一定的生物气候适应区。分布于不同的区域的植物有其适应的水、热、土壤条件和与之相适应的生长发育规律，因此在建设中应以地带性的乡土种类为主，避免过分强调奇花异草，尤其是热带植物的无序引入，这样既能大大减少建设成本，又能充分体现地域特色，充分发挥其应有的生态功能。

4.3.4.2　适生植物筛选

A　适生植物筛选原则

在采矿迹地植被重建的初始阶段，植物种类的选择至关重要。由于采矿迹地极端的立地条件，一般选择生长迅速、根系和冠幅的扩展较快、适应能力强，耐瘠薄、干旱、盐碱及抗风寒、病虫害，并且发芽力强、容易成活，种苗来源范围广、繁殖容易、种植期长的植物品种。优先选择具有改良土壤肥力的固氮植物。根据采矿迹地的立地条件特征及植被恢复的经验，植物品种选择需要遵循以下原则。

a　生态适应性原则

所选择植物品种的生物学、生态学特性要与迹地的立地条件相适应，这是矿山废弃地植被恢复必须坚持的基本原则。通过立地类型划分和对植物特性的掌握，选择适应当地立地条件的植物品种。因为只有植物品种对立地条件适应，才能在项目区成活、生长，才能最终形成稳定的目标群落，达到植被恢复、生态修复的目的。在考虑植物品种生态适应性时尤其要考虑立地条件下的限制性因子，这是分析植物适应性的关键因子。在坡面生态修复中，同时还要从坡面稳定的角度考虑，选择地上部分较矮、根系发达、生长迅速、能在短期内覆盖坡面的植物品种。

b　乡土植物优先原则

植被重建应该首先考虑的是适生的乡土物种。乡土植物是经过长期的自然选择，在当地天然分布，能够适应当地立地条件的植物种。乡土植物对当地的环境的适应能力强，生长稳定，能与周围的自然景物融合为一体，形成稳定的群落，并保持群落自然演替的顺利进行。在废弃地上引入乡土植物时要注意局部的小气候条件变化，只有施工地的环境与这些植物生长地的环境差别不大时才可以使用。那些在废弃地上自然定居的植物，能适应废弃地上的极端条件，应该作为优先考虑的植物。

在矿区植被恢复中，充分利用优良乡土种，并积极引进、推广取得成效的优良外来种。外来物种在植被恢复初期，可以迅速形成植被覆盖，稳固地表，改善矿山废弃地的土壤环境，为乡土树种正常生长创造良好的条件；乡土树种在植被恢复后期发挥主要作用，有利于实现稳定的目标群落。这样可以达到前期效果和长期效果兼顾的目的。这里说的外来物种是对当地环境适应能力强，生长稳定，能与周围的自然景物融合为一体，形成稳定的群落，并保持群落自然演替的顺利进行，且客观上在该地区有良好的表现的那些植物。当然对引入的外来物种要加强管理，否则会引起外来物种的泛滥，甚至对当地生态系统产生破坏。

c　抗逆性原则

矿山废弃地立地条件极端恶劣，要求植物品种具有一定的抗旱、抗寒、耐瘠薄、耐高温等特性，在重金属污染严重的废弃地还需要有极端忍受力。自然生长在重金属污染土壤上的植物能够富集大量的重金属元素，如 Ni、Zn、Cu、Co 和 Pb 等，称之为超富集植物。矿区废弃地的植被恢复实践中要重视超富集植物的使用。只有具有一定抗逆性的植物在后期无人为养护条件下才能够具有较强的生命力，实现自我维持。抗逆性的强弱直接决定了植被能否达到自我生存的要求，影响到植被后期的稳定持久性。

d 先锋性、可演替性及持续稳定性原则

矿山废弃地植被恢复中需要尽快实现植被覆盖并发挥固土作用，所以需要选择一些适应立地条件、生长迅速的先锋植物。矿山废弃地的自然植被恢复就是由先锋植物种类入侵、定居、群聚、竞争的过程。先锋植物种类凭其种群优势影响后入侵者的定居与生长发育，它往往决定裸地最初形成的群落类型。一般来说，先锋植物抗逆性强，喜阳，易于生长，其中固氮植物还能不断改善土地质地。随着植被恢复实施时间的推移，原先的先锋植物品种随着生命的衰退成为弱势品种，甚至退出群落，而侵占能力强、生命力旺盛、寿命长的植物品种慢慢会占据主导地位，形成目标群落，实现自然演替。持续稳定性则要求，目标群落形成后，植物在无人工养护条件下仍能健康生长，这也体现了植物对自然气候和立地条件的适应性。

B 适生植物筛选方法

首先，适生植物的筛选要结合植物生长习性与生态学原理，不同的植物生长习性差别很大，不同的植物在长期的进化过程中，已经形成自己特有的温度、光照和水分需求，比如有的喜温，有的耐寒；有的喜光，有的耐阴；有的是长日照习性，有的是短日照习性。不同习性的植物需要不同的生长和发育环境，这是在筛选过程中首先需要注意的问题。一般在进行正式筛选之前，预先要对需要筛选的植物进行试种，然后记录和观测植物的生长发育习性，对温度、湿度和光照的适应情况，然后结合数据开展筛选。否则盲目的开展筛选很容易造成损失，比如内蒙古的海拉尔引种了兴安杜鹃，结果没有充分考虑到温度的问题，导致全部死亡。另外，植物讲究科学合理的空间搭配，一般都是乔木、灌木、草这样形成一个高中低的搭配，充分利用空间资源。因此，在筛选的时候需要充分考虑所筛选植物未来在整个植物生态系统中占据什么样的位置，怎么安排，然后再根据需求，定向的筛选和培育，这样可以最大限度地避免筛选过程中的盲目性，降低筛选成本。同时，只有经过定向筛选和选育的植物才会更加具有应用价值，可以更好地融入现有乡土系统之中。

其次，适生植物的筛选要结合植物区域分布规律，乡土植物是产地在当地或起源于当地的植物。这类植物在当地经历漫长的演化过程，最能够适应当地的生境条件，其生理、遗传、形态特征与当地的自然条件相适应，具有较强的适应能力。但是，筛选的目的是要让植物未来能够在采矿迹地"定居"。矿区立地条件极差，包括温度、湿度、空气质量、土壤理化性状等，因此对适生植物进行筛选，一方面要照顾植物自然分布，另一方面还要兼顾应用特点。同时，为了提高适生植物的筛选效率，应该在筛选之前，对目的地的气候特征、土壤状况进行充分的调查了解。而且还要对拟筛选的适生植物的大致种植范围进行规划，实际应用过程中，可以结合《中华人民共和国植被图》《中国城市园林绿化树种区域规划》来为拟筛选适生植物进行分析和规划。

具体选择的适生植物种应该满足有价值、可用性两个基本要求。有效价值包括生态防护价值、经济价值等；可用性包括抗逆性强、适应性强、繁殖技术工艺简单、资源利用效率高以及栽培成本低等。事实上，筛选工作面对的是一个由相互关联、相互制约的众多因素构成复杂系统，而且很多因素很大程度上难以定量研究。因此，采用层次分析法非常合适，该方法的基本内容是：把复杂问题分解成组成因素，并按支配关系形成层次结构，然后用两两比较的方法确定决策方案的相对重要性。建立目标递阶层次结构，也即将复杂问题分解为叫做元素的各组成部分，把这些元素按属性不同分成若干组，以形成不同层次。同一层次的元素作为准则，对下一层次的某些元素起支配作用，同时它又受上一层次元素的支配。这种从上至下的支配关系形成了一个递阶层次。处于最上面的层次只有一个元素——综合评价目标层 A，是分析问题的预定目标。中间层次是准则层和指标层。在此基础之上进行定性和定量分析的决策方法。

4.3.4.3　植物优化配置

植物品种不同的配置方式和密度会直接影响到植被群落的稳定性和恢复成本。应根据恢复目的、立地条件和植物品种的特性，进行科学合理配置，按照既生态又经济的方案实施矿山废弃地的植被恢复，营建与周边生态环境相协调的稳定的目标群落。植物群落是由一定的植物种类结合在一起的一个有规律的组合。要发挥植被持续永久的综合生态功能，就要运用生态学原理构建一个和谐有序、稳定的植物群落，而其关键又在于植物的配置。植物的配置应遵循以下原则：

（1）因地制宜，乔灌草相结合。植物自然群落的草灌乔三位一体多层次结构，抗外界干扰能力强，即使群落中一种或几种植物受到病虫害的危害而死亡，其他的植物也会填补其留下的空白。采矿迹地生态重建中，为了营建稳定的生态群落体系，必须合理配比乔木、灌木及草本植物，尽量模拟自然群落，建造乔灌草相结合的复合群落结构。同时必须依据立地条件，宜乔则乔，宜灌则灌，宜草则草，因地制宜，不可牵强。

（2）优化配置，坚持生物多样性。植物品种的选配除了要考虑它们的生态习性外，还取决于生态位的配置，它直接关系到系统生态功能的发挥和景观价值的体现。在选配植物时，应充分考虑植物在群落中的生态位特征，从空间、时间和资源生态位上来合理选配植物种类，使所选择植物生态位尽量错开，从而避免种间的直接竞争，保证群落生物多样性的自然、稳定、持续，形成结构合理、功能健全、种群稳定的复层群落结构。

植物品种选择时还需考虑生物品种的多样性，由多种植物品种形成的植被群落的生态稳定性明显好于品种单一的植被群落。灌木、草本、草花等多层次、多品种的组合，能形成综合稳定的复合植物生态系统。但是不能为了多样性而盲目增加植物品种，造成营造的植物群落失去应有的功能性和安全性。如对高陡的岩石边坡，乔木在坡面不能健康成长，并且还会由于自身的重量造成坡面失稳。因此高陡的岩石边坡在先期营建植物群落时以灌草型为主，随着时间的推移在自然的作用下实现顶极植物群落的演替。

（3）注重修复，兼顾景观效果。按照采矿迹地植被恢复的目的，遵循自然规律，选择耐瘠薄、抗干旱、繁衍迅速、覆盖效果好、根系发达的水土保持植物种，最大程度体现生态修复的生态效应。同时选择一些彩叶树种、常绿植物及观花、观型植物结合配置，营造适宜的生态景观效果。

所选择的植物品种应该与项目区周边的植被群落和谐统一，在群落形态、植物品种构成等方面和周围的植物群落相近；在水文效应、护坡固土、生态恢复等功能上与周边植物群落相一致。因为实施的目的是生态修复，当植被破坏区域进行植被修复后，形成的植被群落尽可能与周边生态环境相协调，实现生态和谐的目标。

4.3.5 植被恢复技术方法

下面从造林工程技术措施、苗木培育技术措施、保护苗木技术措施、节水技术措施4方面来阐述。

4.3.5.1 工程技术措施

工程技术措施如下：

（1）集水造林技术。集水造林就是在干旱半干旱地区以林木生长的最佳水量平衡为基础，通过合理的人工调控措施，在时间和空间上对有限的降水资源进行再分配，在干旱的环境中为树种的成活与生长创造适宜的环境，并促使该地区较为丰富的光、热、气、资源的生产潜力充分发挥出来，从而使林木的生长接近当地生态条件下最大的生产力。近年来，人们更多地用"径流林业"的术语来概括利用天然降水发展林业的措施。从20世纪70年代末开始，许多工作者都开展了集水育苗、抗旱造林的研究工作，成效十分显著。尽管在干旱半干旱地区，采用径流集水造林在实际应用中存在着较多的局限，但是也看到，利用径流集水技术造林在许多干旱半干旱地区已经经受了检验，并取得了成效。随着科学技术的发展，这一技术措施也必将获得提高并日趋完善。

（2）爆破整地造林技术。爆破造林就是用炸药在造林地上炸出一定规格的深坑，然后填入客土，种植上苗木的一种造林方法。爆破造林能够扩大松土范围、改善土壤物理性质和化学性质、增强土壤蓄水、保土能力、减少水土流失、减轻劳动强度、提高工效、加快造林速度，提高造林成活率，能在短时间内使荒山荒地尽快绿化起来。大面积爆破造林虽有较大的局限性，但在位置重要的景点处，旅游线两侧及名胜古迹周围，游人较多、景观重要处的荒山荒地应用，仍不失为一种较好的造林方法。

（3）秸秆及地膜覆盖造林技术。适宜的水分、温度、养分有利于根系的生长、吸收、转化、积累和越冬。秸秆及地膜覆盖造林，在保水增温、促进幼苗的迅速生长、尽快恢复植被、防止水土流失、改善生态环境等方面，发挥着重要的作用。秸秆与地膜覆盖可以避免晚霜或春寒、春旱、大风等寒流的侵袭造成的冻害，同时也提高了地温，促进了土壤中微生物的活动，有机质的分解和养分的释放，从而有利于根系的生长、吸收及营养物质的合成和转化，保证苗木的成活和生长；而且可以保持和充分利用地表蒸发的水分，提供苗木成活后生长所需的水分，防止苗木因干旱造成生理缺水而死亡。秸秆及地膜覆盖，大大提高了造林成活率、越冬率和保存率，是提高干旱脆弱立地条件下造林成效的有效途径之一。

（4）封山育林技术（自然恢复）。封山育林是利用树木的自然繁殖能力和森林演替的动态变化规律，通过人们有计划、有步骤的封禁手段，使疏林、灌丛、残林迹地，以及荒山荒地等恢复和发展为森林、灌丛或草本植被的育林方法。封山育林以森林群落演替、森林植物的自然繁殖、森林生态平衡、生物多样性为理论依据。天然植被经过多世代的环境驯化，最适应当地的立地条件，其苗木又经过多次种间种内的竞争，与环境形成了和谐统一。因此，天然植被群落具有光能转化率高，结构稳定，防护效能好的特性。生态林业应该具有这种特性。第二次世界大战以后，德国为了尽快满足建设对木材的大量需求，曾经走过一段经营人工纯林的路子，经过近一个轮伐期的实践，他们认为纯林不仅效率低还造成林地地力下降，并从 20 世纪 80 年代开始调整人工纯林林分，提出了近自然林业的观念。所谓近自然林业，就是利用植物的自然更新及自我调控能力，加以适当的人工辅助，使林木在较少的有益的人为促进下，以接近自然的方式发生发展，形成物种丰富、结构稳定、功能多样的林分。封山禁牧，杜绝滥砍乱垦乱牧是植被恢复和保存的先决条件。封山禁牧，不是永久封禁，一般在 10 年后，植被已比较茂密，就能有节律地利用和轮牧，而一些生态位极度脆弱的地带除外。这不仅有利于恢复植被，还能促进当地产业结构调整。

（5）压砂保墒造林技术。压砂就是把鹅卵以下的小石头，以 5~10 cm 厚铺盖在新栽的小树周围，相当于给土壤覆盖一层既渗水又透气的永久性薄膜。它不仅起到保温保湿，减小地表蒸发，蓄水保墒的作用，而且就地取材，经济耐用。从土壤学角度看，山地多年不耕，土壤结构简单，孔隙粗直，即使下点雨浇些水，蒸发加上流失，水分很快就消失了。从植物学角度看，树木生长并不需要很多水分，关键是根部土壤要经常保持湿润。这种方法不破坏植被，不受地形限制，不受水源约束，可以最少的投入换得可观的效益。

（6）坐水防渗造林技术。坐水防渗法是将树苗（裸根苗）根系直接接触到湿土上，靠根系下面湿土返渗的水分滋润苗木根系周围土壤，从而保持有效的水分供给，提高苗木成活率。具体操作程序是挖坑、回填、浇水、植树、封土。需要注意的是浇水与植树间隔时间要短，水渗完后，马上植树，保证树苗根系能坐在饱含水分的土壤上。与传统植树方法相比，坐水防渗法树坑内土体上虚下实，蓄水量足，透气性好，非常有利根系恢复生长。

（7）喷混植生技术。喷混植生技术原理是利用特制喷混机械将有机基材（泥炭土、黄土、水泥）、长效肥、速效肥、保水剂、黏结剂、植物种子等按一定比例混合并充分搅拌均匀后喷射到铺挂铁丝网的坡面上，由于黏结剂的黏结作用，混合物可在矿渣表面形成一个既能让植物生长发育而种植基质又不易被冲刷的多孔稳定结构（即一层具有连续孔隙的种植基），种子可以在孔隙中生根、发芽、生长，又因其具有一定程度的硬度可防止雨水冲刷，从而达到恢复植被、改善景观、保护和建设生态环境的目的。

4.3.5.2 苗木培育技术措施

苗木培育技术措施如下：

（1）苗木全封闭造林技术。苗木全封闭造林技术就是在培育、选择具有高活力苗木的基础上，采用苗木叶、芽保护剂（HL 系列抗蒸腾剂、HC 抗蒸腾剂、透气塑料、光分解塑料形成的膜、袋等）、苗木根系保护剂（海藻胶体、高吸水材料形成的胶体液、保苗剂、护根粉等）等新材料、新技术，使整株苗木在造林后完全成活前处于较好的微环境中。其表现为苗木地上部分与外界相对隔离，抑制叶、芽的活动，减少水分、养分的散失；根系处于有较适宜水分、养分供应的微域环境，保持根系的高活力。整株苗木始终处于良好生理平衡之中，直至苗木成活，药剂的保护作用才缓慢失去，进而促进幼树快速生长。该技术为干旱地区造林和生长期苗木移栽提供了一种新的技术选择。

（2）容器育苗造林技术。在干旱半干旱石质山地困难立地常规造林不易成活的地区，可以采用容器苗造林，效果良好。容器苗与裸根苗相比，由于其根系在起苗、运输和栽植时很少有机械损伤和风吹日晒。而且由于根系带有原来的土壤，减少缓苗过程。因此，容器苗造林的成活率高于常规植苗造林。容器苗因容器内是营养土，土壤中的营养极其丰富，比裸根苗具备了良好的生育条件，有利于幼苗生长发育，为石质山地造林成活后幼林生长和提早郁闭成林创造了良好的生存条件；容器苗适应春、夏、秋三季造林，因此又为加速石质山地造林绿化速度，创造了有利条件；容器苗造林的成本与常规植苗造林相比较高，但其成活率高、郁闭早、成林快、成效显著，减少了常规造林反复性造林的缺陷，其综合效益要高于常规植苗造林。营养袋育苗，又叫塑料袋或塑料杯育苗，是目前普遍采用一种育苗方式。不论在蔬菜生产还是林木、花卉、药材及果树生产中都可采用。营养袋多采用低压聚乙烯塑料网加工而成，其规格有大有小。

（3）菌根育苗造林技术。菌根就是高等植物的根系受特殊土壤真菌的侵染而形成的互惠共生体系。菌根形成后可以极大地扩大宿主植物根系对水分及矿质营养的吸收；增强植物的抗逆性；提高植物对土传病害的抗性，尤其在干旱、贫瘠的恶劣环境中菌根作用的发挥更加显著。

（4）生态垫造林技术。生态垫是用棕榈油生产的主要副产品——棕榈果实的空壳制成的棕褐色网状草垫物，疏松多孔，可以生物降解。生态垫覆盖方式有树坑内覆盖和地表全部覆盖两种，具体覆盖方法是在苗木栽植完成后，在树坑中沿苗木周围铺设一块 1 m×1 m 生态垫，或地表全部铺上生态垫，然后用土或砾石压实，防止其自行脱离原地。荒滩植被恢复和重建中应用生态垫覆盖技术，具有以下效果：1）防止地表风沙活动，降低林内自然降尘量；2）在炎热的夏季，降低林内气温和气温日变幅，可以降低植物蒸腾，使其保持足够的水分维持正常生理活动；3）覆盖生态垫后地表温度升高，有利土壤保温，促进土壤微生物的活动，由于生态垫可以抑制地表蒸发作用，虽然林内空气湿度降低，但是能保持土壤水分，所以覆盖生态垫的林地土壤含水量高于未覆盖生态垫的林地；4）促进植株个体生长和林下植物群落的形成。

（5）棉网状植生袋技术。棉网状植生袋技术是日本在 20 世纪 90 年代研究出的一项植被恢复新技术，在日本国内裸地的植被恢复中发挥了很大作用，并取得了很好的效果，内有菌根菌、肥料、有机添加物、保水剂，能有效地促进当地植被恢复。

（6）飞播造林技术。使用多效复合剂拌种，在石质山地困难立地交通不便、人迹罕至地区进行飞播造林，可以明显提高育苗率和成苗率、降低种子损失率、缩短出苗时间、增加苗木生长期、促进苗木生长、扩大造林有效面积、加快绿化步伐，效果显著。

4.3.5.3 保护苗木技术措施

保护苗木技术措施如下：

（1）套袋造林技术。将农用塑膜加工改制成适当尺寸的塑膜袋。苗木栽植后，将塑膜袋套在苗干上，顶部封严，下部埋入土中踩实。待苗木成活后，陆续去掉塑膜套袋。套袋技术的应用，可以降低苗木在栽植初期的蒸腾耗水，提高造林成活率。

（2）蜡封造林技术。即栽前对苗干进行蜡封，具体方法是保持温度 80 ℃上下加热熔化石蜡，将整理过的苗干在石蜡中速蘸，时间不超过 1 s，然后栽植。为方便蘸蜡，对萌芽力强的树种可先截干留桩适当高度再蘸蜡。此方法既可以防止苗木风干失水，又会减少前期病虫害，一般可提高成活率 20%~40%。

（3）冷藏苗木造林技术。将由于干旱而不能栽植的大量苗条暂时冷藏（1~4 ℃），控制其发芽抽梢，利用低温延长苗木休眠期，待降雨后再进行大面积栽植。苗木经过冷藏，可延长造林时间，形成反季节造林。利用冷冻贮藏方法只限于造林季节内干旱无雨时采用。这种用冷冻贮藏苗木进行错季造林的方法成为在大旱之年干旱半干旱石质山地实现优质、高效抗旱造林的新途径。

（4）节水抗旱造林技术措施。在干旱半干旱地区节水造林进程中，各种节水保水措施相继应用并取得一定成效，固体水、保水剂、抗蒸腾剂等大量应用于防旱抗旱，已经或正在取得巨大的生态效益和经济效益。

1）滴灌造林技术。部分干旱半干旱石质山地困难立地处于城市近郊有水源且需要绿化的风景旅游区或名胜古迹区，因自然地势陡峭，立地条件恶劣，坡度大、土壤贫瘠，导致树木生长发育不良，树木成活率低，形成低劣的生态景观。而滴灌造林技术恰恰可以解决这个难题。滴灌较常规灌溉造林具有诸多优点，如节水、减少整地费用、排盐、提高造林成活率等。滴灌的基本原理是将水加压、过滤，必要时连同可溶性化肥、农药一起通过管道输送至滴头，以水滴（渗流、小股射流等）形式给树木根系供水分和养分。由于滴灌仅局部湿润土体，而树木行间保持干燥，又几乎无输水损失，能把株间蒸发、深层渗漏和地表径流降低到最低限度。滴灌造林可以根据不同季节、不同土壤墒情及时供水。高质量的供水最终将促进植物生长发育，利于树木成活率的提高和环境景观的改善。

2）吸水剂在抗旱节水造林中的应用。20世纪70年代初，美国农业部北部研究中心开发出一种高分子聚合物，称之为高吸水剂（也称高吸水性树脂、吸水胶、保水剂、抗旱宝等）。我国对高吸水剂的研制和生产应用起步较晚，系统的应用研究从20世纪80年代初开始，之后发展较快，并取得阶段性成果。它具有高吸水性、保水性、缓释性、反复吸释性、供水性、选择性、可降解性等特性。在林业上吸水剂的应用，可以提高土壤的最大持水量，增强土壤的贮水和保水性能，减少土壤水分耗散，延长和提高向植物供水的时间和能力，使其在干旱半干旱地区的林业生产中有着广阔的应用前景。

3）固体水在抗旱节水造林中的应用。固体水种植技术是20世纪90年代末国际上最新研制成功的一项先进抗旱造林新技术。固体水又称干水，是一种用高新技术将普通水固化，使水的物理性质发生巨大变化，变成不流动、不挥发的固态物质。这种固态物质在生物降解作用下能够缓慢释放出水分，被植物吸收利用。适于在远离水源、气候干燥、土壤保水性差的荒山中植树造林使用。尤其是在严重缺水的干旱半干旱地区及季节性干旱地区，应用固体水并配合其他集水蓄水保墒技术，既可以保证长时间地供给植物水分，维持植物的正常生长，又可以减少水分的无效蒸发及渗漏，达到节约用水、水分高效利用的目的。

4）化学药剂处理在抗旱节水造林中的应用。用于处理苗木来提高造林成活率的化学药剂主要包括有机酸类：苹果酸、柠檬酸、脯氨酸、反烯丁二酸等；无机化学药剂：磷酸二氢钾、氯化钾等；蒸腾抑制剂：抑蒸剂、叶面抑蒸保温剂和京2B，还有橡胶乳剂、十六醇等。这些药剂的应用，可以减少植物体内的水分蒸发，增强苗木的抗旱能力。

5）ABT生根粉、根宝等制剂在抗旱节水造林中的应用。ABT生根粉是中国林科院王涛研究员研制成功的高效、广谱、复合型生长调节剂；根宝是山西农业大学研制开发的一种营养型植物生长促进剂。两种制剂所含的多种营养物质和刺激生根的物质能够直接渗入根系，使苗木尽快长出新根，恢复吸收功能。从而提高造林成活率，在荒山造林中取得了良好的效果。除了以上介绍的节水抗旱造林技术外，抗旱剂、种子复合包衣剂、土壤结构改良剂、土面保墒剂、旱地龙等也开始大量应用于防旱抗旱，并且已经或正在取得巨大的生态效益。

思 考 题

4-1　自然相似性重塑与近自然地貌重塑技术相比有哪些局限性，近自然地貌重塑技术被当前可用的最佳技术的原因有哪些？

4-2　微地形重塑理论和仿自然地貌理论分别适用于哪些矿区？

4-3　土体有机重构和土壤重构有哪些相同和不同点？

4-4　土壤剖面重构类型有哪些，针对它们又有哪些不同的重构技术？

4-5　简述植被分布的地带性规律。

4-6　植被恢复的主要研究内容包括哪几方面？

4-7　我国植被恢复存在的问题，并简要概述这些问题出现的原因。

4-8　我国植被恢复使用了哪些步骤及途径？

5 尾矿库生态修复

尾矿是我国固体废弃物第一大户，目前无论采取哪些先进技术手段，都很难实现其全部消纳利用，另外尾矿本身就不是废弃物，而是资源，在其中还含有大量目前技术水平无法利用的矿产资源，因此，在对目前暂不能利用的尾矿应采取堆存的方式进行处置及管理，同时需对其堆存场所（尾矿库）采取保护性生态修复措施。

5.1 尾矿库生态修复限制因素

尾矿不具备天然土壤的特性，而且还存在不利于植物生长的因素，主要包括以下几个方面：

（1）植物营养物质含量低。植物正常生长需要多种元素，其中 N、P、K 等元素不能低于正常浓度，否则植物就不能正常生长。尾矿中一般都缺少土壤构造和有机物，不能保存这些养分，但其堆放时间越长，表面层中有机物的含量就愈高，对植物生长也就愈有利。

（2）部分尾矿金属和其他污染物含量高。通常情况下，有色金属等尾矿中含有大量的 Cu、Pb、Zn、Cd 等重金属元素。这些元素的存在与植物生长的关系很大。当这些金属元素微量存在时，可作为土壤中的营养物质促进植物生长。但当这些元素超量共同存在时，由于毒性的协同作用，对植物的生长危害较大。在一般情况下，可溶性的 Al、Cu、Pb、Zn 等对植物显示毒性的浓度为 1~10 mg/kg，Mn 和 Fe 为 20~50 mg/kg。

土壤中可溶性碱金属盐的浓度，也是生态修复中应当注意的问题。当固体废弃物的电导率超过 7 mS/m 时，将会呈现毒性，对植物的生长极为不利。另外，含黄铁矿的固体废物，可能自然产生 SO_2 和 H_2S 等有毒气体，危害植物的生长。

（3）部分尾矿酸碱性强且变化大。多数植物适宜生长在中性土壤中，当尾矿的 pH 值过高时，则呈强碱性，可使多数植物枯萎，当尾矿的 pH<4 时，则呈强酸性，对植物的生长有强烈的抑制作用。酸本身具有危害性，而且，在酸性环境中，重金属离子更易变化而发生毒害作用。

（4）固体废物表面不稳定。由于尾矿的固结性能不好，很容易受到风、水和空气的侵蚀，尾矿表面会出现蚀沟、裂缝，导致覆盖在尾矿和废石上的表土层破裂。由于重力作用，表层会蠕动，使其稳定性降低和移动。而这种表层的不稳定性及位移，均会严重破坏植物的正常生长。

因此，在植物修复以前，必须针对尾矿的结构和特性，做出全面分析，然后选择一些适应性强的植物种植，以利于生态修复。

5.2 酸性污染尾矿库生态修复

硫广泛分布于自然界中，其亲和力较强，含硫的金属矿常见的有黄铁矿（FeS_2）、黄铜矿（$CuFeS_2$）、闪锌矿（ZnS）、方铅矿（PbS）和毒砂（$FeAsS$）等，尾矿的堆存使硫化物暴露，与空气、雨水充分作用，在 Fe^{3+} 和硫氧化菌催化作用下迅速氧化产酸。如黄铁矿的氧化受氧气、水含量等化学因素控制，其纯化学氧化相对较慢，但随着 pH 值下降，嗜酸杆菌、钩端螺旋菌成为优势微生物群落，大大加快氧化速率；且低 pH 值条件下，Fe^{3+} 能迅速地促进硫化物的氧化。因此，抑制硫氧化菌、嗜酸杆菌等微生物的活性可以延缓硫化物的氧化；而控制水、空气与尾矿的接触可以有效地控制硫化物的氧化。

5.2.1 隔离覆盖技术

客土法（隔离覆盖技术）是一种传统的土壤改良技术，对酸性尾矿库的治理具有良好效果，主要是通过在酸性尾矿库上覆盖净土，减少植物根系与 H^+ 和重金属的接触；其覆盖厚度由尾矿的基质成分、理化性质、恢复利用的方向确定，通常恢复为农业用地的覆盖厚度为 50~100 cm，恢复为林业用地的覆盖厚度为 10~30 cm。美国犹他州米德维尔矿渣场由铅尾渣与铜尾渣堆积而成，占地面积约 2.8 km^2，采用挖掘回填的技术进行治理，对场地中污染区土壤进行挖掘移除，并在地表回填 60 cm 厚的清洁土壤，而后进行植被恢复，取得较好的效果。

5.2.2 改良剂改良技术

酸性尾矿库改良技术一般是添加碱性物料，中和已经产生的酸，并抑制硫化物的进一步氧化产酸；通过添加肥料及有机质，改善土壤物理结构，增加保水保肥能力；同时可以通过吸附、螯合、共沉淀作用固定重金属，降低土壤毒性，为植物的生长提供必要的营养元素。常用的改良材料有石灰石、生石灰、膨润土、沸石、粉煤灰、煤矸石、城市生活垃圾、猪粪、污泥及植物碎片等。

修复酸性尾矿，中和尾矿中酸度，常用主要物料包括方解石、白云石、熟石灰及生石灰等，这些物料的基本特性见表 5-1。国外多采用方解石和白云石的混合物，并破碎成具有较大比表面积的细颗粒，而我国常采用熟石灰和生石灰粉，选用石灰的质量通常由以下 3 点决定：（1）钙和镁的含量；（2）碳酸钙当量；（3）粒度。

表 5-1 某些常用石灰物料的特性

施用石灰物料	化学式	Ca 含量/%	Mg 含量/%
方解石	$CaCO_3$	40	—
白云石、石灰石	$CaCO_3 \cdot MgCO_3$	21~38	2~12
熟石灰	$Ca(OH)_2$	54	—
生石灰	CaO	71	—
硅酸钙	$CaSiO_3$	34	60~80

5.2.2.1　石灰中和土壤酸度原理

下面以 $Ca(OH)_2$ 为例，用化学反应式来表明中和土壤酸度的过程。石灰中和土壤酸度主要包括中和土壤活性酸及交换性酸两部分。

中和土壤活性酸反应式为：

$$2H^+ + Ca(OH)_2 = Ca^{2+} + 2H_2O$$

中和土壤交换性酸反应式为：

$$2H + Ca(OH)_2 = Ca + 2H_2O$$

$$2Al + 3Ca(OH)_2 = 3Ca + 2Al(OH)_3$$

施入的石灰在中和胶体上的 H^+、Al^{3+} 等离子的同时，还与溶液中的碳酸反应，中和酸性土的酸源。反应式如下：

$$Ca(OH)_2 + 2H_2CO_3 \longrightarrow Ca(HCO_3)_2 + 2H_2O$$

$Ca(HCO_3)_2$ 中的 Ca^{2+} 也可取代胶体上的 $2H^+$ 而中和交换性酸。其反应如下：

$$2H + Ca(HCO_3)_2 = Ca + 2H_2O + 2CO_2$$

随着上述一系列反应的进行，胶体上的酸基离子不断被取代，胶体的盐基饱和度不断增高，二氧化碳不断释放出来，土壤溶液的 pH 值也相应提高。除中和酸度，促进微生物活动以外，施用石灰还增加了钙，有利于改善土壤结构，并减少磷被活性铁、铝离子的固定。

5.2.2.2　石灰用量

把酸性土壤调节到要求的 pH 值范围所需要的石灰量称为石灰用量。通常没有必要把 pH 值调整到中性，一般认为土壤 pH 值在 6 左右不必使用石灰，$pH = 4.5 \sim 5.5$ 需要适量使用，pH 小于 4.5 时需大量使用。石灰施用量主要取决于土壤交换性酸和潜性酸，而活性酸量是微不足道的，可忽略不计。某种酸性土壤的石灰用量，一般根据试验确定，在理论上也可根据土壤的交换量及盐基饱和度数据计算交换性酸的石灰用量，以及根据未氧化黄铁矿数量，由化学方程式计算潜性酸的石灰用量。但由于在后者的理论计算中，常因未氧化黄铁矿数量不准，土壤的中和拌入深度不同，石灰材料及粒度差别较大，使理论计算结果与实际相差较大。

资料显示，施用石灰的细度决定其反应速度，使用 $0.25 \sim 0.30$ mm（$50 \sim 60$ 目）的石灰，要达到土壤最高 pH 值需要 12 个月的时间，石灰粒度大于 0.30 mm（50 目）时，要达到土壤最高 pH 值至少需要 18 个月，而大于 0.85 mm（20 目）的石灰颗粒，不管其反应时间多长，对中和酸性几乎没有什么作用。也就是说，小于 0.25 mm（60 目）的石灰颗粒效率为 100%，$0.25 \sim 0.85$ mm（$20 \sim 60$ 目）的石灰颗粒效率为 60%，$0.85 \sim 200$ mm（$10 \sim 20$ 目）的石灰颗粒效率为 20%，大于 2.00 mm（10 目）的石灰颗粒的效率为零。

5.2.3　微生物修复技术

微生物修复技术是利用铁还原细菌（FRB）和硫还原细菌（SRB）通过反硝化、甲烷生成作用、硫还原作用及铁、锰还原作用消耗弱碱性物质产生强碱，进一步中和酸；或利用硫酸盐还原菌将 SO_4^{2-} 还原成 H_2S，与重金属形成硫化沉淀。该技术多用于治理酸性矿山废水，与化学法相比，微生物处理技术比较难预测和控制，长期性、稳定性不确定。因此，要将该技术实施于酸性矿业废弃地的治理，还需要进一步的探索。

5.2.4　修复案例

城门山铜矿是一座以铜、硫为主，共生钼、铁、锌，伴生金、银等的多金属矿床，是国内开采技术条件极为复杂的大型铜矿。截至 2015 年底，该矿由于采矿、排废、排尾等侵占或扰动的土地面积累计超过 350 hm²，而其中尾矿库和排土场占比超过 60%。其中，尾矿库 pH 值为 2.56，属于强酸性，对植物的生长有强烈的抑制作用，加剧重金属溶出和毒性，导致土壤养分不足，影响土壤微生物和土壤酶活性，进而影响植物根系对营养和水分的吸收。

通过现场调研、取样化验、室内试验及育苗、植物筛选、改良方案和现场实验，研究组提出了 1 套适合于强酸性尾矿库无土植被技术，即不覆土，是在这种极端酸性、贫瘠、重金属超标的废弃土地上，通过改良的方式，直接种植植被，并逐渐实现由人工演替向自然演替的转变。对整理后的表土采用物理、化学及生物的方法进行一次全面的土质改良：表层面施中和剂和有机改良剂等土壤改良物质；条沟内施石灰及有机肥等土壤改良物质作底层改良基质；采用各种土壤改良措施调整土壤 pH 值，增加土壤有机质含量及消除土壤中的有毒物质，改良土壤结构，并在土壤改良的基础上直接进行植被恢复。

通过对凤爪沟尾矿库无土生态恢复区域持续的观察，区域植物种类和丰度水平较高。加之植物生物量的数据可以判断，小区群落已经发展到了草本群落的较高水平。土壤 pH 值、土壤电导率（EC）、净产酸潜力（NAG）的 pH 值、重金属及营养成分等均有较大的改善，大多数已经上升到了比较适宜植物生长的阶段。尾矿地表由干燥变为潮湿，土壤的蓄水、保水性能显著增加，显著地增加了尾矿表面的稳定性和提高尾矿的生物盖度。

通过无土植被的成功实施，筛选出多种抗逆性植物品种：田菁、酸模叶蓼、鬼针草、铺地黍、茵陈蒿、苍耳、百喜草、苎麻、刺槐等，以上植物可作为长期植物。目前，该区域已被绿色覆盖，各类植物长势旺盛，郁郁葱葱，小区气候条件明显改善，多种土壤小动物、昆虫及鸟类已回迁，生态系统已良性循环发展，达到保持水土、控制污染的效果，生态环境得到了明显改善。

5.3　重金属污染修复技术

根据治理工艺及原理的不同，现阶段土壤重金属污染修复治理技术可分为：自然修复、物理修复、化学修复、生物修复和联合修复 5 类。（1）自然修复，指被重金属污染的土壤在没有人为干扰的前提下，通过温度、水分、pH 值等因素的自然调控使土壤中的重金属物质随时间的延长而减少的修复过程。（2）物理修复，指通过客土、换土、翻土及去表土、电化学法、淋洗法、热处理、固化法、玻璃化法等物理工程措施使土壤重金属减少的方式。它是效果最为显著、稳定、治本的一种措施，但存在二次污染和肥力降低的问题。（3）化学修复，是指加入土壤改良剂以改变土壤的物理、化学性质，通过对重金属的吸附、沉淀或共淀作用，改变重金属在土壤中的存在状态，从而降低其生物有效性和迁移性。（4）生物修复，指利用生物技术治理污染土壤的一种新方法，利用生物削减净化土壤中的重金属或降低重金属毒性。生物修复最常用的就是植物修复和微生物修复。（5）联合修复，是指通过多种修复技术共用或者以一种修复技术为主，辅以其他手段来共同治理土壤重金属污染的方式，其中物理-化学、化学-植物、植物-微生物、物理-化学-生物这几种联合方式比较常用。

采用物理法治理土壤重金属污染效果较好、效率很高，但是往往存在着不能完全解决重金属污染，仅仅是转移污染，还需要进行再次处理的问题。采用化学法治理土壤重金属污染，需要选择合适的处理方法，处理效率较高，但处理成本也较高，并可能带来二次污染。如果采用原地淋洗的方法还必须搞清地下水的流向，以免对地下水造成污染。采用生物法进行土壤重金属污染治理，成本较低，不会带来二次污染，还能够在治理重金属的同时修复矿山的生态系统，但是其重金属治理效率较低、效果较差，还不能高效地完成土壤重金属污染的治理。今后的研究趋势，不仅仅是提高单个方法的处理技术，而且还必须将物理法、化学法和生物法联合使用，扬长避短，得到一个最优化的处理效果。综合分析尾矿重金属污染特性，常用的修复技术主要有以下几种。

5.3.1　客土物理修复技术

客土物理修复技术主要分为深耕翻土、换土和客土。土壤仅受轻度污染时采用深耕翻土的方法，而治理重污染区时则采用异地客土的方法，即客土或者换土的方法。客土或换土对于修复土壤的重金属污染有很好的效果，它的优点在于方法成熟和修复全面，主要缺点为工程量较大、投资高，并且容易造成土壤肥力下降等问题。

5.3.2　化学固化稳定技术

重金属对土壤的主要影响为其可移动性，重金属在土壤中的存在形态决定了重金属的可移动性，土壤的理化性质如有机质含量、pH 值和 E_h 值等均可影响重金属的存在形态，通过这些参数来调节重金属在土壤中的可移动性。重金属化学固化稳定技术的目的就是加入固化剂改变土壤的理化性质，通过对重金属的吸附或沉淀作用来降低其可移动性。土壤中的重金属被固定后，不仅可减少对土壤深层和地下水的污染影响，而且有可能在土壤中重建植被。常用的固化剂主要有石灰、磷灰石、沸石、堆肥和钢渣等。不同固化剂固定重金属的机理不同，如石灰主要通过重金属与碳酸钙的共沉淀反应机制和重金属自身的水解反应实现固化，沸石通过离子交换吸附降低土壤中重金属的可移动性。

5.3.3　植物稳定技术

植物稳定技术对重金属污染的作用主要包括两个方面。一方面是减少污染土壤的水土流失。由于重金属的毒害污染土壤基本没有植被，无植被的土壤水土流失加剧，减少污染土壤的水土流失办法是在污染土壤上种植耐重金属植物。另一方面是固定土壤中的重金属。植物可以通过在根部沉淀和根表吸收对重金属进行固定，植物还能改变根系周围环境中的 pH 值和 E_h 值从而改变重金属的形态。植物稳定技术主要适用于土壤黏重、有机质高的重金属污染土壤。植物稳定技术没有去除土壤的重金属，只是暂时将重金属进行固定，并没有彻底解决土壤中的重金属污染问题，重金属的生物有效性在环境条件发生变化的情况下，可能会发生改变，重新对土壤造成污染。进行植物稳定的植物首先需要能够耐受土壤中高浓度的重金属，并且能够将重金属在土壤中固定。植物稳定技术正在快速发展。未来的研究方向是如何促进植物根系生长，将重金属固化在根—土中，并将转运到地上部分的重金属控制在最小范围内。

5.3.4　植物提取技术

植物提取是利用重金属超富集植物从土壤中提取一种或几种重金属，并将其转移、贮存到植物的地上部分，然后对收割植物地上部分进行集中处理。连续的进行植物提取，即可使土壤中重金属含量大幅度降低。目前植物提取分为两种，连续植物提取和螯合剂辅助的植物提取。

（1）连续植物提取，连续植物提取的效果主要依赖于重金属超富集植物在整个生命周期能够吸收、积累的重金属量。目前已知的重金属超富集植物大部分生长缓慢、生物量较小、多为连坐生长，很难实现规模化种植，因此部分学者认为采用小型超富集植物不适宜大面积污染土壤的修复。为此，连续植物提取的技术的发展方向主要为：寻找新的超富集植物物种，能够实现快速生长、高富集，并且适合大规模种植；通过人工手段，培育具有生物量大、生长快、周期短等特点的超富集植物；深入研究超富集植物富集重金属的主要机制和原理，达到通过施加土壤改良剂、改善根际微环境、调整收获时间等方法提高植物的富集效应。

（2）螯合剂辅助的植物提取，土壤中重金属常常限制了植物修复的效果。一些生物量大的植物如玉米、豌豆等在溶液培养时，其植物地上部分可大量积累铅，但生长在受到污染土壤上时，其植物地上部分铅含量很少超过 1000 mg/kg。研究发现，施加适当的螯合剂可增加植物地上部分富集能力，例如在对污染土壤施加 0.2 g/kg 的 HEDTA 后，玉米和豌豆地上部分铅含量由 500 mg/kg 增加到 10000 mg/kg。在这里螯合剂首先增加土壤溶液中重金属含量，其次促进重金属在植物体内运输。螯合剂和金属的亲和力是植物金属积累效率提升最相关的因素。金属-螯合剂的缺点为，由于螯合剂复合物为水溶性，易发生淋滤作用，可能使带有重金属的溶液进行二次迁移，带来新的环境污染问题。此外螯合剂的使用会导致植物生物量减少，甚至死亡。然而，如果对螯合剂的施用时间进行合理控制，能够大大减少上述情况的发生。最适的螯合剂施用时间是在植物的生物量达到最大时施加，这样经过短暂的金属富集时间（几天）后再收获植物，能够最大程度地避免螯合剂使用给环境带来的二次污染。

5.3.5　微生物修复技术

微生物修复是指利用天然存在的或所培养的功能微生物群，在适宜环境条件下，促进或强化微生物代谢功能，从而达到降低有毒污染物活性或降解成无毒物质的生物修复技术。微生物修复的实质是生物降解，即微生物对环境污染物的分解作用。由于微生物个体小、繁殖快、适应性强、易变异，所以可随环境变化产生新的自发突变株，也可能通过形成诱导酶产生新的酶系，具备新的代谢功能以适应新的环境，从而降解和转化那些"陌生"的化合物。在生物修复中首先应考虑适宜微生物的来源。微生物根据来源一般分为 3 类：本土微生物、外来微生物和基因工程菌（GEM）。目前在生物修复中应用的主要是本土微生物。外来微生物主要用于由于种种原因当本土微生物不能进行修复重金属污染土壤时使用。其次需要考虑微生物活动的适宜的生活条件，而受污染土壤的微生物生存条件往往比较恶劣，因此需要对微生物环境进行人为的改造、优化。微生物修复还需要两个条件：首先土壤中必须存在着丰富的微生物，这些微生物能够在一定程度上转化、固定土壤中的重金属；其次污染土壤中的重金属存在被微生物转化或固定的可能性。在这种情况下，受污染的土壤中重金属除少部分通过物理、化学作用迁移转化外，大部分是通过微生物转化和固定的。

5.3.6　土壤动物修复技术

土壤动物狭义的概念是指全部时间都在土壤生活的动物，广义的概念是指生活史中的一个时期在土壤中生活的动物。土壤动物修复技术适宜采用的土壤动物是广义的概念。土壤动物修复技术主要利用土壤动物和其体内微生物，在重金属污染土壤中生长、繁殖等活动过程中对土壤中重金属污染物进行转化和富集的作用，最终通过对土壤动物的收集和处理，从而使土壤中重金属降低。采用土壤动物这种天然的方法来转化重金属形态或富集，可以一定程度上提高土壤肥力。土壤动物如蚯蚓、蜘蛛等，对重金属有很强的耐受能力和富集能力，能够对土壤中的重金属起到其他方法很难实现的富集作用，研究发现，土壤动物体内重金属与土壤中重金属含量呈正相关。土壤动物不仅自己能够直接富集重金属，还能够和周围的微生物、植物协同富集重金属，并在其中起到一种类似"催化剂"的作用，如蚯蚓等动物在土中的生长及穿插等活动，能够大大加快微生物向污染土壤的转移速度，从而促进微生物对土壤修复的作用，并且土壤动物能够把土壤中的有机物分解转化为有机酸，使土壤中的重金属钝化并失去毒性。土壤动物修复技术未来的发展方向，是将土壤动物作为一种"催化剂"，将其放入被污染的土壤中，提高传统的生物土壤修复技术的修复速度和效率。但是目前国内外主要进行的研究集中在土壤动物的生态作用和环境指示作用，对于土壤动物修复能力研究得很少，土壤动物修复技术还有待进一步研究发展。

5.4　尾矿库无土生态修复试验

本节以铜陵狮子山铜矿尾矿库无土复垦工程技术研究项目为例，介绍铜尾矿库无土生态修复技术，该项目是由北京矿冶研究总院与狮子山铜矿合作研究的"中国—澳大利亚矿山废弃物研究项目"（1993—1997 年）的推广应用项目。该项目包括两个研究子项：杨山冲尾矿库无土复垦工程技术研究（1999—2001 年）和水木冲尾矿库坝坡无土植被生态稳定技术研究（2002—2004 年）。子项目一属于治理尾砂粉尘污染及无土建立植被并恢复生态的环境治理项目；子项目二属于利用无土植被技术、在不覆盖土层的尾矿库边坡建立"生物坝"，实现控制水土流失、稳定边坡，并防治粉尘的生态稳定及环境治理技术研究项目。

该项目通过实验室试验、现场小区试验和现场扩大试验，研究适宜两个现场的适生植被品种、品种匹配组合、基质改善条件、熟化条件、植被方式及建立场地自身可持续发展的关键技术及措施。最终实现杨山冲尾矿库区全部为植被覆盖和水木冲尾矿库边坡建立稳定的植被系统。经过三年的各级规模的试验研究，两个子项目共完成实验室内 430 盆的盆栽试验；完成 16 项大组试验条件、共 198 个小区的现场小区试验；从 20 多品种中筛选出8 种适生的先锋植被品种，找到最佳品种匹配组合及其配比，熟化及基质改善，特别是粗砂区改善条件，已经形成一整套的适宜技术；共分 5 期完成杨山冲全部库区扩大试验及植被工程和水木冲尾矿库三期边坡的扩大试验及植被工程。至 2002 年春季，两个现场共完成总面积 22 hm² 的无土植被工程。

项目扩大试验及其植被工程基本完成并获得成功，成效显著。库区植被品种生长良好，植株长势旺盛，郁郁葱葱，春季紫色、黄色、白色等各色花盛开在植被区；各品种根型、根系纵横交错互补，已经形成强大的根系网络，在控制尾砂上发挥了其他措施无可比拟的作用；昔日严重污染尾矿坝下游社区、居民，社会反映强烈的"尾砂沙尘暴"，在杨山冲尾矿库已一去不复返；现在，巨大的尾矿粉尘污染源，已经基本被绿色植被所覆盖，植被稳定；尾矿库表层成土化趋势明显，生态环境有效改善，对局地生态环境有调节作用，据现场调查，目前已经有多达 20 多种的昆虫、小鸟、小兔回迁尾矿库，并成为牛群放牧的基地，春季成为小学生春游的场所。水木冲尾矿库边坡无土植被，建立生物坝的小型试验获得成功，不但生长势好，而且汛期有效控制了边坡水土流失，已经形成良好的植被层，显示出强大的抗水土流失能力，环境生态效果显著，受到用户的充分肯定。

5.4.1　研究区概况

实验选择铜陵有色金属集团股份有限公司狮子山铜矿的杨山冲尾矿库，属于山谷型尾矿库，位于狮子山铜矿的东北部，距离矿区 1.5 km。该库 1966 年启用，1990 年闭库。库容为 748 万 m³，贮存尾矿 1308 万 t，采用上游式筑坝法，初期坝有主副坝，后期主副坝已经连成一体，坝总长 700 m，坝高 75 m，外坡为 1：4.5。

5.4.1.1　地形地貌及水文地质

研究区位于沿江丘陵平原区，属剥蚀丘陵地带，呈西南高东北低。尾矿库位于丘陵边缘，周围有刺山、羊尖山和庙山，区内东部有羊河。断裂构造发育，附近主要分布有第四系、三叠系和中生代浸入岩及变质矽卡岩为主，此外，还有石英砂岩、闪长岩、大理岩等，岩性坚硬质密。区内分布第四系孔隙潜水层，地表岩溶发育，尾矿库北侧三叠系裂隙含水层富水和透水性不均匀。

5.4.1.2　土壤与植被

地带性土壤属红壤类型，共 6 个土类，13 个亚类。土壤没有明显的纬向地带性变化，受地形地貌条件控制。基本分为低山丘陵区，主要分布黄红壤、沿江滩地灰潮土区和水稻土区。尾矿库区土壤以天然冲积亚黏土，残积、坡积黏土及亚黏土，强风化闪长岩为主。成土母质主要为酸性、中性结晶岩、石灰岩，硅质、泥岩残积物的岩成土。矿区山坡植被多数为马尾松、局部地区毛竹和冬青等，农田主要分布在库区主坝下，主要种植水稻、豆类、油菜、薯类等。经济作物为丹皮、油桐等。年平均温度为 16.39 ℃，最低温度为 −8.2 ℃，最高温度为 40.2 ℃。多年平均降水量为 1488 mm，蒸发量为 1500 mm，平均风速为 2.5 m/s。

5.4.1.3　尾矿性状分析

杨山冲尾矿库尾砂的物理力学特征为：密度为 3.24 g/cm³；孔隙度为 59%，平均粒径为 0.10 mm，渗透系数 $k = 0.122 \sim 0.712$ m/d。现场采样（0～30 cm）分析，尾矿的化学组成见表 5-2。由表 5-2 可知，杨山冲尾矿库尾砂中铜（Cu）、砷（As）及镉（Cd）分别为 1490 mg/kg、192 mg/kg、11.3 mg/kg，分别超出国家标准《土壤环境质量　农用地土壤污染风险管控标准（试行）》（GB 15618—2018）农用地土壤污染风险筛选值的 13.9

倍、6.68 倍和 17.8 倍。作为植被种植基质的尾砂，这些元素的超标不利于植被建立。有机质及营养元素含量见表 5-3。数据表明，有机质、含氮量、速效磷、CEC 均极低。在 0~100 cm 深度层内，随深度增加有机质下降，全氮和速效磷极低，全钾不足并随深度增加呈下降趋势。1999 年初步种植试验结果表明，污染区直接建立植被难以成活。

表 5-2　杨山冲尾矿库尾砂化学组成成分

主要成分	含量
水溶性碳酸盐（以 CO_3 计）/$mgCO_3 \cdot kg^{-1}$	146
速效 K/$mg \cdot kg^{-1}$	10
Al/%	1.70
Ag/$mg \cdot kg^{-1}$	<4
As/$mg \cdot kg^{-1}$	192
Ca/%	16.3
Cd/$mg \cdot kg^{-1}$	11.3
CND/$ms \cdot cm^{-1}$	0.224
Co/$mg \cdot kg^{-1}$	23.8
Cr/$mg \cdot kg^{-1}$	28.5
Cu/$mg \cdot kg^{-1}$	1490
Fe/%	6.17
K/%	0.035
Mg/%	0.52
Mn/$mg \cdot kg^{-1}$	1580
Na/%	0.022
Ni/$mg \cdot kg^{-1}$	47.6
Org/%	0.10
P（可溶性）/$mg \cdot kg^{-1}$	<1.5
Pb/$mg \cdot kg^{-1}$	36.9
pH	8.45
S/%	0.15
Se/$mg \cdot kg^{-1}$	1.61
TDS/$g \cdot L^{-1}$	0.112
TKN/$mg \cdot kg^{-1}$	235
Zn/$mg \cdot kg^{-1}$	223

表 5-3　杨山冲尾矿库尾砂中营养成分含量

采样深度 /cm	pH 值	有机质 /%	全氮 /%	速效磷 /$mg \cdot kg^{-1}$	速效钾 /$mg \cdot kg^{-1}$
0~17	83	045	002	2	39

采样深度 /cm	pH 值	有机质 /%	全氮 /%	速效磷 /mg·kg⁻¹	速效钾 /mg·kg⁻¹
0~30	845	010	0.0235	<15	10/40②
30~60	832	008	0.041①	<15	35②
60~100	8.62	005	0.023①	<15	31②

①凯氏氮；②全钾。

5.4.1.4 污染状况

现场调查发现库区东北部数万平方米的地带土地污染严重，地表呈现明显的黑色，取样分析结果表明，这一地带已受到某些重金属和氰化物的严重污染。污染区地表重金属含量砷（As）高达 8000 mg/kg，镉（Cd）为 29.9 mg/kg，铅（Pb）为 537 mg/kg，铬（Cr）为 24.4 mg/kg 等。污染区重金属污染深度达 30 cm。污染区地表氰化物含量高达 25 mg/kg。另外，库区原有水域也严重被选金废水所污染。水域水 pH 值超标高达 10，总盐量高达 1.04 g/L，水中氰化物严重超标高达 7.28 mg/L。

尾矿库粉尘是矿山环境的主要污染源之一。在春、冬季，季风盛行时，强风将大量尾砂吹至下游，造成下游地区大气环境污染，干扰了下游地区居民生活。库区粉尘污染严重，位于库区下游的居民对该库环境问题反映强烈。

5.4.2 基质改良

5.4.2.1 基质熟化和增肥试验

为解决种植基质肥力低下，难以满足植被建立的基本肥力要求，本节针对现有基质的有效组分含量，进行施肥品种、投加量及投加方式的试验。

（1）试验小区 Ⅰ 为不施加任何肥料；

（2）试验小区 Ⅱ 为施加微量元素组分的复合肥料（compound fertilizer，BB）；

（3）试验小区 Ⅲ 为同时施加 BB 和人工有机粒肥（artificial organic granular fertilizer，OG）两元肥料。

经过 4~5 个月生长期的试验，结果表明试验小区 Ⅲ 平均发芽率、生长势、覆盖率最佳，结果见表 5-4。增肥试验结果表明，采取 OG（有机质 6%）与掺混肥，取得良好效果。

表 5-4 试验结果

小区试 验组别	发芽率/%	生 长 势	覆盖率/%	综合结果
Ⅰ	40~50	淡绿色，平均株高 30~60 mm，根系长 50 mm	40~50	差
Ⅱ	60~70	绿色，平均株高 80~90 mm，根系长 100 mm	60	中
Ⅲ	85~90	绿色深浓平均株高 100~200 mm，根系长 200 mm	90	最好

5.4.2.2 接种菌剂

针对种植的不同草品种，接种牧草专用型"高效复合生物菌剂"，分别对各类牧草品种接种，用以增加基质中活性微生物菌的含量并增加肥效。凡接种菌剂品种，长势均好于未接种的同一品种，菌剂有促进植被品种发育生长的效果，因此推广试验中可依据场地条件少量接种菌剂。

5.4.2.3　增加保水剂

为提高种植基质的田间持水力，在试验小区进行增加保水剂的对比试验。共分两组对照，TC 保水剂施用量分别为 50 g/m²、100 g/m²。试验小区种植品种为白喜草。植被生长势试验结果表明，供试组效果>对照组（100 g/m²>50 g/m²），有明显保水作用。

综上所述，试验筛选出最佳熟化增肥条件是 BB 和 OG 同时施用；直接接种微生物菌剂可促生长；TC 保水剂有保水效果，但需综合各因素考虑采用。

5.4.3　植被品种筛选与配置

结合盆栽试验，共筛选出禾本科和豆科植物高羊茅（GF）、紫苜蓿（Z）、斜茎黄芪（SH）、三叶草（Y）、狗牙根（BSY）和香根草（VR）共 6 个品种，进行现场小区试验。春季采用的草类品种为豆科与禾本科草配合，即 VR 匹配种植 Y+BSY、SH+Z、GF+SH、Z 等品种。

5.4.3.1　植被品种筛选

试验结果表明，VR、Y、Z、SH 为适宜性强、长势好的适宜品种；BSY、GF 为长势较好的品种。BSY 虽生长良好，但生长速度较慢，作为护坡植物不太理想；GF 发芽率极高，抗热性表现不佳，可作为前期先锋植物。

种植 4 个月后植被的总覆盖率在 95%以上。试验区植株高低匹配互补，颜色浓绿，各色花盛开，整体生长势良好。VR 显示出性能优越。地面以上 VR 植株高大，植株高度在 1.5 m 以上（植株修剪过 4 次），当年分蘖数在 20~30 个，甚至达到 40 个以上；植株茎秆粗壮直立性强，叶片宽厚。VR 种植 70 天生长势如图 5-1 所示。VR 的根系为丛生根系，根系粗壮发达。VR 4 个月生长期的根系深度达 0.5 m 以下，已经显示出能有效抵御当年雨水冲刷的能力，基本防止了植被区的水土流失。

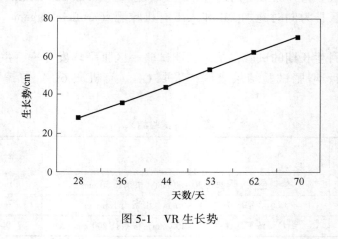

图 5-1　VR 生长势

5.4.3.2　品种匹配试验

通过上述 6 个品种的 4 个组合匹配试验研究，结果显示，采用草类品种为豆科与禾本科草进行配合，即：（1）香根草配合种植 Y+BSY；（2）配合种植 SH+Z；（3）配合种植

GF+SH;（4）配合种植 Z 等品种。其总体趋势是：（1）>（2）>（4）>（3）。4 种品种
种植配合试验中，品种 Y+BSY 对粗砂区显示出适生性强、抗旱能力好的优势，覆盖度高，
达到 90% 以上，是可以在同类粗尾矿砂区推广的适宜品种优化配合。

5.4.4 植被区理化性能跟踪

为研究植被成活率、根系发育、植被稳定性及防治尾砂粉尘污染的效果，对杨山冲尾
矿库植被试验进行现场跟踪调查，包括植被区地表植被生长势、根系发育、植被覆盖及动
植物回归；植被区与对照区土壤养分、水分、理化性质、地表尾砂壤土化及库区剖面重金
属变化等 9 个项目，共采取代表性样品 27 个。继续对杨山冲尾矿库地表水进行 pH 值、
As、Cd、Cr、Cu、Pb、CN 等 13 项跟踪调查，其跟踪调查结果如下：

（1）壤土化速度加快。现场测试结果表明，植被的建立促使地表尾砂壤土化速度加
快。地表已经由原有尾砂的黄色，逐渐转变为深灰色至黑色，尾砂颗粒粒度由粗变细，原
尾砂地表由干燥变为潮湿，其成土趋势如图 5-2 所示。尾砂 0~50 mm 内变化表明，随植
被时间增加，试验地粉粒（0.02~0.05 mm）急剧增加到对照组的 20 倍，黏粒也呈缓慢
增长趋势，砂粒呈明显下降趋势。结果表明，由于植被基质内微生物及植被根系等作用，
植被的建立促使尾矿库的地表尾砂壤土化加快。

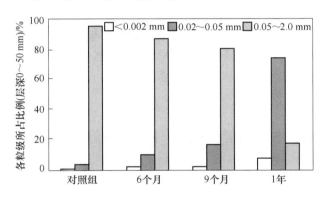

图 5-2　植被促使尾砂地表成土趋势

（2）地表水分增加。尾矿库场地地表颗粒缓慢变细，地表颜色加深，从黄灰色的
干燥尾砂逐渐变为灰黑色。地表水分加大，使原有尾砂从下层至表层（-200~0 mm）
越来越干燥的趋势得以改变。种植植被后，尾砂从深层至表层（-200~0 mm）的水分
变化虽然缓慢，但数据表明，含水量呈明显上升趋势，现场采样实测各层水分变化如
图 5-3 所示。植被层促使尾砂表层发生了一系列变化，苔藓类植物在尾砂地表上随处
可见。

现场调查数据表明，在库内粗沙、坡度大的地区，几个供试品种基本长势良好，部分
豆科植株生长 6 个月以上高度一般在 50~120 cm，部分已经开花结果。禾本科植株生长 1
季，分蘖数在 15 个以上；生长 2 季的植株分蘖数在 30 个以上；生长 3~4 季的植株分蘖
数在 60 个以上；生长 1 年的禾本科植株分蘖数已达 150 个。已初步形成多品种匹配互补
的长势。

复垦区植被的根系调查结果显示，在尾矿库粗沙、坡度大的地区，1 季生长禾本科植

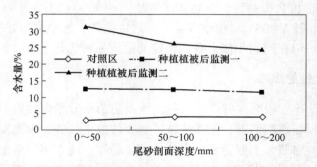

图 5-3　植被建立前后尾砂剖面各层水分变化植株生长势

株根系深度在 20 cm 左右，2 季根系深度在 30~50 cm，3 季植株根系为 60~70 cm；1 季生长豆科植株根系为 70~90 cm。生长 2~3 季的植株中有的品种根系控制面积直径达 1.8 m，有的品种根系深度达 1.5 m，有的地面植株不大但根系却十分发达，控制了远比地表大得多的范围，特别是在复垦区已经形成强有力的根系网络。除少量高位粗沙区外，尾矿库粉尘已经得到有效抑制，对库下游的污染已经得到缓解，保护当地社区居民免受尾砂粉尘污染。

（3）植被覆盖率。将试验成功品种、匹配组合、配合比及其种植方式，基质熟化及其改善条件等科研成果，推广应用于各期扩大试验及工程中。各期植被长势良好，覆盖率在 80% 以上，等高线较低的地带覆盖率在 85% 以上，部分细砂区地带覆盖率达 90%；根系已经形成控制地表的网络体系，庞大的根系网络远远大于地面植物的密度，没有植被的地表层实际已被根系网络所覆盖和控制。

5.5　绿肥辅助尾矿生态修复试验

5.5.1　试验区尾矿性质分析

　　矿区大量开采时，产生大量废弃物破坏周边环境，其中最应受到关注的重金属污染，重金属元素一旦迁移至周边环境，就有直接或间接进入食物链的可能，从而严重威胁着人类健康。所以，有必要对该矿区土壤环境重金属污染现状进行分析。对矿区土壤环境的重金属污染的现状分析，主要选取尾矿及矿区周边土壤，分别从重金属总含量及重金属形态分布两方面进行分析。

5.5.1.1　矿区土壤环境重金属含量分析

　　尾矿及矿区周边土壤重金属全量见表 5-5。矿区周边土壤重金属全量分别为：Cd 1.60 mg/kg、Cr 169 mg/kg、Cu 85.0 mg/kg、Mn 498 mg/kg、Pb 15.9 mg/kg、Zn 542 mg/kg，其中 Cd、Cr、Cu、Zn 的全量超出了全国土壤背景值及河北省土壤环境背景值，分别为河北省土壤环境背景值的 21.33 倍、2.64 倍、3.92 倍、8.74 倍，但只有 Cd 和 Zn 略高于土壤环境三级质量标准，分别为该标准的 1.60 倍及 1.08 倍，Mn 全量略高于全国土壤背景值，却低于河北省背景值，Pb 全量比较低，均低于国家土壤背景值及河北省土壤背景值。可见，重金属已经污染了矿区周边土壤。

表 5-5　重金属全量　　　　　　　　　　　　　　　　　　（mg/kg）

重金属	Cd	Cr	Cu	Mn	Pb	Zn
矿区周边土壤	1.60	169	85.0	498	15.9	542
尾矿	2.55	592	293	1024	18.9	759
全国土壤背景值	0.070	54.1	20.0	482	24.0	67.4
河北省土壤背景值	0.075	63.9	21.7	606	20.0	62.0
土壤环境质量三级标准	1.00	400	400	—	500	500

尾矿重金属全量分别为：Cd 2.55 mg/kg、Cr 592 mg/kg、Cu 293 mg/kg、Mn 1024 mg/kg、Pb 18.9 mg/kg、Zn 759 mg/kg，只有 Pb 低于国家及河北省土壤背景值，其他元素都远高于国家及河北省土壤背景值，尾矿中 Cd、Cr、Cu、Mn、Zn 的全量分别为河北省土壤背景值的 34.0 倍、9.16 倍、13.5 倍、1.69 倍、12.2 倍，其中 Cd、Cr、Zn 分别为土壤环境质量三级标准的 2.55 倍、1.48 倍及 1.52 倍。可见，尾矿土壤环境中重金属含量较高，会对普通植物的生长起到较大的抑制作用，不利于矿区的生态恢复。

5.5.1.2　矿区土壤环境重金属形态分布情况

重金属生物毒害程度及对环境造成的影响，不只和重金属总量有关。重金属在自然界中以多种不同的形态存在，正是其不同形态的迁移、转化直接影响着它的毒性及在自然生态系统中的循环过程，研究其形态分布能更好地为重金属污染修复提供理论依据。

根据欧共体参比司（The Community Bureau of Reference）提出的 BCR 提取法，将重金属形态分为可交换态及碳酸盐结合态、铁锰氧化物结合态、有机物结合态和残渣态 4 种形态。重金属不同的形态会对土壤环境产生不一样的作用效果，可交换态及碳酸盐结合态可以直接被植物吸收利用，铁锰氧化物结合态和有机物结合态的重金属在达到某种条件下时可释放出来，从而被植物吸收利用，对植物有潜在的危害，残渣态比较稳定，不易被植物吸收，危害较小。矿区周边土壤各形态重金属含量及分布情况如图 5-4 所示。

由图 5-4 可见，矿区周边土壤重金属主要为残渣态，各种重金属残渣态所占比例均超过 70%，但其他三种形态的比例因重金属种类不同而不同。其中 Cd 的含量可交换态及碳酸盐结合态>有机物结合态>铁锰氧化物结合态，对植物的直接危害作用比较大；Cr 可交换态及碳酸盐结合态占 16.80%，有机物结合态和铁锰氧化结合态分别占 2.50% 和 2.45%，能被植物直接吸收的可能性比较大；Cu 可交换态及碳酸盐结合态所占比例低于其他两种形态，其潜在的危害性较大；Mn 的可交换态及碳酸盐结合态和铁锰氧化结合态所占比例相差不多，且明显高于有机物结合态；Pb 从活性最强的可交换态及碳酸盐结合态到有机物结合态的含量分别为 1.27 mg/kg、1.45 mg/kg、1.16 mg/kg，三种形态共占 24.40%，Pb 的直接危害和潜在危害性都比较大；Zn 的三种形态重金属含量均比较低，所占比例最高的铁锰氧化结合态也只有 4.04%，Zn 相对比较稳定，不易产生危害性。

尾矿土壤中各形态重金属含量及分布情况如图 5-5 所示。尾矿土壤中各种重金属的存在形态均以残渣态为主，其中 Zn 的残渣态所占比例最高为 93.81%，Cu 的残渣态比例最低为 65.19%；有机物结合态所占比例顺序为：Cu>Pb>Cd>Mn>Zn>Cr，该形态 Cr 所占比

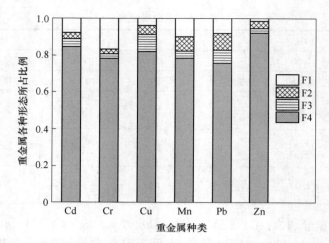

图 5-4 矿区周边土壤重金属形态分布

F1—可交换态及碳酸盐结合态；F2—铁锰氧化物结合态；F3—有机物结合态；F4—残渣态

例接近于 0；各种重金属的铁锰氧化结合态所占比例相对都比较低，所占比例从大到小分别为 Cd 6.75%、Pb 5.71%、Mn 2.00%、Cu 1.89%、Cr 1.36%、Zn 1.04%；各种重金属交换态及碳酸盐结合态所占比例之间差异较大，其中 Cr 和 Mn 该形态含量分别为 90.5 mg/kg、127 mg/kg，所占比例比较高，分别为 15.27% 和 12.40%，而 Zn 和 Cu 该形态比例则很低，只有 0.99% 和 1.75%。综合比较各个重金属各种形态的含量及所占比例可知，对植物有效性和毒性较大的为 Cr、Mn、Cd、Pb，潜在危害性较大的为 Cu、Pb、Mn、Cd。

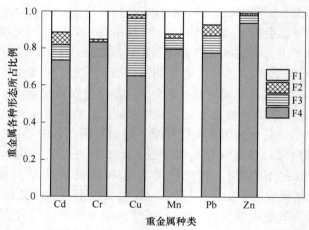

图 5-5 尾矿土壤重金属形态分布

F1—可交换态及碳酸盐结合态；F2—铁锰氧化物结合态；F3—有机物结合态；F4—残渣态

5.5.2 试验方案设计

5.5.2.1 试验材料来源

该试验研究过程中，主要用到两种试验材料，即钒钛磁铁矿尾矿和作为改良剂的污泥堆肥。供试来源于承德某铁矿，尾矿基本理化性质见表5-6。供试污泥堆肥取自唐山丰润区污水处理厂，基本理化性质见表5-7。可见，污泥堆肥的pH值为6.89，属于中性，添加在尾矿中不会造成尾矿的碱性增强，污泥堆肥的重金属含量比较低，但肥力很强，养分含量极高，非常有利于改善尾矿养分。

表5-6 尾矿基本理化性质 （mg/kg）

电导率/mS·cm^{-1}	碱解氮	速效磷	速效钾	Cd	Cr	Cu	Mn	Pb	Zn
0.17	11.6	0.701	57.1	2.55	592	293	1024	18.9	759

注：pH=9.02（土水质量比1:5），重金属含量为全量，25℃。

表5-7 污泥堆肥基本理化性质 （mg/kg）

pH值	速效氮	速效磷	速效钾	Cd	Cr	Cu	Mn	Pb	Zn
6.8	976	935	1054	0.861	165	85.8	195	42.4	950

注：测pH值土水质量比1:5，重金属含量为全量。

5.5.2.2 试验设计

试验处理设置为绿肥改良、联合改良一和联合改良二，其中联合改良处理为表层覆污泥堆肥4 cm，其中覆盖层污泥堆肥含量分别为（堆肥干重/总干重）5%和10%，每盆装尾矿3 kg，每个处理6个重复。选择前期筛选出的3种（黑麦草、高羊茅、紫花苜蓿）长势较好的适生绿肥植物。植物生长6周后收获，收获后同时采集植物和尾矿样品，其中尾矿样品采集量约为60 g，其中30 g装袋，风干过2 mm筛储存备用，另30 g装袋置于−70℃冷藏储存，植物样品地上部和地下部分开，烘干，粉碎，待测。

主要分析：钒钛磁铁矿尾矿中可溶性有机碳（DOC）、碱解氮、速效磷等的变化情况，以探讨绿肥及绿肥联合污泥堆肥改良方式对尾矿中碳、氮养分的影响情况；使用NH_4NO_3单步提取法对钒钛磁铁矿尾矿中重金属进行提取，分析种植绿肥钒钛磁铁矿尾矿重金属生物有效性的变化情况，研究绿肥对尾矿重金属有效性的影响；主要运用平板计数法、土壤基质诱导呼吸法等，分析钒钛磁铁矿尾矿中微生物的变化情况，探讨绿肥对尾矿中微生物的影响情况。

5.5.3 绿肥对尾矿土壤环境改良效果

5.5.3.1 绿肥对尾矿pH值的影响

尾矿中pH值的变化情况见表5-8。尾矿原样的pH值为8.97~9.05，属于偏碱性，经过改良以后尾矿pH值有所降低，上层尾矿pH随着覆盖层污泥堆肥施加量的增多而逐渐降低，但是降低程度不明显，其中对尾矿pH值改良效果最好的紫花苜蓿绿肥联合10%污泥堆肥改良后尾矿pH值只是降到了8.22~8.30；改良后下层尾矿的pH值只是略有降低，且各种处理之间无明显差异，相比对下层尾矿pH值改良效果最好的高羊茅绿肥联合10%污泥堆肥可使尾矿pH值降到8.29~8.41，可见，对尾矿进行改良后可降低尾矿的碱性，比较适合植物生长。

表 5-8　尾矿 pH 值

取样位置	尾矿原样	绿肥改良	联合改良一	联合改良二
紫花苜蓿上层	8.97~9.05	8.65~8.78	8.36~8.48	8.22~8.30
紫花苜蓿下层	8.97~9.05	8.68~8.80	8.82~8.92	9.03~9.05
高羊茅上层	8.97~9.05	8.62~8.70	8.37~8.51	8.25~8.29
高羊茅下层	8.97~9.05	8.61~8.67	8.39~8.50	8.29~8.41
黑麦草上层	8.97~9.05	8.61~8.76	8.57~8.71	8.41~8.52
黑麦草下层	8.97~9.05	8.68~8.71	8.57~8.68	8.66~8.79

5.5.3.2　绿肥对尾矿养分的影响

为了解绿肥改良后尾矿土壤肥力的变化情况，从尾矿的 DOC、碱解氮、速效磷等方面进行分析研究。

A　绿肥对尾矿中 DOC 的影响

尾矿中 DOC 含量的变化情况如图 5-6 所示。尾矿原样中 DOC 含量极低，只有 2.34 mg/kg，改良处理中 DOC 含量均高于尾矿原样；绿肥改良下层尾矿中 DOC 含量高于上层尾矿，而联合改良一和联合改良二处理上层尾矿中 DOC 含量却明显高于下层尾矿。

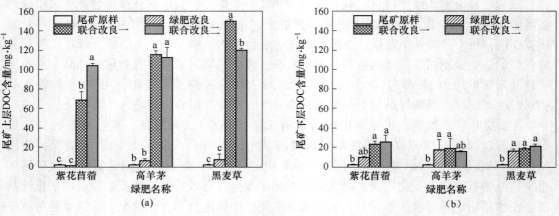

图 5-6　尾矿上层（a）、下层（b）中 DOC 含量

（图中字母用来指示数据间是否具有显著性差异，一般认为：

没有标注相同字母的两组数据之间具有显著性差异）

从尾矿上层 DOC 含量可知，联合改良的效果要明显优于单独种植绿肥改良的效果，且黑麦草的改良效果优于高羊茅及紫花苜蓿的改良效果。紫花苜蓿改良、紫花苜蓿联合 5%污泥堆肥和 10%污泥堆肥改良后尾矿下层 DOC 含量分别为尾矿原样的 4.24 倍、9.93 倍、10.96 倍，高羊茅改良、高羊茅联合 5%污泥堆肥及 10%污泥堆肥改良后尾矿下层 DOC 含量分别为尾矿原样的 7.54 倍、8.20 倍、6.64 倍，黑麦草改良、黑麦草联合 5%污泥堆肥及 10%污泥堆肥改良后尾矿下层 DOC 含量分别为尾矿原样的 6.98 倍、7.74 倍、9.06 倍；从尾矿下层 DOC 含量来看，联合改良的效果与单独种植绿肥改良的效果之间差异不明显；单独种植绿肥对尾矿进行改良时，高羊茅对尾矿下层的改良效果最好，而联合污泥堆肥改良后则紫花苜蓿的改良效果最好。

联合改良中添加的污泥堆肥可大大增加尾矿中有机质的含量，而有机质又是尾矿中 DOC 的主要来源之一，且污泥堆肥主要集中在覆盖层，所以可能会导致尾矿中 DOC 含量主要集中在覆盖层，即联合改良处理的尾矿上层中 DOC 含量明显增多。

B 绿肥对尾矿中速效氮的影响

选用绿肥对尾矿进行改良后，尾矿中碱解氮的含量发生很大变化。由图 5-7（a）可见，尾矿原样中碱解氮含量为 11.65 mg/kg，属于极缺乏水平。不同绿肥之间对尾矿上层碱解氮含量的影响差异不明显，变化规律一致，单独种植绿肥改良后，尾矿上层碱解氮含量显著降低，其中种植紫花苜蓿、高羊茅、黑麦草后尾矿上层碱解氮含量分别为尾矿原样的 14.76%、15.70%、34.06%；而绿肥联合污泥堆肥改良后尾矿上层碱解氮含量却明显增加，且随着覆盖层污泥堆肥添加量的增加碱解氮含量也不断增加，但三种绿肥植物的联合改良一处理尾矿上层碱解氮含量仍均小于 30 mg/kg，碱解氮含量等级仍为极缺乏，三种绿肥植物的联合改良二处理中尾矿上层碱解氮含量均略多于 50 mg/kg，处于很缺乏水平。

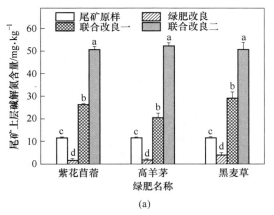
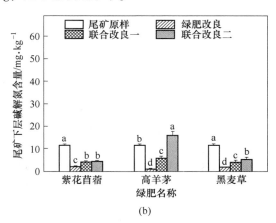

图 5-7 尾矿上层（a）、下层（b）碱解氮含量

（图中字母含义同图 5-6）

尾矿下层碱解氮含量总体表现为低于尾矿原样中碱解氮含量，但随着覆盖层污泥堆肥添加量的增加而减少的程度越小（见图 5-7（b））。在所有处理中，只有高羊茅联合污泥堆肥的改良二处理改良后，尾矿下层碱解氮含量增多，略高于尾矿原样中的含量，且高羊茅联合污泥堆肥改良一处理中碱解氮含量也高于其他两种绿肥植物相同污泥堆肥处理中的含量。

综合比较尾矿上层和下层碱解氮含量的变化情况可知，单独种植绿肥改良对提高尾矿中速效氮的作用效果不理想，联合改良后能明显增加尾矿上层速效氮。

尾矿中速效磷的变化情况如图 5-8 所示。尾矿原样速效磷含量为 0.701 mg/kg，处于极缺乏等级，经过改良处理以后尾矿中的速效磷含量都有所增加，且与尾矿原样相比，覆盖层添加的污泥堆肥含量越高，其增加程度越大。

选用紫花苜蓿作为绿肥改良后，尾矿上层速效磷含量明显增加，单独种植紫花苜蓿绿肥改良、联合改良一及联合改良二改良后尾矿中速效磷含量分别为尾矿原样中的 1.77 倍、13.34 倍、19.14 倍，但只有联合改良二改良后使尾矿中速效磷达到了中等水平，紫花苜蓿改良和联合改良一改良后尾矿中速效磷等级仍为极缺乏和缺乏水平；改良后尾矿下层速效磷含量有所增加，但仍处于极缺乏水平。

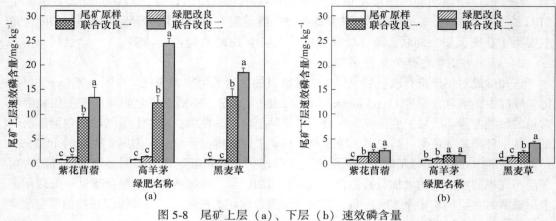

图 5-8　尾矿上层（a）、下层（b）速效磷含量

（图中字母含义同图 5-6）

高羊茅作为绿肥改良后，尾矿上层速效磷含量显著增加，尤其是联合改良二处理，改良后尾矿速效磷含量为 24.4 mg/kg，达到了丰富等级，联合改良一改良后尾矿中速效磷含量为 12.2 mg/kg，等级为中等，而高羊茅绿肥改良后尾矿中速效磷含量只有 1.36 mg/kg，仍为极缺乏等级；高羊茅改良及高羊茅联合污泥堆肥改良后尾矿下层速效磷含量分别为 1.04 mg/kg、1.77 mg/kg、1.69 mg/kg，仍为极缺乏等级。

单独选用黑麦草作绿肥改良后，尾矿上层速效磷含量略有降低，为尾矿原样中速效磷含量的 91%，而两种联合改良处理改良后，尾矿上层速效磷的含量明显增加，均可使尾矿速效磷含量达到中等水平；改良后尾矿下层速效磷含量增加，且各个处理之间差异比较明显，联合改良二处理增加幅度最大，但还是很缺乏，其他处理仍处于极缺乏等级。

比较各种处理对尾矿中速效磷的改良效果，单独种植绿肥的改良效果不明显，而绿肥联合污泥堆肥处理改良后，尾矿上层速效磷含量明显增加，可见，为增加尾矿中速效磷含量，选择绿肥联合污泥堆肥改良方式比较好。对三种绿肥植物的改良效果进行比较，可知高羊茅绿肥对尾矿上层速效磷的改良效果最好。

5.5.3.3　绿肥对尾矿重金属有效性的影响

重金属有效态含量一般认为是土壤中具有生物有效性，能直接为植物吸收的那部分重金属，与重金属总量相比，有效态的重金属的含量更能反映重金属对植物的危害性。所以本书主要研究尾矿中 NH_4NO_3 提取态重金属的变化情况。

A　绿肥对尾矿中有效态 Cd 的影响

绿肥改良对尾矿上层 NH_4NO_3 提取态 Cd 的含量影响不明显，如图 5-9（a）所示。尾矿原样中 NH_4NO_3 提取态 Cd 的含量为 0.232 mg/kg。3 种绿肥改良后均可使尾矿上层 NH_4NO_3 提取态 Cd 的含量降低，且降低程度最大的均为单独种植绿肥的处理，单独种植紫花苜蓿、高羊茅和黑麦草分别使尾矿上层 NH_4NO_3 提取态 Cd 含量降低了 17.24%、22.41% 和 18.97%；紫花苜蓿和高羊茅联合污泥堆肥的改良处理对尾矿上层 NH_4NO_3 提取态 Cd 含量的影响不明显，只比尾矿原样中略低；黑麦草与污泥堆肥联合改良后尾矿上层 NH_4NO_3 提取态 Cd 含量比尾矿原样中明显降低，但随覆盖层污泥堆肥添加量的增多，降低程度减小，联合改良一和联合改良二分别降低了 16.38% 和 7.33%。

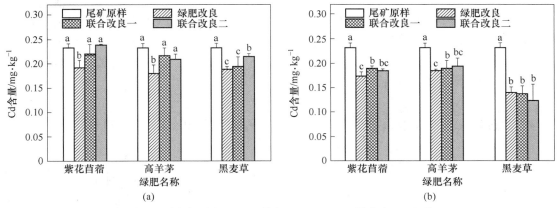

图 5-9　尾矿上层（a）、下层（b）NH_4NO_3 提取态 Cd 含量

（图中字母含义同图 5-6）

绿肥改良后尾矿下层 NH_4NO_3 提取态 Cd 含量的变化情况如图 5-9（b）所示。3 种绿肥改良后对 Cd 的有效性均表现为明显的抑制作用，且各种绿肥的 3 个不同处理之间无明显差异；紫花苜蓿各处理可使尾矿下层 NH_4NO_3 提取态 Cd 的含量降低 18.97% ~ 25.43%；高羊茅各处理对尾矿下层 Cd 有效性的抑制程度与紫花苜蓿各处理对 Cd 有效性的抑制程度很接近，对尾矿下层 NH_4NO_3 提取态 Cd 含量的降低范围为 16.38% ~ 20.69%；抑制作用最强的为黑麦草绿肥，黑麦草的 3 种处理可分别使尾矿下层 NH_4NO_3 提取态 Cd 含量降低 39.66%、40.95% 和 46.55%。

综合比较各种绿肥改良后尾矿上下层 NH_4NO_3 提取态 Cd 含量的变化，可知，紫花苜蓿、高羊茅及黑麦草 3 种绿肥均可降低尾矿中 Cd 的活性，且对尾矿下层的钝化作用高于对尾矿上层的钝化作用；3 种绿肥之间相比，对尾矿上层的钝化作用无明显差异，而对尾矿下层的钝化作用表现为黑麦草强于紫花苜蓿和高羊茅；每种绿肥之间的 3 个处理相比，处理之间的差异不明显。

B　绿肥对尾矿中有效态 Cu 的影响

尾矿原样中 NH_4NO_3 提取态 Cu 的含量为 0.876 mg/kg。绿肥对尾矿上层 Cu 的有效性的影响效果比较明显，绿肥改良和绿肥污泥堆肥联合改良均可明显增加 Cu 的有效性，如图 5-10（a）所示。选用紫花苜蓿作为绿肥的 3 种处理中，单独种植紫花苜蓿绿肥对尾矿上层 Cu 的活化作用最明显，联合改良的两种处理之间无明显差异，对尾矿上层 Cu 的活化作用低于单独种植紫花苜蓿绿肥的处理；选用高羊茅作为绿肥时，对尾矿上层 Cu 的活化作用最强，种植高羊茅绿肥、高羊茅污泥堆肥联合改良一和联合改良二处理中尾矿上层 NH_4NO_3 提取态 Cu 的含量可达到尾矿原样的 3.05 倍、3.57 倍及 3.20 倍，3 种处理之间无明显差异；黑麦草作为绿肥改良时，单独种植黑麦草绿肥时对尾矿上层 Cu 的活化作用强于联合改良的两种处理，可使尾矿上层 NH_4NO_3 提取态 Cu 的含量增加到尾矿原样的 2.64 倍，联合改良处理为尾矿原样的 1.85 倍及 1.78 倍。

绿肥对尾矿下层 Cu 也表现为活化作用（见图 5-10（b）），紫花苜蓿绿肥的 3 种处理对尾矿下层 Cu 的活化程度与尾矿上层的相似，3 种处理之间无明显差异，可分别使 NH_4NO_3 提取态 Cu 的含量增加到 1.74 mg/kg、1.61 mg/kg 及 1.51 mg/kg；高羊茅绿肥对尾矿下层 Cu 的活化作用仍为最强，且随着上层尾矿中污泥堆肥添加量的增加，活化程度增大，联合改良的两种处理中 Cu 的活性与尾矿原样及单独种植黑麦草改良处理之间有显著差异（$p<0.01$）；黑麦草作为绿肥时，可使尾矿下层 Cu 的活性略有增加，与尾矿原样相比，3 种处理中活化作用最强的黑麦草污泥堆肥联合改良二处理尾矿下层 NH_4NO_3 提取态 Cu 的含量仅为尾矿原样的 1.62 倍。

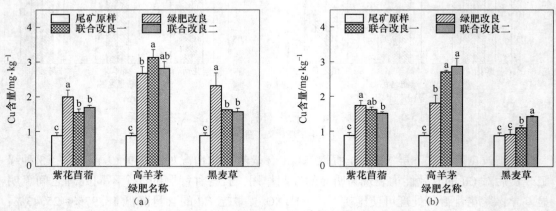

图 5-10　尾矿上层（a）、下层（b）NH_4NO_3 提取态 Cu 含量
（图中字母含义同图 5-6）

由上可知，3 种绿肥的各个处理均增加了尾矿中 NH_4NO_3 提取态 Cu 的含量，且尾矿上层的增加量大于尾矿下层的增加量；3 种绿肥相比较，种植高羊茅使尾矿中 NH_4NO_3 提取态 Cu 含量增加量最大，而种植紫花苜蓿和黑麦草后相比，对尾矿上层 Cu 有效态含量的增加量之间的差异较小，对尾矿下层则种植黑麦草处理明显低于种植紫花苜蓿处理；每种绿肥的 3 个处理相比，联合改良的两种处理之间均无明显差异。

C　绿肥对尾矿中有效态 Mn 的影响

尾矿原样中 NH_4NO_3 提取态 Mn 的含量为 13.76 mg/kg。绿肥对尾矿上层 Mn 的有效性影响如图 5-11（a）所示，与尾矿原样相比，单独种植紫花苜蓿绿肥可使尾矿上层 NH_4NO_3 提取态 Mn 含量略有增加，但紫花苜蓿污泥堆肥联合改良的两种处理却可明显降低尾矿上层中 NH_4NO_3 提取态 Mn 的含量，改良后仅达到尾矿原样的 0.62 倍和 0.50 倍；高羊茅绿肥的 3 种处理尾矿上层 NH_4NO_3 提取态 Mn 的含量只是略高于尾矿原样中 NH_4NO_3 提取态 Mn 的含量，但均无明显差异；黑麦草绿肥处理对尾矿上层 Mn 的有效性的影响与紫花苜蓿绿肥对尾矿上层 Mn 有效性影响的变化规律一致，且作用程度也相近，单独种植黑麦草可使 Mn 的活性略有增强，但黑麦草污泥堆肥联合改良的两种处理却能有效降低 Mn 的活性，尾矿上层 NH_4NO_3 提取态 Mn 的含量降低到 7.62 mg/kg 及 6.18 mg/kg。

由图 5-11（b）可见，种植紫花苜蓿绿肥的 3 个处理对尾矿下层 Mn 的活性起到明显的钝化作用，单独种植紫花苜蓿、紫花苜蓿污泥堆肥联合改良一及联合改良二分别使尾矿下层 NH_4NO_3 提取态 Mn 的含量降低了 29.65%、52.98% 及 53.78%；选用高羊茅作为绿肥的处理中，单独种植高羊茅时可对尾矿下层 Mn 起到较强的钝化作用，但联合污泥堆肥的两个处理中有效态 Mn 的含量却与尾矿原样很接近，无明显区别；选用黑麦草绿肥的处理可有效降低尾矿下层 Mn 的活性，3 种处理可分别使 NH_4NO_3 提取态 Mn 的含量降低

53.92%、52.25%及27.83%。

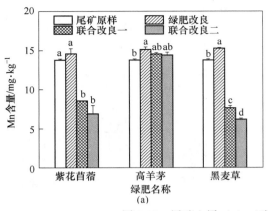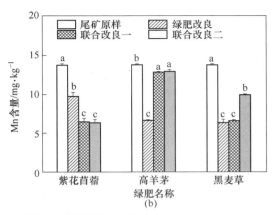

图 5-11 尾矿上层（a）、下层（b）NH_4NO_3 提取态 Mn 含量

（图中字母含义同图 5-6）

综合分析可知，绿肥对尾矿中 Mn 的活性总体表现为抑制作用，只有 3 种绿肥单独种植时对尾矿上层 Mn 的活性表现为较弱的活化作用，且对尾矿下层的抑制作用较强；3 种绿肥中抑制作用最强的为紫花苜蓿绿肥；紫花苜蓿的两个联合改良处理间对尾矿中 Mn 的抑制作用无显著差异，却明显强于单独种植紫花苜蓿对尾矿中 Mn 的抑制作用；高羊茅绿肥处理间对尾矿上层 Mn 活性的影响差异很小，对尾矿下层则表现为单独种植高羊茅绿肥抑制作用明显强于其他两个处理；黑麦草对尾矿上层有效态 Mn 含量的影响为两种联合改良处理两者之间的差异较小，但对下层尾矿单独黑麦草改良和联合改良一的作用效果差异很小，却明显强于联合改良二处理。

D 绿肥对尾矿中有效态 Zn 的影响

绿肥对尾矿上层 NH_4NO_3 提取态 Zn 含量的影响如图 5-12（a）所示。原尾矿中 NH_4NO_3 提取态 Zn 含量为 0.405 mg/kg。紫花苜蓿绿肥可以使尾矿上层 NH_4NO_3 提取态 Zn 含量降低，尤其是单独种植紫花苜蓿绿肥后，尾矿上层 NH_4NO_3 提取态 Zn 含量降到了 0.237 mg/kg，紫花苜蓿污泥堆肥联合改良两种处理之间差异不明显，改良后尾矿上层 NH_4NO_3 提取态 Zn 含量降为 0.329 mg/kg、0.350 mg/kg。高羊茅绿肥改良后也可使尾矿上层 NH_4NO_3 提取态 Zn 含量降低，但单独种植高羊茅绿肥和高羊茅污泥堆肥联合改良一处理改良后 NH_4NO_3 提取态 Zn 含量只是略有降低，而联合改良二处理改良后则明显降低，3 种处理改良后尾矿上层 NH_4NO_3 提取态 Zn 的含量分别为 0.348 mg/kg、0.349 mg/kg、0.267 mg/kg。黑麦草绿肥改良后尾矿上层 NH_4NO_3 提取态 Zn 含量明显增多，尤其是黑麦草与污泥堆肥联合改良一处理改良后增加到了 0.662 mg/kg，单独种植黑麦草及联合改良二处理 NH_4NO_3 提取态 Zn 含量分别为 0.598 mg/kg、0.607 mg/kg。

由图 5-12（b）可见，3 种绿肥改良后均使尾矿下层 NH_4NO_3 提取态 Zn 含量增多。紫花苜蓿改良覆盖层污泥堆肥添加量越多则 NH_4NO_3 提取态 Zn 含量越多，明显高于尾矿原样中 NH_4NO_3 提取态 Zn 的含量，联合改良二处理增加到 0.697 mg/kg，单独种植紫花苜蓿和紫花苜蓿污泥堆肥联合改良一处理之间差异不明显，分别为 0.551 mg/kg 和 0.589 mg/kg；高羊茅绿肥改良的 3 种处理中 NH_4NO_3 提取态 Zn 含量均明显比尾矿原样中多，3 种处理之间却无明显差异，分别为 0.670 mg/kg、0.654 mg/kg 和 0.604 mg/kg；单独种植黑麦草绿肥及黑麦草与污泥堆肥改良一处理改良后 NH_4NO_3 提取态 Zn 含量分别为 0.622 mg/kg、0.579 mg/kg，明显高于尾矿原样中 NH_4NO_3 提取态 Zn 含量，而联合改良二处理却与尾矿原样之间无明显差异，NH_4NO_3 提取态 Zn 的含量只是略高于尾矿原样中。

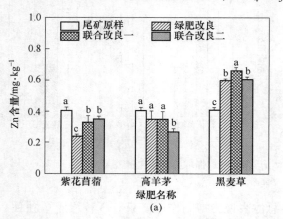
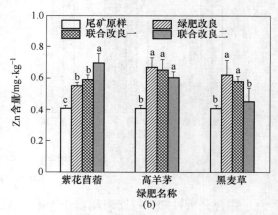

图 5-12　尾矿上层（a）、下层（b）NH_4NO_3 提取态 Zn 含量

（图中字母含义同图 5-6）

由上可知，紫花苜蓿和高羊茅绿肥对尾矿上层 Zn 表现为钝化作用，却对尾矿下层 Zn 表现为活化作用，黑麦草绿肥对尾矿上层 Zn 均表现为活化作用；每种绿肥中的 3 个处理之间的影响差异不明显。

5.5.3.4　绿肥对尾矿微生物的影响

本节主要研究绿肥改良后对尾矿中微生物数量变化的影响，通过平板计数法来计算尾矿中细菌、真菌、放线菌的总菌数和土壤基质诱导呼吸方法计算尾矿中微生物量碳。通过以上分析可知绿肥改良后尾矿上层的变化情况比较明显，对尾矿下层的影响较小，所以以下关于微生物的研究主要分析尾矿上层的变化情况。

A　细菌菌落数量

选择菌落个数在 30~300 之间的平板计数，经计算得尾矿上层中细菌的个数见表 5-9。3 种改良绿肥植物之间相比，种植黑麦草的尾矿中细菌总数最多，其次为高羊茅，最少的为紫花苜蓿；种植紫花苜蓿和黑麦草绿肥的处理之间，随着尾矿上层污泥堆肥添加量的增多，细菌总数明显增多，各个处理间差异明显，而高羊茅则为联合改良一处理中细菌总数最多，单独种植高羊茅绿肥改良后尾矿上层中细菌总数最少，3 个处理之间差异也比较明显。牛肉膏蛋白胨培养基中接入 10^{-4} 的尾矿稀释液，在 28 ℃环境下培养 48 h 后，细菌的生长情况如图 5-13 所示。

表 5-9　尾矿中细菌菌落数量　　　　　　　　　　　（个/kg）

种植植物	绿肥改良	联合改良一	联合改良二
紫花苜蓿	$0.814×10^8$	$1.59×10^8$	$1.79×10^8$
高羊茅	$0.714×10^8$	$2.58×10^8$	$1.93×10^8$
黑麦草	$0.881×10^8$	$1.40×10^8$	$4.12×10^8$

B 放线菌数量

尾矿中放线菌的数量见表 5-10。添加污泥堆肥的处理尾矿中放线菌的数量明显多于单独种植绿肥植物的处理，且放线菌数量随着污泥堆肥添加量的增多而增多；单独种植绿肥植物改良时，3 种绿肥改良相比，种植紫花苜蓿尾矿中放线菌数量最多，尾矿放线菌数平均为 0.167×10^7 个/kg，种植黑麦草时放线菌数最少，只有 0.0867×10^7 个/kg；绿肥联合污泥堆肥改良的方式改良后，尾矿中放线菌数量最少的仍为种植黑麦草的处理。高氏一号培养基中接入 10^{-3} 的尾矿稀释液，在 28 ℃ 环境下培养 72 h 后，放线菌的生长情况如图 5-14 所示。

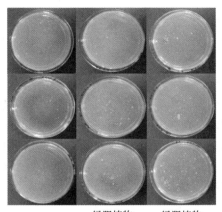

图 5-13　细菌生长情况图

表 5-10　尾矿中放线菌数量 （个/kg）

种植植物	绿肥改良	联合改良一	联合改良二
紫花苜蓿	0.167×10^7	3.49×10^7	5.71×10^7
高羊茅	0.160×10^7	3.57×10^7	5.56×10^7
黑麦草	0.0867×10^7	2.68×10^7	5.34×10^7

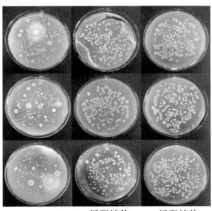

图 5-14　放线菌生长情况图

C 真菌数量

尾矿中真菌的数量见表 5-11。

表 5-11　尾矿中真菌数量 （个/kg）

种植植物	绿肥改良	联合改良一	联合改良二
紫花苜蓿	0.333×10^6	0.601×10^6	1.21×10^6

续表 5-11

种植植物	绿肥改良	联合改良一	联合改良二
高羊茅	$0.453×10^6$	$0.421×10^6$	$0.526×10^6$
黑麦草	$0.061×10^6$	$0.182×10^6$	$0.492×10^6$

　　绿肥改良后，尾矿中真菌数量随着覆盖层污泥堆肥添加量的增多而增多。单独种植绿肥植物改良时，3 种绿肥改良相比，种植高羊茅的尾矿真菌数量最多平均为 $0.453×10^6$ 个/kg，单独种植黑麦草时真菌数最少只有 $0.061×10^6$ 个/kg；绿肥联合污泥堆肥改良的方式改良后，真菌数最多的为种植紫花苜蓿绿肥的处理，最少的仍为种植黑麦草的处理。马丁-孟加拉红培养基中接入 10^{-2} 的尾矿稀释液，在 28 ℃环境下培养 72 h 后，真菌的生长情况如图 5-15 所示。

5.5.3.5　绿肥对尾矿中微生物量碳的影响

　　绿肥改良后尾矿中微生物量碳的变化情况如图 5-16 所示。联合改良处理后尾矿中微生物量碳明显多于绿肥单独改良处理，且随着尾矿上层污泥堆肥添加量的增多而增多，即联合改良二>联合改良一>绿肥单独改良。

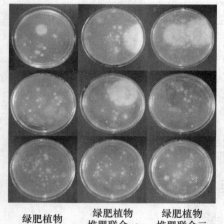

图 5-15　真菌的生长情况图

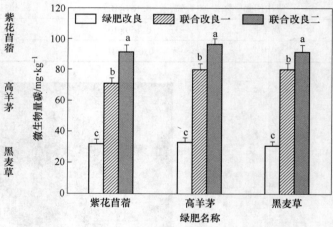

图 5-16　尾矿中微生物量碳变化情况

（图中字母含义同图 5-6）

　　3 种绿肥之间比较，污泥堆肥添加量相同时，不同绿肥处理中微生物量碳的含量很接近，各处理之间无明显差异。只有联合改良一处理即污泥堆肥添加量为 5%时，可明显看出种植紫花苜蓿的处理尾矿中的微生物量碳低于种植其他两种绿肥的处理。

5.5.3.6　改良机理及结论

　　矿山开采和冶炼产生的尾矿基质条件恶劣，如氮、磷等养分缺乏，结构不良，重金属含量高等，严重影响植物生长，若处理不当会造成严重的污染问题，从而威胁人类的生存和发展。此外，尾矿的自然生态恢复能力较差，为使尾矿土壤环境得到改良，生态环境得以恢复，则必须采取植被重建、尾矿土壤中添加改良剂等方式。本研究选择单独种植紫花苜蓿、高羊茅及黑麦草绿肥后，可降低钒钛磁铁矿尾矿的 pH 值，改变尾矿的酸碱性，使尾矿土壤环境逐渐趋于中性，由于该 3 种绿肥植物根系发达，在生长过程中，从尾矿中吸取水分及养分的同时也会向尾矿中分泌离子、有机质等，从而可使尾矿中 DOC、速效磷的含量增加，改善根际周边的尾矿环境，为微生物的生长提供适宜条件，从而增加了尾矿中的微生物量，而微生物又可以促进植物的生长，增加尾矿土壤肥力。单独种植绿肥在改变了尾矿土壤肥力及微生物环境的同时，也改变了尾矿中重金属的有效性，即降低了尾矿上层 Cd、Zn 及尾矿下层 Cd、Mn 的有效性，增加了尾矿中 Cu 及尾矿下层中 Zn 的有效性。因为 DOC 可作为重金属的有机配体。DOC 的浓度与土壤溶液中重金属元素的迁移能力及浓度成正比，随土壤溶液中重金属浓度的增加，则植物生长所需的有效态重金属含量可能会降低，此外，许多研究表明尾矿中磷酸盐表面可以吸附重金属，磷酸盐也可以与重金属结合生成沉淀，所以尾矿中磷增多，可以降低尾矿中重金属的有效性，而又有研究表明随 pH 值的降低，会促进尾矿中重金属的释放，从而增加重金属的有效性。研究中尾矿重金属的种类不同，其有效性变化情况也不同，可能是因为 pH 值、DOC、磷等的变化对尾矿中不同重金属元素的影响程度不同，某种重金属主要受 DOC、磷等的影响时有效性会降低，反之，若 pH 值变化对其影响更明显的话则有效性增强。

有研究表明，在对尾矿的植被重建过程中，尾矿中加入改良剂更能促进植物成功定植。大量研究表明，将有机废弃物作为改良剂添加于尾矿中，可显著增加尾矿养分，降低尾矿重金属含量。研究表明，尾矿表层 4 cm 添加 5% 和 10% 污泥堆肥后，绿肥植物的生物量明显增多，植物的根系密度增加，明显改善了尾矿养分，尾矿中 DOC、碱解氮、速效磷含量增加，从而促进微生物的大量活动，尾矿中细菌、真菌、放线菌的数量及微生物量碳明显增加。污泥堆肥作为一种废弃物有机肥养分很丰富，N、P、K 及有机质含量很高，且自身携带微生物菌群，所以可使尾矿肥力及微生物数量得以提高，尾矿土壤环境得到改善，同时可有效降低尾矿中 NH_4NO_3 提取态 Cd、Mn、Zn 的含量。

种植紫花苜蓿、高羊茅、黑麦草改良用可降低尾矿的 pH 值，使钒钛磁铁矿尾矿逐渐趋于中性环境。同时种 3 种植绿肥植物改良后可有效增加尾矿肥力，使尾矿中 DOC、碱解氮、速效磷的含量增加，且绿肥植物联合污泥堆肥对尾矿肥力的改善效果要优于单独种植绿肥植物的改善效果，联合改良后绿肥植物的生物量明显增加。

种植紫花苜蓿、高羊茅、黑麦草改良后可有效降低尾矿中 Cd、Mn、Zn 的有效性，却使 Cu 的有效性增加。且绿肥联合污泥堆肥改良处理对重金属有效性的影响效果更明显。

种植紫花苜蓿、高羊茅、黑麦草改良后尾矿中细菌、真菌、放线菌数量明显增多。联合改良处理效果优于单独种植绿肥植物的改良处理。

两种不同剂量的联合改良处理之间对尾矿养分、重金属有效性、微生物数量等的影响效果无明显差异，所以，结合经济效益考虑，选择表层添加 5% 污泥堆肥的剂量处理更适合。

思 考 题

5-1 尾矿库修复的限制因素有哪些？

5-2 土壤重金属污染修复治理技术可分为哪几类？请简单说明。

5-3 什么是土壤微生物修复技术，其修复的实质是什么？

6 露天矿边坡生态修复

6.1 露天矿边坡生态特征及分类

矿区边坡是由于矿产资源开发所引起的挖损或压占而形成边坡，矿山坡面的产生往往要改变地形地貌、扰乱土壤结构、破坏植物群落、影响局地气候及增加水土流失危险性等。下面从 3 个方面介绍矿区边坡的特征。

6.1.1 矿山边坡地质特征

矿山边坡的地质特征取决于当地的地层条件和地质构造，对生态重建工程产生影响的坡面地质特征主要是坡面的稳定情况和边坡的坡度。在冲积扇、洪积扇及古河道等地层条件下开挖的边坡，由于坡面组成物质土石相间、粒径不一、破碎松动，坡面稳定性较差；在岩石风化程度较高的地区和膨润土地区，坡面开挖后很容易受雨水侵蚀而失稳；黄土地区的土质边坡如果坡度放陡，很容易被流水侵蚀形成沟谷或造成沉陷和崩塌；而在地质构造稳定区域所开挖的边坡，一般情况下稳定性较好，下方基岩受机械破碎暴露出来后尽管受到物理风化和化学风化作用，但是其时间进程相当缓慢，在短时间内并不会对坡面的生态恢复工程产生影响。

由于矿山边坡是在原有地表上经过人为挖掘、堆砌或填压等工程措施后所产生的新坡面，因此矿山边坡的坡度总是要大于原有地表的坡度。一般情况下，边坡的坡度取决于地质结构，岩质边坡的坡度较陡，而土质边坡的坡度较缓。然而，除了地质结构之外，矿山边坡的陡缓还受矿山经济效益的制约。为了减少土方工程量及生态破坏以节省剥离或堆弃成本，对地质构造比较稳定的地段，挖方边坡通常会开挖得比较陡，一般露天开采岩质边坡台阶坡面角均在 60°~70° 之间。矿山开采废石场的边坡角也与废石性质有关，一般依据其自然安息角来堆放。

边坡植被的恢复虽然能提高边坡的稳定性，但其作用范围有限，因为植物根系和草叶的作用，更多地表现在减轻降雨和冻融对边坡表层土体的侵蚀，并不能解决边坡深层结构的稳定性问题。也就是说，对于结构性不稳定的边坡，不能靠坡面生态恢复工程解决坡体稳定性问题，不稳定的边坡不适宜进行生态恢复施工；而坡面的坡度越大，生态恢复工程的难度就越高，工程成本也就随之上升。

6.1.2 矿区边坡地形特征

地形对坡面生态恢复工程的影响主要表现在表面形态、坡度、坡长、平整程度等几个方面。

边坡的表面形态可分为直形、凸形、凹形和复合形。不同坡形的土壤侵蚀状况有所不同。直形坡，坡面平直，越向下坡水流汇集越多，流速越快，侵蚀随之加强。凸形坡，坡面上缓下陡，上部侵蚀冲刷较弱，而下部比较强烈。凹形坡，坡形上陡下缓，坡面上部坡长较短径流汇集较少，坡度较大但侵蚀冲刷不强烈；坡面中部坡度居中，侵蚀较强；坡面下部由于坡度减缓，流速降低，坡面水流的挟砂能力减弱，由上部搬运下来的泥沙易在下部沉积。复合形坡，凹凸相间、坡形多变，地形对坡地土壤侵蚀的影响较复杂，一般来说，坡面流路越长，流速越慢，水流的侵蚀作用也就越小。

边坡坡度和坡长会影响降雨形成径流的流速和流量。从理论上讲，坡度越大则流速越大，侵蚀力也越强。但实际研究表明，坡度在 40°~50°时侵蚀量最大，越过此坡度时，侵蚀量反而减小。原因是坡度越大，实际受雨面积减小，从而也减少了流量。从坡顶到坡脚，随坡长的增加，流量逐渐增大，侵蚀力逐渐加强，但在侵蚀力不足以克服抗蚀力前，侵蚀不会发生，当坡长增加使水流的侵蚀力超过抗蚀力时，侵蚀量随坡长将逐渐增大。

边坡的平整程度与坡面形成方式和组成坡面物质的软硬状况有关。填方边坡的坡面基本是在土石料自然下滑过程中所形成的，因而坡面比较平整，在进行坡面生态恢复施工时，坡面清理比较容易，清坡工作量也比较小。挖方边坡既有用挖掘机开挖的，也有由爆破和挖掘机结合所形成的，因此平整程度差异较大。由挖掘机开挖的边坡（土质边坡、岩质土边坡）坡面比较平整，清坡容易，工作量小；而由爆破和挖掘机结合所形成的边坡，特别是有一定风化程度（弱风化、强风化）的岩石边坡，坡面往往比较破碎，凹凸不平，清坡时不仅要除去浮石，还要用土填平凹陷，以防止坡面径流向低凹处汇集，也可以使坡面植物根系在向下生长的过程中避免遭遇悬空而影响发育。

6.1.3 矿山边坡土壤特征

边坡在形成过程中往往要破坏原有的地表植被，因此土壤与植被之间的平衡关系也就不复存在，这使得坡面表土抗侵蚀能力减弱，在雨蚀和风蚀作用下，极易发生水土流失和养分流失，致使立地条件不断恶化，植物种子定植困难。同时由于坡度大、渗透性差等原因，坡面表土对降水截流作用较小，保墒能力低，也不利于植物生长。挖方边坡的土壤由于受到机械的挤压、切割作用，一般过于紧实，容重大，孔隙度低，不利于土壤中水分和空气的有效运移及肥料协调转移，从而限制边被植物的生长发育；填方边坡的土壤虽然比挖方边坡的表土相对疏松，但由于填压过程造成土壤容重加大，土粒排列紧密，土壤的紧实度还是远远高于自然土壤，此外，在填土中常常有工程废弃物、水泥、砖块和其他碱性物质混入，由此导致钙的释放和土壤重金属污染因素增多，使得填方边坡土壤的 pH 值比周围的自然土壤高，有向碱性的方向演变的趋势。

矿山边坡的土壤与自然土壤有所不同，严格说的话，岩质边坡和岩质边坡的表面已经没有土壤存在。对于填方边坡来说，坡面物质是土与砾石的混合物（回填土），没有发生学上的分层结构。矿山边坡土壤的养分情况也与自然土壤有较大的差别，原因在于原有土壤被剥离迁移、母质岩裸露、缺少生物活动使得有机质积累减少，因此养分含量非常低。土壤硬度是反映土壤紧密程度或岩石风化程度的一个指标，硬度小，则表明其质地疏松或风化程度高，有利于植物根系生长发育，反之，则对植物根系发育产生不利影响，使之生长困难。

由于原有地表自然土壤的丧失，矿山坡面土壤基本不再具有土壤种子库的功能。自然土壤中所保存的植物种子，其来源之一是本地植物的种子，因此土壤种子库与当地植物群落之间存在着不可分割的内在联系。土壤种子库的存在使得受干扰后的植被能够自然恢复，这对于恢复当地原有的植物群路非常重要，而矿山坡面土壤由于不具有土壤种子库的功能，因此矿山坡面植被自然恢复，特别是对于挖方边坡来说，在短时间内几乎是不可能的。

除了种子库功能丧失之外，人工坡面土壤中微生物、土壤动物的含量也非常低，由于土壤微生物和土壤动物直接或间接地参与土壤中物质和能量的转化，是土壤生态系统中不可分割的组成部分，土壤微生物和土壤动物的缺乏，不仅影响土壤形成和发育过程，也影响土壤肥力的提高。

综上所述，矿山坡面土壤特点可归纳为：土壤层状结构受到破坏或丧失，母质、母岩裸露；质地粗糙，硬度高，有效土层薄甚至无土层；养分贫瘠缺少有机质，通透性、保水性差；植物种子贫乏；缺少土壤微生物和土壤动物。

6.1.4 矿山边坡分类

从生态恢复与重建的角度研究边坡分类，目的是全面了解坡面特点，以便选取适当的生态重建技术与方法。

关于边坡的分类，国内外有很多分类方法，特别是土木工程领域对边坡的划分非常细致。例如按边坡与工程关系可分为自然边坡和人工边坡；按人工边坡的形成方式可分为填方边坡和挖方边坡；按边坡变形情况可分为变形边坡和未变形边坡；按边坡岩性分为岩质边坡、土质边坡和土石边坡；按边坡高度不同可分为超高边坡、高边坡、中边坡及低边坡；按边坡坡度不同可分为缓坡、陡坡、急坡以及倒坡等。这些分类大都与坡面生态重建工程有一定程度的关联，另外，边坡表面的起伏程度和岩石风化程度与生态重建工程的难易程度更为相关。有关矿区边坡的分类，目前还没有深入细致的研究及分类。参考土木工程领域边坡分类及前人对边坡分类的研究成果，结合矿区边坡特点，基于矿山生态恢复与重建的需要，将矿区边坡进行分类，见表6-1。

表 6-1　基于边坡生态恢复工程的坡面分类

分类依据	名称	简 述
成因	自然边坡	由各种自然原因形成，按作用形式可分为剥蚀边坡、侵蚀边坡、堆积边坡
	人工边坡	由各种人为原因形成，按作用形式可分为挖方边坡、填方边坡
坡质	岩质边坡	由岩石构成，无土壤
	岩质土边坡	由砾石和土混合构成，岩质土中粒径大于 2 mm 的土壤颗粒含量超过 50% 或略小于 50%（几乎不含有机物，肥力极差）
	土质边坡	由砂土、砂性土、粉性土、黏性土等构成，土粒径小于 2 mm 的土壤颗粒含量达 100%（以生土为主，有机物含量低，肥力较差）
风化程度	微风化	坚硬岩石，浸水后，大多无吸水反应
	弱风化	较坚硬岩石，浸水后，有轻微吸水反应
	强风化	较软岩石，浸水后，指甲可刻出印痕
	全风化	极软岩石，浸水后，可捏成团

分类依据	名称	简　　　述
坡高	超高边坡	岩质边坡坡高大于 50 m，土质边坡坡高大于 15 m
	高边坡	岩质边坡坡高为 15~30 m，土质边坡坡高为 10~15 m
	中高边坡	岩质边坡坡高为 8~15 m，土质边坡坡高为 5~10 m
	低边坡	岩质边坡坡高小于 8 m，土质边坡坡高为 5 m
坡长	长边坡	坡长大于 300 m
	中长边坡	坡长为 100~300 m
	短边坡	坡长小于 100 m
坡度	缓坡	坡度小于 15°
	中等坡	坡度 15°~30°
	陡坡	坡度 30°~60°
	急坡	坡度 60°~90°
	倒坡	坡度大于 90°
起伏程度	平整坡	坡面基本平整，无较大凹凸
	凹凸坡	坡面凹凸不平，有较大坑穴
稳定性	稳定坡	稳定条件好，不会发生破坏，可以直接进行生态恢复施工
	不稳定坡	稳定条件差或已发生局部破坏，必须处理使之达到稳定后才能进行生态恢复施工
	已失稳坡	已发生明显的破坏，不能进行生态恢复施工

注：引自周德培、张俊云著《植被护坡工程技术》，作者略有改动。

6.2　露天矿边坡防护技术

　　边坡失稳将导致严重的危害，因此，必须对不稳定边坡进行加固和防护，以达到边坡稳定安全标准。目前，边坡加固和防护的思路和措施主要有：（1）减小下滑力；（2）增加抗滑力；（3）改良滑带土。以下是一些常用的边坡加固和防护技术。

6.2.1　截水排水

　　坡面侵蚀、崩塌，大多是由于降水、坡面径流、渗透水、冰雪冻融等诱发的，做好边坡截排水工程的设计对边坡稳定有重要作用，在很大程度上还可防止或减轻侵蚀、崩塌等灾害。对坡面自身径流和上游汇水量较大的坡面进行坡面生态重建时，必须建立完善的截排水系统，以保证坡体稳定和防护效果。完善的排水系统包括截水沟、急流槽、排水沟、跌水及沉沙消能设施等。

6.2.1.1　截水沟设计

　　（1）截水沟设计的一般要求。当边坡上侧山坡汇水面积较大时，应设置截水沟。截水沟的设计应能保证迅速排除径流，沟底纵坡一般不应小于 0.5%，以免水流停滞。对土质地段的截水沟，必要时应采取加固措施，以免水流冲刷或渗漏，致使边坡过湿，引起滑塌。截水沟应结合地形合理布置，保证通直顺畅，在转折处应以曲线连接，必要时并应采取加固措施。若因地形限制，截水沟绕行，工程艰巨，附近又无出水口时，可分段考虑，中部以急流槽衔接。

（2）截水沟的断面形式。截水沟断面的形式一般为梯形，底宽不小于 0.5 m，深度按设计流量确定，也不应小于 0.5 m，边坡坡度视土质而定。边坡覆盖层较薄（小于 1.5 m），又不稳定时，修建截水沟可将沟底设置在基岩上，以截除覆盖层与基岩面间的地下水，保证沟身稳定。截水沟沟壁最低边缘开挖深度不能满足断面设计要求时，可在沟壁较低一侧培筑土埂。土埂顶宽 1~2 m，背水面坡比为 1:1~1:1.5，迎水面坡则按设计水流速度、漫水高度所确定的加固类型而定。

（3）截水沟设置位置与数量。截水沟离开坡顶的距离，视土质而异，以不影响边坡稳定为原则。对于一般土层，距离 $d \geqslant 5$ m。土质不良地段，酌情增大。对于有软弱层地段（如破碎或松散土层、淤泥层等），其距离随挖方边坡高度 H 而异，一般为 $d \geqslant H +$ 5（m），但不应小于 10 m。当挖方土质边坡高度较大、降雨量也较大时，边坡上设分级平台，在平台上加设截水沟，拦截由坡顶流下的水流。同时应特别注意截水沟的加固，防止水流渗漏而影响边坡稳定。对于边坡顶至分水岭的距离不长、土质好、坡度缓、植被茂密的区域，可不设截水沟。

（4）截水沟出水口与沟槽加固，通常应尽量利用地形，将截水沟中的水流排入截水沟所在山坡一侧的自然沟中，或直接引到桥涵进口处，以免在山坡上任其自流，造成冲刷。截水沟的出水口，应与其他沟槽平顺地衔接，必要时宜设跌水或急流槽。截水沟长度一般不宜超过 500 m。

6.2.1.2　排水沟设计

（1）排水沟断面形式。排水沟一般为梯形断面，其大小应根据流量确定，深度与底宽均不应小于 0.5 m；排水沟边坡坡比视土质而异，一般土层可用 1:1~1:1.5；排水沟沟底纵坡应不小于 0.5%，在特殊情况下容许减至 0.2%。

（2）平面线型与衔接。排水沟应尽量采用直线，如必须转弯时，其半径不宜小于 10~20 m，排水沟的长度根据实际需要而定，通常宜在 500 m 以内；当排水沟中的水流流入河道或沟渠时，应使原水道不产生冲刷或淤积。一般应使排水沟与原水道两者的水流流向成锐角相交，并力求小于 45°，保证汇流处水流顺畅。如限于地形，锐角连接有困难时，可用半径 R 为 $10b$ 的圆弧（弧长等于 1/4 圆周，b 为排水沟顶宽）。

6.2.1.3　跌水与急流槽设计

（1）设计要点。设置跌水和急流槽应在满足排水需要和保证工程质量的前提下，力求构造简单经济实用。确定跌水和急流槽的位置、类型和尺寸，要因地制宜，结合地形、地质、当地材料和施工条件进行综合考虑。必要时可考虑改移路线或涵洞位置，以简化或不设此类构筑物。边坡的跌水和简易急流槽，可以不必进行水力计算，按一般常用的构造形式设置。傍山路线遇有岩石山沟，有的相当于天然急流槽，应予利用。必要时适当加工修整，将水流沿该山沟引入指定地点。设计跌水和急流槽，可考虑采取增加槽底粗糙度的措施，使水流消能和减缓流速。跌水和急流槽同下游水面的连接形式，宜采用淹没式，以减少加固工程。

（2）跌水的一般构造。跌水的构造可分为进口、台阶和出口 3 个部分。跌水台阶的高度，可根据地形、地质等条件而定，一般不应大于 0.5 m，通常是 0.3~0.4 m。多级台阶的各级高度可以相同，也可以不同。其高度与长度之比，与原地面坡度相适应。跌水槽身一般砌成矩形。如跌水高度不大，槽底纵坡较缓，也可采用梯形。梯形跌水槽身，应在台阶前 0.5~1.0 m 和台阶后 1.0~1.5 m 范围内进行加固。

跃水可用砖或片（块）石浆砌，必要时可用水泥混凝土浇筑。沟槽槽壁及消力池的边墙厚度根据所用材料选定：浆砌片石为 0.25~0.40 m，混凝土为 0.2 m，高度应高出计算水位最少 0.2 m，槽底厚度为 0.25~0.40 m，出口部分设置隔水墙。设有消力坎时，坎的顶宽不小于 0.4 m，并设尺寸为 5 cm×5 cm~10 cm×10 cm 的泄水孔，以便排除消力池内的积水。

（3）急流槽的一般构造。急流槽可分进口、槽身和出口 3 个部分。急流槽的纵坡一般不宜超过 1∶2，可用片（块）石浆砌或水泥混凝土浇筑。急流槽槽壁厚度，石砌时一般为 0.4 m，水泥混凝土为 0.3 m。槽壁应高出计算水深至少 0.2 m。急流槽的基础要稳固，基底可每隔 1.5~2.5 m 设一平台。进水槽和出水槽底部须用片石铺砌，长度一般不短于 10 m，个别情况下，应在下游设厚 0.2~0.5 m、长 2.5 m 的防冲铺砌。急流槽很长时，应分段砌筑，每段长度一般为 5~10 m，接头处用防水材料填缝。

6.2.2　减重反压

在边坡破坏防治技术中，削方减重和填方反压是简单可靠的方法。削方主要是为了减少下滑力，在边坡潜在滑移区的主滑段进行削方减重，同时可以把重量加载在抗滑段上，增加抗滑力。在削方前，要仔细考察，如果误将滑坡下部的阻滑段削去，那么会进一步加剧滑坡的发展。削方减重是在滑坡体的后缘段挖除一定数量的岩土体，减少下滑力，使整个坡体趋于稳定，所以它适合推动式滑坡和由塌落形成的滑坡，并且要求上陡下缓，同时还需要滑坡体四周的地层比较稳定。而填方堆载适合于牵引式滑坡，但必须注意防止由堆载引起的次一级的滑坡。

一般情况下，采用坡率法进行削方减重。坡率法是通过控制边坡的高度和坡度而不需要对边坡进行整体加固就能使边坡达到自然稳定的方法，是一种比较经济、实用和方便的方法，在公路路堑边坡和填方路堤边坡中广泛运用。采用坡率法要查明边坡的工程地质条件，选择合适的允许坡度，根据岩土体的基本情况，综合确定合理的坡率。

6.2.3　护面

边坡护面技术常用于公路边坡工程中。护面一般是针对容易受风化剥离的岩土体的表面进行保护加固，比如，经常看到的公路边坡挂网就是为了防止边坡落石；对容易受水流冲刷的土质边坡也可以采用护面技术。

护面加固边坡一般不考虑岩土体内部结构及软弱结构面的存在，同时也不考虑岩土体的侧压力。常用的边坡护面措施有坡面挂网法、挂网抹浆法、高压喷浆法、钢筋网喷混凝土法、土袋压坡法及植物护坡等。在公路边坡护面中，坡面挂网法和高压喷浆法也获得大量应用。随着人们生活质量的提高，人们更希望采用自然和天然的护坡形式，因此，植物护坡技术越来越受人们的青睐。植物护坡技术涉及岩土工程学、景观生态学、植物学、水文地质学、工程力学、土壤肥料学等多学科领域。与工程护坡相比，植物护坡具有保护环境和景观生态的功能，且投入成本低、养护费用低。

6.2.4　支挡和锚固

目前，运用得比较广泛的支挡结构包括挡土墙和抗滑桩等。挡土墙可分为重力式挡土墙、钢筋混凝土挡土墙、锚杆挡土墙、锚定板挡土墙、板桩墙等类型。各类挡土墙的适用条件见表6-2。

表 6-2　各类挡土墙的适用条件

挡墙类型	适 用 条 件
重力式挡土墙	适用于一般地区、浸水地区和地震地区的路肩、路堤和路堑等支挡工程。墙高不宜超过8 m，干砌挡土墙的高度不宜超过6 m。高速公路、一级公路不应采用干砌挡土墙
半重力式挡土墙	适用于不宜采用重力式挡土墙的地下水位较高或较软弱的地基上，墙高8 m
悬臂式挡土墙	宜在石料缺乏、地基承载力较低的填方路段采用，墙高不宜超过6 m
扶壁式挡土墙	宜在石料缺乏、地基承载力较低的填方路段采用，墙高不宜超过15 m
锚杆挡土墙	宜用于墙高较大的岩质路堑地段，可用作抗滑挡土墙。可采用肋柱式或壁板式单级墙或多级墙，每级墙高不宜大于8 m，多级墙的上、下级墙体之间应设置宽度不小于2 m的平台
锚定板挡土墙	宜使用在缺少石料地区的路肩墙或路堤式挡土墙，但不应建筑于滑坡、坍塌、软土及膨胀土地区。可采用肋柱式或壁板式，墙高不宜超过肋柱式锚定板挡土墙，可采用单级墙或双级墙，每级墙高不宜大于6 m，上、下级墙体之间应设置宽度不小于2 m的平台。上下两级墙的肋柱宜交错布置
加筋土挡土墙	用于一般地区的路肩式挡土墙、路堤式挡土墙，但不应修建在滑坡、水流冲刷、崩塌等不良地质地段。高速公路、一级公路墙高不宜大于12 m，二级及二级以下公路不宜大于20 m。当采用多级墙时，每级墙高不宜大于10 m，上、下级墙体之间应设置宽度不小于2 m的平台
桩板式挡土墙	用于表土及强风化层较薄的均质岩石地基、挡土墙高度可较大，也可用于地震区的路堑或路堤支挡或滑坡等特殊地段的治理

重力式挡土墙适用于不厚的滑坡体，挡土墙的位置一般设置在滑坡体前缘的稳定地基中，按墙背的坡度分为仰斜式、垂直式和俯斜式3类。由于仰斜墙具有施工方便、经济和土压力小等优点，一般被优先选用进行边坡支护。如果地形较陡，则采用垂直式或俯斜式。设计重力式挡土墙时，应根据当地的工程地质条件，把握好墙体的尺寸及埋深。重力式挡土墙的尺寸随墙型和墙高的不同而变化，墙面坡和墙背坡比例一般选用1∶0.2～1∶0.3，墙顶的尺寸根据材料的不同而有不同的要求。挡土墙的基础埋深由地基承载力和抗滑稳定性等参数来确定，深度不小于1 m，冻结地区应在冻结线0.25 m以下，有流水冲刷地区应在冲刷线1 m以下。重力式挡土墙还应有排水系统和沉降缝等设置。

钢筋混凝土挡土墙分为悬臂式挡土墙和扶壁式挡土墙，这类挡土墙都属于轻型挡土墙，由于挡土墙墙体采用钢筋混凝土结构，其自重较轻，因此对地基承载力的要求不高，适用于石料缺乏和地基承载力较差的地区。悬臂式挡土墙由立板和底板两部分组成，底板包括墙趾板和墙踵板，悬臂式挡土墙主要靠自重及底板上填土的重量来抗滑和抗覆，它适用于墙后填土高度小于6 m的情况，如果在墙底板设置凸榫将进一步提高挡墙的稳定性。在设计时，以1 m为单位进行计算，根据拟定的尺寸，确定墙身自重、土压力和填土重力，从而进行抗滑和抗倾覆的验算，根据计算结果确定底板是否加设凸榫；底板的尺寸根据地基承载力的验算确定。当墙后填土高度大于 6 m 时，可应用扶壁式挡土墙，扶壁式挡土墙由立板、底板和扶壁 3 个部分组成，底板一般设有凸榫，扶壁的间距一般为墙高的 1/3~1/2，取 3~4.5 m，扶壁的厚度一般可取 30~40 cm。扶壁式挡土墙在结构上比悬臂式挡土墙多了一个扶壁，在设计计算时，以两伸缩缝之间的长度为一节进行计算，每节扶壁包括 2~3 个中间跨和两端的悬臂跨。

锚杆挡土墙由墙面板和锚杆构成，依靠锚固在稳定岩土层中的锚杆的锚固力来平衡墙背所承受的土压力，作为轻型的支挡结构，与重力式挡土墙相比，它能节约材料和节省投资，广泛地应用于公路、铁路及其他岩土工程。锚杆挡土墙由于其结构形式、施工方法和受力状态等的不同，有各种形式，按墙面的结构形式可分为柱板式锚杆挡土墙和壁板式锚杆挡土墙。柱板式锚杆挡土墙由挡土板、肋柱和锚杆构成，锚杆支撑肋柱，肋柱支撑挡土板，挡墙后的土压力作用于挡土板上，力可传到肋柱，进而传递给锚杆，通过锚杆锚固力与土压力相平衡，维持土体的稳定。壁板式锚杆挡土墙根据施工条件的不同可分为现浇和预制两种，它由墙面板和锚杆组成。锚杆和墙面板直接相连，当墙后土压力作用于墙面板上时，力可传递到锚杆，同样是通过锚杆锚固力与土压力的平衡维持土体的稳定。锚杆挡土墙可根据实际情况的不同分为单级墙和多级墙，每级墙的高度应小于 8 m，多级墙之间应设置平台。按照不同的标准，锚杆挡土墙还有许多不同的分类法。随着社会的发展和技术的进步，格构锚固技术在边坡加固中得到了广泛的应用，例如，在高速公路边坡加固中，该技术利用浆砌块石、现浇钢筋混凝土或者预制预应力混凝土进行坡面防护，并利用锚杆或锚索固定。格构技术常结合生态护坡技术来美化环境，利用框格护坡，还可以在框格中种植花草，恢复边坡生态功能。

锚定板挡土墙由墙面板、锚杆、锚定板和填料组成，它是一种适合于填方的轻型支挡结构。锚定板挡土墙利用钢拉杆两端分别与墙面板和锚定板相连，通过锚定板提供的抗力来维持挡土墙的稳定。锚定板挡土墙和锚杆挡土墙的区别在于：锚定板挡土墙的锚定板和拉杆都设置在回填土中，其抗拔力来源于锚定板；而锚杆挡土墙的锚杆设置在稳定岩土中，其抗力来自于锚固体内部及锚固体与地层之间的摩擦。锚定板挡土墙分级类似于锚杆挡土墙，有单级和多级，单级墙高一般小于 6 m，多级墙之间应设置平台。锚定板挡土墙也属于轻型支挡结构，它的柔性大、圬工少、造价低，这些优点使得锚定板挡土墙可应用于承载力低和缺乏石料的地区，其在煤矿、铁路等工程中也有广泛应用。锚定板挡土墙可分为肋柱式和壁板式。肋柱式的墙面由肋柱和挡土板组成，可设置单级墙或双级墙。肋柱式锚定板挡土墙的设计包括土压力计算，肋柱、锚定板和钢拉杆的内力计算，配筋设计和挡土墙整体稳定性计算。壁板式锚定板挡土墙的面板由钢筋混凝土制成，其面板可采用矩形、十字形等几何形状及厚薄的搭配，增加其观赏性，多用于城市道路。

板桩墙是由用于抵抗侧向土压力的直立板条状构件形成的挡土结构物，可分为木板桩、钢板桩、预制钢筋混凝土板桩和钢管矢板 4 种类型。木板桩一般由标桩、导梁和木板组成，要求其木板的质量好，能抗锤击，木板桩厚为 5~25 cm。当需要较厚的木板时，需将多块木板重叠放置，用螺栓连接。木板桩在工程中一般都起临时性作用，虽然钢板桩同样是临时支护结构，但它防水效果好，而且强度高、接合紧密、施工简单，运用较为广泛。钢板桩按其断面形式可分为：平板形、槽形、Z 形、I 形和组合型。不同类型的钢板桩有不同的特点，平板钢抗拉性能好，但抗剪性能差，而其他类型的抗剪性能好；I 形的截水能力差，其他形式的截水性能均较好。可根据不同的实际情况选择不同类型的钢板桩。根据沟槽的开挖深度、土层性质等情况确定钢板桩的埋入深度，同时应保证沟槽不出现管涌和隆起的现象。预制钢筋混凝土板桩具有外形选择较灵活和防水性能较好的优势，在工程中被广泛运用，常用的截面主要有矩形和 T 形两种，也可用圆管形或组合型。矩形截面制作方便，打入容易，矩形截面板的厚度一般为 150~450 mm，宽度一般为 500~800 mm。T 形截面板桩由翼缘和肋组成，翼缘挡土，肋将板桩的侧压力传到地基，翼缘的厚度一般为 100~150 mm，宽度为 1600 mm，肋的厚度一般为 200~300 mm，宽度一般为 470~750 mm。预制钢筋混凝土板桩由于其自身的抗弯强度、结构和施工条件等因素，限制了它的使用范围。钢管矢板是侧面带有锁口的钢板桩。19 世纪 60 年代，日本通过在深基坑中的实验研究指出，钢管矢板可作为基坑开挖的挡水截水设施，也可以作为永久性基础。钢管矢板两侧的锁口是焊接上去的，锁口直径为 150~200 mm，壁厚 10 mm。目前出现了多种形式的钢管矢板，工程实践效果较好。

抗滑桩是治理滑坡的一种工程结构物，它通过滑动面下的岩体提供的抗力来抵抗边坡滑动。抗滑桩具有施工简便且工期短、布置灵活、费用低、安全可靠、对滑坡体的扰动小等优点。抗滑桩按照不同的标准有不同的分类，按照桩与桩周介质的相对刚度可分为刚性桩和柔性桩；按桩身埋置情况可分为全埋式桩和半埋式桩，在工程中半埋式桩运用更广泛；按材料可分为木桩，钢筋混凝土桩，钢筋混凝土管桩，钢管桩及管中加 H 形钢钢管桩、钢轨桩和钢板桩；按施工方法可分为沉井桩、打入桩和人工挖孔桩；按断面形式可分为圆形桩、矩形桩、方形桩和管桩；按平面布置形式可分为单排桩和多排桩。抗滑桩设计应保证滑坡体不越过桩顶和绕过桩体滑移。设计前，首先要进行工程地质勘查，查明滑坡体的基本特征，如滑坡体的规模、物质组成等。其次，还应确定滑面的性质及位置，对整个滑坡体有一个综合的判断，这样便于确定桩体的大小与位置。再次，要计算滑坡的推力，考虑桩体前后承受的外力及荷载强度，确保抗滑桩能够提供足够的抗力抵抗滑坡体。抗滑桩要有足够的强度和稳定性，保证自身不至于损坏，因此，在断面和配筋方面要合理设计。

预应力锚索抗滑桩作为一种实用有效的支挡工程措施已在地质灾害治理中得到广泛的应用。预应力锚索抗滑桩可用于加固一般岩土体边坡和滑坡。预应力锚索抗滑桩在滑坡治理方面效果显著，它是在抗滑桩的基础上发展起来的。预应力锚索抗滑桩作用方式：在抗滑桩的桩顶或桩身某个位置设置一排或多排预应力锚索，通过锚索所提供的锚固力和抗滑桩提供的阻滑力，由二者组成的桩——锚支挡体系共同阻挡边坡的下滑。预应力锚索抗滑桩在公路、铁路及水利工程的边坡防治中得到了广泛的应用，比如，在三峡工程库区边坡治理中大量采用。预应力锚索抗滑桩相对于普通的抗滑桩支挡结构而言，其受力状态更加合理。

6.2.5 植物护坡

植物护坡历史久远，最初主要用于河堤的防护及荒山治理。在我国春秋时期（公元前 598~前 591 年），安徽寿县就出现了用草来加固土坝的水利工程。在中世纪，法国、瑞士就采用栽种树木的方法来防护运河，明朝时期通过栽植柳树来加固与保护河岸，并在

17 世纪用栽种树木来保护黄河。在 17 世纪，日本就有了栽植树苗治理荒山的记载，直到 20 世纪初，人类重新重视和运用植物护坡这一古老的技术，并重点研究了植物护坡理论和技术应用两方面。

欧美国家的生态护坡技术应用已有很长的历史。1936 年，美国南加利福尼亚州 Angeles Crest 在公路边坡治理中就应用了生态护坡技术。日本的生态护坡几乎与其公路建设同期发展，至今已经有半个多世纪，并且获得了多项生态护坡技术专利。第二次世界大战以后，日本大规模的公路建设为其现代坡面绿化提供了发展机会。1960 年，日本引进当时很先进的液压喷播技术。1973 年，日本开发出纤维土绿化工法，标志着岩体绿化工程的开始，后来又开发出高次团粒 SF 绿化工法（soil-flockgreeningmethod）和连续纤维绿化工法。尽管植被护坡获得广泛的应用，但是作为一门学科，还是近十多年的事，至今还没有一个很贴切的术语，英文有 biotechnique、soil-bioengineering、vegetation 或 revegetation 等。国内植被加固边坡也称为植被护坡、植物固坡、坡面生态工程等。国际上专门以植物护坡为主题的首次国际会议于 1994 年 9 月在牛津举行。国外一般把植物护坡定义为"用活的植物，单独用植物或者植物与土木工程和非生命的植物材料相结合，以减轻坡面的不稳定性和侵蚀"。

国内植物护坡技术应用研究起步较晚。20 世纪 90 年代以前，一般多采用撒草种、穴播或沟播、铺草皮、片石骨架植草、空心六棱砖植草等护坡方式。1991 年，中国黄土高原治山技术培训中心与日本合作，在黄土高原首次进行了坡面喷涂绿化技术（即液压喷播）试验研究。此后，经过十年左右的发展完善，液压喷播技术已广泛应用于不同地区的公路、铁路、市政及水利等工程中的边坡防护。1993 年，我国引进土工材料植草护坡技术。随后土木工程界与土工材料生产厂商合作，开发研制出各式各样的土工材料产品，如三维植被网、土工格栅、土工网、土工格室等，结合植草技术在公路、铁路、市政及水利等工程的边坡中陆续获得应用。目前国内对于劣质土坡及岩石边坡的植物防护的研究很少。总的来说，植物护坡的研究成果远滞后于工程应用，相关植物护坡的研究成果也很少。由于没有制定统一的设计、施工规范，加之护坡植物一般选用适宜当地土壤、水分及土质条件的植物，因此设计理论、施工方法各行其是，另外，与之配套的设备和原材料也没有相应的规范。所以，当务之急必须深入研究植物护坡机理，合理选择和设计固坡植物和植物群落，制定相应的设计、施工、质量管理技术和验收标准。

6.3 露天矿边坡生态修复技术概述

6.3.1 国外边坡生态修复技术概述

1633 年日本学者采用铺草皮、栽树苗的方法治理荒坡，成为日本植被护坡的起源，至 20 世纪 30 年代，这门生物护坡技术被首次引入中欧，并得到迅速发展。1936 年北美开始应用植被护坡技术，并借鉴中欧的经验致力于与农林业和道路建设相关的土壤侵蚀控制。20 世纪 50 年代美国 Finn 公司开发出喷播机，实现了边坡植被恢复与重建的机械化，随后英国发明了用乳化沥青作为黏结剂的液压喷播技术，至此边坡植被恢复与重建的技术飞速发展。

　　由于欧美实行严格的资源保护制度，基础建设对植被等自然资源的破坏相对较小，因此其边坡生态防护的需要很少，相反，日本由于山地多且地质灾害频发，对边坡的生态防护要求很高，因此对这一领域的研究较为深入。喷射乳化沥青和植物种子喷播技术从欧美传入日本后，日本技术人员开发出了喷射绿化技术——沥青乳剂覆盖膜养生绿化技术，并用于名古屋—神户的高速公路生态修复工程中。1973 年，日本开发出了纤维土绿化工法，标志着岩体绿化工程的开始，这也是日本最早开发的厚层基材喷射法。1983 年，为了解决纤维土绿化工法的初期 pH 值过高的问题，日本又开发出高次团粒 SF 绿化方法，此法的主要特征是使用了纤维、壤土和特殊的乳化沥青黏结剂，基材的 pH 值呈中性，抗侵蚀性更强。1987 年，日本从法国引进连续纤维加筋土方法，与高次团粒 SF 绿化方法结合在一起，开发出连续纤维绿化方法，此方法使用了连续纤维和砂质土，基材的抗侵蚀性更高，并推广到中国台湾和香港地区，之后日本进一步开发出表土培养绿化工法和覆盖绿化工法。表土培养绿化工法是在连续纤维绿化方法的基材搅拌时，加入经过培养的当地表土，使基材活性增强，有利于早期自然土壤生态系统的恢复；覆盖绿化工法是在高次团粒 SF 绿化方法的基材中加入覆盖材和高级吸水树脂等，经喷枪喷射到坡面所形成的覆盖层相当于林地枯枝落叶层，具有良好的蓄水保墒作用。20 世纪末，日本开发出土壤菌永久绿化技术，用有效土壤菌加速岩石的土壤化进程，快速形成适应草木生存所需的土壤，人为地制造出一个生态系统，以促进植物生长。日本在岩石边坡生态修复领域已形成一整套技术体系，即"从种子到树林的再生技术"，除上述基于喷播的技术外，还有框架护坡绿化技术、植生袋绿化技术、开沟钻孔客土绿化技术等。

6.3.2　我国边坡生态修复技术概述

　　我国边坡生态修复技术的实践历史较为久远，最初用于河堤护岸及荒山的治理。1591 年我国最早将柳树等应用于河岸边坡的加固与保护，17 世纪治水官员利用栽植大量植物的方法来稳固黄河河岸。边坡生态修复技术在近现代的发展始于 20 世纪 50 年代，主要用于水土保持和防风固沙。20 世纪 70 年代开始，人们对环境的要求越来越高，植被护坡从单纯的水土保持转向水土保持与景观改善相结合。最初一般采用撒草种、穴播或沟播、铺草皮、片石骨架植草等护坡方法。1989 年，广东省水利水电科学研究所从香港引进 1 台喷播机，在华南地区进行液压喷播试验，开始了机械化手段的喷播植草技术在边坡植被恢复与重建方面的应用。自此，在借鉴国外相似技术的基础上，我国边坡植被恢复与重建机械喷播的技术开发与应用飞速发展。1991 年，北京林业大学在黄土高原首次进行了液压喷播试验研究。之后几年开发研制出了各式各样的土工材料产品，如三维植被网、土工格栅、土工网、土工格室、蜂巢格网等，结合植草技术在铁路、公路、水利等工程边坡中陆续获得应用。

　　1997 年以后，针对岩石边坡的植被恢复与重建开始进行较为广泛的应用研究，形成多种多样的技术，国内可查的技术名称就有液压喷播护坡技术、水力喷播护坡技术、客土喷播技术、混喷快速绿化技术、厚层基材喷播技术、混喷植生技术、喷播凝土植草技术、植被混凝土生态防护技术、三维植被网喷播植草技术、乳液喷播建植技术、边坡植生基质生态防护技术、有机基材喷播绿化技术、植生基材喷射技术以及高次团粒喷播技术等。我国露天矿边坡植被恢复与重建工作的开展相对于铁矿和公路边坡来说要晚得多，但近年来随着我国新生态文明建设的需要，露天矿边坡生态修复技术得到飞速发展，基本上可以说铁矿和公路边坡生态修复的先进技术都得到了试验或推广应用。

6.3.3 边坡生态修复技术分类

边坡生态修复技术研究的关键是构建适合生态修复植被生长的土壤、水分及微生物等微生境，微生境的重建即指运用恢复生态学、生态工程学等相关学科的理论知识，并结合一定的工程技术手段，在露天矿边坡构建适合生态修复植被生长的生境，为生态修复植被提供良好的立地条件。生境重建技术决定植被生境条件恢复的状况，直接关系到整个植被生态修复的成功与否。根据生境重建方式的不同，现有的露天矿边坡生态修复技术归为喷播类、槽穴类、铺挂类和加固填土类共4大类。

6.3.3.1 喷播类边坡生态修复技术

喷播类边坡生态修复技术指的是先在边坡上采用锚杆挂网，再将基质材料和种子等按比例混合均匀后通过机械喷射到坡面上的一类技术，一般应用于坡度较陡或稳定性较差的岩质边坡，是我国目前运用最为广泛的边坡生态修复技术，在露天矿边坡生态修复中取得了一定的效果。喷播类边坡生态修复技术是我国引进消化改造较成功的生态修复技术，客土喷播技术、厚层基材喷播技术、植被混凝土生态防护技术、防冲刷基材生态护坡技术和液压喷播护坡技术是目前常用的几类喷播技术。

喷播类边坡生态修复技术对坡面的要求不高，适用于除极陡边坡以外的各类边坡，是目前使用最广泛的一类技术。其高度的机械化施工可以大大加快工程进度，对于大规模施工更是有着独特的优势。高效的机械设备和高质量的喷射方式将大大影响喷播类边坡生态修复技术在工程实践上的推进。这类技术的核心在于喷播基材的配方，此外，对于非土质边坡，喷射基材与边坡接触面的黏合度、喷射基材的抗侵蚀性对工程后期的边坡稳固性和植物生长率有极大影响，应加强研究。

6.3.3.2 槽穴类边坡生态修复技术

槽穴类边坡生态修复技术指的是在边坡上构建槽穴或安装边坡穴植装置，利用槽穴为边坡植物提供生长初期所需的营养物质来营造稳定的植物群落，达到边坡生态修复目的的一类技术。该类技术适用于立地条件极差的高陡边坡种植乔灌木及爬藤植物等绿化植物，对于恢复及重建土壤贫瘠、植物立地条件差等干旱、半干旱地区坡地的生态系统有重要意义。主要有钻孔覆绿技术、燕巢法穴植护坡技术、板槽法绿化技术、口型坑生境重建技术和植生袋灌木生境重建技术等。对槽穴类边坡生态修复技术的研究热点主要集中在微环境构筑方法和低成本环保材料的应用上，该类技术对露天矿边坡的恶劣环境更具效果，是传统边坡加固方式和植被护坡的有机结合体，更适用于裸露岩质山体的生态恢复，主要用于改善生态修复工程中乔灌木存活率较低的现象。国内目前的大多数边坡生态恢复还是以植草为主，如何在不影响坡面稳定的前提下构筑槽穴，以提高乔灌木的存活率是未来研究的重点。

6.3.3.3 铺挂类边坡生态修复技术

铺挂类边坡生态修复技术指的是在边坡上直接铺建植生网络或在边坡上挂攀爬网，而在坡脚重建土壤环境，为护坡植物提供有益的生长环境，以达到快速复绿效果的生态修复技术。这里边坡生态修复技术主要分两类，一类是适合于较缓较矮的各种土质边坡，或坡体稳定但严重风化的岩层和成岩作用差的软岩层边坡上，主要用于坡面草坪的建植，一般施工简单，造价低廉，景观效果好，常见的有铺草皮绿化技术、生态毯护坡技术、植藤本植物绿化技术法、覆土植生技术和植生袋生态防护技术等。另一类适合于高陡岩质边坡，边坡土壤环境重建极为困难时，采用在边坡坡脚局部重建土壤环境，栽植藤本植物攀爬快速覆盖坡面的生态修复技术，该技术藤本植物的栽植只需要在坡脚构建土壤环境，生长后期可依靠缠绕或附着向四周伸展，紧密交织覆盖在坡面的枝叶对雨水的冲刷有很好的缓冲作用，但种类的选择研究还较少。铺挂类边坡生态防护技术具有可规模化、工厂化生产的优势，施工简单，适用于稳定性较好的土质或软岩质边坡。环保有效的网垫材料的开发是这类技术发展的关键，因对边坡稳定加强作用有限，如何将其与土工边坡加固方式结合在一起是关键。

6.3.3.4　加固填土类边坡生态修复技术

加固填土类边坡生态修复技术指在坡面上先采取砌筑混凝土框格、挡墙等加固措施，再铺填种植土进行植被种植的一类生态修复技术。单纯的植被护坡技术在初始阶段加固作用较弱，随着植物的生长繁殖，其固坡及抗侵蚀方面的作用才会越来越明显。对开挖后处于不稳定状态的边坡进行植被生态修复，则必须借助一些传统的边坡加固技术使边坡先处于稳定状态，加固填土类植被生态修复技术便是在此基础上发展起来的。但由于造价高，且对原始生态环境破坏较大，与目前注重保护生态环境的发展趋势相违背，在工程建设中的应用已受到越来越多的限制。这类技术主要以格构梁填土护坡技术和土工格室生态挡墙技术等为主，该类技术能够适应边坡恶劣环境，是传统边坡加固方式和植被护坡的有机结合体，尤其在景观设计上的前景较好，多样化的框格构造会带来美感。

目前，国内边坡生态修复技术种类繁多，各种新型生态护坡技术也层出不穷，但至今未形成系统规范的学科体系，仍是一个相对年轻的技术领域。相对于欧美、日本等形成的一整套成熟的边坡生态修复施工工艺，与形成完整的施工规范或指南还存在较大差距。针对我国实际情况，加强边坡生态修复领域的规范化和标准化研究，对我国生态环境的保护和恢复具有重要的现实意义。另外，我国关于生态修复技术的实践水平远远高于理论水平，针对边坡生态修复技术的深入理论研究还很少，这在很大程度上限制了学科的进一步发展。中国地域辽阔，地域差异大，对于生态修复植被的认识并不全面，植物的选择、理化性质及优化配置等方面的研究仍需加强。露天矿边坡生态修复技术属于边坡生态修复领域的一个重要方面，在充分借鉴铁路和公路边坡生态修复技术的基础上，经过多年的发展和不断完善，初步形成了我国的边坡生态修复思想，但总体上看还是处于快速发展阶段。

6.4　喷播类边坡生态修复技术

喷播类边坡生态修复技术不仅有效地避免了水土流失，利于固土护坡，还具有施工速度快、成本低的特点，可以达到植被快速恢复的效果，具有良好的经济效益与社会效益。目前，喷播类边坡生态修复技术在工程实践中的应用种类较多，常见的有客土喷播和免客土喷播两大类，其中客土喷播根据黏结的类型主要分为高次团粒和植被混凝土两类。

客土喷播技术是将过筛的植壤土、植物纤维、保水剂、黏合剂、营养基质、土壤改良剂、微生物菌剂、有机肥和种子等按一定比例配合，通过高压设备喷射到经加固处理的边坡表面的一种喷播强制客土植被恢复种植技术。采用这种方法可以提供一个植被生长的优良环境，使植被得到充分的成长，进而发挥固定和防护边坡的作用。客土喷播主要技术优点有：

（1）可对边坡进行全面的植被覆盖，可以有效控制雨水冲刷坡面导致的水土流失，此外在植物作用基础上，对土体的抗剪强度提高也是有利的，能进一步提高边坡的稳定性。

（2）客土喷播技术以土壤结构作为突破点，将播种、施肥、覆盖在一次操作中完成，极大地缩短了植被建植的工艺流程，节省了大量人力和物力。

（3）采用客土喷播机设备，可以把配制好的基材直接喷播到边坡上，解决了高边坡，尤其是陡峭高边坡植被建植的难题。这一点是人工播种或常规播种都无法比拟的，在工程上具有重要的意义。

（4）喷播基质中配有一定比例的黏合剂和植物纤维等可以使喷播的种子稳固在边坡的表面，不至于被雨水冲掉，这就解决了常规手工播种和一般播种机在坡面上难以有效播种的困难。

（5）喷播基质中配有适量的保水剂，可以保证植物在坡面上前期生长和发育的需要。

（6）与常规播种方法相比，喷播后形成的植物质地更加均匀致密，能够更有效地保护边坡的稳定性，防止水土流失。

6.4.1 高次团粒喷播绿化技术

高次团粒喷播技术是以岩质和土质边坡、瘠薄山地、酸碱性土壤、裸露坡面、海岸堤坝等为主要施工对象，使用富含有机质和黏粒的客土材料，在喷播瞬间与团粒剂混合发生团粒反应，形成与自然界表土具有相同团粒结构的土壤培养基，由于喷播后会发生疏水反应，所以黏结力极强的土壤培养基会牢固地吸附于坡面上，能抵抗雨蚀和风蚀，防止水土流失。

该技术的核心是人工制造出了一个土壤层——植生基盘（土壤培养基），其具有理想的土壤团粒结构和良好的水土保持能力，能保水、保肥、透气、透水，既可以为植物生长提供充足的肥力营养与适宜的生存环境，又能有效抵抗雨蚀和风蚀，所以又称之为"人造土壤"。有别于普通的客土喷播材料，它主要由黏质土、有机质添加料、土壤添加剂及必要的缓释肥料构成。黏质土，由普通黏质土与一定比例的粗砂、细砂混配而成，在培养基中起保水、保肥的作用。土壤有机质是评价土壤质量的一个重要指标，添加有机质添加料，除了起到增肥、保肥、保水、透气的作用外，还能提高土壤养分的有效性，促进团粒结构的形成，为培养基中的微生物生长提供适宜环境。土壤添加剂使培养基具有良好的耐雨水冲刷能力，同时能使土壤培养基的团粒结构稳定持久。缓释肥料的添加则是为植物生长提供必要的营养元素，满足植物生长的长期需要。最终实现理想的天然表层土壤的团粒结构。而土壤培养基需要专用特制的喷播机进行喷播。该设备由 2 个罐体组成，容量为 8.0 m^3，水平扬程为 300~400 m，垂直扬程为 80 m。这种专门制造的喷播设备能使流动性的泥浆状混合材料，在喷播瞬间与土壤团粒剂混合，发生团粒化反应，在坡面上形成稳定性优异的土壤培养基。

6.4.1.1　高次团粒喷播技术特点

（1）应用范围广泛。这种施工技术能够针对各种岩石、硬质土、砂质土、贫瘠地、酸性土壤、干旱地带、河岸堤坝等绿化较为困难的地方，采用特殊的材料和喷播机械，培育出理想的木本植物群落系统。能够较快地改善生态景观，一般半年内就能取得良好的绿化效果，两到三年内达到稳定效果，稳定后无须人工养护和干预，自身可以保持植物的自然演替功能，使之形成与周围环境相协调的绿色景观。

（2）喷播形成的土壤培养基具有理想的团粒结构。这种结构既有保水性，又有透气性，适宜于植物生长，能有效地抵御雨蚀和风蚀，同时形成的稳定的植物根系以牢牢地固持土壤，保护边坡上的生长基质，防止边坡水土流失，同时可以达到恢复生态环境和绿化景观等综合效果。

（3）施工材料环保。材料可以自然降解，且无须施肥撒药，与厚层基材喷射植被护坡技术、人工植生槽、人工植生袋和喷播植生等边坡修复技术相比较起来，具有施工周期短、养护管理工作量小等特点。

（4）遵照生态位原理，追求自然的、物种丰富的绿色生态环境。要求灌草立体配置、实现物种多样化，注重"植物群落"的概念。目前国内很多边坡防护及绿化方法，大多选用的是外来的先锋物种，品种单一，由此造成的后果是种群结构不合理、易退化。从恢复生态学角度，以科学发展的眼光来看，裸露山体植被生态修复必须要考虑植物个体与种群之间的关系，既要迅速达到绿色效果，又要持久不衰，保持生物多样性，构成稳定的多物种的立体植被结构。而高次团粒喷播技术采取乔灌草相结合的方式进行绿化，使之尽量符合当地的植物群落结构，并走向本土化。

6.4.1.2　高次团粒喷播施工工艺

高次团粒喷播技术的施工工艺主要包括前期基质拌和、清理坡体、上网固定、运用种植土掺搅有机质、添加保湿剂和黏合剂等化学材料、喷播机高压喷至山体及后期养护等工艺。高次团粒喷播技术采用专门的喷播设备进行喷播施工，最终在喷播施工区域内形成植物群落。

（1）坡面清理，采用机械和人工清除坡体表面危石、松石、浮石及杂物。清除坡体表面有碍于人造土壤附着坡面的植物浮根、杂草及垃圾。坡体表面尽量保持原有形态，坡面起伏控制在 20 cm 以内。对位于凸起岩体下方的基岩面不允许有倒倾或垂直坡面。

（2）铺网及钉网，选取的金属网为网孔 5 cm×5 cm 的过塑镀锌菱形铁丝网，长度根据需要而定。铺设时自上而下，坡顶延伸不少于 50 cm，坡顶处用主锚钉固定后采用 C25 混凝土压顶，上下及左右采用平行对接，对接处用 18 号铁丝绑扎牢固，两片网之间搭接宽度不少于 10 cm，即至少两个网孔的距离，在锚钉与网片接触处也一并用 18 号铁丝绑扎牢固。网片距坡面保持 5~8 cm 的距离，用垫块支撑。对土质坡面，因其坡面松软，钉网的锚固件采用长度为 50 cm 的木桩，坡面每平方米不少于 3 个木桩。对裸露岩质边坡坡面，锚固件采用铁质锚钉，分为主、次锚钉，锚钉均为规格 φ16 mm 的钢筋，钉前对其进行防锈处理，水泥浆锚固，锚钉入坡深度根据边坡地质情况确定，要保证锚钉本身牢固，且能使网片及喷射后的基材局部稳定。主锚钉经坡面整形（危石、松石、杂物等）喷播（分两次进行）后盖无纺布养护管理。挂网、钉网（φ2 mm 过塑镀锌菱形铁丝网）2.00 m，副锚钉长 1.50 m，外露段长度为 0.20~0.30 m，每平方米不少于 4 个锚钉，主副锚钉相间布设。孔偏差不大于 5 cm，外露段锚钉向坡体上方弯折。坡体顶部为加强稳定，按间距 0.80 m×0.80 m、长 2.00 m 进行两排加密处理。

（3）喷射基质及种子。前期工序完成后，即可进行喷射。将高次团粒喷播原材料即黏土、有机质添加料、复合纤维料、土壤稳定剂、团粒剂、植物种子等混拌过筛，经人工传送到高次团粒喷播机，再经喷播机加压喷射到坡面上。喷射分两次进行，首先喷射不含种子的混合料；然后在种子中加入泥炭土、腐殖土、黏结剂、纤维、缓释复合肥、保水剂搅拌均匀后，喷射在混合土层上，最终喷射混合材料平均厚度不少于 15 cm。

（4）无纺布覆盖。喷播植物种子后表面采用无纺布覆盖，以防止雨水冲刷、水分蒸发和保护幼苗等。

（5）养护管理。养护管理期为竣工后 2 年。施工完成初期应注重浇水，原则上一周浇水 1~2 次，视当地降雨量情况而定；做好病虫害防治工作，病虫害防治工作要本着"早预防、早发现、早治疗"的原则。

6.4.1.3 实际应用

高次团粒喷播技术对岩石、硬质土、砂质土、贫瘠地、酸性土壤、干旱地带等植被恢复困难的界面绿化效果都非常明显，尤其适合于露天矿边坡的生态修复工程。该技术可有效减缓水土流失，对裸露坡面的绿化效果明显，可以有效恢复矿区生态环境的平衡。此外，还具有较强的固土护坡效果，可以净化周边空气，美化矿区环境。近年来，该技术在我国露天矿边坡生态修复工程得到了广泛应用，尤其是在责任主体灭失的采石场边坡生态修复工程中，下面简单介绍唐山市丰润区责任主体灭失采石场综合治理过程中的典型案例。

东山秀清矿区位于唐山市丰润区东杨家营村东北约 1.6 km 处，行政区划隶属于唐山市丰润区刘家营乡。治理区西约 3 km 处有丰董公路通过，南约 5 km 有京秦铁路和 102 国道并行通过，治理区与之有乡间公路相通，交通十分便利。东山秀清矿区开采方式为山坡式露天开采，主要以凿岩爆破为主，采用汽车运输，开采矿种为建筑用白云岩矿。矿山经多年开采，已形成三个大采坑，采坑底部为工业广场，采坑平台和工业广场植被覆盖极少。

根据治理区地质环境破坏现状及现场实际情况，根据因地制宜的原则，将东山秀清采石场治理区域的不同土地类型，采取不同的治理方法。经前期围挡警示、边坡治理、砌筑工程后，东山秀清矿山岩质边坡采用高次团粒喷播绿化技术。该技术在应用过程中要注意喷播后的坡面上不得覆盖遮阴网等遮挡材料以利于植物群落的生长。喷射应分段遵循自下而上顺序，先凹面然后凸面，按坡形条件进行施工。物料随拌随喷，投料应连续均匀。为了后期达到较好的美化环境的效果，在降雨后喷播形成的坡面上应采取措施，防止基质被雨水冲刷流失的情况发生。

该区域经坡面清理、边坡挂网、喷播作业对项目区工矿用地实施生态修复施工和后期养护，取得了良好的生态修复效果，如图 6-1 所示。该治理方法不但改变了治理区脏乱差的落后面貌，而且使得裸露坡面植被能够快速融入周边生长环境，产生良好的经济效益和社会效益，达到人与自然协调统一。

6.4.2 植被混凝土喷播技术

植被混凝土（concretes biotechnical slope）简称 CBS，植被混凝土喷播技术是针对边

图 6-1 东山秀清治理区高次团粒喷播效果照片

坡角大于 50°的高陡岩石（硬岩边坡）而开发的边坡生态防护新技术，该技术是以水泥为黏结剂、加上特制的添加剂、有机物（纤维+有机质或腐殖质）含量小于 20%（体积比），并由沙壤土、植物种子、肥料、水等组成喷射混合料进行护坡绿化的技术。

6.4.2.1 技术原理

植被混凝土生态防护技术是采用特定混凝土配方和混合植绿种子配方对岩石（混凝土）边坡进行了防护和绿化的新技术，此项技术的核心是植被混凝土配方。它是集岩石工程力学、生物学、土壤学、肥料学、硅酸盐化学、园艺学、环境生态学和水土保持工程学等学科于一体的综合环保技术。该生态修复技术核心是特制的绿化添加剂，添加剂的应用不但增加护坡强度和抗冲刷能力，而且使植被混凝土层不产生龟裂，又可以改变植被混凝土化学特性，营造较好的植物生长环境。

植被混凝土由水泥、土壤、腐殖质、长效肥、保水剂、特制的添加剂及混合植绿种子7 部分组成。水泥是形成强度达到工程防护目的的固结材料，一般采用 425 号水泥；土是营造植物长期生长提供养分储存养分的基础材料，一般采用壤土或沙壤土（含砂量不超过 5%）；腐殖质是优先为植物提供养分和产生植物根系生长空间的基础材料，一般采用酒糟等；长效肥是为植物生长提供长期效力的复合肥；保水剂是水分丰裕时吸收水分，天气干燥时为植物提供水分，一般采用粒度 0.15 mm（100 目）的保水剂；特制添加剂的主要功能是营造植物生长环境；混合植绿种子配方根据生物生长特性优选配制，一般采用高羊茅、黑麦草、狗牙根、胡枝子、刺槐、紫穗槐、多花木兰等草灌种子。

植被混凝土是根据边坡地理位置、边坡角度、岩石性质、绿化要求等来确定水泥、沙壤土、腐殖质、保水剂、长效肥、特有的添加剂、混合植绿种子和水组成比例。混合植绿种子是采用冷季型草种和暖季型草种相结合，根据生物生长特性混合优选而成，植被能四季常青、多年生长、自然繁殖。植被混凝土具有一定的强度，具有良好的边坡浅层"柔性"防护结构，能抵御强暴雨和径流的冲刷而不出现龟裂，合理的材料组成是植物生长的良好基材，也为物种迅速本地化创造了条件，保水和水肥缓释功能降低了维护管理成本，多品种、立体性、季相好的植物生长状态具有良好的视觉欣赏效果。

6.4.2.2 主要性能指标

（1）植被混凝土物理性能：容重为 14~15 kN/m³，孔隙率为 30%~45%，性能稳定，抗湿变、抗光照性能好。

（2）植被混凝土抗压力学性能：实验室试验强度为 7 天 0.3 MPa，28 天 0.45 MPa。

（3）边坡浅层防护功能：植被混凝土为挂网加筋混凝土，加上生长的植被能有效地防御暴雨冲刷、太阳暴晒、温度变化、不龟裂，实践证明，其抗冲刷能力能抵御 120 mm/h 降雨。

（4）植物生长指标：植物发芽率为 90%；植物覆盖率为 95%；土壤肥力合理；植物多年生产情况良好。

6.4.2.3 施工工艺

植被混凝土生态修复技术施工工艺是：在坡面清理的基础上，先在边坡岩体上铺设特制的镀锌铁丝网，用锚钉或锚杆固定；再将植被混凝土原料，经搅拌后分两次（底层基材和包含植物种子的面层基材）由喷浆机械喷射到岩石（混凝土）边坡上，形成近 10 cm 厚的生态型混凝土；喷射完毕后，覆盖一层无纺布防晒保墒，经过一段时间养护，植物就会萌芽长出真叶，1 个月后可揭去无纺布，使植被自然生长。

（1）坡面清理。将坡面对施工有碍的一切障碍物清理干净，包括清除植被结合部。清理坡面开口线以上原始边坡的接触面，清理宽度为 1.0~1.5 m，以铲除原始边坡上植物枝干为准，对地下根茎无必要进行挖除，此部分作为工程与原坡面的过渡即植被结合部；清除坡表面的杂草、落叶枯枝、浮土浮石等；坡面修整处理。对于明显存在危岩的凸出易脱落部位，进行击落，可先用电锤或风镐在凸出部位沿坡面钻出孔洞，然后用锤击落。对于明显凹进的地段，进行填补，可用风镐将需填补处凿出麻面，其深度不宜小于 1 cm，然后用高压风、水将其冲洗干净，最后用 M7.5 砂浆将其填平。

（2）铁丝网和锚钉的铺设安装。采用电锤垂直于坡面钻孔，击入锚钉。锚钉采用 $\phi14$ mm 或 $\phi16$ mm 螺纹钢，锚固长度为 30~60 cm，锚钉间距为 1 m×1 m。孔深为 20~50 cm，锚杆外露 10 cm。坡体顶部为加强稳定，可用长 60 cm 的锚钉进行加密加长处理。锚钉稍上倾，与坡面夹角为 95°~100°，坡体岩石风化严重处，视情况将锚钉进行加长，以锚钉击入坡体后稳定为准。按设计的锚钉规格、入岩深度、间距垂直于坡面配置好锚钉后，铺设 14 号镀锌勾花铁丝网（网目 5 cm×5 cm）。网片从植被结合部顶由上至下铺设，加筋网铺设要张紧，网间上下需进行不小于 5 cm 的搭接，网间左右不需进行搭接，但所有网片之间应用 18 号铁丝绑扎牢固，在锚钉接触处也一并用 18 号铁丝与锚钉绑扎牢固。网片距坡面保持 7 cm 的距离，否则用垫块支撑。

（3）喷射材料的制备。植被混凝土由砂壤土、水泥、有机质、特有的添加剂混合组成，按设计配合比制备各组分材料，利用搅拌机充分搅拌后待用，表层基材搅拌时应加入按设计要求的植物种子。

（4）植被混凝土喷植。完成坡面清理及网和锚钉铺设，并做好植被混凝土基材组分备料并配制后，即可进行植被混凝土基材喷播施工。喷播所用设备为一般混凝土喷射机，分基层和表层分别进行。从坡面由上而下进行喷护，先基层后表层，每次喷护宽 4~6 m，高度 3~5 m。喷播由大于 12 m³ 的空压机送风，采用干式喷浆法施工。

基层喷播：在喷浆之前再次检查坡面上的浮土、草皮、树根及其他杂物是否清理干净，确认后用水进行坡面喷淋，促使喷射植被混凝土基材与基面连接紧密，然后进行试喷试验，调节水灰比，再进行喷浆施工；基层的喷护厚度一般为 8~9 cm；喷射作业开始时，应先送风、后开机、再给料，喷射结束时应待喷射料喷完后，再关风。基层喷射混凝土可一次喷至设计厚度，不需分层喷植；喷射过程中，喷嘴距坡面的距离控制在 0.6~1.0 m

之间，一般应垂直于坡面，最大倾斜角度不能超过 10°；喷浆中，喷射头输出压力不能小于 0.1 MPa；喷射采用自上而下的方法进行，先喷凹陷部分，再喷凸出部分；喷射移动可采用 S 形或螺旋形移动前进。

表层喷植：基层喷播施工结束 8 h 内进行表层喷护，一般控制在 3~4 h；表层的喷护厚度为 1~2 cm；表层喷护之前在坡面上喷一次透水，保证基层和表层的黏结；近距离实施喷播，保证草籽播撒的均匀性；喷播采用自上而下的方式进行，单块宽度按 4~6 m 进行控制。

6.4.3　免客土喷播技术

免客土喷播技术是相对于客土喷播技术而言，即不以土壤作为主要载体的喷播基质材料和植物生长所需营养基材。主要利用多种轻质有机质材料及具备抗侵蚀的混合基材，按照一定比例加水通过专用喷播设备搅拌，形成浆体状混合物，利用离心泵把混合浆料通过软管喷覆在待绿化的作业边坡坡面上（坡面根据具体情况提前做微地形等处理），在坡面形成 2~3 cm 交织连接的"纤维植生营养覆盖层"，为植物种子提供适宜的生长环境，保证了植被恢复施工效果。该技术的特点是不需要添加任何种植土，待喷播作业完成后，浆体混合物将在边坡表层形成半渗透的保湿面层，避免太阳直射，有效地减少水分蒸发，给植物种子发芽提供水分、养分和遮阴条件；同时，多种纤维材料相互交织连接，形成具有一定抗侵蚀的"纤维植生营养覆盖层"，通过纤维、胶体和边坡的紧密黏合，使植物种子、有机肥料等材料紧紧附着于坡面上，并且在大风、降雨、浇水等情况下植物种子不流失，具有良好的保水、保温、保墒、固种及保苗等作用；又可以避免冰冻伤害、小动物啄食等不利环境因素的影响，是一种工艺简单、节水环保，可快速实现目标区域的生态恢复与绿化的新型环保喷播绿化技术。

6.5　槽穴类边坡生态修复技术

6.5.1　种植孔绿化技术

种植孔绿化技术就是利用钻孔技术在高陡裸露岩质边坡上钻出许多具有一定孔径、深度和方向的种植孔，在孔内种（栽）植耐瘠薄、抗干旱的植物，使坡面迅速恢复植被的一种边坡生态治理技术。

6.5.1.1　种植孔技术要素

（1）孔径：种植孔大小主要取决于植物的根系特点、施工工艺和施工成本等要素。原则上孔径越大越好，但对边坡稳定性会产生一定影响，另外也会加大施工难度，不易操作，同时加大边坡生态修复成本。综合生态效益和经济效益，以及边坡稳定要求，经过种植试验验证，一般采用直径为 230 mm 的钻机进行钻孔。

（2）深度：主要取决于岩质边坡的风化程度及节理裂隙发育程度，若边坡为强风化岩质边坡，设计孔深度一般不小于 120 cm。若岩体裂隙较发育，设计孔深 150 cm 即可；若岩体裂隙不甚发育，为保证种植孔透水透气，需揭露更多岩体裂隙，深度要适当大一些。

（3）方向：种植孔的方向决定了植物的生长姿态、植物可直接利用的有效体积及孔内承接自然降水、人工浇水的体积。因此，综合考虑各项因素平衡，种植孔的方向与坡面夹角为10°~45°最好（见图6-2）。

（4）通气集水装置：沿钻孔壁上下缘预置装填陶粒的PVC花管的引水通道；钻孔左右两侧的孔壁预置并固定换气防涝花管。孔口设置HDPE复合材料集水板，固定后内外涂抹水泥浆，防止日晒老化；按照坡面水流情况，在孔口上方两侧设置两道引水条带，水泥砂浆抹面封闭密实；根据坡面实际情况布设养护喷灌管线，个别孔位可设置滴灌。

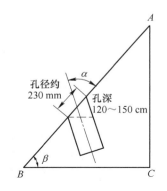

图6-2 种植孔钻孔设计示意图

（5）种植基质的配比：由于种植孔较深，为确保孔底透气，铺设孔底储水仓的防水板，填入级配碎石后覆盖滤水无纺布。在种植孔的中下段选择粒径为2~3 mm的渣石，并捣实。中上部土壤选择配制好的基土，富含有机质且有良好的团粒结构的营养土包括壤土、有机质、复合肥、保水剂、土壤调理剂及生物有机肥。种植孔营养基质典型配比见表6-3，这种基质更利于植物的成活与生长。

表6-3 种植孔内营养基质配比

基质	质量/kg	质量分数/%
土壤种植壤土	12.348	88.20
有机质长效有机肥	1.568	11.20
长效复合肥	0.070	0.50
保水剂 PR3005	0.007	0.05
SAP 吸水王	0.007	0.05
合计	14.000	100.00

（6）苗木选择、培育及栽植：选择耐干旱、耐瘠薄、耐盐碱，对土壤要求不高，酸性土、中性土及轻盐碱土均能生长的灌木和亚乔木等植物；钻孔中分层填入配制好的沙性壤土后再种植土钵培育的苗木，或将PVC半管中育好的苗木用网兜连带土体放入孔中，干壤土填充缝隙密实；在苗木根部铺设无纺布，表面为陶粒粗砂保墒层3 cm；可以种植地径4 cm以上的当地生小乔木或灌木，如刺槐、小榆树、穗槐和沙棘等植物。

6.5.1.2 孔植绿化施工要求

为保证施工的安全性，首先应清除高陡边坡危岩体及松动岩石，确保坡面没有松动的危石，无大的突出石块与其他杂物存在。为保证植物在坡面上可利用的有效面积达到最大化，种植孔可分上、中、下3层在边坡坡面上进行钻孔，行距和孔距设计为1.5 m×2.0 m，呈梅花形布置。

种植孔在施工过程中需要注意如下问题：种植孔设计前需要了解边坡岩石性质、风化程度、裂隙发育情况，还应了解边坡地质灾害发育程度及危险性；要根据施工难度和选择的植物类型决定孔径大小；施工中应严格控制种植孔的方向；对于营养土的要求较高，需要采用能够使得土体不流失，且需要较好的保水和聚水性能的营养土配比及工艺。

在工程初期，苗木栽植后必须及时浇足浇透水，最好用喷灌机进行逐孔淋喷或自动雾状喷灌，切不可大水猛灌。以后根据实际墒情适当浇水，每次浇水应浇透。冬季的"封冻水"和早春的"春融水"必不可少。一般根据植物的生长情况结合浇水进行施肥，雾状喷灌水中可按一定比例的液态肥料进行浇水施肥，下半年酌情可适当加大肥料的比例，促进植物木质强壮，顺利越冬。

6.5.1.3 种植孔绿化技术特点

种植孔绿化技术是解决高陡岩质边坡绿化难题的有效措施之一，该技术具有以下特点：

（1）安全环保。种植孔施工，只在坡面进行，不需要进行大量削坡，基本不会破坏原有植被；种植孔作业比较细致，工作量小，施工进度快，工作设备占地面积小，且操作时远离植被，不会对现有植被造成破坏。施工时不会产生化学污染，属于环保型施工方法，种植孔作业不需要炸药，不会产生化学污染。钻孔后的原有坡面几乎不变，不会引发滑塌等次生地质灾害。所以，对整个环境几乎没有负面影响。

（2）成本低见效快。种植孔工艺种植的苗木规格小，比垒砌树坑种植大乔木的造价小很多，种植孔对种植土的需要量与其他边坡生态修复技术相比是微乎其微的，可以减少95%的用量。并且，采用孔植绿化技术可以很快地形成绿色覆盖，提高植被覆盖度。

（3）综合效益好。种植孔绿化的整个施工过程都是围绕着立面展开，目的就是利用小乔木或灌木遮挡崖体立面，不涉及断崖立面以外的土地，所以，几乎不占用平面土地。其生态、环境及社会综合效益明显。

6.5.1.4 应用案例

目前种植孔绿化技术已经在矿山、交通等工程建设形成的高陡边坡绿化中应用推广应用，在高陡岩质边坡上应用需满足一定的条件：设计前应保证边坡稳定性较好，若边坡稳定性较差，施工前应首先消除地质灾害隐患；为保证孔内透水透气，边坡内部岩石需有一定的裂隙发育；种植孔有一定深度，确保能够和深部岩石裂隙贯通。

近年来，随着我国对采矿迹地生态修复要求的不断提高，种植孔绿化技术在我国北方河北省唐山和承德等地区的责任主体灭失的采石场及生产矿山高陡岩质边坡的生态修复过程中得到了一定推广应用，取得了良好的修复效果。图6-3为两个典型矿山的应用效果。

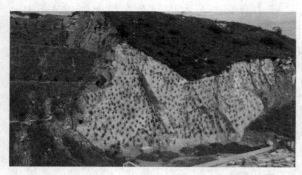

图6-3 典型矿山岩质边坡种植孔绿化效果

6.5.2 种植槽绿化技术

飘台种植槽绿化技术指在高陡岩石边坡坡面按设计间距打入锚杆，并在坡面外端预留一定长度，通过此预留锚杆作为载体，在其上构筑钢筋混凝土种植槽，在槽内回填种植营养土，并种植具有抗旱抗逆性强的草灌乔等植物，通过一段养护生长后，用以遮挡坡面的一种边坡生态修复技术模式，图6-4是一个典型飘台种植槽设计结构示意图。

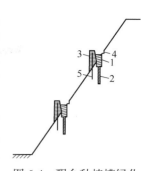

图6-4 飘台种植槽绿化
设计图
1—种植槽；2—蓄水孔；
3—挡水墙；4—缓冲槽；
5—加强筋

该技术主要用于高陡岩质边坡的绿化种植，其结构包括种植槽、蓄水孔、挡水墙、缓冲槽和加强筋。种植槽与水平面垂直，沿坡面平行于水平面延伸，蓄水孔位于种植槽底部，在种植槽底部垂直水平面向下钻孔所得，挡水墙位于种植槽下沿，与种植槽平行，缓冲槽位于种植槽上沿，与种植槽平行，加强筋位于挡水墙内，与水平面垂直，连接坡面和挡水墙。种植槽宽度为 20~30 cm，种植槽上沿距种植槽底部 30~50 cm。蓄水孔直径为 8~10 cm，深度为 1~1.2 m，相邻蓄水孔距离为 1~1.5 m。挡水墙呈梯形状，挡水墙上沿比种植槽上沿高出 5~8 cm，挡水墙由种植槽施工时排出的碎石制备的 C30 混凝土砌筑。缓冲槽的上槽边与水平面垂直，缓冲槽的下槽边与种植槽上沿连接，下槽边与水平面夹角为 8°~10°。缓冲槽宽度为 20~30 cm。加强筋为直径 12 mm 的钢筋，通过钻孔与坡面灌浆固结，灌浆浆液为 M40 水泥砂浆，加强筋插入坡面深度为 50~80 cm，相邻加强筋的间距为 30~50 cm。

6.5.2.1 飘台种植槽绿化技术特点

飘台种植槽绿化技术是专门针对高陡（大于70°）岩质边坡快速生态修复的新型技术措施，是涉及水文地质学、水土保持学、土壤肥料学、恢复生态学、材料科学、岩土工程学以及结构力学等多学科的一项交叉科学技术。高陡岩石边坡的生态治理工程中，在满足边坡稳定性的前提下，还与周边环境紧密结合，形成生态绿色景观，既要边坡稳定满足安全的技术要求，又要达到生态修复的技术需求。该技术正是工程措施和生物措施相结合而形成的边坡生态修复创新技术，在城市高陡岩石边坡生态修复中展示出了特有的技术优势。

种植槽绿化技术已广泛应用于南北各类工程建设形成的高陡边坡生态治理项目中，实现了高陡边坡快速和持久的绿化。在实际工程中，根据坡面具体情况因地制宜地调整植物配置和工艺措施可以在各种高陡裸露坡面达到生态修复的目标。

6.5.2.2 种植槽设计

种植槽整体设计过程中，建议种植槽内物种的配置以"上爬、中挡、下垂、中间有花草"为基本原则，上爬下垂种植选择攀爬能力较好的藤本物种；中挡物种选择有一定冠幅的灌木和亚乔木类型的木本植物（建议采用一些常绿植物种），如图 6-5 所示，中间区域可以结合项目种植能快速体现效果的花草植被物种。以上物种可以分别按不同组合进行配置，设计一定合理的间距（根据选用的适地适树植物规格大小），满足不同的工程环境需要。

飘台种植槽绿化技术作为在高陡岩石边坡上进行植被恢复的一种手段，设计时应对飘台种植槽结构的构成进行分析，对飘台种植槽构件的荷载进行稳定性分析，设计极限承载力，满足承载的需要，选择合理的锚杆参数。飘台种植槽的结构形式除了采取直板式外还可以采用 V 形、U 形、L 形等。而对于边坡坡度大于 70° 的高陡裸露石质坡面，一定要对坡面现状、地质地貌、植被群落、气候条件等进行认真调查和分析，因地制宜地设计方案。针对坡面不同情况，设计不同类型种植槽结构。

喷灌系统设计，高陡岩质边坡一般高度都在几十米，有些高达百米以上，在这样的高陡坡面上进行浇水、施肥、养护都是相当困难的。因而节水微灌系统的建立对于前期养护是十分必要

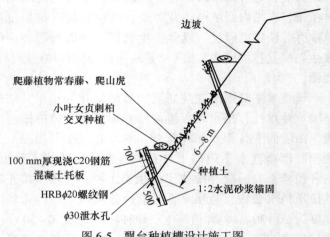

图 6-5　飘台种植槽设计施工图

的。节水微灌系统由泵站、水池、过滤器、给水主管、支管、滴灌、滴头、控制系统等组成，应结合坡面微地形因地制宜地设计节水微灌系统。对于较高的坡面应采用多级泵站将水输运到坡顶蓄水池。蓄水池可以应用雨水或经处理的中水。节水微灌系统不仅可以实现节水微灌，还可以通过按比例添加水溶性肥料或生长调节剂实现施肥或生长调节控制。也可以采用远程物联网控制系统实现节水微灌和施肥的自动控制。水泵等的能源动力也可以采用太阳能供电系统。

根据现场施工场地情况，通过设计计算，在山顶或者山脚足够大的空间处设置蓄水池供养护使用，修建养护高扬程泵房，安装离心式高压、高扬程水泵，动力系统可由相匹配的柴油机解决；为满足养护要求，种植槽内横向管采用钻孔滴灌的方式，保证种植槽内种植土的充足水分；主管根据种植槽的层数进行编组，由左向右分组排列并且每层种植槽内顺主管方向管径由大变小直至横向管尽头，保证规定距离内的有效水压，以免影响滴灌效果。栽种植物在种植槽内按照植物设计布置，内侧栽种一排上爬植物，外侧栽种一排下垂植物，通过其上爬下挂功能，达到坡面绿化效果，规格为株高 1 m，种植比例 1：1，株间距 0.5 m，中间区域栽植适生的亚乔木或者灌木，株高控制在 1.5 m，株间距 1 m，并进行固定，防止苗木倾倒，栽植后成活率应满足相关规范要求。在种植槽槽内其余地方播撒草种和花种混播，垂直运输苗木时，必须注意轻装轻卸，保证营养袋内苗木的原土，提高苗木的存活比例。

6.5.2.3　种植槽绿化技术施工

种植槽绿化技术施工工艺方法主要由清理坡面、搭设排栅（脚手架）、种植槽施工（锚固布设钢筋、浇注种植槽混凝土、回填种植土等）、喷灌系统安装、栽植植物及养护等工序组成，其工程施工流程如图 6-6 所示。

（1）清理坡面。采用风镐、钢钎等工具清除坡面危岩、碎石及浮石等，消除安全隐患，并清理杂物，对坡面转角及棱角处做修整，要求达到坡面基本平整。

（2）搭设脚手架（根据项目情况可以酌情考虑）。高陡边坡脚手架的搭设，首先区别于其他建构筑物脚手架的搭设，它的主要特点是根据山体的起伏变化与山体保持一定的距

离（适合于种植槽制作）同时采用锚固、斜拉等方法以防止排栅上下弹跳影响正常施工。由于边坡高陡，施工作业安全十分重要，为此采取搭设脚手架等安全措施是十分必要的。搭设脚手架要按国家相关标准规范进行施工。

（3）锚固布设钢筋。利用大功率冲击钻，在石壁指定的放线位置按照45°的角度钻孔，锚孔间距为 200～500 mm，偏差值为 ±50 mm，锚孔深度不少于 500 mm（根据地勘基岩层深度设定），偏差值为 ±20 mm；将 ϕ22 mm 热轧带肋钢筋（锚杆的指标取决于边坡稳定性要求）钻进孔内 500 mm 深，钢筋长度为 120 cm（根据设置种植槽的高度设定锚杆外露具体长度），用 1：2 水泥砂浆灌注固定。在其上横向布设 ϕ14 mm（根据具体设计选用）的分布钢筋，交叉点用绑扎丝进行固定，共设置 3 道横向分布钢筋。种植槽上下间距要适中（常规为 2 m，特殊项目可以适当调整，但是不宜过大，否则后期效果不理想）。

（4）浇注种植槽混凝土。按照种植槽

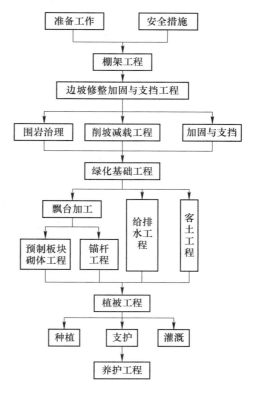

图 6-6 飘台种植槽施工流程图

的设计尺寸支设模板，并将其固定，模板采用厚度大于 2 mm 的钢板或厚度大于 10 mm 的竹胶板，采用铁线绑接固定。在地面下利用混凝土搅拌机拌制均匀，搅拌配制好的混凝土装入建筑专用料桶，放置在卷扬机吊篮里，利用坡面提升缆车运送到相应作业位置进行浇注；现浇槽板混凝土浇筑应连续进行。同时预先设定泻水孔，泻水孔布置在锚板的内下侧，起到将槽内种植土内积水排出通道的作用，泻水孔通常按等间距布置，规格需要根据当地降雨量及降水强度等进行综合考虑。

（5）回填基质。从人工土壤的性质和分类、人工土壤配制与改良的三要素（提高土壤的通气性、提高土壤的保水性和提高土壤的保肥性）角度，有效地结合项目当地种植土的具体情况设计既能有一定营养，又能节约成本的种植基质优化配置方案。种植槽内铺设的种植基质一般由以下质量分数的原料制备而成：轻质陶粒为 5%～10%、稻壳为 5%～10%、腐植酸为 2%～5%、污泥沼渣为 30%～40%、生物炭为 5%～10%、土壤为 30%～35%、聚丙烯酰胺为 1%～3%、高炉渣为 2%～7%。蓄水孔内灌入保水剂，保水剂为轻质陶粒和吸水树脂的混合物，轻质陶粒和吸水树脂的体积比为 2：1，轻质陶粒直径为 1～3 mm。将配制好的基质经充分拌匀后，采用吊车或喷播设备等设备运送并充填到种植槽内，高度直至与槽板齐平。

（6）栽种植物。按照乔灌草藤（根据项目需求可以适当做一些草本和花卉植物种，体现前期绿化效果）规定的挖穴规格挖好种植穴，浇入足够的定根水，渗透土壤；将装有营养土的袋苗，放入种植穴中，撕破营养袋，用土填平种植穴并用脚轻压苗木周围的松土，防止苗木倾倒；垂直运输苗木时，必须注意轻装轻卸，保证营养袋苗内的原土，提高苗木的存活比例。

（7）养护管理。种植槽内植物种植完成后，设置滴灌设施，尽量降低管护人员的安全风险；管护人员在飘台种植槽上行走或作业时，须采取必要的安全措施；可按照"水肥一体化"的技术方式进行后期滴灌养护；植物成活后，养护期一般为2年。

种植槽内植物养护分为特别养护和一般养护两个阶段。植物苗木栽种后，工程将进入特别养护期。特别养护期的主要任务为浇水和剪枝，保证栽种的苗木成活，及时检查观测每种植物成活情况，对于成活率低的苗木进行适时补种或适宜苗木。在浇水时应避开每天中午的高温时段，早晚分组浇水，保持充足水分，保证苗木的有效存活率；一般养护是在工程交工验收后开始进行，养护的工作内容为浇水、施肥和病虫害防治，以及补栽补种部分或适宜的苗木。一般养护期结束后的边坡将进入自然植被的演替系列，并趋于森林化和免养护的自然景观。

种植槽护坡绿化技术在高陡岩石边坡护坡绿化中的应用，对于高陡岩质边坡水土保持，实现快速和持久的生态恢复作出贡献，取得较显著的经济效益、社会效益和生态效益，如图6-7所示。由于种植槽的截面积较小，土壤体积较少，基质的优化配置十分重要，要确保基质保水、保肥、透气及长效；另外灌草藤本植物的因地制宜合理优化配置也对修复效果很重要。

图6-7　飘台种植槽绿化效果图

6.6　铺挂类边坡生态修复技术

6.6.1　植生袋绿化技术

植生袋是一种袋面含有植物种子夹层的、有一定规格的、一端开口的袋子，袋子内可以装入土壤与肥料。把植生袋固定在坡面上后，袋子内的土壤受到袋面的保护不会因雨水产生流失，而植生袋表面夹层内的种子在水热条件适宜时会发芽并穿透袋子长出来，在坡面上形成植被层，而达到保护坡面、恢复植被的目的。植生袋绿化技术是一种新兴的绿化技术，适用于平面、斜坡和陡坡上的绿化，并且不会因降雨或浇水而引起种子或水土流失，是荒山、矿山修复、高速公路边坡绿化中重要的修复技术之一。

6.6.1.1 技术原理

坡面土壤的恢复与重建是制约坡面植被恢复与重建的关键因素，而坡面土层的薄厚是影响土壤恢复与重建质量的核心。特别是对岩质边坡来说，如果没有一定厚度的土层，要保证和维持植物群落的长期稳定发育是很困难的。各种机械喷播方法虽然可以在边坡表面建立人工土壤层，但不仅成本较高，而且所恢复的土层厚度有限，一般仅为 10 cm 左右。这一厚度虽然可以满足草本植物的生长发育需求，但对灌乔木植物来说则显得远远不够。从植物护坡原理来看，强壮而且发达的乔灌木植物根系是保证边坡长期稳定的重要因素，因此，开发一种施工简单、成本低廉、能够快速在坡面构成有一定厚度土层的植被重建技术，成为坡面生态工程的需求之一。

植生袋设计思路来源于江河堤防抢修工程中用盛土的草袋子或麻袋构建成临时护坡的技术方法，所不同的是，堤防工程所用的土袋子中没有加入植物种子，也不必考虑土壤结构与肥力，而植生袋不仅要考虑植物种子和土壤肥料的问题，还要考虑面料的强度、密度与降解时间等。

植生袋的面料由多层材料构成。一般最外层为聚乙烯编织网，它既可以增加植生袋的强度，又不会妨碍植生袋内植物种子的发芽生长；里层为种子夹层，种子可以夹在两层纸、无纺布或纤维棉网之间，这些夹层材料柔软吸水，且易分解，不会对种子发芽产生障碍。植生袋的规格一般为 50 cm×50 cm、40 cm×60 cm 或者 50 cm×70 cm，装满土壤后，其厚度可达 20~25 cm，面积为原规格的 80%~90%。装入植生袋的土壤中可以掺入各种肥料、保水剂和土壤改良剂，能够为植物生长提供充足的养分和水分条件。植生袋表面夹层内的种子可起到种子直播的作用，植生袋内还可以移栽灌木或乔木的幼苗。植生袋外层的聚乙烯编织网及作为种子载体的无纺布或纤维棉，自然降解时间为 2~3 年，这样可以在坡面植被恢复之前防止袋内土壤因风雨侵蚀而流失。可以说植生袋技术是集客土、种子直播、幼苗移栽以及水土保持等原理为一体，用途广泛的一种坡面植被恢复新技术。

6.6.1.2 堆码式植生袋绿化技术

堆码式植生袋绿化技术设计基本结构如图 6-8 所示。

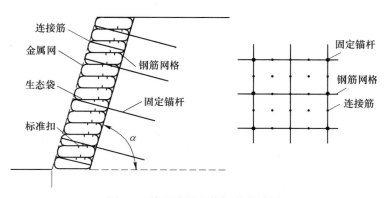

图 6-8　堆码式植生袋绿化设计图

其具体施工工艺如下：

（1）清理边坡。植生袋绿化技术对坡面条件要求较高，需要人工清除表面松散石块及坡面杂物，包括突出的岩石，确保坡面基本平整。清除落石隐患，对坡面转角处及坡顶棱角进行修整，使之呈弧形。先采用挖掘机清理边坡，然后人工找平，超过挖掘机臂长的边坡可采用人工铁镐清理或采用特殊安全技术措施清除，将清理的碎石就近消化，或铺平或垫于洼处，并要求将粗粒铺于底部。

（2）压坡平整坡脚。坡顶废石下推并使废石反压于坡脚，用废石压坡并对低洼处进行平整，压坡时用坡面上部碎石使坡面稳定，边坡角变小，坡面废石用挖掘机下勾，保证堆积坡面角不超过35°。废石优先堆积到凹陷坑，块径较大的废石铺于底部，块径较小的碎石垫于上层，平整时要逐层夯实，每0.5 m高用履带式推土机推平并碾压3次。

（3）修建挡土墙。根据《有色金属矿山排土场设计标准》（GB 50421—2018），距干线公路安全距离要大于边坡高度的1.5倍，要在坡脚修建挡土墙，挡土墙既保证了安全又可以规整坡脚底部，与上部边坡连成一体，码放规整，起到美化作用。挡土墙根据坡脚地形线修建，设计挡土墙高1.5 m，基础底宽1 m，顶宽0.5 m，埋深0.5 m。在挡土墙地面以上10~15 cm处设置排泄水孔。泄水孔采用10 cm×10 cm的方孔或圆孔，孔间距为2~3 m，排水孔倾角为6°。为避免地基不均匀沉降引起墙身开裂，需按墙高和地基性质的变异设置沉降缝，同时，为了减少砌体因收缩硬化和温度变化作用而产生裂缝，需设置伸缩缝。挡土墙的沉降缝和伸缩缝设置在一起，每隔10~15 m设置一道，缝宽2~3 cm，自墙顶做至基底，缝内宜用沥青麻絮、沥青竹绒或涂以沥青的木板等具有弹性的材料，沿墙的内、外、顶三侧填塞，填塞深度不小于15 cm。修建挡土墙的石料须经过挑选，质地均匀，无裂缝，不易风化。石料的抗压强度应不低于30 MPa。尽量采用较大的石料砌筑，块石应大致方正，其厚度不小于15 cm，宽度和长度相应为厚度的1.5~2.0倍和1.5~3.0倍。采用10号砂浆砌筑勾缝。

（4）植筋。在坡面上植筋，根据实际情况及现场试验，植筋采用直径16 mm的一级钢筋，植筋长度为1.5 m，植入深度为1.2 m，每根抗剪能力最小为0.9 kN，局部可适当加深，植入后在高出坡面30 cm切断钢筋，避免钢材浪费。钢筋垂直于坡面植入，梅花状布置植入点，行间距为2 m×2 m，植筋后在坡面上铺设植生袋，铺设植生袋稳定性计算满足要求。

（5）植生袋绿化。将装有山皮土、耕植土肥料的植生袋横向平铺于坡面上，由坡脚挡土墙处开始向上交错排列，坡顶棱角处纵向叠压两层，保证植生袋稳定，袋与袋间要完全接触不得留有空隙，与坡面要完全接触不允许搭接在其他植生袋上，坡底每隔5 m放置一排水槽。植生袋采用规格为60 cm×40 cm自带草籽的园林绿化专用袋，选用与植生袋工艺配套的排水槽。植生袋装土后厚度为20~25 cm，绿化土配比为5份种植土、2份河沙、3份泥炭土及少量复合肥、保水剂。

（6）罩网。在植生袋表面铺一层铁丝网，铁丝网用直径2 mm镀锌钢筋绑扎成间距500 mm的方格网，紧贴植生袋并与植入的钢筋焊接。铁丝网搭接处重合叠压宽度不得小于30 cm。

6.6.1.3　吊挂植生袋绿化技术

吊挂植生袋是采用长条形袋填充植生土后挂靠边坡，沿坡面自然垂下，用锚杆固定。适用于各种稳定的土质边坡或岩质边坡，坡度范围为45°~90°（见图6-9）。

优点：适用范围广，施工技术简单，成本较低，可快速实现绿化效果。

缺点：后期需大量的水和人工进行养护。

图 6-9 吊挂植生袋绿化施工图

6.6.1.4 应用情况

唐山市滦州椅子山石矿迹地是一个典型责任主体灭失采矿迹地，在其生态修复过程中，依据其总体规划设计，在+104 m 平台西侧区域进行了植生袋生态修复试验研究。首先在坡面打锚杆，之后沿坡面铺设植生袋，铺设面积为 132 m²。植生袋采用自下沿坡向上方向铺设，第一排植生袋纵向铺设，第二排及以上横向铺设并压实，坡顶最后一排植生袋按纵向铺设。每两层植生袋的铺设位置呈品字形结构。植生袋右侧区域靠近坡脚处栽植爬山虎，株间距为 0.1 m，栽植长度为 41 m，共计栽植 411 株。植生袋植物种子以刺槐和紫穗槐为主，结合野花组合（包括波斯菊、格桑花混植）进行绿化，共铺设生态袋740 m²，取得了显著的修复效果（见图 6-10）。

图 6-10 椅子山缓坡植生袋恢复前后对比

6.6.2　攀爬网边坡生态修复技术

前述的各类露天矿边坡生态修复技术，无论是客土喷播技术、TBS护坡技术，还是框架内贴草皮（植草）技术等，在中强风化岩坡面上均取得了一定的绿化防护效果。这几种方法均着眼于强制性绿化手段，通过给坡面提供一定厚度的营养基质，通常在8~15 cm范围内，然后再喷播绿化混合料，草灌花种子在短期内会达到较理想的绿化效果，覆盖率也较高。随着时间的推移和营养力度的衰减，其后期效果会出现较大程度的反弹，养护成本高，养护的难度也较大。尤其在我国北方寒冷地区，冻融作用对其长期稳定性影响严重，出现严重的脱落现象。这类生态修复技术在植物选择上基本上没有考虑藤本植物。对于客土喷播和喷混植生，常有较严格的施工限制条件，这两种方法的应用本身也具有严格的边界限制条件。其中关键的因素之一就是边坡不宜陡于1∶1。这一点极易被疏忽，导致效果不佳，进而引起对技术本身的疑惑，这是没有必要的。重要的是不要把这种技术无限扩大化，"在岩石上能长草"是有前提的。国外对这种技术推广时，只要坡比陡于1∶1一般就采取其他防护形式。另外，前述植生槽生态修复技术也存在施工难度大、修复成本高的问题。

攀爬网边坡垂直绿化技术是针对高陡岩质边坡的特点，专门开发的一种新型生态修复技术，既具有工程防护的功能，又具有绿化防护的效果。其工艺是首先采用攀爬网、绿色罩面网或安全防护网对岩石边坡进行加固处理，防止表层岩石坠落危及行车安全，绿色罩面网自身也具备景观效果。为达到长期绿化效果，在边坡底部或马道上修建种植区，栽种攀缘植物进行绿化。防护网的多孔性结构也为攀缘植物提供了支架，有利于植物的快速攀延，促进植物生长。选择生长快、绿期长、适合当地环境的绿色攀缘植物和藤本花卉，从而达到自然景观效果。

6.6.2.1　技术特点

攀爬网边坡生态修复技术主要用于植被建植困难、需强制绿化（或防护）的高陡岩质边坡、砌石挡土墙或喷混凝土坡面，倡导立体修复，因而占地较少，可节约大量的土地。与其他边坡生态修复技术相比，坡面不需构造植物生长的基础层（营养土层），即可建植被。攀爬网的多孔性为攀缘植物的攀缘生长提供阶梯，实现上攀下蔓，加快植物生长，大大缩短坡面植物的覆盖时间，并可选用常绿或开花的藤本植物点缀景观。该技术施工工艺简单，包括清理坡面、安装攀爬网、修建挡土墙并填充营养土、种植攀缘植物和养护管理工序。

该方法的最大特点是：（1）充分利用了罩面网和攀缘植物各自的特性，并将两者有机地结合在一起，优势互补；（2）把植物的生存基质放在极易操作的坡脚或平台上，技术上得到了根本保证，既经济又易于实施。总体看该垂直绿化技术施工工艺简便、快捷，工程造价低，技术上可靠，经济上易行，景观效果与时俱增，后期效果好，为高陡岩质边坡垂直绿化提供了新的途径。

6.6.2.2　应用条件

攀爬网边坡生态修复技术应用条件如下：（1）风是一个很重要的环境因子，它对植物生长的影响有矮化、畸形等作用。风对植物蒸腾、光合作用的效应取决于风速的大小和植物种的生物学特性（植物种、叶型、密度、株高、生育期、抗机械损害能力等）。风速低于植物生育破坏临界值（2 m/s）时，对植物光合作用有所促进，大于临界值时，导致植物在形态学、生态学、解剖学上的变化。由于坡面中部以上风速较大，使阔叶乔木林蒸腾作用受到抑制，生长发育不良，相比之下，藤本植物由于低秆、矮冠，对风的抗性较强，生长发育良好，但其生长效果阴坡优于阳坡，沟谷优于坡面，坡面下部优于上部。因此宜选用藤本攀缘植物种植。（2）对于高于 30 m 以上的边坡，要求边坡分级或设置马道，便于攀缘植物种植槽的设置和种植施工。（3）适用于坡比大于 1 : 0.5 的高陡边坡，甚至是反坡。（4）边坡自身稳定的岩石边坡、风化岩石边坡、砌石挡墙及喷混土坡面等硬质边坡。

6.6.2.3 攀缘植物的选择

藤本植物大多数适应能力强，耐瘠薄、抗寒性和抗旱性能较强，能够在贫瘠的土壤中扎根，繁殖能力较强，能够适应这些较为苛刻的环境。同时，藤本植物叶子发达，发达的根系能够牢牢地抓在上面，随之会产生一些草皮、苔藓等植物，形成一个良好的生态系统。此外，多数藤本植物种植前期并不需将所需护坡的面积全部种植，只需要合理布置种植穴，上攀下挂，成活之后基本不需要人工进行养护就能够顺利成长，依靠发达的根系从较远的地方吸取养分快速生长，较快完成破损山体绿化，快速发挥生态防护功能。因此，藤本植物是生态恢复的优良植物材料，在边坡绿化、防沙治沙和水土保持上取得了显著成效。

在攀爬网岩石边坡垂直绿化技术中，攀缘植物的选择是关键。在因地制宜的前提下，要考虑其观赏价值，既要考虑植物的单体美化价值，又要考虑结合面网垂直绿化的整体效果，适宜"上攀下挂"，是一个衡量标准。在露天矿这个特定的环境下，最好应具有较强的隔音、吸尘效果，对有毒气体有一定的吸收或抵抗力，优先考虑乡土植物。

根据以上原理，可供选用的藤本植物主要有葛藤、爬山虎、油麻藤、凌霄、金银花和常春藤等。具体选用哪种藤本植物需根据露天矿边坡区位条件来具体确定。几种典型藤本植物特性如下：

（1）油麻藤，原产于巴东、宜昌、兴山等地，在海拔 1000 m 以下的山沟边或峡谷中，为三峡地区野生花卉，是一种优良的垂直绿化植物。因其植株高大，枝繁叶茂，四季常青，花大而美丽，受到专业人士的推崇，是垂直绿化领域不可多得的优秀品种。油麻藤属豆科常绿大藤本植物，叶互生，小叶三枚，坚纸质，光亮无毛。油麻藤对环境条件要求不严，适合在华中地区大多数气候和土壤条件下生长，具有喜肥、耐热、抗寒、耐瘠薄、病虫害少等特点。油麻藤可用播种或扦插方法进行繁殖。生长较快，当年可爬十几米高，但要培育壮苗，使其多发枝条，还要采取适当的摘心、修剪等措施。

（2）葛藤，又名野葛、白花银背藤或甜葛藤等，属多年生落叶蔓尖藤本植物，生于丘陵地区的坡地上或疏林中，分布在海拔高度 300～1500 m 处。葛藤喜温暖湿润的气候，喜生于阳光充足的阳坡。常生长在草坡灌丛、疏林地及林缘等处，攀附于灌木或树上的生长最为茂盛。对土壤适应性广，除排水不良的黏土外，山坡、荒谷、砾石地、石缝都可生长，而以湿润和排水通畅的土壤为宜。耐酸性强，土壤 pH 值 4.5 左右时仍能生长。耐旱，年降水量 500 mm 以上的地区可以生长。耐寒，在寒冷地区，越冬时地上部分冻死，但地下部仍可越冬，第二年春季再生。白花银背藤原产于中国、朝鲜、韩国、日本等地，在中国华南、华东、华中、西南、华北、东北等地区广泛分布，而以东南和西南各地最多。生产上主要用种子繁殖和扦插繁殖，也有用根头繁殖和压条繁殖等。根繁叶茂，"上攀下挂"能力均很强，其耐寒性也很强。

（3）爬山虎属多年生大型落叶木质藤本植物，适应性强，性喜阴湿环境，但不怕强光，耐寒，耐旱，耐贫瘠，气候适应性广泛，在暖温带以南冬季也可以保持半常绿或常绿状态。耐修剪，怕积水，对土壤要求不严，阴湿环境或向阳处，均能苗壮生长，但在阴湿、肥沃的土壤中生长最佳。它对二氧化硫和氯化氢等有害气体有较强的抗性，对空气中的灰尘有吸附能力。爬山虎生性随和，占地少、生长快，绿化覆盖面积大。一根茎粗 2 cm 的藤条，种植两年，墙面绿化覆盖面、居然可达 30～50 m²。多攀缘于岩石、大树、墙壁上和山上。原产于亚洲东部、喜马拉雅山区及北美洲，我国的河南、辽宁、河北、山西、陕西、山东、江苏、安徽、浙江、江西、湖南、湖北、广西、广东、四川、贵州、云南、福建等都有分布。

6.6.2.4　布鲁特网应用实例

采用布鲁特罩面网垂直绿化技术对随岳中高速公路 K19+020、K21+800、K30+600 等几处路堑石质边坡进行了防护绿化施工。边坡为一级边坡，坡比为 1：0.5～1：0.75，边坡坡面平均长度为 13 m，岩质主要为红砂岩和花岗岩，边坡自身稳定，无裂隙、强度高。

（1）气候特征，随岳中高速公路所经地区属大陆亚热带季风气候，四季温差较大，夏季湿热，冬季干冷。年平均气温 15 ℃，对植物的生长没有明显制约，1—2 月为最冷季度，月平均气温 2 ℃，最低气温-63 ℃；7—8 月为最热季节，月平均气温大于 28 ℃，最高气温达 41 ℃。年日照时数为 2059～2083 h，全年无霜期 220～250 天，平均年降水量 940～1040 mm，降水量多集中在 5—8 月，能为植物的生长提供充沛的水分，年蒸发量为 1450～1520 mm，全年平均风速 3～4 级，主导风向为东南风。

（2）施工工艺，其具体施工步骤如下：

1）清理坡面。清理坡面片石、碎石和杂物，为安装罩面网打下基础。

2）安装绿色罩面网。沿边坡自上而下安装罩面网，坡顶预留 50～60 cm 固定。网片间相互搭接，横向搭接 5～10 cm，纵向搭接 10～15 cm，并根据工程实际情况进行绑扎，扎扣绑扎间距为 30～50 cm。罩面网采用高强度的塑料网，抗拉强度大于 4 kg/m，网孔不大于 27 cm×27 cm。

3）罩面网锚固。纯岩石边坡（砌石挡土墙或喷混坡面），先进行坡面打孔，然后采用膨胀螺栓进行固定，锚孔呈梅花形分布，间距 1～15 m，坡顶、坡脚及网片搭接处加密固定，应保证罩面网紧贴坡面，平整美观；风化岩边坡，在坡面上设置锚杆，先用水平仪及卷尺在坡面上定点，间距为 2 m，然后用风钻钻孔插入锚杆，锚杆采用螺纹钢，长度为 50～100 cm。锚杆插入锚孔后，即用压力灌注水泥砂浆，锚杆头应预留出坡面 8～10 cm，利于挂网固定。

4）花坛的修建或种植槽的开挖。结合边坡的实际状况在坡顶开挖营养种植槽，坡脚或分级平台上修建花坛，然后换填疏松肥沃土壤（或经改良的土壤），土层厚度应满足植物的生长需要。

5）攀缘植物的种植。植被是一个生物有机群体，一个生物群体的生长发育、生殖繁衍，需要相应的生存条件。种植植物的类型、植物种的选择，必须符合当地的自然生态植被分布规律，植被建设地自然生态条件要满足植物所需发育条件。结合当地气候、土壤条件，选择生长迅速、抗旱性强的攀缘植物进行栽植，并搭配常青藤本。主要植物品种为五叶地锦、爬山虎、常春油麻藤、葛藤和凌霄等。

6）养护管理。浇水施肥，根据土壤情况进行浇水、施肥，保证植物生长需要；不定时地牵引藤条，使藤本植物快速向坡面发展，促进藤条的萌发。

（3）修复效果分析，项目由于施工时间的不同，分别于2007年4月和6月施工，养护至11月结束。在此期间对栽植的藤本植物的生长情况进行了观测，结果见表6-4和表6-5。

表6-4　藤本植物攀附方式的生长速度对比

植物品种	生长速度/m·半年⁻¹		备　　注
	上攀	下蔓	
油麻藤	6.6	2.7	根据定株藤本植物每月观测生长速度的平均值对比
凌霄	4.1	1.9	
葛藤	7.3	5.2	
爬山虎	3.6	2.9	
五叶地锦	5.5	3.7	

表6-5　藤本植物的返青周期及月生长速度

植物名称	特性	返青周期/d	月平均生长速度/cm
五叶地锦	落叶藤本	105	52.5
凌霄	落叶藤本	89	75.6
葛藤	落叶藤本	136	96.8
油麻藤	常绿藤本	0	31.3
爬山虎	落叶藤本	116	24.7

表6-4和表6-5数据说明选用的藤本植物都有较快的生长速度和攀缘能力，能借助罩面网的网孔攀附坡面快速覆盖边坡。实践证明，采用布鲁特罩面网垂直绿化技术对岩石边坡进行绿化防护，在保证边坡稳定的条件下是可行的，有利于维持生态平衡、美化环境。通过该技术的运用，为随岳中高速公路边坡防护工程提供了新方法。而采用布鲁特罩面网垂直绿化技术对护面墙、喷混凝土坡面已在湖北省内其他高速公路进行了应用，也取得了良好的效果。

6.6.2.5　攀爬网应用实例分析

下面简单介绍北方野葛攀爬网生态修复技术在河北省唐山市的应用实例。

（1）区域立地条件，唐山属于暖温带半湿润季风性大陆性气候区。冬季受极地大陆性气团控制，气候寒冷，雨雪稀少；春季受大陆性变化气团影响，降水不多，由于偏北或偏西风盛行，蒸发量增大，往往形成干旱天气；夏季由于太平洋副热带高压脊线位置北移，促使西南或东南洋面上暖湿气流向北输送，成为主要降水季节；秋季东南季风减退，极地大陆气团逐渐加强，逐渐转变为秋高气爽的少雨季节。全市多年平均气温10.6℃，1月气温最低，月平均气温-8～-5℃，最低气温可达-26℃；7月气温最高，月平均气温

25~26 ℃，最高气温 40 ℃。多年平均降水量 644.2 mm，其中汛期降水量 526.5 mm，占年降水量的 82%左右。无霜期平均 180 天，初霜期一般为 10 月上旬，终霜期在次年 4 月初。

（2）绿色植物攀爬网，又称植物爬藤网、绿色钢塑土工格栅、绿化挂网、爬坡网等，它是一种帮助植物攀爬的绿色塑料网，是一种新型边坡绿化土工材料，主要用于植物攀爬，其颜色与植物形成一致，绿化成本低，效果好，主要用于高速公路、岩石边坡和矿山绿化。网孔规格分为 20 cm×20 cm、17 cm×17 cm 和 15 cm×15 cm，也可按客户要求定做网孔大小，规格一般为 3 m×50 m，幅宽能做到 6 m。

该产品特点主要有：钢塑以塑料材料为保护层，再辅以各种助剂使其具有氧化性能，可耐酸碱盐等恶劣环境的腐蚀。因此，可以满足各类工程 100 年以上的使用需求，且性能优，尺寸稳定性好，强度大，变形小，蠕变小，寿命长；钢塑攀爬网铺设、搭接、定位容易、平整，避免了重叠交叉，可有效地缩短工程周期，节约工程造价 10%~50%，施工方便快捷，周期短，成本低。

（3）此次试验的两个矿山企业为：1）河钢集团矿业公司研山铁矿东帮边坡，属于深凹露天矿的最终边坡，岩体稳定，坡高 30 m；2）唐山三友集团露天采石场，属于山坡露天矿，岩体稳定，坡高 15 m，阳坡。

藤本植物选择了适应能力强的乡土种（北方野葛），北方野葛根系发达、扩展性强，能够适应多种环境，充分利用其具有吸附、缠绕、卷须和蔓生特点。在边坡使用攀爬网格固定，采用藤本植物快速覆盖的生态修复技术沿采场边坡坡脚及低矮边坡种植北方野葛，另外，基于藤本植物在边坡的生长可以利用较少的坡下土壤或坡顶土壤进行大面积的坡面覆盖这一优点，并进行成活期精心养护，有效地增强了绿化效果，均取得良好的生态修复效果，如图 6-11 和图 6-12 所示。

图 6-11　研山铁矿边坡葛藤修复效果　　　　图 6-12　三友矿山边坡葛藤攀爬修复效果

6.7　加固填土类边坡生态修复技术

6.7.1　钢筋混凝土框架内填土植被恢复

钢筋混凝土框架内填土植被恢复是在边坡上现浇钢筋混凝土框架，或将预制件铺设于坡面形成框架，在框架内回填客土并采取措施使客土固定于框架内，然后在框架内植草及灌木以达到坡面植被恢复的目的。它同浆砌片石骨架内进行植被恢复类似，区别在于钢筋混凝土对边坡的加固作用更强，该方法可适用于各类边坡，但由于造价高，仅在那些浅层稳定性差且难以绿化的高陡岩坡和贫瘠土坡中采用。

该技术固定框架内的客土固土方式的选择非常重要，在实际应用过程中，可根据工程的具体情况，采用适当的固土方法，下面介绍 3 种常用的客土固土方式。

6.7.1.1　框架内填空心砖固土

框架内填空心砖固土即在框架内满铺浆砌预制的空心砖，然后在空心砖内填土恢复植被。该方法可使客土有很强的稳定性，能很好地抵抗雨水的冲刷。适用于坡率达到 1∶0.3 的岩质边坡。常用的空心砖的规格如图 6-13 所示。空心砖植草也可单独应用，主要用低矮路堤边坡的植被恢复，一般边坡坡率不超过 1∶1.0，高度不超过 10 m，否则易引起空心砖的滑塌，造成植被恢复的失败。

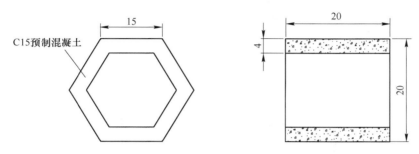

图 6-13　空心砖规格

6.7.1.2　框架内设土工格室固土

框架内固定土工格室，并在格室内填土，挂三维网喷播，从而可在较陡的路堑边坡上培土 20~50 cm，施工方法是：整平坡面至设计要求并清除坡面危石→浇注钢筋混凝土框架→展开土工格室并与锚梁上钢筋、箍筋绑扎牢固→在格室内填土，填土时应防止格室胀肚现象→在坡面采用人工或机械喷播营养土 1~2 cm，以覆盖土工格室及框架→从上而下挂铺三维植被网并与土工格室上土工格绳绑扎牢同→将混有草种、灌木种和肥料等的混合料用液压喷播法均匀喷洒在坡面上→覆盖土工膜并及时洒水养护边坡，直至植物成坪。图 6-14 是框架内加土工格室植被恢复的典型图式。

6.7.1.3　框架内加筋固土

框架内加筋固土即在框架内加筋后填土，再挂三维网喷播恢复植被，或直接喷播植林草的绿化方法（见图 6-15）。对于 1∶0.5 的边坡，骨架内加筋填土后挂三维网喷播植草绿化，当边坡坡率为 1∶0.75 时，骨架内加筋填土后直接喷播植林草绿化，可不挂三维网。

框架内加筋固土边坡生态修复具体施工过程为：

（1）用机械或人工的方法整平坡面至设计要求，清除坡面危岩。

（2）预制埋于横向框架梁中的土工格栅。

（3）按一定的纵横间距施工锚杆框架梁，竖向锚梁钢筋上预系土工绳，以备与土工格栅绑扎用，视边坡具体情况选择框架梁的固定方式。

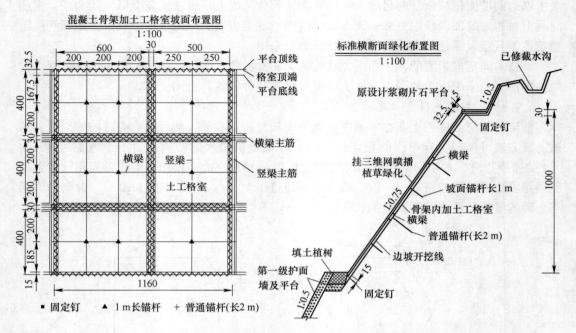

图 6-14　框架内加土工格室固土植被修复

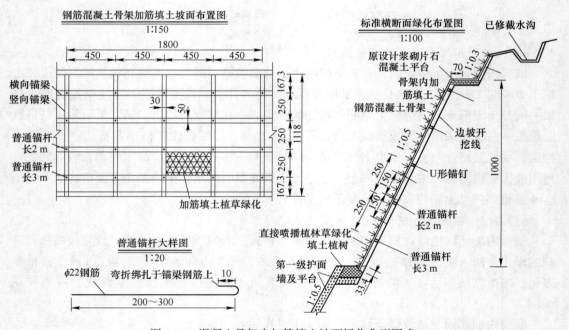

图 6-15　混凝土骨架内加筋填土坡面绿化典型图式

（4）预埋用作加筋的土工格栅于横向框架梁中，土工格栅绑扎在横梁箍筋上，然后浇筑混凝土，留在外部的用作填土加筋。

（5）按由下而上的顺序在框架内填土。根据填土厚度可设两道或三道加筋格栅，以确保加筋固土效果。

（6）当坡率陡于 1：0.5 时，须挂三维植被网，并将三维网压于平台下，并用土工绳与土工格栅绑扎牢固。三维网竖向搭接 15 cm，用土工绳绑扎。横向搭接 10 cm，搭接处用 U 形钉固定，坡面间距 150 cm。网与竖梁接触处回卷 5 cm，用 U 形钉压边。要求网与坡面紧贴，不能悬空或褶皱。

（7）采用液压喷播设备将混有种子、肥料及土壤改良剂等的混合料，均匀喷洒在坡面上厚 1~3 cm，喷播完后，全面覆盖无纺布，覆盖土工膜后及时洒水养护边坡，直到林草成坪。

6.7.2　预应力锚条框架地梁内植被恢复

对那些稳定性很差的高陡岩石边坡，用锚杆不能将钢筋混凝土框架地梁固定于坡面时，应采用预应力锚索，既固定框架又加固坡体，然后在框架内植被恢复（见图 6-16）。

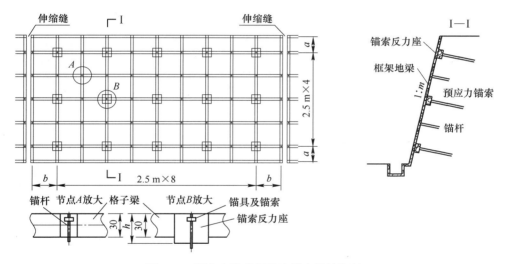

图 6-16　预应力锚索框架地梁内植被恢复

预应力锚条框架地梁内植被恢复技术的施工程序为：（1）根据工程情况确定预应力锚索间距，锚杆间距，施工锚索，浇注锚索反力座；（2）反力座达到强度后，将锚索张拉到设计值，锚索头应埋入混凝土中；（3）钻锚杆孔，浇筑框架地梁，锚索反力座和框架内都应配钢筋，浇注反力座时应预留钢筋，以便和框架梁相连；（4）张拉锚杆后，将锚头埋入混凝土中；（5）整平框架内的坡面，视需要填入部分客土；（6）建议采用厚层基材喷射植被护坡技术，在框架内喷射种植基质及混合草种，其厚度略低于格子梁顶面 2 cm。

预应力锚条框架地梁内植被恢复技术施工时应注意：（1）浇筑锚索反力座和框架地梁时，应严格按混凝土浇筑施工法进行，确保质量；（2）框架地梁也可用预制件，但要确保与反力座及节点的牢固联接，其底面还要和坡面密贴；（3）喷厚层种植基材和混合草种时，要喷射均匀，也要确保草籽分布均匀，严格按厚层基材喷射护坡方法施工。

思 考 题

6-1　露天矿边坡有哪些生态特征？并简要概述这些生态特征对坡面生态恢复工程的影响。

6-2　边坡加固和防护的措施有哪些，以及常用的边坡防护技术有哪些？

6-3　露天矿岩质边坡生态修复技术主要有哪几类？

6-4　简述喷播类边坡生态修复技术。

6-5　简述槽穴类边坡生态修复技术。

6-6　简述铺挂类边坡生态修复技术。

7 排土场生态修复

露天矿排土场是露天矿采掘剥离废石的排弃堆积体。它包括承纳废石的基底和基底上排弃的散体废石两部分。一般露天矿的排土场占地面积是全矿占地的 40%～60%，如果露天矿开采深度达到 300～500 m，则排土场的占地面积为采场的 3～6 倍。如何减少占地和环境污染，提高排土效益，保证排土工程安全顺利进行及排土场下方工业和民用设施的安全，是露天矿开采的重要课题。

7.1　排土场滑塌模式及稳定性影响因素

7.1.1　排土场滑塌模式

依据排土场的受力状态及变形方式，排土场的滑塌可以分为压缩沉降变形、失去平衡产生滑坡和产生泥石流 3 种类型。

（1）压缩沉降变形。新堆置的排土场为松散岩土物料，其变形主要是在自重和外载荷作用下逐渐压实和沉降。排土场沉降变形过程随时间及压力而变化。排土初期的沉降速度大，随着压实和固结而逐渐变缓。据冶金矿山排土场观测资料，其沉降系数为 1.1～1.2，沉降过程延续数年，但在第一年的沉降变形占 50%～70%。

（2）失去平衡产生滑坡。在排土场正常的压实沉降过程中虽然变形较大，但不会产生滑坡，只有当变形超过极限值时才导致滑坡，按滑塌影响条件和滑动面所处位置的不同，排土场滑坡类型可分为以下 3 种形式：

1）排土场内发生变形破坏。当基底岩层坚硬稳定，排弃散体透水性差，含黏土矿物多，风化程度高，散体强度低时，常发生这类破坏，如图 7-1（a）所示。这类破坏常是排土场台阶坡面先鼓起后滑坡。

2）沿排土场与基底接触面的滑坡。当排土场散体物料及基底岩层强度较大，而二者接触面存在软弱物料时常发生这种滑坡，如图 7-1（b）所示。如在外排土场陡倾山坡基底表面有第四纪黄土、黏土等软弱层覆盖的排土场或内排土场基底表面存在有未清除净的风化松散物料时，可产生这种滑塌模式。

3）基底破坏。当承纳废石的基底岩层软弱，承载能力小时，在上覆土层的压力作用下可能沿基底软弱岩层滑动，而引起排土场滑塌（见图 7-1（c））。由于基底岩层滑动，常在排土场前方产生底鼓，从而引起牵引式滑坡。

（3）产生泥石流。泥石流又称山洪泥流或泥石洪流，是山地沟槽或河谷在暂时性急水流与流域内大量土石相互作用的洪流过程和现象。这种物理地质现象的特点是过程短暂，发生突然、结束迅速，复发频繁。在人类活动影响下形成的泥石流称为"人为泥石流"。在人为泥石流中因采矿活动的影响而酿成的称为"矿山泥石流"。矿山泥石流形成

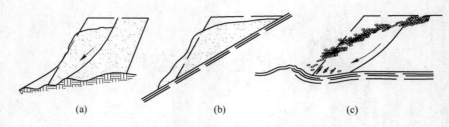

图 7-1　排土场滑塌模式

（a）排土场内部滑动；（b）排土场沿接触面滑动；（c）软弱基底破坏引起滑塌

的条件与一般自然泥石流形成的条件有相似之处。

　　按泥石流的动力作用可将泥石流分为 3 类，重力成因泥石流、水动力成因泥石流和复合成因泥石流。一般矿山排土场的泥石流多属于重力成因泥石流。重力成因泥石流是在流域斜坡上堆积大量的松散固体物质，当这类松散固体物质吸收水分达到一定含量时，便转变为黏稠状流体，然后在重力作用下沿着斜面流动。在重力成因的泥石流中，固体物质参与泥石流过程有两种不同的方式：1）大量积聚在坡度较陡的斜坡上的松散固体物质充水后直接转变为泥石流，称为"堆积物渗水形成泥石流"；2）由其他重力作用（如滑坡、坍塌）转变为泥石流，称为"滑坡型泥石流"。

　　应该指出，排土场作为松散介质，它在自然状态下的沉降变形和滑坡是个复杂的应力平衡和失衡过程。由于它是松散体，滑体内的"质点"在滑塌时运动轨迹可能不相同，因此排土场的滑塌不同于受地质结构面控制的原岩滑坡而属于"土"范畴的滑坡。一个排土场的滑塌可能具有多种滑塌模式，或者是先后形成，或者呈现它们的组合形式，图 7-2 所示为攀枝花矿尖山六排土场滑坡状况。

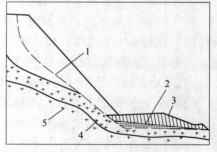

图 7-2　攀枝花矿尖山六排土场滑坡状况

1—滑体滑面；2—第三系昔格达黏土层；

3—凸起的第四系黏土亚黏土；

4—风化花岗闪长岩；5—花岗闪长岩

7.1.2　排土场稳定的影响因素

　　露天矿排土场是采场岩土经爆破、挖掘、运输和排弃过程在基底上堆筑而成的，其结构或外部条件与采场内的原状土岩不同，其稳定性不同于一般的岩土质边坡。排土场稳定性主要取决于排弃散体的物理力学性质、承纳废石的基底岩土层的承载能力、排土工艺及排土场的物理地理和水文地质条件等。

　　7.1.2.1　排土场物料物理力学性质

　　排土场物料的物理力学性质主要是指排土场物料成分、结构和含水量及这些因素对力学性质的影响。

　　A　排土场物料成分

　　排土场物料成分是指原来采场岩土的矿物成分及排弃后不同岩土不同比例的混合成分。

　　矿物的软硬程度及风化、吸水、软化和水解等特性对排土场物料的强度具有很大影响。排土场中各岩土的混合比例不同，其物理力学性质也不同。坚硬块石的抗剪强度比松软岩石的抗剪强度高，并且有利于水的渗透。黏性土和风化带的抗剪强度要比混合岩或混合料的低得多。所以，矿山基建剥离期间所集中排弃的大量第四纪黏土和强风化岩石强度较低，加之孔隙水压力消散很慢，便容易在排土场内部形成潜在难透水弱面导致滑坡。根据排土场岩土的抗剪和抗压强度试验资料及岩性组成的变化规律，当坚硬岩块中黏土等软岩含量不超过 25% 时，则坚硬岩石的强度和压缩特性实际上保持不变。随着软岩含量的增加便出现抗剪强度降低和压缩沉降增大。

B 排土场物料结构

排土场物料结构是指排土场物料中颗粒（或岩块）的形状、粒度（或块度）、排列关系及排土场物料密度等。

颗粒形状指颗粒是棱角形的还是磨圆的。除砂砾、鹅卵石常具圆形、椭圆形外，新近爆破后的岩块均是棱角形的，但风化后可具圆形、椭圆形。散体物料疏松状态时的自然安息角与颗粒形状和大小有关，如砂粒约为 30°，棱角形破碎块石约为 40°；而较大的棱角形块石可接近 45°。

粒度是指颗粒大小，它与土岩类别、爆破方法等有关。粒径小于 0.005 mm 的颗粒为黏粒，黏粒含量超过 3% 的土为黏性土；粒径越大且均匀时，排弃物透水性越好，排土场的稳定性越高。

颗粒的排列关系指不同性质及粒径的排弃物的分层或分带，不同粒径颗粒相互比例等。

不同性质土岩的分层是不同的剥离土岩经分运和分层排弃形成的。分层面可成为强度减弱面。边坡面经长期暴露风化再在其上排土时也会构成强度减弱面。滑坡常沿此类面发生。

用汽车、推土机、排土犁或胶带把不同粒径的废石混合排弃时，排弃物在自重作用下沿排土台阶高度会形成不同粒径的自然分级。一般大块沿坡面滚至台阶下部，小块则留在上部。岩石坚硬时，台阶下部透水性好。但砂土、黏土混排时因黏土块不易在采、运、排过程中粉碎而滚至台阶下部，结果台阶下部形成黏土层，其含水大时对台阶稳定性不利。用挖掘机排土时因排土带宽，铲斗卸载高度大，故大块常陷于平盘上部排弃物中，上述区别不明显。

图 7-3 为永平铜矿南部排土场 274 边坡的粒度分布。排土工作是用汽车靠近土场边缘直接向坡下卸载，残留在平台的部分岩石由推土机推到坡下。由图 7-3 可知：粒径 $d<$ 20 mm 的细颗粒岩石在排土场高度的 1/3 以上较多，往排土场下部方向含量急剧减少，坡底最少，20 mm$<d<$80 mm 岩石含量屈凸型变化，在排土场中部含量最多，$d>$80 mm 的岩石在排土场高度的 1/3 以上较少，往排土场坡底方向急剧增多。粒度的平均尺寸的变化特点是除坡顶外随着深度的增加而增大。

排土场岩石粒度分布在很大程度上影响着排土场的压缩性，密度、抗剪强度和渗透性。

由于粗颗粒岩石组成的排土场内部架空大，骨架刚性高，因而其压缩性与粗颗粒岩石岩性岩质呈反比关系。

排土场散体介质强度机理的物理内容包括：颗粒滑动所产生的摩擦，颗粒间的咬合作

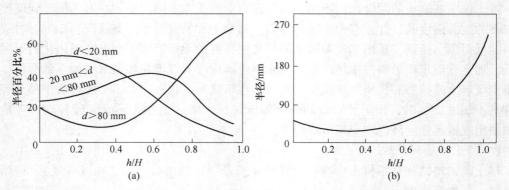

图 7-3　排土场岩石粒度组成的变化（a）和 块度沿排土场高度的分布（b）

用产生的摩擦及颗粒重新排列受到的阻力，黏结力主要取决于黏土矿物与孔隙水的物理化学作用所提供的原始黏结强度，某些化学成分的胶结作用而形成的固化黏结强度及散体结构对外力作用的反应。不同粒度配比排土场物料的剪切试验表明，不同粒度配比对散体物料抗剪强度具有如下影响关系：C、ϕ 值随着平均粒径的增大而增大；C、ϕ 值受细颗粒（$d<5$ mm）含量的影响显著，细颗粒含量大时，虽然平均粒径变化不大，但抗剪强度却变化很大；粒度级配不均匀系数大，C、ϕ 值大。

7.1.2.2　排土场基底

排土场基底可以是原地表或采场底面。基底及排土场的稳定主要取决于基底的倾向和坡度、基底表面覆盖物的性质、基底内部浅层岩体的岩性和构造特征及基底中的含水情况等。

当基底倾向与排土场可能的滑动方向一致，且坡度较陡时，排土场稳定条件差。排土场易沿基底表面滑塌。

内排土场基底属岩层。由于上部采掘工程影响，基底常遭到破碎，加之开采后卸压、风化等作用，因而基底岩层结构与原状时对比变化较大。上部排土后又受重力和水的作用，因此内排土场排土后基底的物理力学性质与原岩不同。外排土场基底表面为原地表，它一般是表土或风化岩层，结构松散、孔隙多。

基底软岩在排土场重力作用下产生压缩沉降变形，在排土初期其内部孔隙水压力增大，承载能力降低。但随着排土高度增大，压力增大，地下水逐渐排出，孔隙水压力也逐渐消失，软岩被压实和固结，这时基底承载能力增加。若继续增加排土高度，则首先在边坡底部基底出现剪切变形，随着压力的继续增大，于是形成压力极限平衡区基底失去承载能力而出现塑性滑移和底鼓，从而导致滑坡。

基底中的软岩层和软弱结构面是影响基底稳定性的主要因素，煤炭科学研究总院抚顺分院露天开采研究所曾对义马北露天煤矿内排土场倾斜软弱基底滑坡机理进行过底面摩擦模型实验研究。该内排土场基底为煤矸互叠层岩组，包含泥岩、炭质页岩、砂质泥岩和煤线，岩层内断裂节理发育，岩体破碎，离基底面 3～10 m 内分布有一至数层厚度达 3～10 m 的泥岩，为岩层中的软弱夹层。其层面可见擦痕，已有塑性变形，力学强度低，倾角上部为 10°～15°，下部为 6°～8°，如图 7-4 所示。

实验表明，基底变形破坏是在超过其极限承载能力时开始发生的。在排土场重力作用

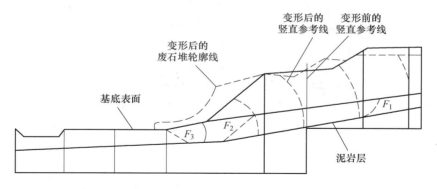

图 7-4　义马北露天煤矿内排土场基底地面摩擦模型变形图

下，排料下基底明显弯曲，挤压软弱夹层，并沿软弱夹泥产生滑移，在夹泥上覆盖岩层中形成拉伸应力、产生断裂。物料沿断层或断裂缝楔入基底，在下部基底发生波状隆起。在变形初期，隆起高度增大较快，但其后随时间增长，下部隆起高度增加减缓，有时隆起发生坍塌，而隆起的水平范围扩大。由于基底的变形，引起排土场下沉，水平位移很大，离排土场边坡越远，其变形量越小。

实验还发现，边坡表面水平位移较大，随着深度增加而逐渐减小，但接近软弱夹泥层时水平位移又有所增加。这是因为越接近表面正压力越小，当接近软弱夹泥时，由于夹泥被挤压，弱层明显变薄。夹泥与上覆岩层之间的摩擦作用使上覆岩层中形成拉伸应力，牵引夹泥的上覆岩层滑移。

下部隆起高度与基底岩层赋有条件关系很密切。基底岩层倾角越大，其变形隆起量就越大，变形范围也越大。基底小断层控制着排土场的变形范围，并给滑动提供便利条件。若在排土场物料下的基底中存在倾向与边坡倾向一致的断层，则物料首先从断层楔入基底，而在断层以外基底基本上不产生位移。在排土场下部存在断层时，隆起和裂缝也首先出现在断层位置。

以上分析可见，在评价排土场基底稳定性时，必须先查清基底岩土层的性质和构造特征。

7.1.2.3　排土场和基底的含水量

水诱发的排土场破坏有两个主要方面：（1）沿着排土场基底存在有很大的水压力；（2）在排土场内及基底处有着潮湿软化作用。

排土场坡底有积水，被洪水浸淹或排土场设置于洼地时，排土场岩石及基底被水流浸润，岩石强度降低。

大气降雨对排土场稳定性有很大影响。雨水可浸润废石，甚至使之饱水。雨水渗入排土场的深度视排土场物料的渗透性而定，在黏土质岩石中较浅，在砂质中较深，在坚硬的块状岩石中可渗透到排土场基底。雨水对坡面的冲蚀，造成浅层物料的流失、滑移与局部塌落。其中一部分停淤于坡脚，由于物料以碎石土为主，渗水性较差，故对坡底自然分级的大块带起到覆盖与封闭作用，因而可延迟排土场内部积水疏干。

冬季，在冰冻地区，含水排土场的部分岩石冻结，可破坏岩石的结构，解冻时岩石强度降低，在排土场岩石中形成弱面。在重力作用下黏土质岩石中产生孔隙压力，这些均导致排土场稳定性的降低。

　　基底岩层中的地下水可能通过基底下面的节理裂缝发生渗透，雨水也能从高处及局部的沟壑带渗透到基底。

　　排土场与岩石边坡、尾矿坝的渗流物比较具有很大的区别：排土场上游没有固定水头或浸润线，其水体来源属非稳定流的降雨和山坡汇水入渗；同时废石堆物料结构不均匀，平均渗透系数较大。

　　含水的黏土、黏土质岩石堆排至一定高度时，排土场下部被压缩，由空气、水、土岩三相状态变为水、土岩二相状态，排土场内产生孔隙压力，水向上溢出，而上部的水如大气降雨等则下渗，因而在排土场形成一高含水带（见图7-5）。苏联许多露天矿排土场滑坡区通过钻孔取样证明，该带的含水量远比上、下废石的含水量高，这是因为该带未压密，孔隙为水充填所致。滑动面即沿该带形成。

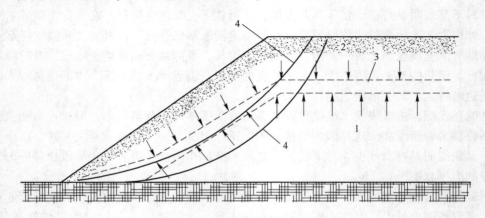

图 7-5　排土场中的高含水带

1—双相带；2—三相带；3—高含水带；4—滑动面

7.1.2.4　排土工艺

　　排土工艺对排土场稳定性的影响是综合性的。在各种工艺因素中最重要的是排土场边坡的高度和形状、排土工作线的长度和推进速度。

　　排土场边坡高度视排土场边坡角、废石物料的物理力学性质、基底条件而定。为了对松软基底进行有效的压实固结，而又不致载荷过大而引起基底滑移，要求有适当的台阶高度。坚硬和中等坚硬岩石排弃于稳定基底上时，保持自然边坡角的排土场可至任意高度。在平坦地表堆筑这种排土场时，排土场的高度可按运输线路的铺设与维护等费用，以及高排土场上使用大型设备的可能性等条件确定。

　　凹形（排土工作线凹向坡面）的边坡比平直和凸形边坡稳定，而平直边坡又比凸形边坡稳定。利用有利地形堆筑凹形边坡对排土场边坡的稳定是有利的。多数情况下，多台阶边坡比一坡到底的边坡稳定。而且由于多台阶边坡是由下往上堆筑，排土场边坡底部台阶压实固结时间长，同时降低了边坡的总体边坡角，更有利于稳定。

　　采用全线排土法时，排土机械沿工作线连续移动，工作线的推进速度反映了排土场荷重的增加速度，而分带排土法（如用单斗挖掘机排土）则反映了在堆筑下一排土带之前边坡存在的时间。排土场荷重增加的速度对岩石的抗剪强度和排土场边坡的稳定性有重要影响。在排土生产能力和边坡断面一定时，排土带的宽度和排土工作线的长度可影响荷重增加的速度，调整好这些参数可改良黏土质岩石的固结过程，使岩石的强度有利于排土场边坡的稳定性。

7.2　矸石山生态修复技术

　　矸石山是煤矿井下巷道掘进、煤炭开采及洗选过程中产生的矸石堆积形成，主要岩性是含碳的泥岩、砂岩。近些年随着矿山开采规模的不断扩大，矸石产生量呈明显递增趋势。矿山开采过程中矸石综合产生率为 18% ~ 20%，全国每年约产生 3 亿 t 矸石。根据有关统计数据，现阶段国有重点煤矿矸石山数量已超过 1500 座，占地面积超过 5000 hm²，矸石累积堆放量达到 30 亿 t，煤矸石堆放在自然环境中极易发生自燃、淋溶和扬尘等，对大气、水体及土壤等造成严重污染，大量矸石堆放会污染矿区环境。如何对矸石山进行生态修复，从而改善矸石山环境是现阶段矿山生产时需要解决的现实问题。近年来关于矸石山生态修复技术，众多研究学者及工程技术人员等展开了深入研究，并取得较好的研究成果。

　　现阶段煤矿矸石山有存量大、占地面积有限、坡度大及治理难度大等特点，开展防治扬尘、水土流失、边坡防治及大规模绿化等可有效改善矸石山及附近环境。矸石山生态修复采用的多元化技术是指"边坡治理技术+覆土固土技术+植被重建技术"综合技术。

7.2.1　矸石山自燃防治技术

　　煤矸石山自燃是一种比较特殊的燃烧系统，它的起燃和维持燃烧、火区的转移同一般火灾有很大差别。在采取防治措施时，不仅需要考虑常规灭火的一般规律，还要考虑煤矸石山的特殊规律。加强煤矸石山自燃的预处理，分析研究可燃物燃烧机理，从各个环节控制矸石山自燃是防止煤矸石山自燃的必经环节。

　　首先，煤矸石堆积前应分选回收黄铁矿及煤矸石中的残煤，减少和清除煤矸石中的可燃物质是治理矸石山自燃的根本途径，不仅能有效预防自燃，而且具有一定的经济收益。此外，改进煤矸石的排放工艺，减少煤矸石中硫化物的活化性能，即减弱其氧化反应必需的水及空气条件。切断供氧的方法在煤矸石堆放时应考虑两个基本原则：（1）尽量平面堆放，降低煤矸石山堆放高度，从而限制矸石山热量聚集能力；（2）堆放过程中可使用推土机并用重型机械，并覆土压碎压实，降低黄土与矸石的渗透率，即减小矸石堆的孔隙率，隔断氧气供应。应当建设适当的排水系统，减少水侵入矸石山，从而缓解煤矸石山的氧化过程。目前还采用注浆的方法治理煤矸石山自燃，灭火材料一般多为碱性物质，在矸石山火区布置一系列的钻孔，然后用注浆泵将灭火浆液注入矸石山内部。迅速使内部矸石降温，还可以起到阻隔空气的作用。最后，待矸石自然熄灭后，再覆盖一定厚度的黄土层，并实施绿化技术，从而可以彻底消灭矸石污染危害，创建优美的矿区生态环境。

7.2.2　矸石山整形整地技术

　　为了减少压站土地，煤矸石山的主要堆积方式是成锥形，以堆积成高度过高、坡度过大的为主。锥形矸石山不利于植被复垦绿化，并且易发生滑坡泥石流等地质灾害。通过矸石山整形设计，将其改造成梯田式、螺旋线式、微台阶式，以及借鉴国外大多堆放的缓坡形式。微台阶式是一种较简易省工的方法，也是最宜采取的整形设计方法。因为矸石山形状和概况都有各自的特殊性和优缺点，所以要根据各地矸石山的矿山地质条件因地、因境制宜，从而为矸石山生态修复提供良好的地质基础。此外，可以防止矸石山发生水土流失和山体滑坡，创造植物生长的有利条件。

在对煤矸石山进行整形整地时，既要考虑工程的实施，也要考虑景观优美。例如，通常在整形设计时要考虑建立一条环山道路直达山顶，便于运料和整地施工及工作人员和游人登顶；对山顶进行整平和建立亭台、休闲活动场所等，在煤矸石山的一些适宜位置建立错落有致的石阶供游人登山，增加矿区社会人文效应；重新压实和堆排煤矸石在一定程度上可以防止矸石山自燃。为避免雨水冲刷造成矸石山边坡水土流失，在矸石山上设置集水沟、截水沟、雨水收集池及排水沟等设施。具体在分级平台内侧设置截水沟；在上山道路及矸石山竖向道路内侧设置集水沟；为避免坡内渗水及坡面径流给矸石山稳定性带来影响，在挡墙内侧布置排水沟；依据所在区降水量及矸石山表面积在矸石山最低位置布置雨水收集池，有效截留雨水和地表径流。

矸石山的整地方式主要有全面整地和局部整地，全面整地工程量大且经济效益不高，因此大多采取局部整地方式，局部整地有利于蓄水保墒且经济省工。矸石山的整地应按照至少提前一个雨季的原则进行，这样有利于栽培带的蓄水保墒和提高有机质等养分含量。

矸石山整形整地的主要目的和作用在于减缓坡度、改善空隙状况，改善局部土壤的养分和水分状况，提高土壤的持水和供水能力；调整地表结构，减少水土流失；增加栽植区土层厚度，以便植被恢复施工，提高造林质量和栽植成活率。

7.2.3　矸石山覆土技术

矸石山覆土是将外来的土壤、粉煤灰等覆盖到煤矸石山的表面，以增加土层厚度，迅速有效地调整煤矸石山表层土壤结构，达到改良质地、提高肥力的目的。此外，在矸石山上覆土同时加些树皮或锯末等材料，可直接为植物提供生长所需介质，实现快速有效复垦。其优点就是植物的生长环境改善，尤其是土壤环境的改善较大，除适宜较多的树种生长和造林成活率较高外，还可以种植一些农作物和牧草，达到快速改善矸石山生态环境的目的。根据煤矸石山表面风化程度的不同，在进行植物栽培之前，应根据各自矿区特性采取适当的覆土措施。

在覆土绿化技术中，覆土的厚度是关键因素。对风化程度好的煤矸石山，一般不再覆土，稍微对土壤改良就直接进行种植；对于风化程度稍好的煤矸石山，其表面酸度过大、含盐量高或表层温度过高时，采用薄层覆土是一种经济实用的覆土植被恢复技术。薄层覆土大大降低了复垦地造价，同时对于出苗、保苗比较有利，还可以使幼苗免受高温灼伤，不会降低植物根系的抗逆性，并且采用薄层覆土栽植，植被的根系能够深入到矸石风化物深层，吸收矸石山深层的水分和养分，有利于植物的成活和发育。对于没有风化或风化程度极低的煤矸石山，即矸石山表面全为不易风化的大块矸石，必须覆土 50 cm 以上后再进行种植。厚层覆土虽然可以让植被在短期内迅速生长发育，但由于需要的土方量增加，且运输成本较高，从而提高了复垦投资，难于推广。目前多采用局部换土的方法，在矿区内部进行调换，节约土方的挖掘和运输费用，可以取得较高的经济效益。

污泥覆盖技术是将生活污水和工业污水中的沉淀物，直接覆盖在矸石山表层的技术方法。利用这种方法，在对矸石山进行立地改良和植被恢复工程操作中，是值得提倡的方法。众所周知，污泥是生活污水厂的主要产物之一，目前污泥处理多采用浓缩、脱水、干化、消化、堆肥、焚烧以及填埋等手段，处理费用约占污水厂运行费用的 20%～50%，并且工程耗费严重。采用污泥覆盖矸石山技术，可以从源头上减少污泥处理费用，并且可以达到矸石山基质改良的效果。利用污泥覆盖对煤矸石山进行植被恢复具有一些独特优点，首先，污泥中含有丰富的氮、磷、钾植物营养物和植物所必需的微量元素，可以较大程度提高矸石山的肥力水平。其次，污泥具有流动性，可填堵煤矸石山表层的大空隙，有效地改善煤矸石山表层的结构，防止矸石山自燃时供应氧气。最后，可有效减少覆盖层的运输环节，降低覆盖绿化成本和污水厂的处理成本，提高污泥的利用率，减少二次污染。污泥覆盖技术总体上既能提高矸石山表层保水性能及肥力，较好地提供和改善矸石山植物的生长环境，具有较高的经济效益，可谓一举多得。

7.2.4 矸石山生态修复植物筛选

矸石山生态重建的主要目的是通过发挥植被的防护功能改善生态环境，同时因立地条件特殊，要求选择具有一定特殊抗性的植物品种。要根据煤矸石山的地形地貌、气候特征、土质和水文情况及修复所要达到的目的来确定。通过实地考察，煤矸石山适宜植物种类的选择首先应选择乡土植物，结合其他试验成果，种植一些适应性和抗逆性强的植物种类。为达到矸石山生态重建，选择植物品种时重点考虑减少水土流失和土壤快速改良。最后还要兼顾植被效益最优原则，即乔灌草相结合的种植原则。

植物种类的选择是煤矸石山绿化的关键，应根据煤矸石山植被恢复与生态重建的目标要求，从实际的立地条件出发，并借鉴以往的成功经验，科学地、因地制宜选择适宜品种。改造其生态景观，从而使煤矸石山生态环境成功转型，发展生态景观旅游。结合目前我国许多矿山或矿业城市面临严重的环境破坏和资源枯竭问题，解决问题的根本出路是贯彻科学发展观，走绿色矿业道路，矿山生态旅游正是这一思想的最佳体现。

矸石山生态修复是一门庞大的系统学科，它涉及多学科、多门类技术。因此，煤矸石生态恢复与重建需要采取科学设计，以适宜的工程措施和生物措施进行改善。试验研究与大规模治理相结合，矸石山上合理种植草灌乔植物种类。此外，还要注意，初始植被并不等于永久植被，它需要长时间的实践检验。以生态效益为主，兼顾经济和社会效益，达到恢复和改善矿区的生态环境，为实现绿色矿区、可持续发展矿区奠定理论基础和技术支持。

7.2.5 矸石山植物栽植技术

煤矸石山植被恢复技术按其立地条件改良的程度和整地方式，可分为覆土和无覆土两大类。但对于我国北方，特别是西部干旱地区的自燃煤矸石山而言，为了防火和植物生长的需要，一般采用覆土栽植技术。煤矸石山立地条件以干旱、缺水、贫瘠为突出的生态环境特征，一般情况下，不适宜采用分殖造林方法，播种造林除草本植物与部分灌木植物外，也不适宜采用。所以，对木本植物而言，植苗造林是煤矸石山植被恢复采用的主要方法。

对煤矸石山而言，原则上应选择在温度适宜、湿度较大、遭受自然灾害的可能性小、符合植物生物学特性、栽植省工、投资少的季节进行造林。煤矸石山的造林，在春季、雨季和秋季都能进行，但在哪一个季节、具体到什么时间栽植，主要依据植物种类的生物学特性而定。煤矸石山的雨季造林主要适用于针叶树和某些常绿阔叶树，大部分落叶阔叶树不适宜雨季造林。

为了保证煤矸石山植被的成活率，根据植苗造林成活的基本原理与关键因子，在煤矸石山植被栽植工程中要掌握以下几种抗旱栽植的技术要点。

7.2.5.1 选用良种壮苗

要选择适宜煤矸石山生长的具有抗旱、耐贫瘠等优良特征的植物种类或利用优良植物种类培育出的优良苗木。对壮苗的选择标准是：

（1）根系发达，具有较多的侧根与须根，主根短而直；

（2）苗木粗壮而挺直，有与苗木地径相称的高度，上下均匀，充分木质化，枝叶繁茂，色泽正常；

（3）苗木的种量大而且茎根比值（地上部分与地下部分的比值）较小；

（4）无病虫害与机械损伤；

（5）具有饱满与健壮的顶芽（针叶树）或侧芽（阔叶树）、生长势较强。

7.2.5.2 苗木保护与保水技术

在煤矸石山，这种极端缺水的立地条件下植苗造林，保持苗木的水分是植物成活和生长的关键因素。在苗木栽植工程中避免苗木失水，供给苗木足够水分的主要措施有以下几方面：

（1）"五不离水"。即在整个苗木栽植过程中要做到：起苗前浇水，运输时洒水，假植时浇水，栽植时蘸水或浸水，栽植后浇透水。另外，对萌芽力较强的阔叶树可进行"截干栽植"。由于苗木茎干被去掉，可以大大减少水分蒸腾，防止苗干的干枯，提高造林的成活率。对常绿针叶树或大苗造林时，可适量修枝剪叶，以减少枝叶面积和水分蒸腾量。

（2）保水剂技术。保水剂是一种高吸水性树脂，在树脂内部可产生高渗透缔合作用，并通过其网孔结构吸水。保水剂的一般使用方法有蘸根、泥团裹根和土施等。

（3）地膜覆盖技术。地膜覆盖技术是抗旱造林的有效技术，能大幅度提高造林成活率。覆盖前，根据林种、密度和苗木规格等将地膜裁成大小合适的小块；栽植后浇水，等水渗下后，将 1 m^2 的地膜在中心破洞，从苗木顶端套下，展平后，将苗木根基部及四周薄膜盖严，随树盘做成漏斗状，利于吸收自然降水；还要将边缘压实，最好再在地膜上敷一层薄土，以防大风将地膜刮走。另外，还可采取秸秆、杂草、紫穗槐、石片等进行覆盖。漏斗式地膜覆盖的好处是：雨水集中到树干中心的破洞，渗到土层中，使无效小雨变有效降雨，同时避免蒸发。

（4）生根粉应用技术。ABT 生根粉是一种新型植物生长调节剂，应用于植树造林和扦插，可促进苗木生根、生长，提高成活率。在造林上，有浸根、喷根、速蘸、浸根包泥团 4 种方法。

7.2.5.3 栽植技术

树木的栽植方法一般可分为裸根栽植和带土球栽植两种。其中带土球栽植，还可以根据容器的有无分为带土坨栽植和容器育苗栽植两种。

裸根栽植法多用于常绿树小苗及落叶树种的栽植，其关键技术要领是要保持根系的完整。其中，骨干根不可太长，侧根、须根尽量多带。为提高栽植的成活率，从掘苗到栽植，务必保持根部湿润，根系打浆是常用的保护方式之一，可提高移栽成活率20%。运输过程中采用湿草覆盖，可以防止根系风干，保持根系的湿润。

一般地，大面积植被恢复主要采用裸根苗栽植。裸根苗造林最常用的是穴植法，栽植技术的关键一是保证苗木根系舒展（不窝根），二是采用"三埋两踩一提苗"的操作要领。保证苗木根系的舒展，在挖穴时要注意满足规格和质量的要求，并根据根系特点进行栽植。如需根系较多的苗木，栽植时要穴底填土，让根系平展开来；直根系的苗木，栽植时穴底填土要少，避免主根弯曲，造成窝根，影响成活。"三埋两踩一提苗"是林业技术部门提倡的一种科学的树木栽植方法，包括三次埋土、两次踩实及一次将苗木向上提起的过程。

带土坨栽植主要用于一些较大规格的针叶树造林。容器育苗目前被国内外广泛用于针叶树的大面积造林。这两种栽植方法都具有不伤害和不裸露苗木根系、成活率高的优点，在煤矸石山植被恢复中应大力提倡。尤其是容器育苗，能保持原土壤和根系的自然状态，造林后无缓苗过程，幼林生长快，即使在立地条件较差的造林地上，也能大幅度提高造林成活率。

容器育苗造林就是将育苗的容器连同苗木一起栽植到树穴中的造林方法。容器苗造林具有以下优点：容器苗根系在起苗、运输和栽植时很少有机械损伤和风吹日晒。由于根系带有原来的土壤，减少了缓苗过程，其成活率要比常规方法高；容器苗因容器内是营养土，比裸根苗具备了良好的生育条件，有利于幼苗生长发育；容器苗适应春、夏、秋三季造林，可以加速矸石山造林绿化速度；容器苗造林的成本与常规植苗造林相比较高，但其成活率高、郁闭早、成林快、成效显著，综合效益要高于常规植苗造林。

菌根菌育苗造林技术就是在育苗阶段接种菌根菌，使植物根系受特殊土壤真菌的侵染而形成的互惠共生体系，然后用这种被侵染的菌根苗造林的技术。菌根苗能扩大对水分及矿质营养的吸收、增强植物的抗逆性、提高植物对土传病害的抗性，尤其在干旱、贫瘠的恶劣环境中菌根作用的发挥更加显著。

秸秆及地膜覆盖造林技术是在造林地上覆盖秸秆或者地膜，从而提高栽植的成活率的方法。秸秆与地膜覆盖可以提高地温、避免寒流侵袭造成的冻害，促进土壤中微生物的活动、有机质的分解和养分的释放，从而有利于植物的生长、吸收及营养物质的合成和转化，保证苗木的成活和生长。另外覆盖秸秆或者地膜还可以保持和充分利用地表蒸发的水分，防止苗木因干旱造成生理缺水而死亡。因此可以说秸秆及地膜覆盖造林，在保水增温、促进幼苗的迅速生长、尽快恢复植被、防止水土流失、改善生态环境等方面，发挥着重要的作用。

7.3 露天煤矿排土场生态修复

露天煤矿区建设和生产要开挖地表，弃土弃渣，破坏土地和植被，从而减少了地面植被的覆盖。植被覆盖率的减少改变了地表径流和地表的粗糙度，使土壤抗蚀指数降低，加剧了水土流失和土地沙化、干化。土地流失致下游河湖的淤积，土壤营养元素的损失，造成地力衰退。沙漠化的过程主要表现为土壤理化性质的劣化过程，土壤的粗化、伴随沙质荒漠化导致的土壤盐碱化、沼泽化，土壤团聚体粒径减小、含量降低，团粒结构的消失，土壤生物种类与种群数量的减少。沙质沙漠化过程中由于绿色植物这一生产者的减少，改变了生态系统能量转化的途径，改变了水分和营养元素的系统内循环途径，进而影响到土壤物理、化学成分及动植物和微生物等土壤生物区系的种类和数量，造成植被的逆行演替，导致生态系统退化。因此，露天煤矿排土场生态环境改善采取综合治理措施迫在眉睫，植被恢复与重建是解决煤矿区及其区域生态环境问题和综合治理的基本途径。下面以黑岱沟露天煤矿排土场生态修复为例进行论述。

7.3.1 土壤系统修复技术

对露天矿排土场进行植被重建的首要任务是明确限制生态环境恢复的主要因子，并清除这些不利因素，否则，植被恢复工作难以开展。露天矿排土场土地的共同特点是土壤中缺少自然土中的营养物质，尤其是缺少氮、磷和有机质。由于植物生长所需主要营养物质的匮乏，使得土壤肥力低下，不适宜植物生长。因此，植被重建的前提是改良土壤，为植物提供必需的生长条件。为寻找适合矿区土壤系统修复的最佳技术，进行多项土壤改良方法的试验研究，并对排土场北排、东排、马连沟排土场等现状复垦植被的土壤水分改良效果、土壤养分改良效果、土壤微生态环境改良效果等进行监测分析，根据矿区的条件选择出露天矿排土场土壤改良的有效方法。

7.3.1.1 土壤培肥

排土场土壤改良施氮、磷化肥后，土壤有机质、速效养分含量增加幅度较高，但由于无机化肥的价格较高，且在干旱缺水条件下肥效难以充分发挥。因此，排土场在复垦种植时主要利用化肥作为种肥或部分植物的追肥使用，作为大规模复垦土壤培肥地力的肥料主要还是有机肥。有机肥在分解过程中，产生多种有机酸，有利于土壤中难溶性养分溶解释放，提高养分的有效性，充分发挥土壤的潜在肥力；有机肥料在分解过程中可产生二氧化碳，促进植物的光合作用。总之，有机肥的作用是多方面的，它具有化肥所没有的优越性。

7.3.1.2 粉煤灰改良土壤

黑岱沟露天矿排土场试验区的研究表明，施粉煤灰按照 1 t/hm^2 处理，土壤有机质、全氮、碱解氮、全磷及速效磷质量分数分别比对照增加 90.7%、65.8%、23.5%、65.1% 和 18.8%；施粉煤灰按照 2 t/hm^2 处理，土壤有机质、全氮、碱解氮、全磷及速效磷质量分数分别比对照增加 138.8%、156.6%、63.9%、75.5% 和 55.8%。从各养分的增加幅度来看，增施粉煤灰后土壤有机质、全氮、全磷质量分数增加较多。粉煤灰可以用作土壤改良剂，在与农家肥和化肥混合施用时效果较好，其主要作用表现在：可以明显改良土壤质地，降低土壤密度，增加土壤孔隙度，提高地温，促进土壤微生物活性，有利于养分转化，有利于保温保墒，使水肥气热趋向协调，为作物生长创造良好的土壤环境，促进作物增产。

7.3.2 植物品种筛选

露天矿区排土场环境条件极端恶劣，其受损生态系统自我恢复将难以实现，或实现过程漫长。如果采用生态恢复措施，排土场中受破坏的生态系统可在相对较短的时间内得以恢复。植被重建是露天矿排土场生态恢复的首要工作，植被重建除了本身起着构建退化生态系统初始植物群落的作用外，还能促进土壤结构与肥力及土壤微生物与动物的恢复，从而促进整个生态系统结构与功能的恢复与重建。因此，研究排土场植被重建问题具有十分重要的现实意义。

露天矿排土场生态修复，建立人工植被，首先必须选择适宜的植物品种，为此要做到覆盖土、气候等自然环境条件与植物生态学特性的统一，即"适地适植"的原则。

7.3.2.1 主要植物品种选择依据

主要植物品种选择依据如下：

（1）耐土壤贫瘠：排土场土壤主要是矿区开采中最初的剥离物，无结构。因排弃过程中反复碾压使土壤坚硬紧实而干燥，养分极为贫乏，要求所选植物种具有耐贫瘠的生物学特性。

（2）抗旱性强：该地区气候属中温带半干旱气候，总的气候特点是日照充足，有效积温高，水热同期，有利于植物生长。但是夏季降水多以暴雨形式出现，使水土流失加重，春季干旱少雨，多大风，这些又不利于种子植物的成活和生长。为此，在大风干旱的地区植被恢复应选择抗旱能力强的植物。

（3）植物根系的固土和护坡能力强：植被固土、护坡是防治水土流失的有效办法，根系土壤增强作用是植被稳定土壤的最有效机械途径。根系能加强土壤的聚合力，在土壤本身强度不变的情况下，通过根系的机械束缚增强根际土层的总体强度，提高滑移抵抗力。植物相互缠绕的侧面根系形成具有一定抗张强度的根网，将根际土壤固结为一个整体，同时垂直根系把浅层根际土层锚固到深处较稳定的土层上，更增加了土体的稳定性；因此，在黑岱沟露天矿区植被恢复中必须本着植被根系固土、护坡能力强的原则进行树草种的选择。

（4）考虑经济价值及矿区绿化美化效果。

7.3.2.2 主要植物品种选择技术

黑岱沟露天矿自1992年开始开展水土保持与生态重建工作，先后选用了90多种植物进行了人工栽培试验，从栽植植物的水土保持和改良土壤的作用、植物的演替退化规律、植被根系的固土护坡能力、植被抗旱机制及其在矿区排土场复垦土地上的植物生长状况等方面分析，最终选出适宜矿区内生长的植被类型。

7.3.2.3 矿区筛选出的先锋植物和适生植物

自1992年生态重建以来，就在排土场自然恢复植被种类和生长状况调查的基础上，开展了适宜植被类型的筛选和种植。根据多年植被重建与生态恢复试验工程中取得的一些成果，且在土地复垦和生态恢复技术上积累的一定经验，通过水土保持与生态重建实践及对比试验，筛选出了适合矿区内部生长的部分植物。乔木有油松、樟子松、刺槐、新疆杨、柳树、梨树、侧柏、杜松、山植、樱桃、云杉、山定子等；灌木有：沙棘扭、柠条、丁香、女贞、紫花洋槐、欧李、锦鸡儿、沙地柏、小叶鼠李等；豆科草种有：紫花苜蓿、沙打旺、黄芪、羊柴、草木挥等；禾本科草种有披碱草、羊草、冰草、碱茅、狗尾草等。

7.3.3 植被重建技术

7.3.3.1 蓄水截流整地技术

蓄水截流整地技术如下：

（1）深整地蓄水工程：在干旱半干旱地区造林，土壤水分条件是影响造林苗木成活和林木生长的突出限制性因子，通过林地坡面建造微型集水区，人工引起地表径流，并就地拦蓄利用植树带深整地蓄水技术来解决这一矛盾，是有效的解决途径。

（2）黑岱沟露天矿北排土场 1275 m 标高平台周边，2004 年春季采用植苗移植新疆杨 16 行，株行距均为 3 m；为了拦蓄径流，防止水流对边坡产生冲刷，于 2003 年雨季前采用机械挖掘深整地方式，穴径、深 0.8 m，整地时把生土作埂，表土回填，以提高土壤持水能力。结果表明，深整地蓄水技术大大增加了土壤积水贮水能力，整地后，土壤变得疏松多孔，渗透性增强，有利于水分迅速下渗到深层，并加以保蓄，使毛细管作用削弱，又可以减少地表水分的蒸腾。

7.3.3.2 集流整地技术

在排土场边坡、工业场地堆垫边坡等地沿等高线采用水平沟、鱼鳞坑整地形技术；水平沟、鱼鳞坑按 20 年一遇标准设计。实践证明，水平沟、鱼鳞坑整地技术可有效地拦蓄坡面来水，减少坡面水土流失。

7.3.3.3 植树带塑料薄膜覆盖技术

改变土壤表面蒸发条件最有效的方法是进行覆盖，覆盖栽培能有效地改变小气候条件，改变土壤水热状况，从而促进农作物和林木的生长。目前，国内外普遍使用的几种地表覆盖材料有地膜、草纤维膜、秸秆、枯草等，其中地膜覆盖保墒作用显著。覆盖是人为在大气和土壤的交界面上设置隔离物，它通过改变太阳辐射的吸收、散射、反射等产生的一系列连锁变化，改变土壤的热平衡，通过热量变化，提高或降低了土壤温度，增加了土壤含水量，同时也改变了其他的土壤物理化学特性，覆盖之后避免了击溅，表土一般不产生板结，土壤密度、通气系数、呼吸等发生明显变化，这种微局地环境的改变对于半干旱地区的造林非常重要。在黑岱沟露天矿东排土场、东沿帮排土场香花槐、紫花洋槐和新疆杨的栽植中采用厚度为 0.010~0.015 mm 的无色透明塑料薄膜直接覆盖于土壤表面，当年植株生长状况明显好于未覆膜区。

7.3.3.4 针阔混交林有序更替技术

黑岱沟露天矿北排土场 1275 m 标高平台周边 2004 年种新疆杨 16 行，株行距均为 3 m，采用挖掘机 1 m³ 的挖铲进行穴状整地，2005 年在新疆杨中间又种植了油松，目的是实现针阔混交林分有序更替。新疆杨生长较快，能迅速形成上层林冠，创造了庇荫条件，油松的幼树在其下可茁壮生长，当经过一定阶段后，油松高度逐步超过新疆杨，并形成更高的主林层，此时，喜光的新疆杨便逐渐枯死，最后全部被淘汰，成为油松纯林，完成树种更替过程。针阔混交阶段的关键是林分主次位置的互换，林分从造林之初的以阔为主，过渡到针阔平等，最后发展到以针为主。新疆杨为油松发挥了遮阴、辅佐作用后，完成历史使命，最后退出了混交类型。因此，在造林之初要促进新疆杨的生长，而在油松进入中龄林后，要人为逐渐抑制新疆杨的生长，促进混交林分向油松的过渡。

7.3.3.5 沙棘灌丛密度优化技术

沙棘的萌蘖能力很强，萌蘖株或萌枝的群体结构与单位面积的萌蘖数或萌枝数相关。当萌蘖数或萌枝数低于某一密度时，随数量增加生物量也增加；在超过这一数量时，生物量不再增加，反而下降；这一密度即最佳萌蘖数或萌枝数。通过密度调整，可以保证灌丛拥有最大生物量。其技术方法包括去密留疏、去小留大、去弱留强，通过对过密沙棘林进行疏伐，达到改善林内光照和空气条件，增加植株个体的营养面积，满足沙棘的生物学和生态学要求，提高其产量的目的。调整雌雄株比例，以利用果实为主的林分，使雌株和雄株的比例保持在 8∶1 或 10∶1，以改善保留雌株的生长环境达到提高其结果能力的目的。合理修剪、增强树势等，充分发挥萌生灌木群落的生长优势，大大提高单位面积的蓄积量，从而更好地发挥其多方面的生态经济功能。

7.3.3.6 合理确定造林密度技术

造林密度与幼林郁闭早晚及林木生长有密切关系，并不是密度越大，产量越高，只有根据造林目的、林种及树种的生物学特性并结合当地条件和具体要求确定合理造林密度，才能取得预期的生态、社会、经济效益。现有的一些确定初植密度的方法，如按不同配置形式确定初植密度和按经营目的确定初植密度等方法，通常具有一定的经验性和随意性，而且对当地制约林分密度的主要因子考虑较少。

下面介绍准格尔露天矿矿区的主要造林树种——新疆杨和油松，根据树冠生长发育过程来确定初植密度的方法。这种方法的基本程序是通过调查现有造林地第一树种幼林时期林冠的生长发育状况，了解和掌握各树种平均冠幅随年龄变化的规律，然后根据所要求的幼林年限和该年限的平均冠幅，以及希望达到的郁闭度，确定出该树种的初植密度。根据准格尔露天矿矿区所要求的幼林郁闭年限，新疆杨林 5 年、油松林 7 年和该年限的平均冠幅新疆杨林 1.2075 m^2、油松林 0.8169 m^2，以及希望达到的郁闭度均为 0.3。

7.3.3.7 直播、移栽、扦插技术

直播、移栽、扦插技术如下：

（1）直播：准格尔露天矿矿区的农作物和牧草，为了有较长的生长期，都是早春土壤解冻后抢墒播种，否则生长的幼苗太小经不住当地冬季严寒的伤害而死亡。直播种子的前处理根据土壤墒情来确定，若土壤墒情好，可温水浸种催芽后播种，豆科牧草如紫花苜蓿、沙打旺等一般浸种 12～16 h，种皮薄的用 30 ℃的水浸种，种皮厚的用 60 ℃的水浸种，种皮坚硬的用 70 ℃以上的水浸种，禾本科牧草播种前需进行去芒处理。

（2）移栽：在准格尔露天矿矿区沙棘、紫穗槐、香花槐及刺槐等移栽苗以 1～2 年生较好，油松、樟子松及柳树等树苗以 2～4 年生较好。苗木过小难以与杂草竞争，苗木过大则成活率降低，且运输费加大；矿区现有的沙棘林、紫穗槐林及香花槐林等都是用移栽法栽植的，据调查其成活率均在 90% 以上。

（3）扦插：扦插有春插、秋插和夏插，落叶树以春季新芽未萌动以前扦插为好，常绿树以春末夏初或秋天扦插为好。准格尔露天矿矿区对沙柳及新疆杨等几种落叶树都采取春插，在春季 3 月下旬到 4 月上旬，新芽未萌动前完成，插条采用 1～2 年生枝条，截成 20 cm 左右的小段，在清水中浸泡 72 h，以除去生根障碍物，插前用激素处理一下，落叶树一般用吲哚丁酸，乔木类用 0.001%～0.02% 的吲哚丁酸，灌木类用 0.001%～0.002% 的吲哚丁酸，处理时间为 12～24 h，然后迅速扦插，地上留 1～2 个芽，及时浇水。

7.3.3.8　苗木根系活力增强技术

在云杉、圆柏、油松及插条等树种造林前，应用 ABT 生根粉溶液对根系提前处理，可加快苗木根系的恢复速度，提高造林成活率。ABT 生根粉慢浸浓度为 50～200 mg/kg，速蘸浓度为 500～2000 mg/kg。ABT 生根粉浓度越高，所需浸泡时间越短，一般阔叶树处理的浓度稍低，针叶树处理的浓度稍高。

7.3.4　植被优化配置模式

植被优化配置模式，主要是通过不同配置类型植被土壤水分利用效果、土壤养分利用效果、植物生长发育状况、植被对环境因素的影响、投资分析与经济评价的分析研究，同时结合生态效益和经济效益的评价结果进行选择。

7.3.4.1　排土场植被的整体配置格局

在排土场径流分散小区布置的基础上，根据排土场不同部位与利用方式等进行植被总体配置。平台沿道路两侧设置以杨树为主的网格状防护林，平台周边营造以蓄水为目的的大坑深整地乔木防护林，防止平台径流汇入边坡。平台各小区根据规划利用方向合理配置植被，平台规划为农田时，以种植过渡性植被牧草为主。而在排土场的边坡，由于坡度太大，不利于种植，暴雨条件下还容易产生剥皮和泥流，因此在边坡形成后，迅速实施水平沟、鱼鳞坑整地，建立以柠条、沙棘和山杏等耐旱固土灌木为主的等高植物篱。边坡产流直接汇入下方的平台，为平台的植物种植提供了更好的水分支持。坡脚水分条件好，栽植速生乔木。

7.3.4.2　平台植被配置模式

排土场平台网格化整治后，根据平台的不同位置及利用方向将平台植被配置模式分为用于绿化美化矿区环境、防止水土流失的永久性林牧用地和最终利用方向为育苗基地和高产农作物用地两大类。

（1）永久性林牧用地平台植被配置模式。主要布置在黑岱沟露天矿先期剥离形成、分布于工业广场的刘四沟、捣蒜沟、马连沟排土场平台及北排土场面向工业广场部分，起着绿化美化矿区环境、防止粉尘污染、控制水土流失及防风固沙等重要作用。主要树种有杨树、油松、山杏、桧柏、杜松、苹果梨、123 苹果、沙地柏及沙棘等；草本植物有紫花苜蓿、沙打旺、红豆草、草木挥、披碱草及冰草等。植被配置模式主要有乔草复合模式、草灌乔景观生态模式、乔灌混交模式和灌草复合模式等。

（2）最终利用方向为育苗基地和高产农作物用地平台植被配置模式。东排土场地处背风向阳处，排土场下部为汽车排土，上部为排土机排土，且上覆约 60 m 的黄土，土层厚、土质相对较好，利于植物生长，主要植被配置为育苗基地、经济林模式，其中东排土场南侧设置为高产农作物用地，内排土场规划为高产农作物用地。东排土场已实施的绿化苗木有油松、樟子松、紫花洋槐、香花槐、丁香、女贞及五叶地锦，经济植物、药用植物有欧李，草本植物有紫花苜蓿和无芒雀麦等。植被配置总体配置仍然采用平台周边、平台道路两侧营造永久性防护林模式，将平台划分为适宜的植物种植小区，小区内植物配置根据利用性质以单一品种纯林为主。

7.4 燕山地区排土场生态修复

为解决燕山采矿迹地排土场生态环境恶化、耕地面积减少、生产力下降、生物多样性降低等问题，研究以生态系统生态学、景观生态学、恢复生态学、植物学等学科为理论依据，以燕山采矿迹地排土场为研究对象，以示范区建设为重点，以高等院校、科研院所为技术依托，以政府、企业为课题实施主体，利用燕山采矿迹地排土场生态重建关键技术，采用理论分析、实验室研究、现场试验、示范区建设、关键技术突破与现有技术集成配套相结合的方法开展研究工作。下面以唐山首钢马兰庄铁矿排土场生态修复为例进行论述。

7.4.1 研究区概况

唐山首钢马兰庄铁矿位于河北省迁安市马兰庄镇境内，矿区面积为 2.9 km²。排土场年平均排入废石 17 万 m³，排土场位于采场西北侧，排土场和影响范围面积为 1.267 km²，堆置岩土约 4300 万 m³，占用了大量山场。排土场北东方向长约 3.0 km，北西方向宽 0.15~0.6 km，高 30~170 m，为不规则形状，坡角 38°~45°，局部地段大于 50°。沿山顶堆积，量大、坡高、排土场规模巨大，为泥石流的形成提供了大量的物源，大量废石的堆积改变了大气降水的天然流动条件，排土场坡面无排水系统，雨季易造成降水在堆场中滞留，加之岩土毛细管浸润作用，使堆场蓄水量增加，一旦山洪暴发，很可能诱发滑坡、泥石流等地质灾害，严重威胁下游村庄、道路及居民的生命财产安全，给矿山安全生产带来较大的安全隐患。

7.4.2 排土场土壤质量评价

在开展生态修复前，首先对研究区排土场土壤质量进行研究评价，土样采集根据土壤地表环境分别选取 5~50 个单元，按 0~10 cm 剖面采集土样 20 个。为保障铁矿排土场的生态恢复建设，满足以植物恢复为手段的生态恢复要求，需确定合理的土壤质量评价因子：pH 值、全 N、全 P、全 K、碱解 N、有效 P、速效 K，该类评价因子能基本代表铁矿排土场土壤状况。土壤养分评价按第二次全国土壤普查养分含量分级标准（见表 7-1）进行。研究区排土场土壤及周边客土质量指标见表 7-2。

表 7-1 第二次全国土壤普查土壤养分含量分级标准

养分	一级	二级	三级	四级	五级	六级
有机质（g/kg）	≥40	30.0~39.9	20.0~29.9	10.0~19.9	6.00~9.99	<6
全 N（g/kg）	≥2.0	1.50~1.99	1.00~1.49	0.75~0.99	0.50~0.74	<0.5
碱解 N（mg/kg）	≥150.0	120.0~149.9	90~119.9	60~89.9	30~59.9	<30
有效 P（mg/kg）	≥40.0	20.0~39.9	10.0~19.9	5.00~9.99	3.00~4.99	<3

养分	一级	二级	三级	四级	五级	六级
速效 K（mg/kg）	≥200	150~199	100*~149	50.0~99.0	30.0~49.9	<30
评价	丰	富	高	中	低	贫

注：＊河北省速效 K 缺素临界值。

表 7-2　研究区土壤主要养分对比分析

样土	有机质（g/kg）	全 N（g/kg）	碱解 N（mg/kg）	有效 P（mg/kg）	速效 K（mg/kg）	pH 值
客土	8.77	0.42	22.11	22.75	103.78	8.32
对照	3.29	0.493	0.581	8.351	7.272	8.7

pH 值直接影响到土壤中养分元素的存在形态和对植物的有效性，也影响到土壤中微生物的数量、组成和活性，从而影响到土壤中养分元素的转化。pH 值是影响土壤中磷酸盐形态与转化的主要因素，土壤 pH 值大于 8.5 或小于 5.0 时，多数植物会受到抑制。实验表明，铁矿区排土场原土壤及客土 pH 值分别为 8.7、8.32，均属碱性土壤，根据唐山市土壤普查结果，唐山市土壤 pH 值基本在 6.5~7.5，因此铁矿区排土场土壤 pH 值较自然土壤明显增高。这与铁矿区从事重工业生产，排土场为矿山废石堆放地造成土壤中碳酸盐与碳酸反应形成重碳酸盐等因素有关。

土壤养分含量受自然条件及人为活动影响较大。实验结果表明（见表 7-2）铁矿区原土壤全 N 含量为 0.493 g/kg，碱解 N 含量为 0.581 mg/kg，有效 P 含量为 8.351 mg/kg，速效 K 含量为 7.272 mg/kg。根据全国第二次土壤普查养分含量分级标准，铁矿区排土场原土壤全 K 含量表现为六级，碱解 N 含量表现为六级，有效 P 含量表现为四级，速效 K 含量表现六级。客土土壤全 N 含量为 0.42 g/kg，碱解 N 含量为 22.11 mg/kg，有效 P 含量为 22.75 mg/kg，速效 K 含量为 103.78 mg/kg，全 K 含量表现为六级，碱解 N 含量表现为六级，有效 P 含量表现为二级，速效 K 含量表现为三级。

总之，马兰庄铁矿排土场原土壤属于下等土壤，极为贫瘠；客土土壤属于中等土壤，有效成分含量高于原土壤，但其中的碱解 N 含量极低，会导致作物生长细弱，因为氮肥控制着植物生态系统中碳、氮养分的循环，增加土壤的有机氮含量，对促进植物生长有重要作用。生态修复措施：排土场的生态恢复必须采用客土覆盖；所选客土的营养成分应满足植物生长需求；若客土的营养成分不足，需采取其他技术措施，确保植物正常生长需要。

7.4.3　排土场地形地貌重构

制约露天矿排土场植被恢复的最大难题是水土资源的保持问题，采用适当的工程手段改善水分和土壤条件是植被恢复成功的基础。因此，在排土场植被恢复前，一定要针对露天排土场特殊的立地条件，借鉴传统的造林整地技术措施，如鱼鳞坑、水平阶梯及反坡梯田等，选择适宜的排土场地形地貌重构技术，该试验区应用效果较好的重构技术主要有以下 3 种。

（1）鱼鳞坑模式。鱼鳞坑能在坡面上形成很好的梯度，工程量较小，面积较大，能很好地保持水土，给植物生长提供良好的生境条件，管理、维护方便，容易形成一个较好的小群落，景观效果明显。以该方法为基础进行植被恢复，苗木平均保存率可达到86%。但是需要大量的客土，只能适用于高度较矮、坡度较小的坡地，局限较大。

（2）水平阶梯绿化模式。水平阶梯可以增加景观效果，外观上整齐划一，立体感较强，阶顶部面积较大，从总体上看为一个大的鱼鳞坑，在保持水土方面具有较好的作用，能起到很好的固坡作用。以该方法为基础进行植被恢复，苗木平均保存率可达到93.33%。整体上看，水平阶梯绿化模式效果较好，可以乔灌草配置。

（3）反坡梯田绿化模式。绿化平台可以大大加强景观绿化效果，还可以起到固坡的作用，以该方法为基础进行植被恢复，苗木平均保存率可达到90%。但是工程量大，并且攀缘植物攀缘的地方缺乏泥土，在夏季温度过高时对植物生长有害，受水、风等环境因子影响较大。

不同地形构建模式水土保持效果存在着显著差异，各模式土壤均有不同程度的流失现象。因此排土场植被恢复过程中水平阶梯整地方式是排土场地形构建值得推荐的模式。

7.4.4 排土场生态修复植物品种筛选

7.4.4.1 评价指标体系的构建

迁安市的气候条件、自然地理及铁矿排土场土壤质量，决定了生态恢复植物品种的评价选择要以适应性作为基本标准，植物的生态适应性、观赏效果、抗病虫性、生态效益作为重要标准，建立燕山地区铁矿排土场适生植物评价指标体系。

通过首轮专家咨询，专家结合马兰庄铁矿排土场的土壤质地现状，认为在迁安市马兰庄铁矿排土场应该更加注重生态适应性，植物只有适应环境，才能发挥更大的生态效益；从植物自身的适应性来看，耐寒性、耐瘠薄等则更为重要，由于铁矿排土场土壤极端贫瘠、养分不平衡，不适合植物生长，应用了客土覆盖的方法，使其达到植物的生长条件，覆土厚度大约为10 cm。迁安马兰庄铁矿客土土壤养分分析表明，客土土壤 pH 值属于碱性，构成了植物生存的限制因子；由于铁矿排土场经过常年的堆积形成了险峻的山体地形，土壤干旱、瘠薄也成为植物生存的限制因素。因此根据迁安马兰庄铁矿排土场的地形特点等限制因素，专家组确定了与上述内容相关的 14 个评价指标，分别是耐旱性、耐寒性、耐瘠薄、耐阴性、耐盐碱、速生、观花、观果、观叶、观冠、观干、生态效益、抗病虫能力、抗污染能力。其中生态效益、抗病虫能力、抗污染能力是对树种的综合判定，而抗污染能力，则是考虑到马兰庄铁矿排土场地处重工业区内，空气污染较重，植被恢复过程中应选择抗污染能力较强的植物品种。

7.4.4.2 综合评价指标权重的确定方法

在描述植物综合适应性和功能的 14 个指标重要性是不一致的，权重确定了各指标的重要程度。通过专家第 2 轮咨询，采取加权平均法，确定了 14 个指标的权重。在指标中，耐旱性 X_1 为（0.11）、耐寒性 X_2 为（0.08）、耐瘠薄为 X_3（0.12）、耐荫性为 X_4（0.02）、速生为 X_5（0.22）、浅根为 X_6（0.04）、观花为 X_7（0.02）、观果为 X_8（0.02）、观叶为 X_9（0.01）、观冠为 X_{10}（0.01）、观干为 X_{11}（0.02）、生态效益为 X_{12}（0.13）、抗病虫能力为 X_{13}（0.08）、抗污染能力为 X_{14}（0.14）。

权重值的分布反映了专家对适生植物品种评价指标重要性的取向，从指标权重看，耐旱性、耐寒性、耐瘠薄、速生、抗病虫能力、抗污染能力、生态效益最受重视。这与迁安马兰庄铁矿的土壤基质、地形特点和当前对植物改善生态环境的要求，是相吻合的。

7.4.4.3 评价指标标准化

植物品种针对每个评价指标的评分标准均按所属程度的强、中、弱，或者是能力的大、中、小，分别得分为3、2、1来确定，采用特尔菲法对初选植物品种适生水平进行综合评价，将各种复杂因素量化，使评价结果更明确直观。

根据上述指标体系及得分标准，对27种初选的适合该研究区的植物品种进行综合评判。首先按式（7-1）对原始得分数据标准化。

$$X'_{ij} = X_{ij}/A \tag{7-1}$$

式中 X'_{ij}——标准化指标值；

       X_{ij}——指标值；

       A——参考值（27种适生植物的平均得分）。

各因子权重向量 Z_j =（X_1，X_2，X_3，X_4，X_5，X_6，X_7，X_8，X_9，X_{10}，X_{11}，X_{12}，X_{13}，X_{14}）。综合指数 Y 按式（7-2）求得。最后根据综合评价的结果，对植物进行评价分级，按其综合指数的高低，划分为4个等级，Ⅰ级：$Y \geqslant 1.1$，Ⅱ级：$1.0 \leqslant Y < 1.1$，Ⅲ级：$0.9 \leqslant Y < 1.0$，Ⅳ级：$Y < 0.9$。迁安常用植物在马兰庄铁矿排土场综合评价中排序见表7-3。

$$Y = X'_{ij} \cdot Z_j \tag{7-2}$$

表 7-3   迁安马兰庄铁矿排土场植物综合评价排序

序号	植物品种	综合指数	分级	序号	植物品种	综合指数	分级
1	火炬树	1.237179	Ⅰ	15	紫花苜蓿	1.093438	Ⅱ
2	刺槐	1.236504	Ⅰ	16	榆树	1.093178	Ⅱ
3	油松	1.218305	Ⅰ	17	侧柏	1.092451	Ⅱ
4	沙棘	1.204158	Ⅰ	18	无芒雀麦草	1.091932	Ⅱ
5	紫穗槐	1.195092	Ⅰ	19	酸枣	1.089238	Ⅱ
6	八宝景天	1.174559	Ⅰ	20	直立黄芪	1.082038	Ⅱ
7	荆条	1.163178	Ⅰ	21	山杏	1.076212	Ⅱ
8	五叶地锦	1.162778	Ⅰ	22	牵牛花	1.072659	Ⅱ
9	狗尾草	1.158732	Ⅰ	23	马唐	1.058132	Ⅱ
10	柽柳	1.147372	Ⅰ	24	波斯菊	1.058086	Ⅱ
11	胡枝子	1.129632	Ⅰ	25	千头椿	0.994565	Ⅲ
12	高羊茅	1.129005	Ⅰ	26	臭椿	0.990018	Ⅲ
13	连翘	1.121478	Ⅰ	27	金银木	0.961052	Ⅲ
14	苍耳	1.104112	Ⅰ				

从表7-3可以看出，不同植物在同一土壤中，综合指数不同。综合指数值越大，综合性能越强。从表7-3可以看出，迁安市常用植物在马兰庄铁矿排土场中被评为Ⅰ级植物的有14种，占总数的48.15%；Ⅱ级的数量为10种，占总数的37.04%，Ⅲ级植物有3种，占总数的11.11%。

通过上述综合评价分级的结果可看出，评价为Ⅰ级的植物品种综合指数最高均为乡土植物，该类树种不仅适应性强，而且生态功能非常高，是迁安马兰庄铁矿排土场最适宜的植被恢复树种；评价为Ⅱ级的植物品种，综合指数也较高，均为乡土植物，该类植物构成了迁安马兰庄铁矿排土场植被恢复树种的一般品种，可在生态修复植被恢复中尽可能地选择和应用；评价为Ⅲ级的植物品种，其综合指数较低，作为迁安马兰庄铁矿排土场不宜选用，建议根据需要，小范围做引种驯化研究。

7.4.5 现场种植试验及成效

7.4.5.1 种植植物品种的选择及种植

现场种植试验所选植物品种均为上述评价为Ⅰ级的植物品种，主要包括：刺槐，采用 15~25 cm 扦插苗；油松，2~3 年生苗，带土球栽植；火炬树，1~2 年生苗；紫穗槐，1~2 年生实生苗；沙棘，1 年生苗；八宝景天，2 年生苗；柽柳，1~2 年生实生苗。

植株在斜坡上沿等高线布设，所选树种均于 2011 年 4 月 21 日在排土场上栽种，栽种前对各树种初始的生长状态如株高、地径、主根长度、根幅及冠幅等进行测定，不同植物栽植时的初始生长状态见表 7-4。栽种后加强田间管理，并定期对所栽植树种的成活率、株高、冠幅、新梢生长量、根幅、主根长度进行观测。

表 7-4 不同植物栽植时的初始生长状态

植株观测参数	品　种						
	八宝景天	柽柳	火炬树	刺槐	油松	紫穗槐	沙棘
整株株高/cm	13.1	83	185.4	30.8	165	63	27
地上部分株高/cm	7.8	70	165.8	21.6	123	35	21
地径/cm	—	—	1	1.88	250	—	0.29
平均冠幅/cm	9.8	6.8	—	—	60	5	4
平均分枝（芽）个数	6	3	—	—	4	5	3
根系平均入土深度/cm	9.1	20.2	30	7.4	39.4	31.2	8.1
侧根数/个	—	9	16	14	6	13	7
平均根幅/cm	8.2	18	56.8	55.6	42	14	6
根总长度/cm	7.26	18	26.7	6.7	36	28	6
焦边	无	无	无	无	无	无	无
萎蔫程度	无	无	无	无	无	无	无
病虫害症状	无	无	无	无	无	无	无

7.4.5.2 植物生长状况分析

对油松、刺槐、火炬树、沙棘、柽柳、紫穗槐及八宝景天 7 种植物成活率、株高、冠幅、新梢生长量、根幅及主根长度 6 个指标进行为期 4 个月的观测，观测结果如图 7-6~图 7-11 所示。

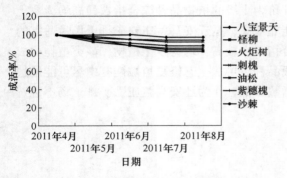

图 7-6 　不同植物品种的成活率

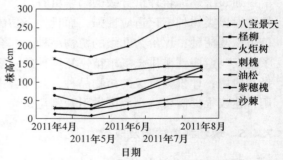

图 7-7 　不同植物品种的株高变化

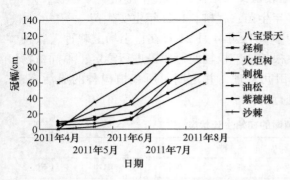

图 7-8 　不同植物品种冠幅的变化

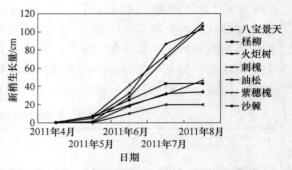

图 7-9 　不同植物品种新梢生长量的变化图

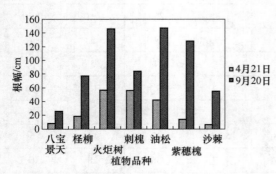

图 7-10 　不同植物品种根幅的变化

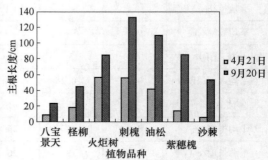

图 7-11 　不同植物品种主根长度的变化

对油松、刺槐、火炬树、沙棘、柽柳、紫穗槐和八宝景天7种植物栽植前后的生长态势进行对照，从成活率的情况来看，八宝景天的成活率最高，达98%，柽柳的成活率最低，为85.75%；从株高的变化情况来看，增长最快的为刺槐，增长量为109 cm，增幅为504.63%，最小的为油松，增长量为20 cm、增幅为16.26%；从冠幅的变化情况来看，冠幅增长最快的为火炬树，最小的为油松，火炬树、八宝景天、紫穗槐、沙棘、柽柳、刺槐和油松的冠幅增长量依次为132 cm、92.2 cm、87.4 cm、68 cm、65.7 cm、59 cm 和30.3 cm；从新梢生长量的情况来看，新梢生长量增幅最大的为刺槐，最小的为油松；从根幅的变化情况来看，紫穗槐、油松、火炬、柽柳、沙棘、刺槐和八宝景天的根幅增长量依次为 114 cm、105 cm、88.2 cm、59 cm、49 cm、28.4 cm 和 17.8 cm；从主根的变化情况来看，主根增长最长的是刺槐，长达133.2 cm，最小的是八宝景天，长度为 23 cm。这可以反映出，在这几种植物中，刺槐的生长速度最快。

试验结果证明了评价结果的可靠性，评价为 I 级的植物品种成活率达到85%以上，可以在排土场生态恢复中大面积推广应用。

7.4.6 排土场生态修复对土壤环境的影响分析

7.4.6.1 植物种植对土壤理化性质的影响

河北农业大学李玉灵教授课题组在迁安市马兰庄铁矿排土场生态修复实践中分别记录刺槐地、沙棘地及没有栽种植被的裸地（对照）挖土壤剖面的土壤土层厚度、颜色、质地、结构、湿度、根系分布特征等，同时采集土壤样品测定土壤理化性质，其不同植被土壤理化性质对比分析见表7-5。

表 7-5　不同植被土壤理化性质对比分析表

样地	pH 值	含 量					
		全 N（g/kg）	碱解 N（mg/kg）	全 P（mg/kg）	有效 P（mg/kg）	全 K（mg/kg）	速效 K（mg/kg）
对照	8.32	0.42	22.11	0.469	22.75	17.83	103.78
刺槐土	8.57	0.394	21.87	0.398	5.62	18.2	148.6
沙棘土	8.6	0.366	21.56	0.457	1.36	17.05	105.88

在自然生态系统中主要是通过生物固氮和高能固氮将分子的氮转化为氨态氮、硝态氮，才能被植物吸收利用，因此植被发育对土壤中氮素的影响非常大。在整个生长周期中，土壤的全 K 含量、碱解 N 含量都低于原土壤，这说明在植物的生长阶段，消耗大量的氮元素，植物的枯枝落叶还没在土壤里分解，以及豆科植物的固氮作用还没得到充分的发挥。

土壤全磷包括土壤有效 P 和迟效 P，土壤有效 P 是衡量土壤磷素供应的较好指标。土壤的全 P 含量、有效 P 含量都低于原土壤，客土覆盖 10 cm，有利于增加土壤全 P 含量、有效 P 含量，但是植物生长消耗了土壤中的有效 P，因此随着人工植被恢复时间增加，土壤全 P 含量、有效 P 含量都有减少趋势。

土壤全 K 反映了土壤钾素的潜在供应能力，土壤速效 K 则是土壤钾素的现实供应指标。土壤的全 K 含量在不同植被恢复方式中存在差异，速效 K 含量在不同植被恢复方式中，均有增加。

从表7-5可以看出，N、P、K 有不同情况的变化，碱解 N 与有效 P 都有所减少，速效 K 有所增加，全 N、全 P、全 K 的变化与它们一致。说明在植物的生长季节，刺槐与沙棘消耗大量的碱解 N 与有效 P，二者对钾元素的需求量较低，并且还有利于钾元素的累积。随着人工恢复时间的增加，在植物生长季节，可补充适量的氮肥与磷肥，以满足植物生长的需要。通过调查与分析，在铁矿排土场植被恢复工程中，植被生长需从土壤中吸收大量养分，必须依据客土的土壤理化性质来选择应用客土。

7.4.6.2　水保措施对土壤流失量的影响

采用对比分析法，对铁矿排土场坡面土壤流失量进行观测，即选择排土场中地貌、植被、土壤和气候等因素基本一致的坡面，分别采用鱼鳞坑和水平阶梯方式，并在坑、坡面、平台内种植灌木。对比分析不同水土保持措施的效果。水平阶梯模式：铁矿排土场由3层阶梯组成，第一层高度为3 m，阶上宽度为1.5 m，放坡15°；第二层高度为13.5 m，阶上宽度为3 m，放坡25°，第三层高度为54 m，放坡45°。

观测区下部设有集水坑，收集径流泥沙。集水坑底部设计成中间低两侧高，两侧向中部稍倾斜，有利于坡面径流集中流入坑中。根据北方的气候特点，观测地植被茂盛期在7月和8月，主要生长火炬树、刺槐、柽柳及杂草等，地表土质疏松，覆盖率可达到90%。因此，选择2010年和2011年的6—9月份进行坡面径流泥沙含量观测。铁矿排土场内植被覆盖良好山坡，坡度在15°年和的45°，水平投影面积为1000 m²（200 m×5 m），长边垂直等高线布设。

坡面径流泥沙产量用以反映不同水保措施的土壤流失量。观测方法是在监测区产流停止后，将集水坑中沉积的泥沙用搅拌器将坑中混合物搅匀后，用容器在坑中分别采集3瓶水沙样，每瓶所取水沙样约500 ml，当集水坑中取样不够3瓶时，以集水坑中所能取得的最多水沙量为准，用沉淀法对所取水沙样含泥沙量进行测定，再分别取平均值获得该次降雨各个集水坑所采水沙样的含泥沙量，从而对比各个观测区的土壤流失量。经过2010—2011年在3个监测区集水坑10次有效降雨坡面径流的水沙样，对采集水样的原始数据进行统计分析，结果见表7-6。

表7-6　不同监测区水样监测数据

监测区名称	水沙样体积均值 /mL	泥沙体积均值 /mL	每1000 mL水沙样含泥沙体积 /mL
水平阶梯坡面	498.26	22.05	44.25
鱼鳞坑坡面	488.45	30.11	61.64
对照（未治理坡面）	479.68	67.68	141.09

表7-6数据显示，水平阶梯、鱼鳞坑、对照3个观测区所产生的水沙样中，每1000 mL水沙样所含的泥沙体积从小到大为：水平阶梯<鱼鳞坑<对照，由此可见，在地貌、土壤、植被等自然条件及降雨条件基本一致的3个坡面，保土效果由好到差依次为水平阶梯治理坡面、鱼鳞坑治理坡面及未治理坡面。这是因为经过治理的坡面，通过修建水平阶梯和鱼鳞坑的方式，改变微地形，使坡面变得凹陷土壤松软，强化了降雨就地入渗，截断原有的径流流线，有效拦蓄径流和泥沙，削弱降雨特征对泥沙量的影响；坑内种植的灌木、根系起到固土作用，大大减少了土壤流失量。采取水平阶梯和鱼鳞坑处理方式的坡面，每1000 mL水沙样所含的泥沙体积分别为44.25 mL和61.64 mL，明显低于对照141.09 mL，说明经过治理的坡面保土效果明显高于没有采取任何水土保持措施的坡面，而对于采取水平阶梯和鱼鳞坑水土保持措施的2个坡面，其保土效果略有差异。

综合分析认为：排土场坡面水土流失程度不仅受降雨特征影响，而且也与地形（坡度、坡长、坡向）、客土性状（透水性、抗蚀性、抗冲性）、植被覆盖程度有密切关系；此次研究仅观测了产泥沙量，在以后研究中需要准确测量不同降水强度产生的坡面径流量的对比数据，以便更好说明不同坡度的水土保持效果；铁矿排土场水土流失量在 8 月较大，由于资金等问题铁矿排土场水平阶梯模式未砌挡土墙，造成局部地区滑坡现象较为严重，以后治理中应考虑此因素对水土保持的影响。

思 考 题

7-1　排土场滑坡类型有哪些，是怎样引起的？

7-2　煤矸石覆土有哪些优点和缺点？请举例说明。

7-3　矸石山生态修复植物筛选的原则包括哪些？

7-4　简述露天煤矿排土场植物品种选择依据。

7-5　简述排土场植被优化配置模式。

8 塌陷区生态修复

8.1 开采沉陷的影响因素及危害

开采沉陷是地下采矿引起岩层移动和地表沉陷的现象和过程，矿产被采出以后，采区周围岩体内部原有的力学平衡状态受到了破坏，使岩层发生了移动、变形和破坏。当开采面积达到一定范围之后，移动和破坏将波及地表，形成沉陷区（塌陷区），位于开采影响范围内的房屋建筑、铁路、河流和井巷等建（构）筑物就要产生变形或损坏。

8.1.1 开采沉陷主要影响因素

矿山开采形成开采沉陷与多种因素有关，是多种因素综合作用的结果。主要包括两个方面：（1）人们无法对其产生影响的，称为自然地质因素，如矿区地形地貌、矿床赋存状态、水文地质条件等；（2）人为影响因素，即开采技术条件，如采区范围、开采工艺及开采次数等。

8.1.1.1 地质因素

（1）矿体的厚度、埋深及倾角的影响如下：

1）矿体厚度。开采矿体的厚度影响着地表下沉量的大小。显然，如果其他条件相同时，矿层越厚，则地表下沉量越大，这是因为需要充填的采空区体积较大。

2）开采深度的影响。随着开采深度的增加，地表各项变形值减小。这是由于开采深度的增加，地表移动范围增大，地表移动变得平缓，因此，地表各项变形值是与采深成反比关系。

3）矿体倾角的影响。矿体倾角的大小对地表移动特征有明显的影响。对于倾斜矿层，地表沉陷盆地移向采空区较深的一端。在水平及缓倾斜矿层（0°~35°）开采条件下，地表下沉盆地为对称的碗形和盘形。矿体倾角大于35°时，地表下沉盆地为四周非不对称的碗形和盘形。当矿体倾角大于54°后，下沉盆地剖面形状又转化为比较对称的碗形或兜形。

（2）覆岩结构。在大面积开采影响下，覆岩的移动和破坏有以下5种基本形式：

1）覆岩为坚硬岩层、中硬、软弱岩层或其互层，不存在极坚硬岩层，开采后容易冒落，矿体顶板随采随冒，不形成悬顶，能被冒落岩块支撑并继续发生弯曲下沉而达地表。覆岩的"三带"变形明显，地表则产生缓慢的连续性变形。但若开采深度较小时，地表产生非连续变形。

2）覆岩中大部分为极坚硬岩层，矿体顶板大面积暴露，矿柱支撑强度不够时，覆岩产生切冒型变形，造成突然塌陷的非连续型变形。

3）覆岩中为极软弱岩层或第四纪地层，矿层顶板即使是小面积暴露，也会在局部地方沿直线向上发生冒落，并直达地表。这时，覆岩产生抽冒型变形，地表出现漏斗状塌陷坑。

4）覆岩中仅在一定位置上存在层状极硬岩层，矿体顶板局部或大面积暴露后发生冒落，但冒落发展到该极硬岩层时便形成悬顶，不再发展到地表。这时，覆岩产生拱冒型变形，地表则发生缓慢的连续型变形。

5）覆岩中均为厚层状极坚硬岩层，矿层体板局部或大面积暴露后形成悬顶，不发生任何冒落而发生弯曲变形，地表则发生缓慢的连续型变形即发生离层型变形。

（3）地质构造。地质构造，尤其是断层的存在使矿区地质条件复杂化，地表移动和变形表现出特殊的规律性。

（4）岩石质量指标。岩石质量的优劣直接影响着岩体的变形特性和变形量的大小，岩石质量越好，岩体的刚性越大。

8.1.1.2 水文因素

岩石是颗粒或晶体相互胶结或黏结在一起的聚积体，而地下水又是地质环境中最活跃的因素，水岩共同作用其实质是一种从岩石微观结构变化导致其宏观力学特性改变的过程，这种复杂作用的微观演化过程是自然界岩体强度软化直到破坏的关键所在。

8.1.1.3 采矿工艺因素

引起地表塌陷的矿产资源开发主要是煤和金属矿矿产地下开采，我国长期以来煤矿开采是造成地表塌陷的最主要力量，这是由于煤炭资源及其开采技术特点决定的，煤矿多为水平或缓倾斜矿层，且煤层顶板多为软岩。金属矿山地下开采造成的地表塌陷相对范围要小得多，但其破坏程度要严重得多。金属矿地下采矿方法根据地压管理措施不同分为空场法、崩落法和充填开采3大类，其中崩落采矿法是造成地表的核心，该工艺采用矿体顶底板崩落的地压管理措施，但近年来随着我国新生态文明理念的实施及绿色矿山建设要求，基本不再批准采用崩落采矿法的地下矿山建设，均要求采用具有绿色开采理念的充填采矿工艺，该工艺对矿区地表的破坏可以降到很低。

8.1.2 开采沉陷的危害

随着采矿业的发展和规模的逐渐扩大，开采沉陷对人类生产和生活的影响及带来的物质损失也越来越大，其危害主要体现在以下几个方面。

（1）开采沉陷对土地资源的影响。在开采矿产的过程中会导致地表裂缝和大面积的地表塌陷出现。矿产开发沉陷使地表变形，形成地表移动盆地，产生地裂缝和塌陷坑，破坏了原有的地表形态。地表坡度的变化，使原有的径流发生改变，坡度大径流量大，引起的水土流失和土壤侵蚀也越严重。地表裂缝的产生，地表水与地下水向深部渗漏，使潜水位下降，导致土壤湿度减小，土地变得更加干燥。同时，土壤中的营养元素也会随着裂隙、地表径流流入采空区或洼地，造成许多地方土壤养分短缺，土地承载力下降。另外，当沉陷深度超过该区地表潜水位时，土地受淹而常年积水，处于沉陷边坡区域的土地，易发生盐渍化，造成土地质量退化。我国拥有较为紧缺的土地资源，存在地少人多的特点，平均每人仅拥有 1000 m² 以内的用地。截至 2021 年底，我国已经拥有 10000 km² 以上的采矿塌陷破坏土地，其中农用地占据约 60% 的比重，存在非常严重的地表土地塌陷问题。在丘陵和山地地带，采矿塌陷区有较大的概率会引发泥石流、滑坡等地质灾害。

（2）开采沉陷对植物的影响。地表大面积塌陷，影响植物的生长发育，甚至造成绿色植物的大幅度的减少。土地塌陷对植物的影响情况与矿区的地形、地貌、地质、区域气候、地下潜水位高低等自然要素和采矿条件有关，可按地形、地貌和潜水位高低大致划分为 4 类影响区。

1）高潜水位的平原矿区。通常高潜水位平原矿区地面沉陷后，地表会出现积水。位于常年积水区的土地不能耕种，绿色植物大幅度减少；位于季节性积水的土地会减少种植茬数或造成严重减产。如兖州济宁、淮南、枣庄、淮北等地的矿区，经常会有大面积的地表积水出现，导致耕地被淹没，进而使当地的生态环境和地貌结构发生改变。在 2004—2020 年，淮南地区在开采煤田的过程中致使约 80 km² 的采矿沉陷区积水面积出现，其中很多积水覆盖了原本的村庄和农田，拥有约 6 m 的地面平均沉降深度，存在较深的积水，农田耕种无法恢复。

2）低潜水位的平原矿区。在潜水位较低的平原矿区，由于开采沉陷使地势变低和抬高潜水位，一方面在雨季很容易出现洪涝，使土地沼泽化；另一方面，在旱季潜水蒸发变得强烈，地下水易于携带盐分上升到地表，使土地盐碱化。土地出现沼泽化和盐碱化，使作物生长明显受到抑制，在一些重盐碱土上甚至寸草不生。在草原地带，由于潜水位上升影响牧草的生长发育，积水区会变成沼泽地，使牧草绝产。

3）丘陵矿区。在丘陵地区，当地下开采使地表上凸部分下沉时，将减小地面凹凸不平的程度，有利于植物生长；当地下开采使地表下凹部分下沉时，将增大地面的凹凸不平的程度，不利于植物生长；另外，在干旱的丘陵地区，如果地下开采引起地表裂缝发育，将使地表水易于流失，土壤变得更为干燥，也会影响植物的生长。

4）山区矿区。在山区，开采沉陷对植物的影响情况主要与区域气候和地质条件有关。一般情况下，山区开采沉陷对植物影响不大。但在某些干旱的山区，由于开采沉陷引起的地表裂缝、台阶、塌陷坑、滑坡等破坏形式，地表水流失严重，土壤微气候变得更为干燥，土地更容易被风、水等侵蚀，也严重影响植物生长，造成农作物减产。

（3）开采沉陷对水资源的影响。一方面由于开采沉陷，地表出现下沉、裂缝、塌陷坑等破坏形式，这些破坏在一定程度上改变了地面降水的径流与汇水条件，使地表水通过裂缝渗入地下，引起河流水系的流量减少，严重时地表水系甚至出现断流现象；另一方面沉陷过程中，矿体上覆岩层受到破坏，岩层裂隙增多，矿体上覆岩层的含水层在水位和流向上受到干扰，地下水沿着发育的裂隙加速向采空区或深部岩体渗漏，使水位降低，严重时导致地下水疏干，井泉干涸。由于水源的破坏，直接影响到矿区工农业生产用水和居民生活用水，尤其是对于缺乏水资源的干旱半干旱地区，将会产生更为严重的实际影响。

（4）开采沉陷对地表建（构）筑物的影响。沉陷对地表建（构）筑物的影响，一般有以下几种情况：

1）地表大面积、平缓、均匀地下沉和水平移动，一般对建筑物影响不大，但当下沉量很大而地下潜水位又很高时，由于沉陷后盆地积水很深，排水困难，将使建筑物长期浸泡在水中而导致破坏。

2）地表倾斜使采动影响范围内的建（构）筑物产生歪斜，会使管道、公路和铁路的坡度改变。道路坡度的变化使车辆的运行阻力增大或减小，导致交通事故增加。

3）地表曲率变化破坏建筑物基础，当采矿区塌陷严重损害地表的建（构）筑物时，将会对当地人们日常生活产生影响，在这种情况下若是无法有效地开展修复和治理工作，相关部门大多会采取搬迁安置的措施。

4）水平变形使建筑物表面产生裂缝，使地下管道被拉断，公路路面开裂，铁路的轨距和轨缝等发生变化。

除以上影响之外，开采沉陷有可能对野生动物也产生一定影响。这是因为野生动物的生长繁殖要有适宜的环境条件，由于开采沉陷使矿区的自然景观发生剧变，影响绿色植物的生长发育，改变了动物的栖息环境，因而，造成一些野生动物由于不适应环境的变化或由于缺少食物而死亡或迁移。一般说来，开采沉陷会导致矿区原有野生动物的种群和数量下降。

8.2 塌陷区综合治理技术研究

8.2.1 国外研究现状

国外采煤塌陷地治理从20世纪50年代就已经开始了，主要是制定有关矿山塌陷土地治理的法律和法规，采取防止土地荒芜、恢复生态环境的工程措施，成立研究机构、管理团队等，使矿区治理得到了很大的发展。美国于1977年颁布的《露天采矿管理与复垦法》，对于采煤塌陷地治理来说是一部具有标志性意义的法律。20世纪80年代以来，有关矿山的国际会议中，塌陷地复垦常常被作为主要的论题。1992年巴西"世界环境与发展大会"上制定《21世纪议程》后，采煤塌陷地土地复垦和生态重建工作引起了普遍重视。澳大利亚、俄罗斯、美国、加拿大、英国等相继成立相应的管理机构，对采煤塌陷地进行综合治理和开发利用，取得了良好的效果。美国学者道格拉斯罗韦1996年在他的著作《矿山环境恢复治理》中提出建立矿区塌陷地恢复保证金制度，目的在于为矿区塌陷地治理筹措资金，这对于矿山环境治理具有重要意义。

国外早期的采煤塌陷区治理主要是以土地复垦为目标。由于国外井下开采比例比中国低，加上人地矛盾没有中国突出，其矿区土地复垦主要是针对露天矿区和煤矸石山的生态恢复，以植树种草为主，达到生态恢复的目的后很少加以开发利用。如捷克在治理采煤塌陷时，对沉降量较小的地区采取局部回填或平整的方法，沉降量较大的地区则将塌陷坑用作蓄水池，恢复的土地80%~90%用于农业和林业。追溯起来，最早开展矿山生态恢复重建的是德国和美国，自1975年在美国召开了"受损生态系统的恢复"国际会议后，矿区生态修复的研究相继展开，采煤塌陷地生态治理的研究走向深入。1977年美国的联邦法强调了生态过程的重要性，在传统矿区土地复垦的基础上，要求生物多样性、永久性、自我持续性和植物演替。自此以后，矿区治理过程中植被的演替、植物种群的选择与适宜性等问题也得到了深入研究。德国学者科瑞奇曼运用景观学、矿山环境学、区域学等理论，充分利用塌陷地实际条件，为德国鲁尔矿区规划了4种开发模式。经过几十年建设，鲁尔矿区由采煤塌陷地成功变为旅游公园兼产业园区和商贸中心。2003年，澳大利亚学者霍布斯在《矿区环境保护与复垦技术》一书中提出了矿区生态恢复与重建理论，为澳大利亚矿山的生态保护奠定了理论基础。近20年来，主要研究成果还包括矿区生态环境变化机制与恢复研究，CAD与GIS在土地复垦及生态环境恢复效果检测中的应用，矿山复垦与周围社会经济发展的综合考虑，清洁采矿工艺与矿山生产的生态保护等。

8.2.2　国内研究现状

国内对采煤塌陷治理源于 20 世纪 70 年代部分塌陷区农民用煤矸石充填塌陷地以恢复基建用地，并在塌陷水域进行小规模养殖的实践。对采煤塌陷的研究和综合治理始于 20 世纪 80 年代，并开始走上法制化道路。1988 年国务院颁布《土地复垦规定》，明确规定"谁破坏，谁复垦"。《土地复垦规定》颁布以前，国内主要停留在借鉴国外经验、对不同破坏类型的土地复垦技术的研究上，一般都是复垦成耕地、林地、建设用地或小型养殖区，且研究的基本都是工程技术。在土地复垦的实践中，人们意识到理论知识比较匮乏，同时逐步意识到生态环境的重要性，因而各种理论研究成果涌现。1998 年开始，国家对采煤塌陷治理加强了指导，加大了投入，参与理论研究的人员开始趋向高学历和多学科背景，研究成果也越来越全面和深入。同时，人们对生活环境要求越来越高，使得采煤塌陷的治理还要具有附加功能，如满足一定的景观学、社会学和经济学的要求，因而诞生了一些采煤塌陷区湿地和湿地公园，也促进了采煤塌陷区生态环境、生态系统、植被修复、动植物资源等的研究。

目前，国内采煤塌陷地的治理已经初步形成了一定的模式，并有了总结性的描述，如针对不同地区不同类型的采煤塌陷，采取不同的治理模式。

8.3　塌陷区湿地生态修复研究

8.3.1　国外塌陷区湿地生态修复研究

国外是在土地复垦的基础上开展对矿区复垦土地的再利用工作，从原来的以农林为主，逐渐发展到建立休闲娱乐场所的治理模式。国外主要研究休闲场所植被和水域的景观构建，休闲娱乐和矿区生态保护及矿区资源再利用相结合的景观设计方法；同时，由于生态意识逐渐增强，重构生态系统的要求越来越受到重视，因而生态修复工作逐渐由单一的土地复垦模式转向混合型土地复垦模式，充分营造农林用地、水域、人与自然和谐共生的空间。20 世纪 80 年代，美国、西欧等一些发达国家和地区开展了一系列针对生态修复的工程实验。英国和美国将矿区塌陷洼地恢复为林地、草地、农地，并改造成娱乐场所和野生动物栖息地；德国科隆市西郊的采煤塌陷洼地改造成林地和沼泽之后，成为众多水鸟和其他动物的栖息地。德国鲁尔矿区改造过程中，除了充分利用煤矸石外，还采用特殊处理方法使矸石山形成表土，种草植树，同时还营造出湖泊、陆岸等不同景观，打造人与各种动植物和谐共处的生态环境，使采煤塌陷区成为人们可以游玩休闲的自然保护区。

8.3.2　国内采煤塌陷区湿地生态修复研究

由于人们对于人居环境要求越来越高，人与自然和谐共存的愿望越来越迫切，而传统的土地整理、土地复垦模式下的采煤塌陷地治理不能很好地达到修复矿区生态、彻底改善环境的目的。经过不断的探索，近 20 年来，一些地下水埋深浅的平原采煤塌陷区，以生态农业为主要治理目标，将采煤塌陷积水区及周边区域打造成人工湿地用于环境问题的治理和矿区生态修复。人工湿地具有净化水质、保持水土、保护动植物资源等作用，部分兼具养殖功能。针对建设采煤塌陷区人工湿地开展的研究涉及人工湿地规划布局，植物群落选择及布局，人工湿地养殖模式，生态工程设计，人工湿地除污效果分析等。

中国有不少学者研究采煤塌陷区的开发利用问题，在生态修复理论和技术方面累积了不少经验。但与美国、俄国等相比，塌陷区土地开发利用率仍然不高。在采煤塌陷湿地利用方面，国内主要有以下几种方式：（1）改造成为运动绿地，如湿地高尔夫球场；（2）湿地型污水处理池；（3）游憩、生产、景观等多位一体的模式；（4）湿地公园游憩模式。

近年来，在采煤塌陷区生态修复的基础上，合理开发利用塌陷区丰富的土地资源、水资源已经逐渐成为热点，一批基于采煤塌陷区生态修复而建立的湿地公园先后诞生，比较著名的成功案例有唐山南湖湿地公园、淮北东湖湿地公园和南湖湿地公园等。安徽省淮北市作为中国最早的土地复垦示范区之一，土地复垦利用率约达50%，但仍低于发达国家水平。

采煤塌陷区湿地生态修复虽然没有成熟的理论体系和操作规范，但已成为国内外采煤塌陷区治理的首要选择，并具有了大量实践经验和成功案例。

8.4 塌陷区综合治理模式

塌陷区地质环境问题具有广泛性和特殊性，而不同的治理模式各自有其适用方向。典型治理模式可归纳为强工程治理模式、强生态治理模式、强生物治理模式、多元复合治理模式、生态时效治理模式等。而治理模式又由若干技术方法组合而成。治理技术按其学科归属领域可划分为工程治理技术、生物治理技术及生态修复技术。工程治理技术是最基础，也是应用最为成熟的技术，在早期采煤塌陷区治理中支撑以土地平整、复垦为核心的治理任务；随着科学技术的发展与环境质量要求的提高，生物技术开始应用于矿区环境治理中，较大地提升了水土环境治理成效；生态修复技术综合工程与生物治理技术服务于煤矿区的生态重建，使得具有不同污损特征的塌陷区治理方案的选择有了更多的可能性，可满足多方面环境与社会需求，是目前的研究热点。

8.4.1 强工程治理模式

强工程治理模式以工程措施为主，以生态或生物措施配套，主要适用于次生地质灾害效应和土地资源破坏效应较严重的矿区。在采煤塌陷区治理中，该治理模式以传统工程技术为基础，以土地复垦为核心任务，辅以一定的生物、生态修复技术，如营造生态林、坡面挂网覆绿等措施。

8.4.1.1 国外研究进展

20世纪50年代，国外开始出现一些企业、科研机构和学术团体等对矿区进行土地治理与技术研究，政府也出台了有关法律和法规。此后，技术研究、行政管理等方面不断深化和完善，保障治理工作的顺利开展。由于经济、社会状况不同，资源禀赋情况各异，各国的土地工程复垦过程有所差异。

美国与德国是着手实施矿区土地治理工作最早的两个国家。美国仅有38%的煤炭开采量为地下井工开采，且以房柱式开采为主，塌陷系数小，治理工作的重点是露天矿区和采矿废弃土地的复垦。德国治理工作的主要目标是恢复林业和农业用地，其复垦率达90%以上。普尔井工煤矿和莱茵露天煤矿是德国占地和破坏土地最为严重的矿业基地，复垦过程首先是剥离表土，将它单独存放留作复垦土壤，然后将煤矸石、粉煤灰等废料回填至采坑，达设计高程后覆盖留存的原生表土，平整后种植豆科牧草并适当施肥。澳大利亚矿业较为发达，存在的问题也相应较多，经多年研究与工程实践，取得的成绩令人瞩目，现其治理技术已与其开采工艺紧密相连，甚至成为开采工艺的一部分，被认为是世界上先进且成功处理土地扰动国家的典型代表。煤矿治理工程特点：采用综合模式，实现了土地、环境和生态的综合恢复；多专业联合投入；高科技指导和支持。

英国煤炭资源井工开采比例高达76%，且开采方法多为长壁后退式开采，其煤层厚度较薄，一般在2.5 m左右，塌陷变形程度较小，主要治理方式为充填、复垦。如巴特威尔露天煤矿边采边回填，再覆土造田；阿克顿海尔煤矿井工开采产生的煤矸石用于附近露天煤矿的填充，既消除了煤矸石对周围环境的影响，也充填了矿坑。

此外，法国、日本、加拿大、匈牙利、丹麦等国家在矿区土地治理方面也做了大量工作。选择治理模式，一般基于塌陷区的破坏状况、自然条件、经济能力等多种因素的综合评价而定。

8.4.1.2　国内研究进展

中国矿区土地复垦工作起步较晚，目前复垦率只有25%左右，而发达国家的复垦率已超过80%，且质量相对更高。20世纪50—60年代，中国开始有个别煤矿自发组织小规模的恢复治理工作，总体上处于分散、低水平状态；综合利用矿区土地资源开始于20世纪70—80年代，该时期基本环境工程的配套得到重视，塌陷区治理向系统化迈进。直到20世纪80年代末，中国煤矿区土地治理工作主要局限于土地资源紧张的东部地区，主要方式为矸石、粉煤灰回填及挖深垫浅两种工程措施。这一阶段的研究也取得了一批成果，如"采煤沉陷地非充填复垦与利用技术体系研究""尾矿复垦与污染防治技术"和"矿山生态环境综合整治及其试验示范研究"等项目的完成为矿山土地治理奠定了一定的理论与技术基础。1988年，《土地复垦规定》和《中华人民共和国环境保护法》颁布，标志着中国矿区土地复垦进入法制化时代。1994年，经国家土地管理局和国家农业开发办公室的批复和支持，在河北唐山、安徽淮北和江苏铜山实施了3个国家级的土地复垦示范工程。此后，各地陆续建立了多个复垦试验示范基地。近年来，随着国家对矿山地质环境保护与治理工作的逐步重视，农业、林业、生态等领域的新成果不断被引入塌陷区治理工作中。2011年，《土地复垦条例》的出台进一步推动了土地治理工作的开展。

8.4.2　强生物治理模式

强生物治理模式是以生物技术为核心，辅以简单工程措施或采用生态措施配合对地质环境进行治理的模式，主要适用于水土污染突出的矿区。生物治理技术是实现在闭坑矿区进行生态重建的基础环节，就是利用生物工程措施净化矿区污染水体，并恢复土壤肥力与生产能力的活动。国外人地矛盾没有中国突出，且有更充足的资金与成熟的技术体系支撑他们开展长久效益的土地治理工作研究。20世纪70年代后期，国外已开始探讨矿山地质环境的生态演替过程，并对矿山植被的演替、土壤的熟化、植物种群搭配的适宜性与物种选择等问题做了较多研究。

目前，国外塌陷区土地治理的主要研究方向有：（1）土地的熟化和培肥；（2）复垦土壤的侵蚀控制；（3）治理成果的长效性和可持续性；（4）植被更新技术的研究。

将生物化学方法纳入土地治理的技术手段，也是中国矿区治理的研究热点。武胜林等人运用酸碱中和法、绿肥法等生物复垦措施对焦作市煤矿塌陷区土壤进行改良，发现采用生物复垦措施后，新土壤层的容重降低，理化特性明显改善，试种作物产量增加明显。

8.4.3 强生态模式与生态时效模式

强生态模式以生态修复技术为主，辅以适当工程措施，适用于景观与生态破坏效应严重的矿区。生态时效模式与强生态模式的区别在于无须强化，即不追求治理效果快速见效，更关注治理技术的适应性，两者技术构成相似。生态修复技术是针对环境构架的物理修复与针对污染成分的化学修复的综合技术，目的在于改善和优化矿区背景条件。

矿山地质环境治理初期，强调损毁土地的最终利用方向为农业用地，特别是耕地，然而恢复为熟化耕地成本高、周期长、产出与投入比低，且有时并不能完全发挥塌陷区既成现状的经济潜力。对于经过长期矿业开发改造致使地质环境问题多且严重的矿区，尤其是地面变形严重的采煤塌陷区，在自然环境演替规律下，采用人工工程活动完全恢复被改造前的环境状态几乎是不可能的，实际上也是没必要的。现阶段的环境治理是为了修复或建立与当地自然相和谐、社会经济发展相适应的生态系统，发掘土地和水体的生产潜力，提高地质环境系统的总体稳定性。因此，基于生态修复技术，综合运用工程治理措施与生物治理技术的强生态模式是寻求环境资源合理保护与开发的必然结果，当前研究一般将这一过程概化为生态重建。

8.4.3.1 国外研究进展

1975 年 3 月，具有里程碑意义的国际会议——"受损生态系统的恢复"在弗吉尼亚工学院召开，提出了加速生态系统恢复重建的初步设想、规划和展望。1980 年，Cairns 在《受损生态系统的重建过程》中从不同角度探讨了生态重建过程中的生态学理论和应用问题。在 1987 年，美国学者 Aber 和 Jordan 首先提出了恢复生态学术语，认为恢复生态学是一门从生态系统层次上考虑和解决问题的学科，且生态恢复过程是人工设计的，在人工参与下一些发生破坏的生态系统可以恢复、改建或重建。2002 年，国际生态重建学会对生态重建的最新定义是：协助一个遭到退化、损伤或破坏的生态系统恢复的过程。进入 21世纪以来，矿区生态重建更加强调不同学科领域的整合，注重生态经济和社会的整体性在重建过程中的参与。2009 年在澳大利亚珀斯召开的主题为"在变化的世界中创造变化"的第 19 届国际恢复生态学大会研讨了当前恢复生态过程中的生物与非生物障碍、生态重建的特征及其不可逆阈值等热点。

实践工程方面，美国早在 20 世纪 30 年代就着手开展生态恢复，矿业废弃地恢复了生态环境。澳大利亚、地中海沿岸欧洲各国的研究重点是干旱土地退化及生态恢复。德国较好地把景观生态学引入矿区生态重建工作之中，取得了良好的成效。此外，影响塌陷区生态恢复的限制因子也是研究重点之一，限制因子主要有土壤肥力和 pH 值太低，N、P 和有机质缺乏，重金属含量高，极端的物理性状等。

8.4.3.2 国内研究进展

"七五"之后，中国有关部门开始支持并资助恢复生态学的研究，取得了一定的研究成果。胡振琪认为土地科学、环境科学等相关学科理论的综合应是土地复垦和生态重建的基础理论。蔡运龙的研究从景观生态学出发，提出了矿区土地重建的六大原理：因地制宜、景观格局优化、多样性与异质性、耗散结构、人与自然协调可持续发展及仿自然原形等。张新时的研究则强调自然恢复与生态重建的时间尺度差异，认为生态重建是指人为辅助下的生态活动。还有学者从技术层面进行研究，结果表明利用湿地水体中的微生物和湿地植物截留、吸收、降解污水中的污染物效果显著，人工湿地生态工程技术适宜于闭坑矿山的治理。

地貌景观破坏方面，治理工作一般从人工设计植物群落与经济开发着手。在实际工作中，多种类间作、混作、轮作，与多层次（乔、灌、草、水体等）结构配置，或农、林、牧（草）、副、渔的多种经营组合与经济需要相结合的"农林牧复合系统"十分符合生物多样性原则，近年来得到较多重视。例如，中国科学院南京地理与湖泊研究所实施的滇池湖滨带生态环境重建工程，用以抑制蓝藻生长，改善水质和岸线景观，恢复水陆交错带的生态系统。

煤矿区景观重建应以景观异质性作为规划设计标准，使重建景观与周围地区生态价值相协调。如徐州、淮北等地的煤矿塌陷积水区因地制宜被改造成湿地公园——徐州九里湖公园（面积 370 hm^2）、淮北南湖公园（面积 210 hm^2）。而生态破坏主要是指矿区水土流失、水盐失调、植被覆盖率降低等问题，其形成过程伴随矿山环境的改变，属于累进性问题。这些问题的治理对策总体可以归纳为修复水文地质结构、运用生物工程涵养水土等。

8.4.4　多元复合模式

在实际工程应用中，待治理的矿区往往问题成堆，尤其是经过长期开发改造的采煤塌陷区，呈多种地质环境问题复合、多种地质环境效应叠加的复杂状况，需要针对治理对象特征，调用多方面技术，采取适宜的工程措施进行综合治理，治理模式可以归并为多元复合模式。该模式强调治理工程的针对性和有效性，在当前矿山治理，尤其是采煤塌陷区内的地质环境治理工程实践中发展迅速。

思 考 题

8-1　开采塌陷区的危害主要有什么？

8-2　简述影响开采塌陷区的主要因素。

8-3　覆岩的移动和破坏有哪几种基本形式？

8-4　开采沉陷对土地资源的影响有什么？

8-5　概述塌陷区湿地生态修复技术要点。

8-6　塌陷区综合治理有哪些？并简要介绍。

9 矿区生态修复模式及评价

党的二十大报告中明确提出：积极推动绿色发展，促进人与自然和谐共生。中共中央、国务院《关于加快推进生态文明建设的意见》提出：在生态建设与修复中，以自然恢复为主，与人工修复相结合为基本原则。自然恢复和人工修复相结合的理念被广泛接受，但相关的理论和技术研究明显不足。"以自然恢复为主""与人工修复相结合"共同引出的基本科学问题是，人工如何"辅助"自然恢复、人工如何与自然恢复有机"结合"？其引出的关键技术问题是，当需要人工干预时，何时干预、何处干预、如何干预、干预到何种程度？在山水林田湖草沙生态保护修复（系统性修复思维）和基于自然的解决策略等新思维和新形势下，搞清这些基础问题才能做到尊重自然规律，可以利用生态系统自身的恢复力，调控引导生态恢复进程，实现科学适度的人工干预，从而避免人工干预不够或过度干预。

矿区土地修复或生态恢复过程中，自然恢复及人工干预均发挥着重要的作用，不同的学者对两者作用的重要性的认识存在差异。自然恢复是指外界干扰消失后，完全依靠生态系统自身的恢复力，使受损的环境要素与生态系统（包括构成系统的各子系统），恢复到相对健康的状态。但是，由于矿山开采对地层地貌、水文、生物以及土壤等主要自然地理环境要素都产生了不同程度的损伤扰动，因此矿山生态系统是一种人类强干扰影响的生态系统，因此，矿山生态修复不能仅靠自然恢复，必须辅以适当的外界人工调控引导。总结我国多年矿区生态修复实践经验，矿区生态修复模式可以概括为自然恢复、引导型生态修复和转型利用3种主要模式。转型利用修复模式，采矿迹地可恢复为耕地等用于农业生产，也可恢复为城乡建设用地，用于各类建设活动，若矿山及周边自然生态景观良好或矿山拥有悠久矿业开发历史、珍贵矿业遗迹和丰富矿业文化，可考虑创建矿山公园或开发为其他旅游资源，提升矿区生态品质。本章在转型利用生态修复模式中重点论述矿区生态农业重建模式和矿山公园利用模式。

9.1 矿区生态自然修复模式

9.1.1 自然修复概念

自然修复虽然强调依靠生态系统自我组织、自我维持能力来修复，但并不排除人为措施，只不过它强调生态系统恢复力建设，通过协调、促进系统各要素内在联系实现系统的恢复，不主张工程修复。由此可见，自然修复的概念可定义为：依靠生态系统的自我组织、自我维持和自我更新等恢复力，辅以微生物工程、种子库撒播、土壤改良剂等，在不经过大规模的工程修复原有生态系统组成、要素和结构基础上的生态修复方法。自然修复作为生态修复的一部分，其对立面是工程修复，而不是人的参与性。

9.1.2　自然修复的内涵

自然修复并不拒绝人的主观能动性。自然修复强调生态系统自我恢复能力，这是生态修复理念的转变。长期以来，生态修复多以人工措施为主，诸如土地平整、土壤剥离重构、植被种植及水污染处理等。破坏生态系统采取生态修复措施得以恢复的成功案例非常多。但是人工工程修复的工程量大，资金投入多，对原有生态系统的扰动剧烈。相比之下，自然修复则强调依靠生态系统的自我修复能力，在生态修复的过程中尽量避免对原有生态系统的扰动，这改变了过去"人定胜天"的思想。但是在自然修复中，人并不是修复的袖手旁观者，人在生态修复的过程中成为自然修复过程的监控者、促进者或干预者，而不是主导者。

自然修复更不是放任自然，并不等同于封育。一直以来自然修复与封育、放任等视为等同，给人一种自然修复就是加强封育，然后放任生态系统自由发展的错觉。也正是基于以上认识，有的学者对自然恢复进行了批判，认为其是不符合实际的教条，是不作为的推脱。实际上，自然修复技术中，封育措施的确常为首选，这是因为与人工修复相比，自然修复的进程往往是缓慢且脆弱的，而人为的扰动又是剧烈的，如若不进行封育，干扰的程度大于自然恢复的程度，生态系统的自然修复就不可能。然而，自然修复是否需要封育，则要根据修复对象的特性而定。

与自然恢复强调生态系统自我恢复不同，人的主观能动性和技术的可参与性是自然修复的特有属性。自然修复与人工修复是生态恢复的两大可选修复策略，根据自然修复的定义，工程投入程度的差异性是自然修复与人工修复手段的直观区别点，但实际上却不仅限于此。自然修复更加突出了生态系统的主导地位，强调了"效果修复"向"过程修复"理念的转变。在自然修复概念下，工程技术的功能更为单一，发展方向更为明确，即控制或引导生态系统自我修复进程。因而将自然修复作为一种独立的修复策略讨论是必要的，尤其在目前我国确定以自然修复为主的政策下，对自然修复的研究更具有现实意义。

9.1.3　自然修复的理论基础

生态系统都具有自然修复的能力，包括污染物的自净化、植被的再生、群落结构的重构和生态系统功能的恢复等。其理论基础主要包括：生物地球化学循环、种子库理论（生态记忆）、定居限制理论、自我设计理论、演替理论和生态因子互补理论等来自恢复生态学的基本原理。对于污染物，生态系统通过生物地球化学循环具有自我净化的能力，例如土壤中重金属可在物理、生物及化学作用下失活或转化，从而减轻重金属毒害。水资源中含砷、石油类等污染物，也可以自然衰减，降低环境风险。对于破坏的植被，根据定居限制理论，在生态系统恢复前期可通过先锋植物和土壤种子库等为植被的再生提供基础，且这一能力十分突出，即使在重度损毁下依然存在着永久种子库。对于损毁的群落结构，生态系统可利用自身恢复力，通过种子库所记录的物种关系形成先前稳定的群落结构，而根据自我设计理论，退化生态系统也能根据环境条件合理地组织自己形成稳定群落。对失去的生态系统功能，虽然自然修复很难像人工修复那样定向且全面地修复各影响因子，但生态因子的调节性能力——某一因子量的增加或加强能够弥补部分因子不足所带来的负面影响——使生态系统能够保持相似的生态功能，例如，土壤中微生物的增加，可以提高营养元素的活性从而弥补土壤肥力的不足，提高系统生物产量。

此外，近些年学者提出状态转换模型和阈值理论等生态恢复力理论也为自然修复提供了有力的理论支撑。生态恢复力理论能够较好地回答为什么能自然修复、自然修复的速度、自然修复的根本途径等问题。

（1）为什么能自然修复？根据"杯球模型"，"杯"代表引力域，"球"代表着生态系统状况。在外界干扰下，生态系统状态将偏离"杯底"稳定位置。而在外界干扰消失后，"杯"将在引力域作用下会回归"杯底"，即生态系统自然恢复到原有稳定状态。自然恢复力是生态系统的固有属性，因而自然修复必然发生。

（2）自然修复的速度有多大？根据模型，自然修复的速度与引力域及球偏离的相对位置有关。具体来说，原有生态系统越稳定（物种多样、生物量较高和群落结构合理），单位引力域的作用力越大，生态系统自然修复的速度越快。球偏离的相对位置体现着外部干扰的类型与强度。干扰强度越大，球离杯底的位置越远，所受引力域的作用越小。干扰类型决定着生态系统偏离方向，因为引力域的不均匀性，不同偏离方向所受引力域的作用力也不同。

（3）自然修复的路径在哪儿？杯球模型认为生态系统存在一定阈值，当外界干扰超过阈值，生态系统状态便会发生跃迁。已有研究证明，不存在难以逆转的阈值，根据这一理论，寻求关键因子，帮助生态系统超出阈值便可促进生态系统向更好的状态转变。所以人工修复技术中针对生态损毁区，投入大量工程直接将生态系统状态提升到期望状态的做法，无视了自然修复作用的发挥，某种程度上必然造成资金的浪费。

9.1.4 自然修复的模式技术

由于对自然修复的认知度不高，目前自然修复的技术研究进展不大，生态修复实践中，自然修复区域多局限于封育手段的实施。根据我们的定义，自然修复时依然可以并且需要技术投入，但是工程需具有轻量化，低扰动的鲜明特征，其目的在于引导和控制生态系统自我修复进程。为此，除传统封育技术外，微生物技术、种子库技术和动物技术等也是未来自然修复技术的发展方向。

（1）封育技术，即通过设置栅栏、警示牌等避免人为扰动措施，保证生态系统自我恢复的技术。对于耕作或放牧超载区，围禁封育往往是必要的，但却不能盲目。

（2）微生物技术，即利用微生物强化生态系统自我恢复能力，促进植被生长、污染物的消除和土壤的改良的技术。微生物种类多样且脆弱，对于植被及周围环境的要求较高，因而在利用微生物的过程中应注重高效微生物的筛选。同时在自然修复理念下，如微生物菌剂制备等可提高微生物便捷易用性的相关研究也显得尤为关键。

（3）种子库技术，即利用种子库能够记录物种多样性、种间关系、原有稳定群落结构的特性，充分利用生态系统已储存资源进行植被群落的修复。利用该技术，种子库构成调查是基础，关键在于种子库的激活和种子萌发顺序的控制。应优先促进先锋物种或固氮物种的生长以改良土壤。种子库构成完整条件下，利用如微生物等手段促进种子萌发。而当种子库构成缺失或有特殊需要时可利用飞机撒播和种子包衣等技术快速实现种子库的补充。

（4）动物技术，即科学利用动物习性，促进生态系统修复的技术。动物对于植物的生长有着重要的作用，蜜蜂、蝴蝶因传粉作用常作为作物增产的有效工具。在生态修复方面，食果动物因排泄、呕出、储藏等行为有效促进植物更新的研究，而利用动物修复生态的过程中，动物物种的选择及引入密度的控制等是关键。此外由于动物的流动性较大，如何组织管理以保持动物数量也尤为重要。

9.1.5　自然修复技术的应用

修复的目的在于利用，如果破坏后的系统没有承载人类活动，不能为人类利用，那么这种破坏的修复，企业不会投入，政府也不会干预。例如，在戈壁滩上、在沙漠里采矿，也会造成地表沉陷，但是这里荒无人烟，沉陷治理好后也没有利用价值，所以这些沉陷不会被企业修复。由此可见，人工修复是为了获得修复对象的利用价值，那些没有利用价值的生态系统就只能靠自然恢复。换句话说，矿区生态破坏往往是面状的，但人工修复往往针对局部，呈现点状分布，所以自然修复的部分远远大于人工修复的部分。

9.1.5.1　自然修复的应用实例

有研究证明，在废弃地或封育区，依靠生态系统自我修复的能力，土壤有机质含量、微生物活性、植被覆盖度、群落结构及重金属污染等能够得到较大的改善。毕银丽等人利用微生物促进植物对营养元素的吸收，提高植被抗性，加速了植被自修复进程。实例表明，人类的积极参与能够有效地控制或促进自然修复进程，从而保证生态修复的效果与效率。

9.1.5.2　自然修复的应用范围

由于自然修复主要依靠生态系统的自组织能力进行恢复，因而一般认为生态环境优越区适宜自然修复，生态脆弱区则不适宜自然修复，应当运用人工修复快速实现生态的修复工作。但是生态条件优越区生活与生产活动也十分活跃，生态条件优越区生态治理时注重生态风险的危害性，以及兼顾经济发展的紧迫性十分必要。即使在自然修复十分有利的生态优越区，针对损毁危害大，人地关系突出的生态损毁区也应该利用人工修复技术快速消除生态威胁，减少生态损失，发挥生态功能价值。

生态脆弱区也需要自然修复技术。我国西部生态脆弱矿区生态扰动应当以自然修复为主，充分利用自然的能力进行修复。自然修复的过程中人也应当积极参与其中，监测并协助自然修复进程，从而提高生态修复的效果与效率；人工修复则应充分发挥其治理能力突出、效果显著的优势，侧重于崩塌、滑坡等灾害的治理，避免此类灾害对生态造成的严重干扰，辅助生态修复目标的实现。

另外，在经济新常态，未来西部大面积生态损毁如果采用人工修复，资金来源将会是制约因素，所以必须采取自然修复技术。如前所述，自然修复不是放任自然，所以也不违背生态伦理。自然修复中，人仍然是积极的参与者，可采取先锋植物引入、种子库构建、微生物工程及改良剂施用等手段协助生态系统跃迁阈值实现生态系统向人类有利的方向演替。

总之，将自然修复视为完全依靠生态系统自我组织、自我维持和自我更新能力修复的观点是片面的。自然修复并不排除人的主观能动性，但强调人的辅助地位。区别于传统人工工程修复的大工程、高强度及剧烈扰动等特点，自然修复手段则突出少投入和低扰动，由传统的效果修复向过程控制的转变，自然修复也需要技术，主要是以提高生态恢复力为目标的新技术，如土壤改良的微生物技术、土壤种子库技术和动物技术等人工扰动轻量化技术。自然修复的理论基础是生态恢复力理论，自然修复的现实存在基础则是：面对大面积的生态扰动，人工修复往往是点状的，如地质灾害区，针对的是可利用的区域，而剩余的绝大部分依靠的是自然修复，所以从这个意义上说，自然修复更应该受到关注。

实证研究的缺乏和对自然修复认识的局限，极大制约了自然修复的发展。目前亟须更可靠细致的实证，证明运用自然修复手段进行生态修复的可行性及科学性。为此，未来自然修复相关研究应着重于：

（1）明确阈值。生态恢复实质上是生态系统向人类有利的状态跃迁，而恢复力理论证明系统跃迁的关键在于打破阈值。目前学者对于限制因子研究较多，但却缺乏阈值的量化。如干旱区自然恢复的限制因子是水，而为满足生态恢复的最低需水量却还不清楚。

（2）启动机制研究。长期实践表明生态系统即使存在着自然修复的基础（如种子库的留存）也仍难以进行自我修复，这在生态脆弱区尤为显著。为此，研究生态自然修复的启动机制，推动自然修复的发生尤为重要。

（3）创新自然修复技术。自然修复技术的匮乏，严重制约着自然修复方法的实用性，为此一方面需要进一步创新自然修复的技术手段，另一方面探索各技术手段的最适应用时机、最佳组合模式也显得尤为必要。

（4）自然修复动态控制研究。与人工修复相比，自然修复手段有较大的随机性，因而保证既定修复目标的实现尤为关键。如何有效干预自然修复进程目前仍不清楚，因此，自然修复区域的长效动态监测，完整自然修复进程周期的探究也是未来研究的重点。

9.2 矿区引导型生态修复模式

9.2.1 矿区引导型生态修复的基本原理

矿山生态系统即特定矿山区域内生物与环境构成的综合体，是一种受人类活动高强度干扰的受损生态系统。矿山生态系统与一般生态系统一样，能提供生态服务功能；在外部扰动下，矿山生态系统内部通过复杂互馈作用，使系统维持在某种特定的稳定状态。这种使得系统保持稳定状态的特性表现为对采矿扰动的抵抗力和恢复力。矿山生态系统抵抗力即系统抵抗开采干扰的能力，或矿山生态系统受开采扰动后保持在平衡点的能力。恢复力是指生态系统遭受外界干扰破坏后，系统恢复到原有状态的能力，是生态系统的一种内在能力。恢复力可以通过引入 Fokker-Planck 方程，计算出系统退出任何一个吸引域的平均预期时间，作为其定量评价方法。

依据恢复力"杯球模型"，当系统受到适度调控、合理建设及有效修复等正向驱动，系统则可从初始吸引域（稳态）转移到较高级吸引域（稳态）；而当系统受到过度扰动、严重污染等负向驱动，系统则会经过逆行演替由初始吸引域转移到退化吸引域，其概念示意如图 9-1 所示。具体地，当开采扰动强度在系统的抵抗力和恢复力承受范围，系统将维持在较原有的稳定状态，充填、源头减损保护性开采的井工矿区可能会出现这种情况。当系统的抵抗力和恢复力较低，不能承受开采的扰动强度，系统将突破突变点进入退化吸引域。这种变化的后果是严重的，特别是对生态脆弱矿区，生态退化往往难以逆转。当修复干预时，系统抵御恢复干预的能力过强或者干预程度不够，无法突破生态阈值进入较高系统表现的吸引域。这种情况表现出土地复垦和生态修复难度大、不易成功的特点。

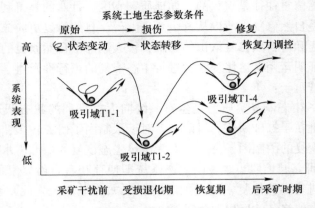

图 9-1　基于"杯球模型"引域的矿山生态系统演变过程

　　因此，引导型矿山生态修复的理论原理就是立足于矿山生态系统固有的恢复能力，通过科学的引导促进矿山生态系统从退化吸引域向初始吸引域或更高级的吸引域转变；其核心任务是掌握采矿扰动与生态恢复机制，明确关键生态阈值和修复标准，科学实施预措施，带动受损生态系统通过自身的主动反馈不断自发地走向恢复和良性循环。引导型矿山生态修复主要是对关键限制性因子或关键因素进行调控，其总体思路是使采矿扰动/恢复干预后参数值离阈值的函数距离更大，即扰动后参数远离阈值，包括调控干扰、调控特定参数、调控函数关系、调控阈值 4 种途径。需要说明的是，引导型矿山生态修复并不是一种全新的矿山生态修复模式，它是在系统性修复、基于自然的解决方案 NbS 等新的思维和原则下，强调自然恢复与人工修复的有机结合，是对传统人工修复模式的发展升级；其进步主要体现在利用生态系统固有的恢复能力，修复对象更加明确、人工干预程度更加合理、修复成本有效降低、修复系统自维持能力提升等方面。

　　引导型矿山生态系统恢复演替的方向、速率、结构和功能主要取决于其受损程度、自身所拥有的自然地理环境条件，以及引导干预的方式和程度。井工开采和露天开采是矿产开发的主要方式，其对生态环境的扰动影响差异明显。因此，两者所采用的引导修复的方式和干预程度也不一样。井工矿山开采扰动影响是由岩层破断向地下水、土壤及植物生境影响的传递过程，具有明显的井上下联动性、空间异质性和局部有限性，而且各生态环境要素呈现较强的自恢复特征。因此，井工矿山生态系统的引导修复可主要依靠其固有的恢复力，辅以适当的人工干预，快速促进其恢复到相对健康的状态。露天矿山由于大规模的岩土剥离堆排，对地层、地貌、土壤和植被等关键环境要素都产生了翻天覆地的变化。因此，露天矿山引导型生态修复的难度及其所需的人工干预投入将明显大于井工矿区，需要实施地层重构、地貌重塑、土壤重构、植被重建、水文重建、景观重现与生物多样性恢复等一系列修复环节。

9.2.2　矿区引导型生态修复的技术框架

　　引导型矿山生态修复的理论主要涉及恢复力理论、限制因子理论、生态适宜性理论、群落演替理论、工业生态学、景观生态学和系统动力学等；在不同的自然区域、开采方式、修复方向、生态问题及修复目标下，引导型矿山生态修复的内容、引导修复的程度及技术措施等都是不一样的；共性的技术环节包括矿山生态问题调查诊断、引导修复方向设定、引导修复的关键对象或部位的确定、引导修复的合理程度或生态阈值（修复标准）的识别及引导修复技术措施等环节。各技术环节涉及的主要内容如图 9-2 所示。

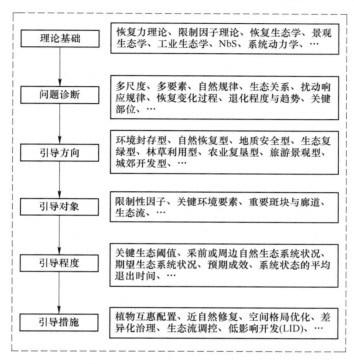

图 9-2　矿区引导型生态修复技术框架

9.2.2.1　生态问题诊断

　　生态问题调查诊断是矿山生态修复的必要环节，决定了引导型生态修复后续各个环节的科学性。传统矿山生态问题调查诊断易出现为调查而调查的情况，突出表现在调查评估结果对修复工程设计、修复技术筛选和修复标准确立等环节的指导价值低。引导型修复需要依托调查、遥感、测试和统计等多种调查分析手段，诊断影响或阻碍受损生态系统自然恢复进程的关键限制性因子，发现矿山生态环境自然规律、扰动响应规律、生态变化过程、生态要素间相互关系及生态系统或环境要素的生态阈值等深层知识信息，以支撑矿山生态系统引导修复。简而言之，就是要在常规调查监测评价基础之上，进一步识别矿山生态关系、过程及规律等知识信息，为引导修复方向、标准和方案的制定提供科学参考。

9.2.2.2　引导修复方向

　　我国矿山数量多、分布广，自然社会经济条件等存在地域分异特征和一定程度的区域聚集性。因此，不同区域不同类型矿区生态修复方向应该是差异化的。应依据矿山生态系统所处区域的主导生态功能、自然恢复能力和社会经济条件等生态修复条件，划分多个生态修复与环境治理方向，主要包括环境封存型、自然恢复型、地质安全保障型、生态复绿型、林草利用型、农业复垦型、旅游景观型和城郊开发型等。例如对于社会经济条件较差，自然恢复力较弱的矿区，可以将生态复绿作为修复方向，即在消除地质灾害隐患之后，实施土地复垦和生态修复，恢复水土保持和防风固沙等重要生态系统功能，维持生态安全。为加强矿产资源与土地资源协同开发，实现土地资源可持续利用与经济效益提升，可以加大人工干预，以林草利用或农业复垦为修复方向。不同生态修复方向其所需的人工干预的程度是不一样的。当然，这些修复类型方向，只是主导修复类型方向，并不具有明显的排他性。例如徐州矿区的采煤塌陷地就是农业复垦、旅游景观和城郊开发等修复类型的组合。不论哪种修复类型，都需要遵循保护优先和源头过程减损，生态保护与修复并举，自然恢复和人工修复并重，着力提高生态系统自维持能力等基本原则。

9.2.2.3 引导修复对象

引导型矿山生态修复的对象重点包括障碍性或限制性因子、关键环境要素、重要景观斑块与廊道及生态流等方面。矿产开采形成的障碍性因子（如污染物、地裂缝等）或限制性因子（如潜水位、土壤水及坡度等）是采后生态系统受到的主要生态胁迫。

引导型生态修复对象还应包括关键环境要素、重要景观斑块与廊道及生态流等方面。生态系统的临界转变往往伴随着生态系统空间自组织格局的变化。景观是由相互作用的多个生态系统组成的异质性地理单元。通过修复、创建或重组等手段调整斑块、廊道和生态网络等关键景观组分，有助于景观内各生态系统单元之间的关系调控，改善受损生态系统功能，也有利于规避生态系统临界点的到来，以维持其系统的稳定性。

9.2.2.4 引导修复合理程度

确定人工干预的合理程度是引导型生态修复的关键问题之一。在矿区周边未扰动的自然生态系统中，可选定相似合理的参照生态系统作为矿山生态系统人工干预合理程度的判定方式之一。然而，由于矿山生态系统并不一定要修复到采矿前或与周边自然生态系统相同；而且，自然生态系统是长期演替形成的，而自然恢复与人工干预相结合的矿山生态修复往往需要一个较长自恢复、自适应过程；也就是说前期人工引导修复到合理程度后停止人工干预，转为生态系统依靠其自然恢复能力，并经过较长的时期才能达到周边参照生态系统的状态，而不是一蹴而就。因此，选择参照生态系统需要注意其代表性与可行性。

特定区域的生态单元及生态要素之间的生态关系往往存在固有的关系和过程。因此，也可以利用周边自然生态系统主要的生态关系来判断引导修复的合理程度。20世纪70年代Robert指出生态系统的特性及功能等具有多个稳态，稳态之间存在生态阈值。生态阈值包括阈值点和阈值带2种类型。生态阈值为生态系统多稳态之间的一个临界值，穿过这个临界值后，系统状态变量会发生突然的较大改变。

因此，生态阈值可以作为人工干预合理程度的判别标准。生态阈值识别首先需要通过梯度观测、控制实验或模型模拟等方法获取足够的基础数据，来反映生态系统状态变量和控制参数的变动情况，通过统计方法考察生态系统状态变量和控制参数的统计学特征和相互关系，从而识别生态阈值。一方面，可以统计生态系统状态变量或控制变量随时间的变化特性，考察统计学指标，如均值、方差、标准偏差、条件异方差、自相关和偏度的异常变化，实现对状态变量或控制变量阈值的识别。另一方面，可以构建生态系统状态变量对控制参数的响应函数，响应函数一般有连续渐变函数、阶跃变化函数、带时滞的状态变化函数和不可逆变化函数4种类型。通过分析响应函数的极限、收敛和拐点特征，进而识别生态系统控制参数的阈值。

矿山生态系统的状态变量通常是人们较为关心的生态系统结构、功能和服务等表现指标，如植被覆盖度、水土保持量、生物量及生产力等，控制参数为各类采矿干扰的程度和生态系统基础条件，如采高、采厚、导水裂隙带高度、土壤含水量、潜水埋深、表土层厚度和土壤有机质含量等。矿山生态系统阈值的识别可基于生态调查感知，按照观测、响应函数建立、阈值判别和效应分析4个步骤。例如，通过野外梯度观测，可构建半干旱矿区土壤含水量（SWC）和反映植物生理状况的叶片最大光合作用效率（F/F_m）两者间的关系响应函数（见图9-3）。通过分析响应函数，发现存在明显的拐点，即当土壤含水量低于8.91%时，F/F_m随着土壤含水量的降低急剧降低，表明受到胁迫影响。因此，可以得到植物生长开始受到胁迫的土壤含水量阈值为8.91%。因此，矿区土壤含水量8.91%这一阈值可以作为引导型生态修复合理程度的标准。

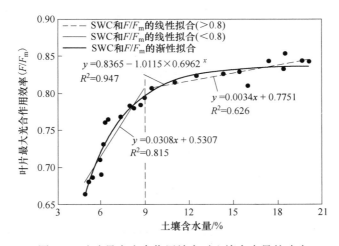

图9-3　叶片最大光合作用效率对土壤含水量的响应

9.2.2.5　引导修复措施

引导型矿山生态修复强调人工修复与自然恢复的有机结合，是对以人工修复为主的传统矿山生态修复模式的升级发展。矿山生态修复技术是否适宜，不在于技术水平高低或难度大小，而取决于所筛选修复技术与关键生态问题的针对性与经济性。因此，引导型生态修复和传统生态修复模式所采用的生态修复措施本质上没有差别，不同的是引导型生态修复模式强调的是适度人工干预，也就是要求人工干预必须有针对性、及时性、持久性和有效性。引导型生态修复模式所需的修复技术特点在于强调各个引导修复技术措施的系统性、接续性、针对性和经济性；一定是针对关键的修复对象、生态问题、生态关系和生态阈值，能降低生态修复成本，提升生态系统自维持能力。例如，在西部半干旱地区大型煤炭基地引导型生态修复实践中，采用的一些较适宜的引导修复技术有：采后覆岩导水裂隙人工化学引导修复、临时性与永久性地裂缝的差异化治理、分区治理模式、基于植被演替规律的植物互惠配置、基于空间格局优化和关键物质流调控的景观生态恢复、排土场分布式保水控蚀技术及基于自然地貌特征的近自然地貌重塑技术等。

在国家生态文明建设的战略形势下，在山水林田湖草沙系统性生态保护修复指导思想下，坚持"以自然恢复为主，与人工修复相结合"的基本原则，破解人工干预和自然恢复之间的争议和困惑，促进人工修复与自然恢复相协同是当前矿山生态修复的核心问题之一。引导型矿山生态修复是"基于自然的解决方案（NbS）、自然为主人工为辅"这些基本生态保护修复理念在矿山领域的具体实践探索。引导型矿山生态修复模式强调的是适度人工干预，即人工干预必须有针对性、及时性、持久性和有效性；是对传统人工修复模式的发展升级，其立足于生态系统恢复力，通过对生态问题和扰动响应机理系统化诊断，揭示采矿扰动与生态恢复机制，探明关键生态阈值，科学实施干预措施，带动促进受损生态系统恢复到自维持状态。矿山生态关系、过程及规律的感知是引导修复的前提；障碍性和限制性影响因子和生态过程是引导修复的主要对象；生态阈值和生态参数的调控是合理引导的关键。矿山生态修复是一个多尺度、多要素、多时相、多过程、多学科、多领域的科技难题，如何科学认识并利用自然力量，引导受损矿山生态系统自维持，尤其需要加强对矿山生态系统的自然规律、演变机理、生态过程、生态关系、生态阈值及环境要素间相互关系等机理问题诊断与深层次知识发现。

9.3　矿区生态农业重建模式

9.3.1　概述

9.3.1.1　生态农业重建的概念

生态农业是一场新的农业技术革命，它是在世界面临人口爆炸、能源危机、环境污染及生态破坏等严重挑战的情况下产生的，生态农业的生产方式符合自然界的发展规律，并能比较好地协调经济建设与环境保护的矛盾，保证农业持续稳定地向前发展，是保护环境促进经济持续发展的重要途径。我国各地的生态农业试点在经济建设和环境保护方面都表现出显著的效益，因此已逐步被广大干部和群众所接受，在我国未来经济社会发展规划中已把发展农业放在首位，并着重强调要抓好农业生态建设，发展生态农业。为此，我国土地复垦工作者，在采矿迹地生态修复过程中吸收了生态农业的基本思想和理论，提出了发展生态农业重建的新概念。

生态农业生态修复又称生态复垦和生态工程复垦，是根据生态学和生态经济学原理，应用土地复垦技术和生态工程技术，对沉陷、挖损、压占等采矿迹地进行整治和利用。它是广义的农业复垦，其实质是在破坏土地的复垦利用过程中发展生态农业，目的是建立一种多层次、多结构、多功能集约经营管理的综合农业生产体系。

生态农业生态修复不是某单一用途的生态修复，而是农、林、牧、副、渔、加工等多业联合复垦，并且是相互协调、相互促进、全面发展；它是对现有土地复垦技术，按照生态学原理进行的组合与装配；它是利用生物共生关系，通过合理配置农业植物、动物、微生物、进行立体种植及养殖业复垦；它是依据能量多级利用与物质循环再生原理，循环利用生产中的农业废物，使农业有机废弃物资源化，增加产品输出；它充分利用现代科学技术，注重合理规划，以实现经济、社会和生态效益的统一。

生态农业重建与传统土地复垦的根本区别在于，它不是单纯将土地复垦当作一个工程或工艺过程来研究，也不是将破坏土地仅仅恢复到可供利用的状态，而是将破坏土地所在区域视为一个以人为主体的自然-经济-社会的复合系统，依据生态学、生物学和系统工程学的理论，对破坏土地进行系统设计，综合整治和多层次开发利用，达到经济、社会和环境效益最优的可供利用的期望状态。因此，生态农业重建是一种从整体上系统全面地综合开发复垦土地的技术或模式，它将系统和生态的观点与理论融入生态修复的设计，工程实施和复垦土地再利用的全过程。这种技术或模式不仅包括原有土地复垦的规划技术、工程复垦技术和生物复垦技术，而且在深度和广度上更加丰富。

9.3.1.2 生态农业的特点

生态农业具有以下几个方面的特点：

（1）生态农业充分合理利用系统内的全部资源，进行全面规划，统筹兼顾，因地制宜，合理布局，并不断优化其结构，使其相互协调，协同发展，从而提高系统的整体功能，达到社会效益、经济效益和生态效益的最佳组合。

（2）生态农业就是通过人的劳动和干预不断调整和优化其结构和功能，建立起一个高效的人工生态系统。

（3）生态农业是有机农业和无机农业相结合的综合体，是两者的最佳组合。要扩大对系统内部的物质、能量和信息的输入。加强系统与外部环境的物质交换，提高农产品的商品率，大力发展商品生产，形成人口、土地、商品的开放型农业。

（4）实行劳动密集、资金密集、能量密集及商品密集相交叉的集约经营。通过集约经营，既要使农业系统达到一定的经济产出，又要能保持和加强系统内各要素的互利共生，协调发展的关系，形成持续稳定高产的多元化农业。

（5）生态农业是农林牧副渔的多种经营，全面发展。一方面立足耕地，努力提高单产，另一方面把全部土地资源都当作自己的生产场所，综合考虑自然条件的适宜性，技术条件的可行性和经济条件的有效性，为人类食物生产开辟广阔而富有的多种途径。

生态农业是一个十分复杂的大系统，是一个统一的有机整体。它以绿色植被覆盖最大、生物产量最高、光合产物利用最合理、经济效益最好和动态平衡最佳为标志。

9.3.1.3 发展生态农业生态修复的意义

我国人口多耕地少，人均占有耕地仅 $0.084\ hm^2$，不足世界人均耕地的 1/4，将采矿迹地恢复成耕地或其他农用地是土地复垦的重要任务，也是我国土地复垦的基本政策。但在复垦土地上发展常规农业（石油农业），国内外经验表明，它不仅使土地生产力恢复慢，还会带来一系列问题，主要有：（1）常规农业能量消耗高，能量投入的边际效益低，农田的产出与投入比下降，农业生产成本高、效益低；（2）由于施用大量化肥和农药，造成土壤、水体、农产品的污染；（3）由于常规农业在动物、植物品种上的单一和结构上的单调，加重了病虫害和杂草的发展。

在采矿迹地的复垦利用过程中，发展和建立生态、经济良性循环、协调发展的现代集约型农业，即生态农业重建，它不仅整治采矿迹地恢复，改善该区的生态环境，而且还有利于提高农业生产的综合效益，促进农业长期稳定发展。生态农业重建能快速、明显地恢复和提高土地生产力、劳动生产率与土地利用率，进而提高经济效益，生态农业重建能充分合理地利用、保护和增值自然资源，加速物质和能量转化，因而有着显著的生态效益。生态农业重建有利于开发农村人力资源，为农村剩余劳动力增加就业门路；它还能为社会创造数量多、质量好、多种多样的农产品，满足人们对农产品不断增长的需要，具有显著的社会效益。同时，生态农业也是建设具有中国特色现代化农业的根本途径。因此，发展生态农业生态修复具有重要的现实和历史意义。

9.3.2   生态农业重建的基本原理

对采矿迹地进行生态农业重建后，就会形成生态农业系统，它是具有生命的复杂系统，包括人类在内，系统中的生物成员与环境具有内在的和谐性。人既是系统中的消费者，又是生态系统的精心管理者。人类的经济活动直接制约着资源利用、环境保护和社会经济的发展。因此，人类经营的生态农业着眼于系统各组成成分的相互协调和系统内部的最适化，着眼于系统具有最大的稳定性和以最少的人工投入取得最大的生态、经济、社会综合效益。而这一目标和指导思想是以生态学、生态经济学原理为理论基础建立起来的，主要理论依据包括以下几个方面。

9.3.2.1   生态位原理

生态位是指一处生物种群所要求的全部生活条件，包括生物和非生物两部分，由空间生态位、时间生态位、营养生态位等组成。生态位和种群一一对应。在达到演替顶极的自然生态系统中，全部的生态位都被各个种群所占据。时间、空间、物质和能量均被充分利用。因此，生态农业重建可以根据生态位原理，充分利用空间、时间及一切资源，不仅提高了农业生产的经济效益，也减少了生产对环境的污染。

9.3.2.2   生物与环境的协同进化原理

生态系统中的生物不是孤立存在的，而是与其环境紧密联系，相互作用，共存于统一体中。生物与环境之间存在着复杂的物质与能量交换关系。一方面，生物为了生存与繁衍，必须经常从环境中摄取物质与能量，如空气、水、光、热及营养物质等。另一方面，在生物生存、繁育和活动过程中，也不断地通过释放、排泄及残体归还给环境，使环境得到补充。环境影响生物，生物也影响环境，而受生物影响得到改变的环境反过来又影响生物，使两者处于不断地相互作用、协同进行的过程。就这种关系而言，生物既是环境的占有者，同时又是自身所在环境的组成部分。作为占有者，生物不断地利用环境资源，改造环境；而另一方面作为环境成员，则又经常对环境资源进行补偿，能够保持一定范围的物质储备，以保证生物再生。生态农业重建遵循这一原理，因地、因时制宜，合理布局与规划，合理轮作倒茬，种养结合。违背这一原理，就会导致环境质量的下降，甚至使资源枯竭。

9.3.2.3   生物之间链索式的相互制约原理

生态系统中同时存在着许多种生物，它们之间通过食物营养关系相互依存、相互制约。例如绿色植物是草食性动物的食物，草食性动物又是肉食性动物的食物，通过捕食与被捕食关系构成食物链，多条食物链相互连接构成复杂的食物网，由于它们相互连接，其中任何一个链节的变化，都会影响到相邻链节的改变，甚至使整体食物网改变。

生物之间的这种食物链关系中包含着严格的量比关系，处于相邻两个链接上的生物，无论个体数目、生物量或能量均有一定比例。通常是前一营养级生物能量转换成后一营养级的生物能量，大约为10：1。生态农业重建遵循这一原理，巧接食物链，合理规划和选择重建途径，以挖掘资源潜力。任意打乱它们的关系，将会使生态平衡遭到破坏。

9.3.2.4 能量多级利用与物质循环再生原理

生态系统中的食物链，既是一条能量转换链，也是一条物质传递链。从经济上看还是一条价值增值链。根据能量物质在逐级转换传递过程中存在的 10：1 的关系，则食物链越短，结构越简单，它的净生产量就越高。但在受人类调节控制的农业生态系统中，由于人类对生物和环境的调控及对产品的期望不同，必然有着不同的表象，并产生不同的效果。例如对秸秆的利用，不经过处理直接返回土壤，须经过长时间的发酵分解，方能发挥肥效，参与再循环。但如果经过糖化或氨化过程使之成为家畜饲料，饲养家畜来增加畜产品产出，利用家畜排泄培养食用菌，生产食用菌后的残菌床又用于繁殖蚯蚓，最后将蚯蚓利用后的残余物返回农田作肥料，使食物链中未能参与有效转化的部分得到利用和转化，从而使能量转化效率大大提高。因此，人类根据生态学原理合理设计食物链，多层分级利用，可以使有机废物资源化，使光合产物实现再生增值，发挥减污补肥的作用。

9.3.2.5 结构稳定性与功能协调性原理

在自然生态系统中，生物与环境经过长期的相互作用，在生物与生物、生物与环境之间，建立了相对稳定的结构，具有相应的功能。农业生态系统的生物组分是人类按照生产目的而精心安排的，受到人类的调节与控制。生态农业要提供优质高产的农产品，同时创造一个良好的再生产条件与生活环境，必须建立一个稳定的生态系统结构，才能保证功能的正常运行。为此，要遵循以下 3 条原则：（1）发挥生物共生优势原则，如立体种植、立体养殖等，都可在生产上和经济上起到互补作用；（2）利用生物相克趋利避害的原则，如白僵菌防治措施等；（3）生物相生相养原则，如利用豆科植物的根瘤菌固氮，养地和改良土壤结构等。许多种生物由于对某一两个环境条件的要求相近，使它们生活在一起。例如森林中不同层次的植物及依靠这些植物为生的草食性动物，它们虽没有直接相生相克的关系，但对于共同形成的小气候或化学环境则有相互依存的联系。这种生物与生物、生物与环境之间相互协调组合并保持一定比例关系而建成的稳定性结构，有利于系统整体功能的充分发挥。

9.3.2.6 生态效益与经济效益统一的原理

生态农业是一种人类经济活动，生态农业重建也不例外，其目的是增加产出和增加经济收入。在生态经济系统中，经济效益与生态效益的关系是多重的。既有同步关系，又有背离关系，也有同步与背离相互结合的复杂关系。在生态农业重建中，为了在获取高生态效益的同时，求得高经济效益，必须遵循如下原则：（1）资源合理配置原则，应合理充分地利用国土，这是生态农业重建的一项重要任务；（2）劳动资源充分利用原则，在农业生产劳动力大量过剩的情况下，一部分农民同土地分离，从事农产品加工及农村服务业；（3）经济结构合理化原则，既要符合生态要求，又要适合经济发展与消费的需要；（4）专业化、社会化原则，生态农业重建只有突破了自然经济的束缚，才有可能向专业化及商品化过渡。在遵守生态原则的同时，积极引导农业生产接受市场机制的调节。

9.3.3 生态农业重建设计

9.3.3.1 生态农业重建的平面设计

生态农业重建的平面设计就是在一定的生态修复区域内，确定生物种群或生态类型及各产业所占比例的分布区域，以达到水平空间内各种资源的最佳利用，尤其是土地资源的最佳利用，各生物种群及产业关系协调互补。

生态农业重建的平面设计是生态农业重建设计的基础。在生态农业重建的平面设计中，应充分合理利用生态修复区域内的土地资源，根据区域内土地资源特点和当地的自然经济特征，因地制宜地规划，在生物种群选择上要使农作物、林木、果树、牧草、畜禽及水产品等相互协调。重建区域生态系统是以人工建造的生物群落为主的生态系统。重建土地的平面利用结构及生物种群的组成和匹配主要由自然因素和社会因素决定。自然因素包括气候、水文、土地破坏特征及地表移动规律等，它直接影响着土地的平面利用结构和生物种群的分布。此外，复垦区域生态系统是人工生态系统，是为人类生存服务的，所以它具有明显的社会性。如矿区农副产品需求、生态环境目标、价值规律与技术水平等，都直接影响着生物种群的分布和土地的利用结构。因此，在生态农业重建的平面设计中，应顺应复垦区域内自然资源的特点，综合控制和协调各自然因素和社会经济因素，建造成一个高效的复垦土地平面利用结构。此外，生态农业重建的平面设计还需充分考虑复垦区域内地貌、土壤、植被、地质和水文等环境要素特点，建立异质的"镶块"式格局，使各组分间配比合理。不但要因地制宜地发挥最大生产潜力，同时，又能确保较高的环境质量，建造一个美好、和谐、高效的矿区生态系统。矿区生态农业重建平面设计示例如图9-4所示。

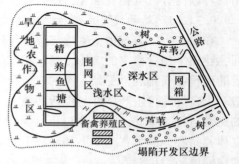

图9-4   生态农业重建垂直设计示例

9.3.3.2   生态农业重建的垂直设计

生态农业重建的垂直设计就是利用生态位和生物共生原理，将生理上和生态适应性不同的生物群体组成合理的复合型生产系统，使其对环境资源特别是空间的利用充分合理。生态农业重建的垂直空间结构具有比较突出的优势。首先，由于空间的多层次性，使资源利用更加充分，克服了常规农业的资源浪费现象；其次，由于多层次的生物种群的合理组合，利用了生物间"互利共生"的关系，使其能获得较好的效益。生态农业重建的垂直设计，是一种不同种群合理组合及匹配，并进一步组成高效能复合群体的过程。复合群体类型具体可分为植物与植物、植物与真菌、植物与动物、动物与动物等的配合方式与种群选择。矿区生态农业重建垂直设计示例如图9-5所示。

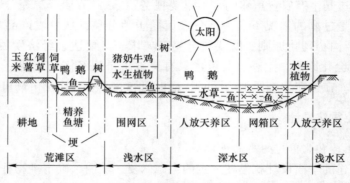

图9-5   矿区生态农业重建垂直设计示例

9.3.3.3 生态农业重建的食物链（网）设计

生物在长期演化和适应过程中，不仅建立了相互制约的食物链关系，而且还形成了独特的生活习性和分级利用自然界所提供的各种物质。正因如此，才使有限的空间养育众多的生物种类，并保持相对稳定状态。研究设计合理的食物链结构，直接关系到复垦土地生产力的高低和经济效益的大小。图9-6为矿区生态农业重建食物链的一般模式。

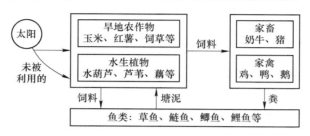

图9-6　生态农业重建食物链的一般模式

生态农业重建的食物链设计主要应从食物链的加环与解环着手。所谓食物链的加环是在原有的食物链中加入新的营养级或扩大已有的环节，以扩大系统的经济效益，提高系统稳定性和抗逆能力。如在农业生产中增加畜牧业或引入腐食性动物等新的环节，将人们不能利用的有机物质（如作物秸秆、花粉、花蜜和桑叶等），通过多种生物途径转化为可供直接利用的农副产品。再如利用猪鸡粪养蚯蚓或蝇蛆，再以蚯蚓或蝇蛆作高蛋白饲料养鸡、牛蛙及鳖等动物，进一步扩大生产环节的效益。

前面我们主要讲述了食物链的有利方面，但是由于食物由低营养级到高营养级的发展过程中，一些物质有富集、放大作用，因此一旦有害物质进入食物链后就要影响农产品的质量及人类的健康。特别是对于采矿迹地生态修复的土地来说，存在多种有害元素，在重建中，如不采取措施，必将影响环境质量和人类的健康。因此，在生态农业重建中还应阻断或尽量减少有害物质沿食物链的转移，特别是进入人体。此时，可设计一条降解环，使原来可能损害人类生命的食物链中断或转向，做到不进入人体。转向方法主要有3种：（1）把最终产品改变用途，使其离开进入人体的路线，如在含有害元素的复垦土地上种植粮食，再用粮食生产工业酒精；（2）改变种群，使这种生物种群产品根本不进入人体，如种红麻，直接生产不进入人类食物链的纤维产品；（3）加入新种群使有害物质降解，或对有害物质不吸收、不富集。

9.3.3.4 生态农业重建的时间设计

生态农业重建的时间设计就是根据各种资源的时间节律，设计出能有效利用资源的合理格局或功能节律，使资源转化率最高。其主要包括两方面的内容：（1）掌握当地各种作物种群对环境资源需求的变化规律，进行生态类型合理匹配，穿插衔接，采取轮作、套种或合理茬口等措施，使每个生态类型时间布置紧凑，使其对环境资源的需求尽量与环境资源变化曲线吻合，减少各生态类型种群交替的空隙，以延长资源的利用时间；（2）通过环境控制延长资源的转化时间，如早熟品种的培育、辅助光照延长鸡的产卵期、温室蔬菜、温室（塑料大棚）养鱼鳖等。

9.3.3.5 生态农业重建的工程设计

生态农业重建的平面、垂直、食物链及时间设计完成后，根据其设计要求应进行重建工程设计，因地制宜地选择土地复垦技术途径和工程方法，复垦工程尽量与矿山生产相结合，适当保留开采沉陷形成的水域，充分利用尾矿和剥离物等工业废物进行工程复垦，并采取可行措施防止发生二次污染。

9.3.4 生态农业重建模式

9.3.4.1 生物立体共生的生态农业重建模式

这是一种根据各生物种群的生物学、生态学特性和生物之间的互利共生关系合理组合的生态农业重建系统。该系统能使处于不同生态位的各生物种群在系统中各得其所，相得益彰，更加充分地利用太阳能、水分及矿物质等营养元素，建立空间上多层次、时间上多序列的产业结构，从而获得较高的经济效益和生态效益。

根据生物的类型、生境差异和生物因子数量等可将生物立体共生的生态农业重建分为以下几种类型和模式。

（1）立体种植类型，主要包括：农业作物的间作、套作和轮作模式，如粮—棉、粮—油菜、粮—蔬菜等；林产作物的立体种植模式，这种模式随着林木种类的不同而有不同的组合；林粮间作立体种植模式，如桐粮间作、枣粮间作和果树蔬菜间作等；林药间作立体种植模式，指林木、果树与药用栽培植物的空间组合；此外还有林菌、粮菌间作模式或粮肥间作模式等。

（2）立体养殖类型，是指在一特定空间内养殖动物的层次配置，或一定时间内生产的有机配合，主要有以下模式：陆地立体圈养模式，为了充分利用空间，节约圈棚材料并利用废弃物而设计的一种空间共生立体养殖，如：蜂桶—鸡舍—猪圈—蚯蚓池或鸡舍—猪圈—鱼池等；水体立体养殖模式，为了充分利用水体空间和营养，溶解氧等而设计的一种空间配置方式，常见的组合有：鲢鱼—草鱼—青鱼或鸭—鱼—珠蚌等。

（3）立体种养类型，指在一定空间内栽培植物和养殖动物按一定方式配置的生产结构。在生物之间，可形成一种简单的食物链，并且以生物之间的共生互利关系为特征。上层的植物为下层的动植物提供了隐蔽的条件和适宜栖息的生存环境，下层放养的生物可清除作物群落下层的杂草和害虫，促进了上层植物的生长。同时，下层的植物或动物粪便给底层水体中鱼类提供了饵料；而鱼类的活动又增加了水体溶氧，可促进作物根部的通透性。该类型的主要模式有：稻—萍—鱼、稻—鸭—鱼、林—畜—蚯蚓及苇—禽—鱼等。

9.3.4.2 物质循环利用的生态农业系统模式

这是一种按照生态系统内能量流动和物质循环规律而设计的一种良性循环的生态农业系统，在该系统中，一个生产环节的产出（如废弃物排出）是另一个生产环节的投入，使得系统中的各种废弃物在生产过程中得到再次、多次和循环利用，从而获得更高的资源利用率，并有效地防止废弃物对农业环境的污染。根据系统内生产结构的物质循环方式，主要有以下两种模式。

（1）种植业内部物质循环利用模式。该类型主要是指在林业、作物及食用菌等生产体中的物质多级循环利用，其结构相对简单。图9-7是利用秸秆等生产食用菌和养殖蚯蚓等的生产设计，秸秆还田是保持土壤有机质的有效措施。但秸秆若不经处理直接还田，则需很长时间的发酵分解，方能发挥肥效。在一定条件下，如果利用糖化过程先把秸秆变成饲料，而后用牲畜的排泄及秸秆残渣来培养食用菌；生产食用菌的残余料又用于繁殖蚯蚓，最后才把剩下的残物返回农田，收效就会好得多。

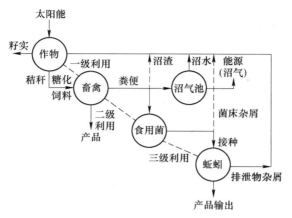

图 9-7 作物秸秆的多级利用系统

（2）养殖业内部物质循环利用模式。这种类型主要是利用家禽生产中的粪便等废弃物，作为畜牧生产中的饲料，而畜牧生产的废弃物再作为某些特种培养动物的营养材料而扩大其种群，这些特种培养动物可直接用作家禽的高级蛋白饲料，从而建立了废物利用的良性循环。如天津市蓟县在发展畜牧业生产的过程中，为了解决禽畜养殖业饲养供应紧张和禽畜粪便污染的难题，研究探索了以人工养蝇蛆为主体的"猪粪养蝇蛆—蝇蛆喂鸡—鸡粪养猪"的循环体系，利用 2 kg 干猪粪可生产 1 kg 鲜蛆，饲喂 60 只鸡的粪便可供饲养 2 头猪，如图 9-8 所示。

9.3.4.3 水陆交换互补的物质循环利用模式

该模式是充分利用地下开采地表沉陷形成积水的优势，根据鱼类等各种水生生物的生活规律和食性及在水体中所处的生态位，按照生态学的食物链原理合理组合，实现农—渔—禽—畜综合经营的生态农业模式，如图 9-9 所示。该系统是生物之间以营养为纽带的物质循环和能量流动，构成了以生产者、消费者和还原者为中心的三大功能群类。系统中的农作物和青饲料，可作为畜牧生产中鸡鸭猪牛等养殖动物的饲料；畜牧业生产中的粪便等废弃物，可供养鱼或其他水产养殖业的饵料，并可直接施入农田，经微生物分解而成为农

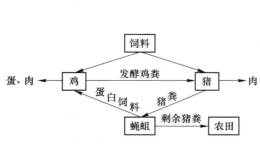

图 9-8 蓟县养殖业内部的物质循环利用

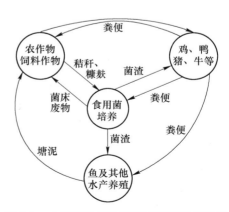

图 9-9 水陆交换互补的物质循环利用系统

用或饲料作物的肥料；鱼池中的塘泥也可作为农作物的肥料；食用菌生产中的菌渣及培养床的废弃物，可用于饲喂禽畜动物、鱼，以及作为农田作物的肥料，由此形成多级的循环利用。

9.3.4.4 种养加工三结合的物质循环利用模式

该类型与第三种类型相比增加了加工业，并与种植业和养殖业紧密联系起来，种植业和养殖业的产品经过加工这个环节，进一步提高了经济效益，而且加工过程中产生的各种废物，也在整个系统中进一步循环利用，从而增加了系统组分结构的复杂性和保证了资源的充分利用（见图 9-10）。

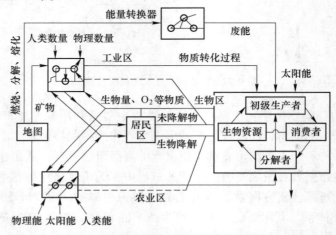

图 9-10 多功能的农副工联合生产系统

9.3.4.5 多功能综合生态系统模式

生态系统通过完全的代谢过程的同化和异化，使物质流在系统内循环不息，这不仅保证了生物的再生不已，并通过一定的生物群落与无机环境的结构调节，使得各种成分相互协调，达到良性循环的稳定状态。这种结构与功能相统一的原理，用于矿区土地复垦和工农业生产的布局，就形成了多功能综合生态系统。这样的系统往往由 4 个子系统组成，即农业生产子系统、加工工业子系统、居民生活区子系统和植物群落调节子系统。它的最大特点是将种植业、养殖业和工业有机地结合起来，组成一个多功能的整体。

9.3.5 生态农业重建系统优化

农业生态系统的功能主要包括能量流、物质流、信息流和价值流四大功能。农业生态系统中的能量流是系统的基本功能之一。了解农业生态系统的能量转化规律，对其功能及其组分之间的内在关系，以及农业生态系统物质生产力的形成都是必需的，也是基础的。农业生态系统中生命活动所需要的能量绝大部分都直接或间接地来自太阳辐射能，并遵循热力学第一和第二定律进行转化和流动。在农业生态系统中，绿色植物利用日光能，同时吸收营养物质（主要来自土壤）和空气中的气体，进行光合作用生产有机物，将日光能储存在所生产的有机物中。这些有机物在农业生态系统中通过食物链和食物网，从一个营养级传递到另一个营养级，从而实现了能量转化和能量流动。另外，在农业生态系统中，人们往往通过输入人工辅助能的方式进行调节和控制，以期使能量的转化和流动向人们所希望的方向进行。为了尽量避免和减少工业辅助能的负效应，应大力发展生态农业等各类可持续农业，充分利用农业生态系统的自我调控机制和自然生态过程，利用生物间相生相克的关系，从而既可尽量避免滥用化肥、农药、生长调节剂和饲料添加剂等工业辅助能，又可实现农业生态系统运行中产生的生态效益、经济效益和社会效益的最优化。

9.3.5.1　生态农业系统能流分析

A　系统中的能量来源

能量是生态系统的动力基础，生命活动过程都存在着能量的流动和转化。进入生态系统的能量，根据其来源途径不同，可分为太阳辐射能和辅助能两大类型。除太阳辐射能以外，其他进入系统的任何形式的能量，都称为辅助能。辅助能无法直接被生态系统中的生物转换为化学潜能，但可以促进辐射能的转化，对生态系统中生物的生存、光合产物的形成及物质循环等起着很大的辅助作用。根据辅助能的来源不同可分为自然辅助能和人工辅助能两类。

B　能量流动路径

生态系统中往往具有复杂的食物网营养关系，辅助能的输入又是多途径的。因此，生态系统的能量流动也是多路径进行的。生态系统的能量流动始于初级生产者（绿色植物）对太阳辐射能的捕获，通过光合作用将光能转化为储存在植物有机物质中的化学潜能。这些被暂时储存起来的化学潜能，由于后来的动向不同而形成了生态系统能流的不同路径。

第一条路径（主路径）：生产者（绿色植物）被一级消费者（食草动物）取食消化，一级消费者又被二级消费者（食肉动物）取食消化等。能量沿食物链各营养级流动，每一营养级将上一级转化而来的部分能量固定在本营养级的生物有机体中，但随着生物体的衰老死亡，经微生物分解将全部能量归还于非生物环境。

第二条路径：在各营养级中都有一部分死亡的生物有机体及排泄物或残留体进入到腐食食物链，在分解者（微生物）的作用下，这些复杂的有机化合物被还原为简单的 CO_2、H_2O 和其他无机物质。有机物质中的能量以热量的形式散发于非生物环境。

第三条路径：无论哪一级生物有机体，在其生命代谢过程中都要进行呼吸作用，在这个过程中生物有机体中存储的化学潜能做功，维持了生命的代谢，并驱动了处理系统中物质流动的信息传递，生物化学潜能也转化为热能，散发于非生物环境中。

以上3条路径是所有生态系统能量流动的共同路径，对于开放的农业生态系统而言，能量流动的路径更为多样。从能量来源上讲，除了太阳辐射能之外，还有大量的辅助能量的投入，投入的辅助能并不能直接转化为生物有机体内的化学潜能，大多数在做功之后以热能的形式散失，它们的作用是强化、扩大和提高系统能量流动的速率与转化率，间接地促进了系统的能量流动与转化。从能量的输入来看，随着人类从生态系统内取走大量的农畜产品，大量的能量与物质流向系统之外，形成了一股强大的输出能流，这是农业生态系统区别于自然生态系统的一条能流途径，也称为第四条能流途径。

C　能流分析方法

生态系统的能流分析，就是对生态系统能量的输入及其在系统各组分之间的传递转化和散失情况进行分析，通常采用的方法有实际测定法、统计分析法、输入输出法和过程分析法，这些方法常常是结合使用的。能流分析一般可分为以下几个步骤。

（1）确定研究对象和对象的边界。根据研究目的确定研究对象，并确定所研究生态系统的规模和时间、空间尺度的边界。被研究的农业生态系统的对象，可以是单一农作物系统、畜牧业系统等，也可以是由种植、林业、渔业等各个亚系统构成的复合农业生态系统，系统可以是一块农田、一个农户、一个村，也可以是一个乡、一个县或更大的区域。

（2）明确系统的组成成分及相互关系，绘出能流图。应分别确定系统中各亚系统的输入和输出，弄清楚各个亚系统之间的相互因果关系，并绘出能流图。

（3）实测或搜集资料，确定各组分的各种实物流量或输入输出量。这些数据的获得，一方面要通过具体的定位试验研究或实地调查，进行有关资料的收集和整理，另一方面对某些无法直接得到的数据可以通过间接的估算或类推获得。

（4）依据折能系数，将不同质的实物流量转换为能流量。对各项输入和输出的能量折算，可参考有关文献资料的折能系数，将各种项目都统一换算成能量单位，然后就可以进行比较和分析。

（5）按能流量绘出能流图，开展输入能量结构分析、产出能量结构分析、输入能流密度分析、产出能流密度分析及各种能量转换效率计算与分析。通过对农业生态系统的上述能量分析，可明确系统辅助能输入特征及对经济产品产出能的影响，从而为系统结构的调整和功能的优化调控提供依据。

9.3.5.2　生态农业系统物流分析

A　农业生态系统物质循环的特点

在农业生态系统层次上，物质循环要研究的是某种营养物质的循环途径、效率及其作用。与自然生态系统相比，农业生态系统的物质循环带有许多人工调控的特色。为了满足社会需要，人类经常要从农业生态系统中获取粮食、肉类和纤维素等农畜产品并运销外地，使一部分能量和物质输出系统之外。为使系统保持平衡和具有一定的生产力水平，必须同时通过多种途径投入化肥、有机肥料、水及用于开动各种机械的化石燃料等物质和能量，以补偿产品输出后所出现的亏损。所以农业生态系统是一个能量和物质的输入与输出量大而且比较迅速的开放系统。此外，随着生产资料的投入与产品的输出，农业生态系统中的能量流动和物质循环不单发生于"生物-环境"系统中，而是进行于"生物-环境-社会"系统之中，途径多、变化大。

农业生态系统的物质循环也包括气体循环、水分循环和营养物质循环等几种基本类型。由于人类活动的干预，可改变物质原有的自然循环过程。有的物质或元素（如N、P、K等）因人为投入量大，其循环被加强，有些类型物质的循环则相对减弱。在农业生态学中，物质循环研究主要集中在农业生态系统的水分循环与管理、养分循环与管理、盐分控制与管理、污染物的迁移转化与控制及农田生态系统温室效应气体释放等方面。研究内容涉及物质固定、迁移与转化等行为与途径，参与循环的物质总量、循环速率、系统各分室中暂留的物质量、转化效率及其环境效应等方面（见图9-11）。下面仅以氮循环为农业生态系统物质循环进行分析。

B　农业生态系统氮循环

氮是蛋白质的基本成分，是一切生命结构的原料之一。大气化学成分中氮的含量（78%）非常丰富，然而氮是一种惰性气体，不能够被植物直接利用。因此，大气中的氮对生态系统来讲，必须通过固氮作用将游离氮与氧结合成为硝酸盐或亚硝酸盐，或与氢结合成氨，才能为大部分生物所利用，参与蛋白质的合成。因此，氮只有被固定后，才能进

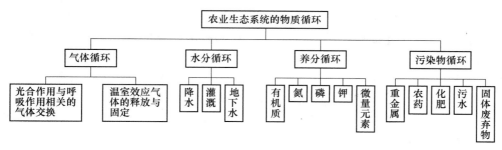

图 9-11　农业生态系统物质循环研究的内容框架

入生态系统，参与循环。

农田生态系统中氮素循环过程大体可概括成图 9-12 的模式。农业中氮素来源主要有两条途径：（1）生物固氮，即通过豆科作物和其他固氮生物固定空气中的氮；（2）化学固氮，即通过化工厂将空气中氮合成为氨，再进一步制成各种氮肥。此外，还有少量氮在空中闪电时氧化成硝酸，随降雨而进入土壤中。生物固氮为 100~200 kg/(hm²·a)，大约占地球固氮的 90%。因此，从增加农业中氮素来看，应当积极种植豆科作物，培育其他固氮生物，努力增产并合理施用化学氮肥，这样才能更好地满足农业增产对氮素的需要。

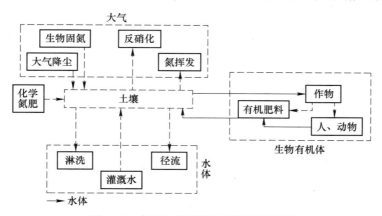

图 9-12　农田生态系统中氮循环示意图

氮素的损失主要有 3 个方面：（1）挥发损失，即由于有机质的燃烧分解或其他原因导致氨的挥发损失；（2）氮的损失，主要是硝态氮由于雨水或灌溉水淋洗而损失；（3）在水田中或土壤通气不良时，硝态氮受反硝化作用而变成游离氮，导致氮素损失。

在自然生态系统中，一方面通过各种固氮作用使氮素进入物质循环，另一方面通过反硝化作用、淋溶沉积等作用使氮素不断重返大气，从而使氮的循环处于一种平衡状态。

C　人类活动对氮循环的影响和农田氮素管理

人类活动对氮循环的干扰还主要表现在：含氮有机物的燃烧产生大量氮氧化物污染大气；过度耕垦使土壤氮素肥力（有机氮）下降；发展工业固氮，忽视或抑制生物固氮，造成氮素局部富集和氮素循环失调，城市化和集约化农牧业使人畜废弃物的自然再循环受阻。其中，人类的农业活动对氮循环的影响主要是由于不合理的作物耕作方式及氮肥施用而引起氮素的流失与亏损。同时，人类的工农业活动干扰了生态系统中氮素的自然循环过程，如含氮有机物的燃烧和反硝化作用等，导致大量气态氮化物的产生和释放，破坏臭氧层，形成酸雨，造成大气污染和全球变暖等环境问题，进而对生物生存产生重要影响。

因此，在农业上加强氮素的管理和调控是十分必要的。农田氮素控制的途径有以下几个方面：（1）改进氮肥施用技术，包括分次施肥、氮肥深施及施用缓效氮肥；（2）平衡施肥与测土施肥，不同的氮肥类型和施肥水平对氮肥的流失有一定影响，农田中过度施氮肥往往导致高的 N_2O 排放；（3）根据农业中氮素循环的特点，既要尽量增加氮的积累，又要尽量减少氮的损失，如增施有机肥，种植豆科绿肥等；（4）合理灌溉，构建农田生态沟渠系统；（5）做好水土保持工作，防止水土流失和土壤侵蚀，这是控制农业非点源氮素污染的重要环节。

9.4 矿山公园生态修复模式

建设矿山公园是矿山生态环境恢复治理和实现资源枯竭型城市转型的有效举措。矿山公园是将承载矿产地质遗迹和矿业生产过程中探采选冶及加工等活动的矿业遗迹作为主题景观进行展示，体现矿业发展历史内涵，具有研究价值和教育功能，可供人们游览观赏和科学考察的特定空间地。与一般的青山绿水景观不同，矿山公园最大的特色是集中展现了矿山采矿历史和深厚的文化底蕴，是工业旅游的景观代表。事实上，矿山公园承载的功能包括损毁生态环境的改善，即基于山水林田湖草生命共同体理念，修复受损的生态系统，改善矿区千疮百孔的风貌。另外，矿山公园还具备了传承文化，普及矿业知识的文化功能，是一个多功能的综合体。

9.4.1 国家矿山公园发展历程

为保护矿山遗迹和促进矿山环境治理和生态恢复，一系列国家政策的出台与相关会议的召开推进了矿山公园的建设与发展。2004 年 11 月，《关于申报国家矿山公园的通知》（国土资发〔2004〕256 号）的出台和矿山公园评审委员会成立，标志着我国矿山公园建设的开始，拉开了中国促进资源枯竭型矿山经济转型、矿山企业可持续发展、矿业遗迹资源与环境的保护修复的序幕。2005 年 8 月，国家矿山公园领导小组第一次会议的召开，审批通过了 28 个国家矿山公园建设资格，标志着中国矿业遗迹保护与开发的实施。国务院国发〔2005〕28 号文和国发〔2006〕4 号文强调了矿山生态恢复治理的要求，推进了国家矿山公园建设步伐；国土资发〔2006〕5 号文中"需在两年内完成矿山公园的建设任务"规定的提出，在一定程度上推动了国家矿山公园如期按质按量的建设；第 2 批国家矿山公园评审通过 33 个；国家"十二五"规划中"绿色矿业"可持续发展目标的提出，为矿山环境恢复治理提出了明确的要求。2012 年 12 月，第 3 批国家矿山公园资格评审会召开，并于 2013 年 1 月公布了新增的 11 处国家矿山公园。2017 年第四批国家矿山公园审批通过，国家矿山公园总数增加到 88 个。2019 年自然资源部修订的《矿山地质环境保护规定》中指出国家矿山公园的设定无相关的法律依据，今后将不再进行申报与审批工作，这标志着我国国家矿山公园的申报与审批工作的结束。2020 年，国家林草局自然保护地管理司印发了《关于开展国家矿山公园有关工作的通知》，要求各地要做好自然保护地整合优化和国家矿山公园管理的衔接工作，符合相关条件的矿山公园可以申请转为国家级地质自然、湿地自然或其他类型的国家公园，表明我国国家矿山公园建设工作开始进入整合与调整阶段，未来国家矿山公园将按照相关政策与以国家公园为主的自然保护地体系进行整合调整。

9.4.2 国家矿山公园建设

9.4.2.1 国家矿山公园规划与工程设计

国家矿山公园的规划与工程设计是当前研究的重点。在科学调查的基础上，依托区位优势及特色资源，确定建设的主题定位及规划布局，坚持"立足矿山遗迹，融入地域文化，娱乐休闲体验等动态游赏与休闲度假等静态活动搭配，提升生态景观"的宗旨，笃信"科学保护、体现特色、整体开发、立足实际"的规划与工程设计理念，秉承"自然做功的生态恢复、整体视角的系统规划、游客导向的旅游开发和形式多样的科普活动"的规划与工程设计策略，积极打造具有区域稀有性、典型性及价值考究的矿山工业旅游产品，探索矿山遗址的利用模式，建设精品国家矿山公园。国家矿山公园规划与工程设计的研究大都采用分析案例的形式进行地域性的分析探讨，如遂昌金矿国家矿山公园通过合理规划改造利用闲置场地、余留的矿洞、废弃的机械设备及周边的自然环境资源，打造成了集历史、文化、科技教育和休闲旅游度假为一体的复合型新兴旅游资源；广西合山国家矿山公园以开发和保护矿山遗迹为目的，立足区域资源特点，建成了集科普教育、观光游览、矿业生产体验功能为主，以体育运动、亲水旅游、民俗文化体验和丛林探险生态游等功能为辅的矿山公园；海州露天矿国家矿山公园以主题广场为例，从工业元素重塑和空间拓展方面探讨了主题广场的设计手法，为东北地区资源城市的工业遗址资源开发提供一定参考。冯萤雪等基于景观生态学中的斑块与廊道分析模型推导出矿业宗地生态修复的量化基准数据，量化生态红线的划定，确定了工程设计中最佳生态/规模比斑块大小、斑块形状指数、廊道尺度和污染源植被缓冲区宽度等量化指标的理论依据。由于国家矿山公园分布较广泛且地域差异性大、矿种类型不一、开采方式与开采主题的不同，造成矿山公园的规划与工程设计中细节的差别化，这也对矿山公园规划与工程设计在省与国家尺度管理方面造成阻碍。故集成化的国家矿山公园建设规划是今后研究与分析的重点。坚持"生态与景观设计，因地制宜地保护与开发协调发展；强化功能分区与整合周边资源；打造特色、丰富、创新和鲜明的生态旅游产品"的原则；将主题定位发展成演绎性主题定位，强化在心理引导、主题指示、景观格调及视觉感知等方面的变化，使复杂的主观感受能有目标地引导和空间的秩序进行旅游体验。坚持生态学原则、"乡土物种为主+外来适生物种"原则、因地制宜原则、"仿自然修复"原则及综合经济和多功能价值的生物环境营造原则等，较好地提升矿山公园生态与景观服务价值。

9.4.2.2 国家矿山公园评价标准与类型

矿山公园建设的评价标准（见表9-1）在宏观层面分为矿业遗迹、基础开发条件及建设规划设计3个方面，微观评价指标或原则是对宏观方面的深化与细化，如矿业遗迹关注其是否具有稀有性或典型性，科学、历史与文化价值及系统完成度如何等；基础开发条件则侧重于区位与交通条件、土地资源与生态环境现状及开发投资力度等；建设规划设计则以总体与生态景观规划为主。矿山公园可基于开采矿种、开采方式及开采主题的不同而实现分类，其中根据以往研究总结了基于开发主题不同的矿山公园分类标准及适用条件（见表9-2）。

表 9-1　矿山公园建设的评价标准

宏观方面评价	微观指标评价标准
矿业遗迹	稀有性；典型性；科学价值；历史、文化价值；系统完成度
基础开发条件	区位、交通；生态环境现状；科学研究基础工作；土地使用权属；投资开发可行性；其他景观资源丰富程度及价值
建设规划设计	总体规划；景观规划；绿地规划；资源保护规划；生态环境规划

表 9-2　基于开发主题的矿山公园分类及适用条件

开发主题	分类标准	适用条件	相关的国家矿山公园
以矿业景观为主	矿业遗址与遗迹、采矿设备与工具、矿业制品	开采规模大与时间长、地质条件复杂、采矿工艺先进、矿业制品丰富的大型矿山	辽宁阜新海州露天矿、河北唐山开滦煤矿及湖北黄石国家矿山公园
重后期旅游开发	以自然景观为主，涵矿山地质遗迹和生态环境现状；以人文景观为主，涵矿业开发史籍、爱国主义教育基地及矿山复垦治理；以旅游规划设计景观为主，涵盖总体、景观、资源保护及生态环境规划	开采矿种的普通、单一和矿床规模的限制大的矿山，挖掘其区位与区域优势对矿山开采场地开发利用；以后期旅游开发为主	广东深圳凤凰山国家矿山公园和广东深圳鹏茜国家矿山公园
矿业景观与后期旅游开发并重	涵盖矿业景观、自然景观、人文景观及旅游规划设计景观综合开发与利用	既有大规模开采形成的地表或地下的矿业遗迹与遗址，也有矿区独特区位优越性和遗址的区域稀有性的矿山	河北任丘华北油田、江西景德镇高岭、山东沂蒙钻石及青海格尔木察尔汗盐湖国家矿山公园

　　近年来，越来越多的学者对矿山公园的评价标准与类型进行研究，多以经验式案例为基础的研究。

9.4.2.3　国家矿山公园灾害防治与环境监测预警

　　矿山公园是特殊地质条件下的旅游场地，因地质灾害的突发性特点，须对建设及运营的全过程加强灾害防治措施。地质灾害类型主要有岩溶与采空塌陷、地震与矿震、矿井突水及冒顶。随着对矿山生态修复重视程度的加大，矿山公园对地质灾害研究由重后期治理方法转为前期监测预警系统的研发与布设。

9.4.3　国家矿山公园建设发展模式

　　国家矿山公园的建设与开发旨在了解矿山企业多维度开发优势的基础上，探索区域的可持续发展，其建设发展模式及资本运作方面的研究尚少。国家矿山公园的主要建设模式是以打造主题公园为载体，展示矿业遗迹和开展科普教育活动。旅游需求的多元化刺激了矿山公园由传统观光型向集观光、休闲和体验等多元复合的发展模式转型。随着国家矿山公园数量与空间的扩张，对其发展与管理的模式不断完善，共生模式与产业化发展模式相继应用，关注矿山公园的市场化运行方式及组织管理机构的扁平化与弹性化发展，加强决策阶段间的反馈与优选机制的研究，进而在恢复社会经济与生态的综合生态系统的同时，达到废弃矿山再利用多功能价值的开发。

9.4.4 国家矿山公园空间结构特征分析

我国四批共批准建设的国家矿山公园数量为 88 家，因山东省威海金洲金矿国家矿山公园被取消建设资格，国家矿山公园空间分布特征分析部分不再将其纳入研究范围。

9.4.4.1 空间分布密度特征分析

我国国家矿山公园空间分布密度特征为西北少东南多，中东部及沿海团块状集聚。2005 年，首批 28 处国家矿山公园集中分布于中国东部与中部地区，高密度核心区域主要为黑龙江东部、京津、鲁南—苏西北—皖东北交界与广东地区，东部沿海省份的密度也相对较高，西南西北地区呈点状零散分布，核密度较低。2010 年，新增 32 处国家矿山公园，密度整体增强，第二批国家矿山公园呈现向西南、西北与东北地区扩散的趋势，西北以甘肃为中心区域的核密度雏形初步形成，京津、鲁南—苏西北—皖东北交界与广东地区三大高密度核心片区核密度进一步增强。2013 年，核密度整体再次增强，但增幅程度相比上批次较小，密度值高值区在华中与华东地区进一步扩散，初步分布格局已经形成。至2017 年第四批国家矿山公园公布，整体空间分布格局最终形成，四批次国家矿山公园核密度逐步从散点状演变为组团集聚状。四批次 87 处国家矿山公园在华北、华东与华南地区，核度值较高，东北地区次之，西北与西南（除四川与重庆地区）地区整体核密度值较低。总体而言，国家矿山公园呈现西北少东南多、中东部及沿海团块状集聚的空间分布格局。

9.4.4.2 空间结构类型分析

基于国家矿山公园与区域城镇的位置关系，可大致总结为 3 种类型进行研究，分别为城市型、城郊型和村镇型。国家矿山公园距离城市远近对其空间结构、空间风貌及转型策略均能产生较大影响，因为不同位置类型的矿山公园服务对象与职能在一定程度上具有差异性，例如城市型国家矿山公园需要更多承担城市居民公共活动空间的职能；城郊型国家矿山公园应营造具有度假性质的服务空间，故以距离城市远近对其进行分类，总结空间结构类型，对国家矿山公园的建设与转型均具有一定指导意义。

国家矿山公园空间风貌由物质环境风貌和非物质环境风貌共同组成，是对公园范围内空间特征的反映，是生态景观、矿业景观、人文景观及其所承载的历史文化、矿业文化、精神面貌和行为活动的总和，具有特色的工矿空间风貌是国家矿山公园与其他公园的本质区别。就国家矿山公园主体风貌建设开发而言，首先应综合考虑开发利用园区采矿形成的矿业景观和地质遗迹，这是国家矿山公园设立的前提和本质要求。从实际情况来看，部分国家矿山公园受矿产类型和矿床规模的限制，以矿业遗迹为主体景观进行开发具有难度大、效益差及旅游吸引力小等劣势，此时应科学挖掘园区的自然生态景观、人文地域景观和人工规划景观的价值，与矿业遗迹景观形成优势互补。而且国家矿山公园由于地理位置、地质与生态条件、矿产类型、矿业遗迹资源、采矿方式、生产职能、地域文化及自然和人文景观的不同，使得园区开发需求具有差异性，这些原因都造成了各个国家矿山公园所营造的空间风貌的侧重点的不同。

从各地矿山公园的命名可以看出，大部分单位都是依据地名和矿产类型对公园进行命名，随着近年来旅游经济的发展和规划建设理念的转变，在以旅游视角切入国家矿山公园研究的前提下，以矿产和地名为据进行公园类型划分的方式适用性较差；而以国家矿山公园建设开发所营造的主体空间风貌为公园类型划分依据，具有分类结果清晰、公园特色体现明显和应用效果较强等优势，对其空间结构分析与产业转型具有借鉴意义。

9.4.4.3　国家矿山公园空间构成要素分析

目前，大部分国家矿山公园建设单位的总体功能分区主要由生态景观空间、矿业遗迹空间、公园特色空间和综合服务空间四大功能空间要素构成，如今，在工矿城市转型与产业经济背景下的国家矿山公园功能空间规划，其空间构成应在以往的功能空间规划体系的基础上进行理念更新与升级。目前，较大一部分国家矿山公园经营效果较差，缺乏相关产业支撑，若能在其规划之初，划分专门的功能空间区域进行产业结构转型与升级，对国家矿山公园的整体运营将起到一定的帮助作用。故综合考虑增加国家矿山公园产业协同空间功能空间构成要素，共形成 5 个一级空间构成要素和 20 个二级空间构成要素（见表 9-3），各要素之间的结构关系如图 9-13 所示。

表 9-3　国家矿山公园空间构成要素

序号	一级要素	二级要素
1	矿业遗迹区	矿产地质遗迹空间；矿业生产遗迹空间（地上与地下）；矿业生活遗迹空间；其他矿业遗迹空间
2	生态景观区	生态保育空间（自然山体景观、自然水体景观、植被景观）；生态修复空间；合理利用空间
3	公园特色区	地方特色人文景观空间；特色旅游体验空间；矿山公园主副碑；矿山公园博物馆矿业文化广场
4	综合服务区	园区交通空间；基础设施空间；游客服务中心；运动休闲空间
5	产业协同区	矿业生产空间；餐饮购物空间；度假休闲空间（住宿设施、养老与医疗设施、户外活动设施）；其他产业空间

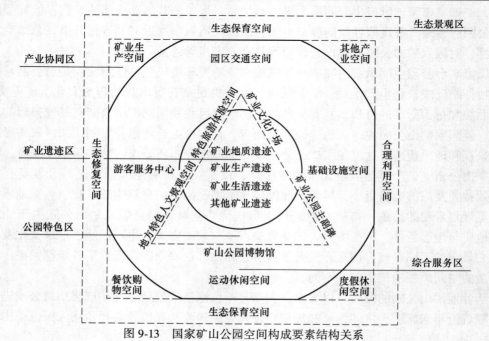

图 9-13　国家矿山公园空间构成要素结构关系

9.5　矿区生态修复工作推进模式

近年来，我国高度重视矿区生态修复工作，2016 年发布的《关于加强矿山地质环境恢复和综合治理的指导意见》明确矿山地质环境治理的责任，计划经济时期遗留或责任主体灭失的矿山地质环境问题为历史遗留问题，由各级地方政府统筹规划和恢复治理，在建和生产矿山造成的矿山地质环境问题，由矿山企业负责恢复治理。2019 年《探索利用市场化方式推进矿山生态修复的意见》提出，通过据实核定矿区土地利用现状地类、权属及合法性，强化国土空间规划管控和引领，鼓励矿山土地综合修复利用，实行差别化土地供应，盘活矿山存量建设用地，合理利用废弃矿山土石料，加快推进矿山生态修复。2021 年《关于鼓励和支持社会资本参与生态保护修复的意见》强调，坚持保护优先、系统修复，坚持政府主导、市场运作，坚持目标导向、问题导向，坚持改革创新及协调推进。鼓励和支持社会资本参与生态保护修复项目投资、设计、修复及管护等全过程，明确社会资本通过自主投资、与政府合作或公益参与等模式参与生态保护修复，并明晰了参与程序，鼓励社会资本重点参与自然生态系统保护修复、农田生态系统保护修复、城镇生态系统保护修复、矿山生态保护修复及海洋生态保护修复，并探索发展生态产业，进一步明晰了推进路径和收益方式。

经过多年的实践探索，我国矿山生态修复工作，形成以下 4 种矿山生态修复项目工作推进模式。

9.5.1　政府直接立项修复模式

政策依据：《关于加强矿山地质环境恢复和综合治理的指导意见》。

资金来源：政府自筹。

申请国家资金渠道：依据《财政部办公厅、自然资源部办公厅关于支持开展历史遗留废弃矿山生态修复示范工程的通知》。

推进要点：

（1）各省择优遴选申报项目。每个省申报项目不超过 2 个，每个项目总投资不低于 5 亿元，实施期限为 3 年。

（2）申报项目区域应属于政府治理责任的历史遗留废弃矿山，矿山单体或相对集中连片面积原则上不少于 10 平方千米。

（3）工程治理内容主要包括地质安全隐患消除、地形重塑、植被恢复、废弃土地复垦利用等。

（4）申报文件应附项目实施方案、中央对地方专项转移支付项目绩效目标申报表、平面规划图、项目区域内历史遗留废弃矿山图斑数据等。

9.5.2　土地指标置换修复模式

政策依据：《关于探索利用市场化方式推进矿山生态修复的意见》《关于鼓励和支持社会资本参与生态保护修复的意见》。

资金来源：土地指标出售。

操作要点：

（1）对于矿山存量及废弃建设用地修复为耕地的参照"城乡建设用地增减挂钩政策，腾退的建设用地指标可在省域范围内流转使用"。

（2）矿山企业从事生态修复，建设用地修复为农用地的可用于其采矿活动占用同类地的占补平衡，建设用地修复为经营性建设用地的，补缴出让金后可获得其使用权。

（3）社会资本将修复区域内的建设用地修复为农用地并验收合格后，腾退的建设用地指标可以优先用于相关产业发展，节余指标可以按照城乡建设用地增减挂钩政策，在省域范围内流转使用。生态保护修复主体将自身依法取得的存量建设用地修复为农用地的，经验收合格后，腾退的建设用地指标可用于其在省域范围内占用同地类的农用地。

9.5.3 利用废弃资源修复模式

政策依据：《关于探索利用市场化方式推进矿山生态修复的意见》《关于鼓励和支持社会资本参与生态保护修复的意见》。

资金来源：废弃石料及尾矿出售。

操作要点：

（1）对于矿山修复过程中产生的废土石料，可纳入县级公共资源交易平台对外销售，销售收益全部用于地区生态修复，保障社会投资主体的合理收益。

（2）按照生态保护修复方案及其工程设计，对于合理削坡减荷、消除地质灾害隐患等新产生的土石料及原地遗留的土石料，河道疏浚产生的淤泥、泥沙，以及优质表土和乡土植物，允许生态保护修复主体无偿用于本修复工程，纳入成本管理；如有剩余的，由县级以上地方政府依托公共资源交易平台体系处置，并保障生态保护修复主体合理收益。

重点：资源处置权。

9.5.4 产业开发修复模式

政策依据：《关于探索利用市场化方式推进矿山生态修复的意见》《关于鼓励和支持社会资本参与生态保护修复的意见》。

资金来源：土地开发收益。

操作要点：

（1）对集中连片开展生态修复达到一定规模和预期目标的生态保护修复主体，允许依法依规取得一定份额的自然资源资产使用权，从事旅游、康养、体育或设施农业等产业开发；其中以林草地修复为主的项目，可利用不超过 3% 的修复面积，从事生态产业开发。

（2）落实好最严格的耕地保护制度，坚决守住耕地红线，坚决遏制耕地"非农化"、防止"非粮化"。项目完成后，通过年度土地变更调查统一调整土地用途，不动产登记机构依据调整土地用途文件办理相关不动产登记。

（3）研究制定生态系统碳汇项目，参与全国碳排放权交易相关规则，逐步提高生态系统碳汇交易量。

（4）引导社会资本科学编制简易森林经营方案，对具有一定经营规模的企业可单独编制森林采伐限额，经审批可依法依规自主采伐；采伐经济林、能源林、竹林及非林地上的林木。

（5）发挥政府投入的带动作用，探索通过 PPP 等模式引入社会资本开展生态保护修复，符合条件的可按规定享受环境保护、节能节水等相应税收优惠政策。社会资本投资建设的公益林，符合条件并按规定纳入公益林区划的，可以同等享受相关政府补助政策。支持金融机构参与生态保护修复项目，拓宽投融资渠道，优化信贷评审方式，积极开发适合的金融产品，按市场化原则为项目提供中长期资金支持。

9.6 矿区生态破坏综合评价方法

有关矿区生态破坏综合评价的研究多停留在环境质量等层面，本书从景观生态学的角度，从景观层面论述矿区生态破坏综合评价相关内容。

9.6.1 评价指标体系的建立

9.6.1.1 评价指标体系建立的基本原则

评价指标的选择是否合适，直接影响到综合评价的结论。综合评价在一定意义上就是凭借一些可以直接观察测量的指标去推断不可观察测量的性能。因此，评价指标的选取要遵循以下基本原则。

（1）指标选择目的一定要明确，从评价的内容来看，所选指标确定能反映有关的内容，决不能将与评价对象、评价内容无关的指标也选择进来。

（2）指标选择要尽可能覆盖评价的内容，要有代表性，所选的指标确定能反映要评价的内容，但不宜过多。

（3）指标选择有可操作性（可获得性）。有些指标虽然很合适，但无法得到，缺乏可操作性，是不能入选指标体系的。

9.6.1.2 评价指标体系的建立

根据景观生态学有关景观破碎化、景观稳定性及景观生产力分析理论，采用层次分析法原理，将矿区景观破坏综合评价指标体系分为 3 个层次：综合指标（即景观稳定性指标、景观破碎化指标、景观生产力指标及景观宜人性指标的综合），复合指标（即景观稳定性指标、景观破碎化指标、景观生产力指标及景观宜人性指标），单项指标（见图 9-14）。

景观稳定性指标的有关研究表明：景观稳定性的破坏与土壤退化、开荒率、土壤侵蚀及灾害发生频率等呈较大的正相关性；同时，随着环境污染的加重和许多地方环境状况的恶化，景观生态学开始对景观生态系统承载力的研究，对人均耕地、人口密度和人口素质等应该着重关注。因此，评价景观稳定性对于评价景观生态破坏程度和保护、维持、重建景观生态有着十分重要的意义。故选择采矿斑块总面积占景观总面积的比例、人均农业用地斑块面积及人口密度 3 个指标来评价景观的稳定性。

景观破碎化指标是根据矿区景观生态特点，选择景观破碎度和自然景观分离度作为景观破碎化的量度。

景观生产力指标是水平是一种景观生态系统的投入—产出水平，人类保护景观生态系统的目的是实现人与自然的共生互利和人与自然协调环境下的低投入、高产出效果，在人类与自然相互适应和共同进化的过程中，要求景观生态系统能够为人类提供更多的资源，

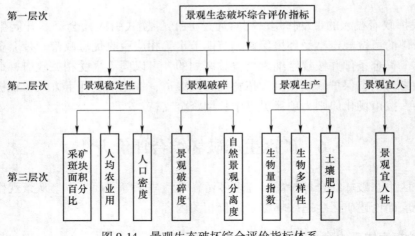

图 9-14　景观生态破坏综合评价指标体系

但是人类的过度索取和排放会降低景观生态系统的生产能力，因此可以通过以下景观生态系统生产力指标的测度来衡量景观生态系统的被破坏程度，其中土壤肥力是景观生态破坏影响的基质因素，生物量指数和生物多样性是景观生态破坏影响的表现。

生物量是单位面积的有机体的质量，用来衡量生物有机质含量的参数，是指某一时刻单位面积内实存生活的有机物质（干重，包括生物体内所存食物的重量）总量，单位通常是 kg/m^2、t/hm^2 或 g/m^2。植物群落中各种群的植物量很难测定，特别是地下器官的挖掘和分离工作非常艰巨。出于经济利用和科研目的的需要常对林木和牧草的地上部分生物量进行调查统计，据此可以判断样地内各种群生物量在总生物量中所占的比例。

生物多样性是指一定空间范围内多种多样的生命有机体，包括动物、植物和微生物的多样性和变动性及物种生境的生态复杂性，生物多样性包括所有物种和生态系统及物种所在的生态过程，是自然多样性的反映和表现。生物多样性决定景观生态系统的稳定性，是自然复杂性的前提，影响着自然完整性和生态美，是景观生态系统持续发展的保证。生物多样性是人类发展的基础，长期以来，人类对资源不合理的开发利用，导致森林减少，景观异质性大幅降低，生物多样性明显减少。矿区多为生态本底比较脆弱的地区，加之近年来采矿工业的飞速发展，生物多样性明显下降。

土壤肥力指数指土壤中有机质含量，土壤中的有机物质是指土壤中的动植物体，以及它们分解腐烂的产物。土壤有机物质的含量和微生物活动是影响土壤生产力的关键因素，它在土壤的理化、生物变化中起着主要的作用。

景观宜人性指标在此主要是指景观美学质量，含文化特征、景观视域、人类对景观的感知、绿色覆盖及视野穿透性等。矿业开发过程中，且不说地方矿山滥用土地，即使科学合理地使用土地，也会把土地的自然分布破坏掉，使原地形地貌及地物改变。如地势高低、坡度大小与方向、坡长等影响径流和植物生产的因子改变；高地变成深坑，平地筑起高堆，开阔地成为封闭地的改变；修筑道路、沟渠使裸地增加，改变径流与分布。长期保持的适存和平衡关系便遭到破坏，同时采矿后新组成的地相，不仅涉及环境，还关系到景观的美学原则，使景观的宜人性明显下降。

9.6.2 综合评价方法的确定

景观生态破坏综合评价是一个多属性的复杂的系统工程,需要研究的变量关系错综复杂,其中既有确定可循的变化规律,又有不确定的随机变化规律。另外,人们对该问题的认识,有很大的模糊性。在评价过程中,评价的对象、评价的方法甚至评价主体及其掌握的评价标准都具有不确定性。如何处理评价中的不确定性因素,不仅关系到评价结论是否全面地反映各个时期景观生态的实际情况,而且还关系到后续景观生态建设决策的准确性。近年来,综合评价的方法很多,主要有模糊综合评判法、层次分析法、模糊物元分析和灰色决策等等。但上述的各综合评价方法都存在一定的局限性,都没有考虑各评价指标的均衡程度问题,即这种模型都不能反映决策者对于组态的偏好要求。因此,在处理实际问题时,会出现不合理的现象。这里组态是指决策向量的相对取值水平。如 (0.5, 0.5) 表示绝对均衡的组态水平,(0.1, 0.9) 表示相对差异程度很大的组态水平。例如:考虑某项工程设计,它是否可以实施与两个重要的因素有关:可行性和必要性,假定这两个因素同等重要,则它们的权向量为 $\boldsymbol{w}$ = (0.5, 0.5)。有两个待定方案 A: x_1 = (0.5, 0.5); B: x_2 = (0.1, 0.9)。利用综合指数法求得评价值分别为 $M(x_1)$ = 0.5 × 0.5 + 0.5 × 0.5 = 0.5;$M(x_2)$ = 0.5 × 0.1 + 0.5 × 0.9 = 0.5,方案 A 与方案 B 的评价值完全相同,显然这是不合理的。因为人们决不会采纳必要性很强但可行性太差的方案,反之也不会采纳可行性很好但几乎不必要的方案。若考虑均衡度,按方案 A 的均衡度为 1.0、方案 B 的均衡度为 0.6,则 $M(x_1)$ = 1.0 × (0.5 × 0.5 + 0.5 × 0.5) = 0.5,$M(x_2)$ = (0.6 × 0.5 × 0.1 + 0.5 × 0.9) = 0.3,显然方案 A 优于方案 B。景观生态破坏综合评价属于此类问题。如人均农业用地和生物多样性两个指标,第一种情况是其中一个指标没有降低,而另一个有大幅度的降低;第二情况是两个指标都有小幅度的降低,显然第二种情况比第一种情况容易恢复重建,也就是说第二种情况比第一种情况破坏程度低。

灰色关联分析法是分析系统中各因素关联程度的方法,该方法应用于综合评价时其基本思想是:首先建立最优参考数据列(由各评价指标的最优值组成的数据列);然后对每个评价对象(时期)数据列与参考数据列进行关联分析,关联度最大者为最优。考虑均衡度的灰色关联分析法与传统关联分析法的主要区别是考虑了各评价指标的均衡程度,其具体计算方法如下。

9.6.2.1 评价指标矩阵的构造

将各评价时期相应的评价指标值构造成矩阵:

$$\boldsymbol{A} = \{a_{ij}\} \tag{9-1}$$

式中　　a_{ij}——第 i 个时期第 j 个评价指标值,i = 1, 2, $\cdots$, m, m 评价时期个数,j = 1, 2, $\cdots$, n, n 评价指标个数。

9.6.2.2 指标矩阵的无量纲化

灰色系统理论要求作为关联计算的数据的量纲最好是相同的,当量纲不同时,要化为无量纲。无量纲化的常用方法有初值化、区间相对数化和均值化。均值化处理即用平均值去除所有数据,得到一个占平均值百分比的数列,其计算公式为:

$$a'_{ij} = \frac{a_{ij}}{\dfrac{1}{m}\displaystyle\sum_{i=1}^{m} a_{ij}} \tag{9-2}$$

将矩阵 A 各列数据作无量纲化处理，得无量纲化指标矩阵：$A' = \{a'_{ij}\}$。

9.6.2.3 确定最优参考数据列

从无量纲化指标矩阵 A' 中确定最优参考数据列 $x_0 = \{a_{0i}\}$ 的各目标函数值，其确定方法为：

$$a_{0j} = \max(a'_{ij}) \quad (i = 1, 2, \cdots, m) \quad j \in j_1 \tag{9-3}$$

$$a_{0j} = \min(a'_{ij}) \quad (i = 1, 2, \cdots, m) \quad j \in j_2 \tag{9-4}$$

$$a_{0j} = r_j \quad j \in j_3 \tag{9-5}$$

式中　j_1——越大越好的指标下标的集合；

　　　j_2——越小越好的指标下标的集合；

　　　j_3——越接近某一固定值（r_j）越好的指标下标的集合。

9.6.2.4 计算关联系数矩阵

计算各评价时期与最优参考数列的关联系数矩阵 $A'' = \{\xi_{ij}\}$，A'' 的因素 ξ_{ij} 的计算方法如下：

$$\xi_{ij} = \frac{\min\limits_{i} \min\limits_{j} |a_{0j} - a_{ij}| + 0.5 \max\limits_{i} \max\limits_{j} |a_{0j} - a_{ij}|}{|a_{0j} - a_{ij}| + 0.5 \max\limits_{i} \max\limits_{j} |a_{0j} - a_{ij}|} \tag{9-6}$$

9.6.2.5 计算均衡度

在数理经济学中，基尼（Gini）系数被用于定量测度收入分配的不平等（不均匀）程度，在这里，我们根据 Gini 系数的原理建立均衡度概念，用以度量综合评价中各指标评价值分布的均衡程度[137]。

将评价对象 P_i 的各评价指标值 c_{i1}，c_{i2}，$\cdots$，c_{in} 作升序，即由小到大排列，记为 V_{i1}，V_{i2}，$\cdots$，V_{in}，则对于任意的 l 而言，不大于 V_{il} 的诸评价值之和占全部评价值之和的比重为：

$$E_l^i = \frac{1}{\sum\limits_{k=1}^{n} V_{ik}} \sum\limits_{j=1}^{l} V_{ij} \quad (l = 1, 2, \cdots, n; \ i = 1, 2, \cdots, m) \tag{9-7}$$

评价值大于 V_{il} 的指标个数占指标总个数的比重则为：

$$F_l^i = \frac{l}{n} \quad l = 1, 2, \cdots, n; \ i = 1, 2, \cdots, m \tag{9-8}$$

由定义知 $F_l^i \in (0, 1]$ 和 $E_l^i \in (0, 1]$，将他们分别作为平面直角坐标系的横轴和纵轴作图，则 F_l^i 和 E_l^i 的关系如图 9-15 中的曲线 OLP 所示。

事实上，将线段 OD_n 作 n 等分，过等分点 D_j 作纵轴的平行线与曲线交于 A_j 点，再过点 A_j 作横轴的平行线，可以看出曲线 OLP 是定义在点列 $\left(\dfrac{1}{n}, \dfrac{2}{n}, \cdots, \dfrac{n}{n}\right)$ 上的实值函数：

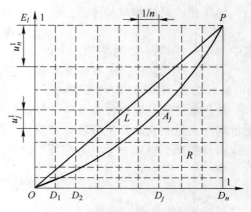

图 9-15　评价指标值的均衡程度

$$E_l^i\left(\frac{l}{n}\right) = \sum_{j=1}^{l} u_j^i \tag{9-9}$$

其中：$u_j^i = \dfrac{V_{ij}}{\sum_{k=1}^{n} V_{ik}}$（$l = 1, 2, \cdots, n$）。

图 9-15 中，若评价对象 P_i 的各点 (F_l^i, E_l^i)（$l = 1, 2, \cdots, n$）都落在对角线 OP 上（即曲线 OLP 与直线 OP 重合），说明 P_i 的各指标值完全相等，此时 P_i 的指标均衡程度最高；若所有指标中只有一个比较满意而其余的评价值都为零，则各点 (F_l^i, E_l^i) 除最后一个点落在 P 上以外，其余均落在线段 OD_n 上；在一般情况下，上述各点则都落在 OLP 上。

从图 9-15 中可见，线段 OD_n、D_nP 与 OLP 围成的面积 R，与三角形 OD_nP 面积之比反映了被评对象 P_i 各指标评价值的均衡程度。显然，各指标评价值越均衡，该比值越高，因此，我们将该比值定义为评价指标的均衡度 G_i，即：

$$G_i = \frac{S_R}{S_{\triangle OD_nP}} \qquad (i = 1, 2, \cdots, m) \tag{9-10}$$

因为 $S_{\triangle OD_nP} = \dfrac{1}{2}$，并且可以证明：

$$S_R = \frac{1}{2n} + \frac{1}{n} \cdot \frac{1}{\sum_{j=1}^{n} V_{ij}} \sum_{k=1}^{n-1} (n-k) V_{ik} \tag{9-11}$$

所以，均衡度 G_i 的具体计算公式为：

$$G_i = \frac{1}{n} + \frac{1}{n} \cdot \frac{2}{\sum_{j=1}^{n} V_{ij}} \sum (n-k) V_{ik} \quad (i = 1, 2, \cdots, m) \tag{9-12}$$

9.6.2.6 确定各评价指标权系数

在多指标综合评价中，权系数具有举足轻重的地位，目前关于权系数的确定方法有数十种之多，根据计算权系数时原始数据的来源不同，这些方法大致可分为两大类：（1）主观赋权法，其原始数据主要由专家根据经验主观判断得到，如古林法、层次分析法（AHP 法）、专家调查法等；（2）客观赋权法，其原始数据由各指标在被评价单元中的实际数据形成，如均方差法、主成分分析法、离差最大化法、熵值法、代表计数法等。

目前主观赋权法有多种，研究得也比较成熟。这些方法的共同特点是各评价指标的权系数是由专家根据自己的经验和对实际的判断主观给出的。该方法的优点是专家可以根据实际问题，合理确定各指标权系数之间的排序；也就是说主观赋权法不能准确地确定各指标的权系数，但它可以有效地确定各指标按重要程度给定的权系数的先后顺序，不至于出现指标系数与指标实际相悖的情况；而这种情况在客观赋权法中则是可能出现的。其缺点主要是选取的专家不同，得出的权系数也不同，即主观随意性较大。

客观赋权法的原始数据来自评价矩阵的实际数据，切断了权重系数主观性的来源，使系数具有绝对的客观性。这类方法的突出优点是权系数的客观性强，但也存在不可避免的缺陷，就是确定的权系数有时与实际相悖。从理论上讲，这种可能性是存在的，在多指标方案的决策过程中，最重要的指标不一定使所有决策方案的属性值具有较大的差异；而最不重要的指标却有可能使所有决策方案的属性值具有越大的差异，这样依照上述原理确定的权系数，最不重要的指标可能具有最大的权系数，而最重要的指标却不一定具有最大的权系数。由此可见，主观赋权法在根据指标本身含义确定权系数方面具有优势；客观赋权法在不考虑指标实际含义的情况下，确定权系数具有优势。

多决策者的层次分析法，由于考虑了每个决策者的成对比较矩阵的一致性指标，克服了层次分析法固有缺陷，从而保证了确定权系数的合理性。

首先设决策者有 k 人，每个人对 n 个评价指标的两两相对重要性可建立一个成对比较矩阵 $A_l(l = 1, 2, \cdots, k)$，然后由 A_l 求出其对应的最大特征值 $\lambda_{\max}^l$，定出 A_l 的一致性指标 μ_l。

$$\mu_l = \frac{\lambda_{\max}^l - k}{k - 1} \quad (l = 1, 2, \cdots, k) \tag{9-13}$$

最后根据各 C_l 及 μ_l 得到综合 k 个决策者的单位权重向量 C：

$$C = \sum_{l=1}^{k} (\overline{P}(\mu_l) C_l)$$

$$\overline{P}(\mu_l) = \frac{P(\mu_l)}{\sum_{l=1}^{k} P(\mu_l)} \tag{9-14}$$

式中　$P(x)$——单调下降函数，$P(x) = e^{-10(k-1)x}$；

　　　　C_l——根据第 l 个决策者所给定的评价指标成对比较矩阵采用层次分析法计算确定的各评价指标权系数。

9.6.2.7　根据关联度确定破坏程度

现在，我们就可以根据评价对象 P_i 中各评价指标关联系数 ξ_{ij} 的计算结果计算评价时期的关联度，其计算公式为：

$$d_i = \lambda \cdot G_i \sum_{j=1}^{n} (w_j \cdot \xi_{ij}) + (1 - \lambda) \max_j \{(w_j \cdot \xi_{ij})\} \quad (i = 1, 2, \cdots, m) \tag{9-15}$$

式中　w_j——权系数；

　　　　λ——可调参数，它的极端情形是：当 $\lambda = 1$ 时，该算法将对所有指标依权系数大小全面考虑，并通过均衡度 G_i 进行修正；当 $\lambda = 0$ 时，该算法则着重考虑重点指标，即关联系数与权系数乘积最大的那个指标。λ 的取值应根据具体确定，需要较多地考虑指标均衡性对综合指标的影响时，λ 的值可取大些；反之可以小些。

最后根据 d_i 的大小顺序选择确定不同时相的景观破坏程度，即 d_i 值最大者为破坏程度最低的时期。

9.7　矿区生态修复效果评价

9.7.1　评价指标选择原则

评价指标选择原则如下：

（1）全面性和针对性原则。露天生产矿山地质环境复杂、地形地貌各异，选取的指标既要评价生态环境恢复的程度，也要反映生态修复工程实施活动对矿山生态修复带来的改变。根据矿山的实际修复情况，结合修复目标，指标选择既要全面又要有针对性，定性指标和定量指标相结合，降低相关性较大指标间的重复和交叉，选取能够全面反映修复效果的指标。

（2）可操作性和实用性原则。评价指标应尽量保证指标获取手段成熟、易得，可操作性强，且指标等级划分可行，确保评价数据与资料易获取、结果可量化，切合实际。

（3）动态和静态相结合原则。矿区植被的生长状况受矿区地形地貌、气候、季节等因素影响较大，往往需要一定年限才能达到理想修复效果。因此，指标在选择时要充分考虑到矿山生态修复工程实施后不同修复阶段的时效性，结合采集不同时间点（季节）的数据，保证评价体系中指标的静态和动态效果。

9.7.2 评价指标体系构建

基于《矿山地质环境保护与土地复垦方案》和《山水林田湖草生态保护修复工程指南（试行）》等文件要求，结合矿区生态修复工程典型案例，在实地调查的基础上筛选评价指标，构建矿区生态修复效果评价指标体系，指标体系分3个一级指标，10个二级指标，14个三级指标，评价指标见表9-4。

表 9-4 露天矿山生态修复效果综合评价指标体系及指标获取方案

一级指标	二级指标	三级指标
生态修复工程[①]	地质环境保护	地质灾害危险性评估[①]
	土地复垦工程	生态复垦工程完成度[①]
生态环境质量	土壤环境质量	土壤污染指数
	大气环境质量	空气质量指数
生态基质	复垦率	复垦指数
	水土保持	土壤侵蚀模数
	土壤肥力	土壤有机质含量
		土壤含水率
生态景观	植被状况	植被覆盖度
	景观格局	景观丰富度
		景观破碎度

①为评价前置条件，将矿山地质环境保护与土地复垦方案（"二合一方案"）中土地复垦工程竣工验收作为生态修复效果评估的前置条件，即在消除露天矿山地质安全隐患和完成生态复垦工程验收的基础上，对矿山生态修复效果进行综合评价。不参与综合评价得分。若前置条件不满足，不予开展修复效果评价。

9.7.3 评价指标值的获取

9.7.3.1 评价指标的基本获取方法

（1）数据获取方法。从样地、生态系统、景观3个尺度进行生态修复工程全过程动态监测、效果成效评估。监测方法可采用现场观测及监测、无人机航拍监测、室内试验测定、卫星遥感监测及其他监测手段。地面监测采用固定监测样地、样线与固定样方、随机监测样地结合的方法，可对矿区内外固定样地生态修复效果进行横向对比和时间纵向对比。在矿山生态修复前后，均需通过遥感解译、现场调查、现场监测手段分析收集统计矿区土地治理、植被覆盖及生物修复等各指标的原始信息。

（2）遥感影像。在矿山生态修复之前，收集历史存档影像数据；修复后可使用无人机航拍数据。其中历史存档影像数据可从公开网站获取，宜选用含云量小于10%、影像日期与评价日期接近、空间分辨率高、影像光谱信息与几何信息可靠的数据。使用前应进行格式转换、辐射定标、大气校正、地形校正、正射校正、图像镶嵌等预处理。

（3）现场/室内试验。针对土壤污染物、有机质和含水率需在修复区域取样，根据生态修复评价单元的地理位置、地块边界、土壤污染状况及地块使用状况，按照《土壤环境质量　农用地土壤污染风险管控标准（试行）》（GB 15618—2018）、《土壤质量　土壤采样技术指南》（GB/T 36197—2018）、《土壤环境质量　建设用地土壤污染风险管控标准（试行）》（GB 36600—2018）和《矿山地质环境监测技术规程》（DZ/T 0287—2015）相关规定，确定土壤污染物（重金属）、有机质和含水率的采样范围、点位布设方法和样本数量。土壤有机质分析测试按照《土壤检测　第6部分：土壤有机质的测定》（NY/T 1121.6—2006）的规定，土壤含水率分析测试按照《土壤　干物质和水分的测定　重量法》（HJ 613—2011）的规定。

（4）现场测定。根据修复地块的地理位置、地块边界及各阶段工作要求，确定物种采样范围和点位布设方法，样地大小宜依据不同植被类型确定，采样数量应根据地块面积及地块使用状况确定，一般以10~20个为宜，获取每个样地内全部物种的个体数。

（5）其他数据。对于涉及地表水体水体水质可从水文站和环境监测站等相关部门获取水文数据，必要时现场复核；对于空气质量数据，可从国家气象科学数据中心等网站或区域监测站点获取空气质量数据，必要时现场复核；对于资料性数据，应首先检查其准确性并整理归档，选取可靠且相关性高的数据。

9.7.3.2　具体评价指标值的获取

（1）土壤污染性指标。利用采样点土壤质量指数，选用插值法得到评价区域土壤质量指数栅格数据，土壤质量指数计算公式如下：

$$S_{qi} = \sqrt{\frac{\overline{S_i} + \max S_i{}^2}{2}}, \quad S_i = \frac{C_{is}}{C_{io}} \tag{9-16}$$

式中　S_{qi}——土壤质量指数；

　　　$\overline{S_i}$——同一样品中多种污染物中单项污染指数的平均值；

　　$\max S_i$——同一样品中多种污染物中的最大单项污染指数；

　　　S_i——污染物i的污染指数；

　　　C_{is}——土壤中污染物i的实测浓度；

　　　C_{io}——土壤中污染物i的评价标准值（依据土地复垦类型如耕、林、草、灌等确定标准值）。

（2）空气质量指数。利用采样点空气质量指数，选用插值法得到评价区域空气质量指数栅格数据，空气质量指数计算公式如下：

$$A_{qi} = \sqrt{\frac{\overline{A_i} + \max A_i^2}{2}}, \quad A_i = \frac{A_{is}}{A_{io}} \qquad (9-17)$$

式中　A_{qi}——空气质量指数；

　　　$\overline{A_i}$——同一样品中多种污染物中单项污染指数的平均值；

　　　$\max A_i$——同一样品中多种污染物中的最大单项污染指数；

　　　A_i——污染物 i 的污染指数；

　　　A_{is}——空气中污染物 i 的实测浓度；

　　　A_{io}——空气中污染物 i 的评价标准值（重点考虑粉尘）。

（3）复垦指数。利用遥感影像获取修复区的恢复面积，结合收集的生态修复前破坏面积资料，计算修复区的复垦指数，通过插值法得到评价区域复垦率栅格数据，复垦指数计算公式如下：

$$P_i = \frac{G}{A_0} \qquad (9-18)$$

式中　P_i——复垦指数；

　　　G——复垦后可以被利用土地的面积，km^2；

　　　A_0——矿山被破坏土地的面积，km^2。

（4）土壤侵蚀模数。应用通用水土流失方程计算土壤侵蚀模数，将各因子栅格数据进行波段运算（连乘），获得土壤侵蚀分布栅格数据。按照《土壤侵蚀分类分级标准》（SL 190—2008）对土壤侵蚀模数进行分级，土壤侵蚀模数模式计算公式如下：

$$A = RKLSCP \qquad (9-19)$$

式中　A——土壤侵蚀模数，$t/(hm^2 \cdot a)$；

　　　R——年降雨侵蚀力因子，$MJ \cdot mm/(hm^2 \cdot a)$；

　　　K——土壤可蚀性因子，$t/(MJ \cdot mm)$；

　　　L——坡长因子，无量纲；

　　　S——坡度因子，无量纲；

　　　C——植被覆盖因子，无量纲；

　　　P——水土保持措施因子，无量纲。

其各因子计算办法如下：

$$R = \sum_{i=1}^{12} 1.735 \times 10^{1.5\log\left(\frac{p_i^2}{p}\right) - 0.8188} \qquad (9-20)$$

式中　p_i——月降水量，mm；

　　　p——年降水量，mm。

$$K = \left\{ 0.2 + 0.3\exp\left[-0.0256 \times SAN\left(1 - \frac{SIL}{100}\right) \right] \right\} \times$$

$$\frac{SIL}{CLA + SIL} \times 0.3 \times \left[1 - \frac{0.25 \times C}{C + \exp(3.72 - 2.95 \times C)} \right] \times$$

$$\left[1 - \frac{0.7 \times (1 - SAN)/100}{(1 - SAN)/100 + \exp(22.9 \times (1 - SAN)/100 - 5.51)}\right] \tag{9-21}$$

式中   SAN——砂粒含量;

         SIL——粉砂含量;

         CLA——黏粒含量;

         C——有机碳的含量。

K 的单位为美制,其与国际制之间的转换关系为:美制×0.1317=国际制。

$$L = (\lambda/22.13)^m \begin{cases} m = 0.2 & \theta \leqslant 1° \\ m = 0.3 & 1° < \theta \leqslant 3° \\ m = 0.4 & 3° < \theta \leqslant 5° \\ m = 0.5 & \theta > 5° \end{cases} \tag{9-22}$$

式中 λ——坡长,m;

         m——坡度 θ 的函数,随着的 θ 变化而变化。

坡长 λ 和坡度 θ 均由 DEM 高程数据计算得到。

$$\begin{cases} S = 10.8 \times \sin\theta + 0.03 & \theta < 5° \\ S = 16.8 \times \sin\theta - 0.50 & 5° \leqslant \theta < 10° \\ S = 21.91 \times \sin\theta - 0.96 & \theta \geqslant 10° \end{cases} \tag{9-23}$$

(5) 土壤有机质含量。现场取样,室内试验测得土壤有机质含量数据。该指标数据与遥感影像相关波段建立回归方程,生成评价区域内土壤有机质含量分布栅格数据。土壤有机质计算公式如下:

$$G_{\Delta C} = A_{VC} Q_{\Delta C} \tag{9-24}$$

式中 $G_{\Delta C}$——土壤有机质含量,t/a;

         A_{VC}——植被重建地面积,hm^2;

         $Q_{\Delta C}$——植被重建地单位面积土壤有机质含量年际变化值,t/(hm^2 · a)。

$G_{\Delta C}$ 值越大,则植被重建效果越好;反之,则较差。

(6) 土壤含水率。现场取样,室内实测,根据实测土壤含水率数据,与遥感影像相关波段建立回归方程,生成评价区域当年土壤含水率分布栅格数据。

(7) 植被覆盖度。应用遥感影像提取的归一化植被指数值计算植被覆盖度,得到评价区域植被覆盖度栅格数据,植被覆盖度分级依据见表 9-5,植被覆盖度计算公式见式 (9-25)。

表 9-5   植被覆盖度 (FC) 等级划分标准

植被覆盖度 (FC) 取值范围	FC ≤ 0.05	0.05 < FC ≤ 0.15	0.15 < FC ≤ 0.3	0.3 < FC ≤ 0.6	FC > 0.6
植被覆盖等级	裸地	低覆盖	中低覆盖	中覆盖	高覆盖
级别	V	IV	III	II	I

$$FC = \frac{NDVI - NDVI_{min}}{NDVI_{max} - NDVI_{min}} \qquad (9-25)$$

式中　FC——植被覆盖度；

　　　NDVI——归一化植被指数；

　　NDVI$_{min}$——裸土或未被植被覆盖的像元值，取累积概率为 5% 的 NDVI 值；

　　NDVI$_{max}$——完全被植被覆盖的像元值，取累积概率为 95% 的 NDVI 值。

植被覆盖因子（C）与植被覆盖度（FC）的关系见表 9-6。

表 9-6　植被覆盖因子（C）与植被覆盖度（FC）的关系

C	0.45	0.20	0.10	0.042	0.013	0.003
FC	0≤FC≤20	20≤FC≤40	40≤FC≤60	60≤FC≤80	80≤FC≤95	95≤FC≤100

（8）景观丰富度。采用香农多样性指数来表示景观丰富度。通过输入土地类型图，在 Landscape 水平上选择香农多样性指数，计算获取评价年份评价区域景观丰富度栅格数据，景观丰富度计算公式如下：

$$SHDI = -\sum_{i=1}^{n}(P_i \cdot \ln P_i) \qquad (9-26)$$

式中　SHDI——景观丰富度；

　　　n——景观类型数；

　　　P_i——景观类型 i 所占面积的比例。

（9）景观破碎度。景观破碎度用来描述整个景观的异质性，反映生态系统的稳定性。通过计算单位面积的斑块数获取各年份评价区域景观破碎度栅格数据，景观破碎度计算公式如下：

$$LFI = \frac{NP}{X} \qquad (9-27)$$

式中　LFI——景观破碎度；

　　　NP——景观的斑块数；

　　　X——景观总面积。

9.7.4　评价指标权重的确定

采用熵值法计算各评价指标权重。首先对各项指标输出的影像成果进行重采样，统一其空间分辨率，然后针对正负指标用不同的算法对数据进行标准化处理，以消除指标间量纲的影响，进而通过逐步计算样本点贡献度、指标熵值及指标信息熵冗余度等步骤获取指标权重。

（1）指标标准化处理公式如下：

针对正向指标：　$x'_{ij} = \dfrac{x_{ij} - \min(x_{11}, \cdots, x_{ij})}{\max(x_{11}, \cdots, x_{ij}) - \min(x_{11}, \cdots, x_{ij})}$　　(9-28)

针对负向指标：　$x'_{ij} = \dfrac{\max(x_{ij}, \cdots, x_{ij}) - x_{ij}}{\max(x_{ij}, \cdots, x_{ij}) - \min(x_{ij}, \cdots, x_{ij})}$　　(9-29)

式中　x'_{ij}——第 j 项指标下第 i 个样本点归一化值；

　　　x_{ij}——第 j 项指标下第 i 个样本点的值（$i = 1，2，\cdots，n$；$j = 1，2，\cdots，m$）。

（2）样本点贡献度计算公式如下：

$$p_{ij} = \frac{x_{ij}}{\sum\limits_{i=1}^{n} x'_{ij}} \qquad (9\text{-}30)$$

式中　p_{ij}——第 j 项指标下第 i 个样本点的贡献度；

　　　其他字母含义同前。

（3）指标墒值计算公式如下：

$$e_j = -k \sum\limits_{i=1}^{n} p_{ij} \ln p_{ij} \qquad (9\text{-}31)$$

式中　e_j——第 j 项指标的墒值；

　　　k——常数，$k > 0$，k 与样本点数量有关，一般可令常数 $k = 1/\ln n$，满足 $0 \leqslant e_j \leqslant 1$。

（4）指标信息墒冗余度（指标的差异系数）计算公式如下：

$$d_j = 1 - e_j \qquad (9\text{-}32)$$

式中　d_j——第 j 项指标的差异系数。

（5）指标权重计算公式如下：

$$w_j = \frac{d_j}{\sum\limits_{j=1}^{m} d_j} \qquad (9\text{-}33)$$

式中　w_j——第 j 项指标的权重值。

9.7.5　修复效果评价方法及标准

采用综合评价法模型计算评价区域评价年份的生态状况综合得分，生态修复状况综合得分计算公式如下：

$$Q = 100 \cdot \sum\limits_{j=1}^{m} w_j \cdot x'_{ij} \qquad (9\text{-}34)$$

式中　Q——生态修复状况综合得分；

　　　w_j——第 j 项指标的权重值；

　　　x'_{ij}——第 j 项指标下第 i 个样本点的归一化值。

生态状况综合得分分级标准见表 9-7。

表 9-7　生态状况综合得分分级标准

综合得分	$Q \leqslant 20\%$	$20\% < Q \leqslant 40\%$	$40\% < Q \leqslant 60\%$	$60\% < Q \leqslant 80\%$	$80\% < Q \leqslant 100\%$
评分等级	极低	低	中	高	极高
级别	I	II	III	IV	V

思 考 题

9-1　我国矿区生态修复模式可以概括为哪几类？并简要概述每种模式的特点。

9-2 什么是引导型矿山生态修复？并简要概述其基本原理和修复技术。

9-3 矿区生态农业重建的基本原理有哪些？

9-4 矿山公园的设计主要有哪些评价标准？

9-5 矿区生态恢复评价的常用方法有哪几种？

9-6 矿区生态环境质量评价体系的构建原则是什么，生态要素指标和环境要素指标分别包括哪几种？

9-7 景观生态破坏综合评价中，通常包括哪些评价指标？并简要说明其中两个指标的意义。

10 矿区生态修复实践

10.1 湖州矿区生态修复实践

湖州是我国矿区生态修复的典范，湖州矿区生态修复起步于21世纪初期。当时，在"长三角"的辐射和拉动下，作为"长三角"14个城市中的一员，湖州经济发展很快，城市建设日新月异。但是，很多遗留下来采矿迹地水土流失和环境污染严重，存在滑坡等地质灾害隐患，土地破坏严重，另外，严重影响城市形象。

2002年，湖州市在开展矿产资源开发秩序整顿的同时提出开展废弃矿山治理，开始试点，废弃矿山治理从市区的南浔区洋东矿区和吴兴区保永矿区等6处具备治理施工条件的地方开始。2003年9月，湖州市政府决定编制废弃矿山治理专项规划。2004年8月《湖州市区矿山自然生态环境保护与治理规划（2003—2012）》获批并实施。该规划标志着湖州废弃矿山修复治理由此进入有计划、有步骤的阶段。2005年9月，湖州市印发《关于湖州市区废弃矿山复垦复绿中残留矿产资源处置的意见》，规范治理过程产生的矿产品处置工作，拓宽治理资金渠道。2006年10月，湖州印发了《关于湖州市区废弃矿山生态环境治理项目实施办法的通知》，对废弃矿山治理工程全过程予以规范。2017年6月，湖州印发了《关于深入开展矿山复绿专项行动实施方案的通知》，提出"一年启动，两年攻坚，三年清零"的矿山修复治理目标。2018年3月，湖州再次下发了《关于扎实推进矿山复绿工作的通知》，废弃矿山治理进入收尾阶段。至2019年6月，在湖州版图上，最后一座废弃矿山被抹掉。

湖州矿区生态修复借鉴地质灾害防治和矿产资源开发等经验，总结归纳出7种主要治理方法：（1）自然复绿法。远离城镇、交通线等较偏僻地区的小型矿山，废弃时间较久，自然生态恢复能力较强，采用自然复绿方法。消除边坡不稳定隐患后在入口设警示牌或封堵，依靠植被自然能力复绿；（2）平整复垦法。对废弃矿山残存的零星边坡、弃碴、凹陷深度不大的采场进行平整复垦，四周绿化，平整复垦可做建设用地；（3）充填复垦法。矿山凹陷采坑，面积大且较深，位于河道旁的可结合河道清淤作存贮淤泥场，位置较偏僻的可作建筑垃圾填埋场；部分小型凹坑可充填整平，四旁绿化，作种植养殖用地；（4）台阶复绿法。在不影响周边用地的前提下，对高陡边坡行分台阶削坡卸荷，台阶植树植草复绿，边坡种植爬藤植物复绿；（5）客土喷播绿化法。对周边用地和施工条件限制较强的高陡边坡，进行人工削坡卸荷，在坡脚砌筑挡墙，边坡进行客土喷附绿化；（6）特殊修整法。部分采场具有独特的地质及环境条件的可以利用：有典型地质构造的可作为地质遗迹保留；位于风景旅游区的灰岩采场边坡，适当工程加固整修后，可作为旅游资源开发；位于交通线附近的花岗岩边坡可修整岩面，进行造型雕刻；位于市区附近运河旁的可留作港湾建设的场所；（7）高大乔木遮挡法。在采场远处及坡脚覆土，选择速生高大乔木树种，进行大苗栽植，构成视觉屏障。尤其适用于在交通干线可视范围内的生产矿山。

湖州矿产资源开采矿种主要是建筑石料和石灰石，开采方式大多是露天开采，直接造成了植被破坏、水域流失和土地退化，因岩性和落差的差异及治理矿区所处区位不同，湖州矿区生态修复中积极探索因地制宜，因矿施治方式方法。更重要的是在废弃矿山治理过程中，湖州把废弃矿山治理与土地整理、村庄整治、景观再造结合起来，形成了边坡治理，除险消灾，复绿美化与复垦矿地的综合治理型；城市要道、村庄周边结合景观再造和改造的生态环境建设型和采矿权人负责的边开采边治理的动态型等不同的成功做法。在治理实践中，湖州探索出综合治理模式、景观再造、"生态复绿模式和土地整理" 4 种矿区生态修复模式。

（1）综合治理模式。采取"边坡生态复绿，宕底土地平整"方式，将边坡削坡后喷播，既消除了边坡隐患，又达到了复绿的目的；而宕底通过平整改造成建设用地或农用地，通过土地等政策性收益补充建设资金。

（2）景观再造模式。采取"同步设计、造绿添景、互为补充"的治理方法，将景观设计与治理工程有机结合，既满足了治理需要，又放大了使用功效。如湖州仁皇山景区、潜山景区、长兴县的"金钉子地质剖面"遗址、齐山植物园和安吉县毛坞堂风景区，都是通过废弃矿山治理工程建成的。

（3）生态复绿模式。以生态复绿为主，将边坡适当处理，在确保稳定原则下进行单一的边坡复绿。这种方法具有投资小、工期短、见效快等优势。如吴兴区湾山、外山和肖皇山等废弃矿山边坡生态复绿。

（4）土地整理。施工方式采用削山、填坑、推平。在交通便利的区域整理成建设用地；在偏远地区和水源便利地区整理成耕地，或与新农村建设结合起来，南太湖产业聚集区长兴分区万亩废弃矿区治理项目有十来个矿山，一气削峰、填谷、推平，形成了万亩矿地大平台。德清县砂村矿区万亩工业平台、东衡村把废弃矿山治理列入农村全域土地整治，废弃矿区治理实现耕地建设、村庄建设、园区建设统一。

10.2　开滦矿区生态修复实践

10.2.1　建设背景

唐山的历史令人骄傲，这里诞生了中国第一座现代化矿井、第一条标准轨距铁路、第一台蒸汽机车、第一袋机制水泥、第一件卫生陶瓷，被誉为"中国近代工业的摇篮"和"北方瓷都"，是开创中国近代工业发展先河的城市。然而，骄傲的背后，还有着令人无法回避的工业疮疤——历经百余年的煤炭开采，市中心区南部采煤塌陷区域地表下沉总面积达 28 km^2 之多，成为唐山城市开发建设的"禁区"。多年来，这片"禁区"成为城市生活垃圾、建筑垃圾（共计 800 万 t），工业废料（800 万 t 粉煤灰，350 万 m^3 煤矸石）的堆积场和生活污水的排放地。放眼望去，垃圾成山、污水横流、杂草丛生的破败景象不堪入目，一度成为唐山人避之不及的废弃地。以此为界，唐山向南延伸的步伐戛然而止。多年来，唐山市政府及人民采取了卓有成效的治理工作，在小范围内（小南湖）取得了显著成效。

2008 年，唐山市委、市政府专门委托国家地震局及煤炭科学研究总院等权威机构，对南部采煤沉陷地的地质构造以及潜在危险性进行了缜密地分析与研究。在先后做出 3 份评价报告后，得出的结论令人振奋：南部采煤塌陷区的大部分区域正处于地表下沉的稳定期，坚实而牢固，已经具备了成熟的开发建设条件。唐山市委、市政府宣布：整合南湖采煤塌陷地及其周边地区，建设南湖生态城，把这片曾经的城市"疮疤"打造成世界一流的城市中央生态公园，把唐山打造成全国闻名的"华北生态城"。2008 年 8 月 7 日，在经过近半年的针对南湖区域的进一步分析和论证后，规划设计工作正式启动。

10.2.2 规划设计

唐山市南湖城市中央生态公园是以塌陷区生态修复为主要特色的城市公共空间。公园规划设计中，通过对用地基址的全面分析及深入研究，将场地内的自然生态、历史文化和现代文明充分融合，并保留、恢复或重建原有的园林要素（山体、水系或湿地），使之与人为空间形成镶嵌性的空间组合结构，从而营造出安全开放舒适的城市公园。

10.2.2.1 总体设计

南湖城市中央生态公园因唐胥路的存在，形成了南北两个园区。北部园区已基本稳沉，规划设计中以大型自然山水景观的构建为主。同时，兼顾休闲娱乐功能，设置各种服务设施和活动空间，为市民提供良好的游憩环境。南部园区则因局部区域尚未稳沉，规划设计考虑以生态保护和生态恢复功能为主。同时，结合沉降量计算来堆叠地形，并考虑随着沉降的持续，形成不同的景观效果。此外，在塑造公共空间的同时，还尽量保留现状自然地貌，结合水体净化和土壤改良，建立本地适生植物群落，为野生动物营造良好的栖息环境。

10.2.2.2 水系设计

南湖城市中央生态公园内的水系规划，主要依托生态分析，通过开挖、疏浚及整合场地内原有鱼塘及沉降形成的积水坑道，形成 270 hm^2 的水面。而每天来自南湖西北方向的城市西郊污水处理厂的 8 万 t 水，通过改造后的青龙河流入湖区，成为南湖区域主要的补水水源。此外，公园内还设计了大量的湿地景观，通过采用人工湿地处理系统深度处理再生水的方法，为游人提供了解自然生态系统功能和接受环境保护教育的有益场所。

10.2.2.3 种植设计

南湖城市中央生态公园种植规划设计中，考虑到场地现状及将来可能发生的地形变化，实施以植物造景为主，形成以林地、灌木丛、草地和湿地为主的复合生境结构，并使得每个区域都保持其特定的自然风貌，以对应不同的动植物群落。同时，在园区内培育优势种群，强调本地物种，并注重保留场地上原有植物，充分发挥原生植物改造环境的作用。

10.2.3 生态重建技术

10.2.3.1 垃圾填埋场生态景观重建

塌陷区内的垃圾填埋场是唐山市震后填埋城市垃圾的主要填埋场，是主要污染源之一，经环保部门对空气质量检测，各项指标严重超标。按照风景林的建设规划，垃圾山将建成人工假山，并进行绿化，其生态重建主要包括：

（1）堆砌假山，阻挡垃圾残液。垃圾山必须在垃圾封厂断流后进行绿化，垃圾山的坡面由于受雨水的冲刷，仍然有少量渗液流出，既影响植物的生长，又影响垃圾山的整体绿化效果。为解决这个技术难点，将垃圾山设计成人工假山，假山高低起伏、错落有致，就像一座挡土墙，有效地阻挡了垃圾渗液的外溢。

（2）打通气孔，疏导垃圾余热。垃圾山是简易垃圾填埋场，大量的可燃性气体经过几年的自然排放后，仍有部分残余的气体，经测试局部地温达 40 ℃以上，严重危害植物根部的生长发育。垃圾山绿化前，要对垃圾山内部的余热进行疏导，用打机井的机械设备打通气孔，在孔内安放具有良好的透水透气作用的水泥管，有效地疏导了山体内部的气体。

（3）植物品种选择及种植。以火炬树为主，组团式配植了柳树、皂角、金银木、连翘、丁香和紫叶李等落叶乔灌木。挖树穴时，加大树坑尺寸，在标准树坑基础上，树坑直径及深度各增加 20~40 cm，树坑底部铺放一层可降解塑料布进行隔热，用耕作土回填。通过对垃圾山的处理和景观重建，垃圾山（凤凰台）已成为南湖主要景点之一。

10.2.3.2　水生态景观重建

水是各种生物及动植物生命之源，是生态风景林的重要组成部分，也是开滦矿区生态修复的核心之一，采取的主要手段有引入地表水，以及开滦集团唐山矿矿井水为湖水的补给和富营养化水体的植物修复技术的应用。湖中的水由地下水和地表水得到源源不断的补充更新，保持了湖中水体的质量，使水生植物、浮游动植物和生物正常的生长，保持了水中鱼类所需的营养，各种鱼类为沙鸥和野鸭子等鸟类和动物提供了充足的食物。动物的排泄物为水生植物提供了养分，促进了水生植物的生长，湖中生长着茂密的各种水生植物，为鸟和动物提供了较隐蔽的栖息地。形成了完整的湖水食物链和生态系统，为建设南部采煤塌陷区生态风景林打下了良好基础。

10.2.3.3　塌陷区陆域生态重建

模拟自然生态群落，依据植物共生的原理，使乔木、灌木、藤木和草本植物相互配置在一个群落中，实行集约经营，使其构成一个和谐、有序、稳定、壮观且能长期共存的复层混交的立体植物群落，并显示出层次及色彩的不同，充分利用阳光、空气、土壤及肥力，让耐阴、喜光、喜湿、耐旱的植物各得其所。这种植物群落将引入各类昆虫、鸟类及动物形成新的食物链，促进生态系统能量转换和物质循环的良性发展。

按照上述的理论和规划，在南湖公园的周边以义务植树的形式，建设大规模的生态防护林，南湖公园生态风景林主要有以下几种复式结构形式：（1）毛白杨+旱柳+桧柏—金银木+紫叶李—色块—草坪；（2）馒头柳+白皮松+桧柏—金银木+紫薇—草坪；（3）火炬树+皂角+油松—连翘+丁香+金银木—草坪；（4）旱柳+油松+桧柏+白皮松—金银木+西府海棠+垂丝海棠+贴梗海棠—色块+花卉—草坪；（5）国槐+金丝柳+泡桐+桧柏+白皮松—金银木+红瑞木+丁香—花卉—草坪；（6）刺槐+垂柳+桧柏+油松—龙爪槐+紫叶李+红瑞木—草坪；（7）旱柳+火炬树+国槐+桧柏—紫穗槐+金银木—色块—草坪。

湖水及生态风景林形成了良好的生态系统，成为鸟的天堂，招来了各种鸟类，湖面上有成群结队的野鸭子在遨游，天空中有成群的沙鸥在飞翔，树林中有成群的喜鹊在戏耍，偶然会看到几只野鸡在眼前飞过，听到了布谷鸟的歌声，时常会看到叫不出名的鸟站立在树梢，说明这里的生态环境越来越好。有效地调节了唐山市的极端温度，提升了城市绿化覆盖率，为近 100 种野生鸟类提供了栖息地，并使得南湖周边地区土地增值。此外，2016年世界园艺博览会以南湖城市中央生态公园为基址举办。这是全世界范围内首次利用采煤沉降地，在不占用一分耕地的情况下举办世界园艺博览会。

中国有 118 个资源型城市，其中 44 个已被确定为资源枯竭型城市。这些城市大多像唐山一样，因为存在生态破坏严重具有致使其再开发或者再利用变得复杂的"棕地"。面对这些场地，中国的应对大多还停留在植树造林、湿地利用或土壤复垦等治理模式，即对场地内存在的矛盾及问题采取一对一的解决和修复，难以治本。通过南湖城市中央生态公园的建设，可以看出这些场地在制约城市发展的同时，也可以为城市空间结构的调整提供可能——很多城市或许可以借助这些"棕地"的再开发活动得以复兴。

10.3　平朔煤矿区生态修复实践

平朔矿区是国家规划建设的晋北煤炭基地重要组成部分，位于山西省朔州市平鲁区和朔城区两区境内，矿田总面积为 380 km^2，探明煤炭地质储量为 127 亿 t。平朔矿区累计因露天开采导致土地裸露及井工矿开采导致地面塌陷产生需复垦土地 3932.3 hm^2。经过多年的实践，形成了一定成果，下面分别从基本原则、修复方法和矸石山生态修复 3 个方面进行介绍。

10.3.1　矿区生态修复基本原则

（1）执行最严格的耕地保护制度。通过排土场复垦，增加有效耕地面积，使土地垦殖率和土地利用率得到明显提高，土地利用结构和布局得到优化，土地质量和土地利用条件明显改善，土地可持续利用能力显著增强。

（2）执行最严格的节约集约用地制度。积极改进采矿作业工艺方法，努力提高采矿效率，改变以往粗放的矿业发展模式，使资源开发利用集约化、高效化，最大限度减少占用土地面积，及时对具备复垦条件的排土场进行复垦。

（3）统筹各方利益，切实保障效益最大化。统筹协调好国家、地方、企业及还地后农村集体经济组织和农民的利益关系，切实保障效益最大化。实现资源利用与环境改善的良性循环模式，实现社会效益、经济效益和生态效益的最佳。

（4）快速高标准恢复临时用地，建设临时用地示范基地。在矿山生态恢复建设过程中进一步通过剥离保护表土资源，积极培肥，同时配套田水路林，快速高标准恢复临时用地，把平朔矿区建设成临时用地示范基地。

（5）统筹山水林田湖草生命共同体。坚持五大发展理念，统筹山水林田湖草生命共同体，系统设计矿区复垦工程，使临时用地复垦工程质量达到国内一流标准。

10.3.2　矿区主要生态修复方法

生态修复有很多种方式，首先要考虑原生态环境，确保恢复后的生态治理环境与原生态环境系统协调，使得人为干预撤出后整个系统仍能保持生态平衡。平朔矿区在开采前大多为农业用地和林地，因此，矿区生态修复的基本方向主要以恢复种植业和打造矿区林业景观为主。

10.3.2.1 "剥采运排造复"一体化流程

"剥采运排造复"一体化流程就是将覆盖在矿体上部及其周围的岩土自上而下层层剥去，从敞露的矿体上直接采煤，同时把剥离的土石源源不断运到外排土场或内排土场，最后针对排弃到位的排土场进行地形改造和植被重建，使其恢复到可供利用状态的整个过程。

10.3.2.2 地貌重塑

地貌重塑是指对排土场地形地貌的整理及工程布置，主要包括地形改造、田块设计、道路布设和沟渠配备等工程。根据形成的排土场地貌现状，考虑复垦地利用方向，并结合采矿工程特点，对损毁土地地形地貌进行再设计。排土场地形改造，首先利用采矿大型设备的便利条件，依托采矿设计、岩土比例和剥采比等重要指标进行表层岩土剥离和采矿，选择合适的排弃场所将岩性不同的剥离物有序排弃；然后划分平台成若干个田块，通过对人工散排，使大田块地表呈现中间低四周高，从而形成多个径流分散单元；最后将道路及配套设施单独划为若干分散单元，与平台和边坡水力隔离，以减少排土场水柱和水流灌缝。

10.3.2.3 土壤重构

土壤重构是指在地貌重塑的基础上，铺设散排黄土，以确保整平后覆土厚度大于1 m，并通过人工培肥和熟化措施，应用物理、化学、生物、生态及工程措施，重新构造一个适宜的土壤剖面，消除土壤中的污染，改善重构土壤的环境质量，并对土壤进行培肥，使之更适合植物生长，在较短时间内恢复和提高重构平朔地形地貌重塑演变机制分析土壤的生产力，为随后的植被重建打好基础。

根据土壤重构的目的和土壤再次利用的用途，土壤重构主要有林业土壤重构、农业土壤重构和草地土壤重构。林业重构是指土壤重构后种植乔灌，对土壤层要求较低，对特定恶劣立地条件有较强的适应性，可以有效分解重构土壤中的有害元素，从而达到净化土壤的目的。农业土壤重构是指土壤重构后进行农作物种植，对土壤层要求较高，要求具备一定的水利条件，工程重构后需进一步开展生物再造措施，从而提升土壤肥力。草地土壤重构通常与林业重构相结合使用。

10.3.2.4 植被重建

黄土区露天煤矿复垦地土壤未经熟腐，营养元素缺乏，土壤理化和生态条件非常不利，植被重建过程中会存在若干不利因素。在分析自然环境因素与工程因素的基础上，选择适宜的植物种属，确定最佳的乔灌草植被配置模式，并采用适当栽植技术和管理技术。原地貌生长的扁穗冰草、长芒草和克氏针茅等草本植物很难入侵排土场，首先入侵的植被有黎科的刺蓬和禾本科草类，但是其生长较差，因此，天然植被生长恢复极为缓慢。经过多年的试验，平朔矿区已形成采用乔灌草相结合的模式恢复生态，复垦引种种植87个品种，刺槐、油松和杨树等乔木，沙棘、柠条和紫穗槐等灌木，苜蓿和沙打旺等优质牧草在矿区已是优势种。

10.3.2.5 景观再生

矿区景观再生是一种新式的矿山生态恢复方式。平朔安太堡露天矿是我国第一座中外合资开发的露天矿，具有标志性意义。平朔公司现已建成平朔矿区博物馆，将矿区独特文化与自然恢复逐步结合，形成别具特色的人文景观，充分发挥并利用矿区剩余价值。矿区景观再生是一种行之有效的利用矿山剩余价值的办法。

10.3.3　平朔矿区煤矸石山生态修复

本节以安太堡矸石山为例说明其生态修复情况，矸石来源为安太堡选煤厂和二号井选煤厂，矸石山东区已排矸至封场标高，排矸量约为 950×10^4 m³，面积约为 28.4 hm²。为落实国家生态文明建设和根治矸石堆放产生的危害，设计制定了矸石场治理和生态修复试验工程。具体措施包括：灭火防复燃措施、山体整形稳定措施、生态修复措施和配套措施 4 部分。

（1）灭火防复燃措施。矸石山灭火主要结合矸石排弃现状，配合山体整形措施，采用多种灭火工艺系统结合的方法进行，主要灭火施工工艺包括火情探测、集成灭火等。火情探测通过采用热电偶测温技术和双金属温度计、红外线测温仪进行测温，根据火情探测进行分类标记，分为安全区、临界区、隐患区、高温区、发火区。其中平台的隐患区，采用"田"字形开沟换填处理工艺，发火区、蓄热区、临界区等高温区域以挖除灭火为主，针对位于边坡部位并且有升温趋势的"隐患区"，需结合山体整形工程同步施工，进行挖除矸石与边坡削级、平台留设同时进行。挖除着火矸石和热矸石后，就近自然冷却，冷却到低于 400 ℃后，进行矸土 1∶1 搅拌，将矸土混合物就近覆土，用于山体整形。当整个区域治理完成后，平台顶部以 3 m 厚的土矸混合物进行碾压夯实覆盖。通过采用点、线、面相结合，科学合理应用各集成灭火方法进行治理，实现矿区矸石山灭火防复燃的目的。

（2）山体整形稳定措施。排矸场西侧边坡和南侧边坡作为坡面治理主要对象，进行削坡、挖台阶处理，坡面现场坡率为 1∶2 的边坡，每高 6 m 设 1 个反台。采用多级隔坡反台山体整形技术对边坡进行治理。为了有效排导径流，减少冲刷，含蓄水源，在反台内侧设柔性水沟，在坡度较陡的坡面设柔性急流槽，形成坡面排水系统，坡面排水系统与排矸场主排水系统相贯通。为减少雨水冲刷，应对矸石山沉降，稳固坡面，在反台内侧柔性水沟与坡面之间设柔性坡脚。在坡面上设置微地形，即开挖鱼鳞坑，阻滞径流，减少水土流失，蓄水保墒，利于植被恢复，实现了矸石山整体稳定。

（3）生态修复措施布置。安太堡矿区煤矸石山堆积高度高、边坡坡度达到 45°，采用多台阶治理，垂直和倾斜布置钻孔。将矸石山改造成地后，创造适宜植物生长的土壤母质并达到 50cm 土层厚度，通过基质改良作为种植层，采用适宜当地种植的植物种类（根系发达、生长迅速、抗逆性强）、合理配置物种等一系列人为干预措施实现景观效果，并进行植被抚育管理，加速基础生态系统向目标生态系统的演替过程。

（4）配套措施。为确保矸石山体稳定，防止水土流失，巩固防灭火效果，含蓄水源，利于植被恢复，保证排水顺畅，需对整个排矸场的集节排水系统进行统筹考虑、系统规划，达到中小雨可被植物完全利用、大雨能够顺利排出的效果。配合布设了相应的生产道路、田间道路等配套工程，路面采用 30 cm 厚级配砂石。在矸石山治理的后期，至少进行为期 2 年的火情监测，即布设一定数量的热电偶，对地温进行实时监测，以掌握矸石山内部温度变化趋势。可将监测区域划分为全面监测区、重点监测区和机械抽样监测区。定期采集温度监测点数据，观察其变化趋势，是否存在异常，并及时更换失效设备。根据温度监测数据，定期对矸石山温度特征进行风险评估，预测潜在风险区，以便提出处置方案，维持灭火防复燃效果。

10.4　迁安市生态农业重建实践

10.4.1　概况

迁安市瑞阳生态农业大观园，位于河北省迁安市城北 25 km 处的五重安乡，西与迁西相邻，北与青龙相接，总投资 1.2 亿元，占地面积 80 hm^2，规划总面积为 23.8 hm^2，其中采矿迹地生态恢复区 13.3 hm^2，整个农业大观园呈南北走向，地势北高南低起伏陡峻，海拔 142~178 m。场地所在地西临城市主干道，交通条件便利，区位优势明显且山体地形变化多样，有着相对丰富的可利用资源。

大观园共分 6 个功能区：名优果品示范采摘区 23.3 hm^2；现代设施农业示范展示区 1.3 hm^2，建设现代化日光温室 10 个；特色养殖区 8 hm^2，养殖宫廷皇鸡、原生态野猪和梅花鹿等；农产品精深加工区 1.3 hm^2；采矿迹地生态恢复区 13.3 hm^2；休闲服务区 6.7 hm^2。

根据上述对迁安市瑞阳生态农业大观园的初步规划和现状描述，该重建区域的农业生态模式定为以农副产品加工和生态旅游为纽带的多元产业生态农业重建模式。

10.4.2　生态农业系统能量流动分析

能量流动和物质循环是生态农业的基本功能，是地球上生命赖以生存和发展的基础。生态农业系统中生命活动的能量大部分来自太阳能，绿色植物通过光合作用合成有机物质，这些有机物质所贮藏的能量在生态系统中通过食物链和食物网，从一个营养级传递到另一个营养级，实现能量转化和流动。在农业生态系统中，人们通过投入人工辅助能进行调节和控制，使能量转化和流动向人们所希望的方向进行。

农业生态系统的能量分析是指对农业生态系统中各种能量加以确定和计算，并对各种能量流之间的关系进行分析，进而从能量角度对该系统的基本特征做出正确评价。

10.4.2.1　确定系统的边界和组分

该项目的能量流动分析主要以大观园规划建设的六大功能区为研究对象，共有如下 3 个子系统。

（1）种植业子系统（初级生产者子系统）包括 23.3 hm^2 的名优果品示范采摘区、现代设施农业示范展示区 1.3 hm^2、有机甘薯基地 6.7 hm^2、有机花生基地 13.3 hm^2。

（2）饲养业子系统（初级消费者子系统）：一个特色养殖区 8 hm^2。

（3）农副产品加工业子系统：年产有机杂粮 10000 t，压榨有机花生油 3000 t，甘薯系列产品和果品 2000 t。

10.4.2.2　确定各项输入和输出的数量

生态大观园各子系统能量投入及产出情况见表 10-1。

表 10-1　大观园全系统能流表　　　　　　　　　　　　（GJ）

项目	能流	种植业	饲养业	加工业	全系统
投入	太阳能	2313486.0			2313486.0
	无机肥	385.4			385.4
	有机肥	4269.8			4269.8
	农药	238.6			238.6
	人力	130.7	59.2	177.7	367.6
	机械	508.6	205.7	60610.0	61324.3
	电力	3.6	5.2	10310.4	10319.2
	种子	145.9		628860.0	629005.9
	仔雏		444.0		444.0
	饲料		6462.2		6462.2
	小计	2319168.6	7176.3	699958.1	3026309.4
产出	动物		3663.3		3663.3
	农产品	8326.8		302000.0	310326.8
	副产品	4574.7	5348.7	318287.0	328210.5
	小计	12901.5	9012.1	620287.0	642200.6

10.4.2.3　能流特征分析

大观园整体投能结构见表 10-2。

表 10-2　大观园投能结构分析　　　　　　　　　　　　（GJ）

分析项目	种植业	饲养业	加工业	全系统
人工辅助能总计	5682.4	7176.3	71098.1	83956.8
无机能	1136.1	210.9	70920.4	72267.4
有机能	4546.3	6965.4	177.7	11689.4
有机能/无机能	40.0	330.2		1.6
有机肥能	4269.8			4269.8
有机肥能/有机能	9.4			3.7
化肥能	624.0			624.0
化肥能/无机能	5.5			0.1
人工能	130.7	59.2	177.7	367.6
机械能	508.6	205.7	60610.0	61324.3
机械能/人工能	38.9	34.7	3410.8	1668.2
饲料能		6462.2		6462.2

种植业子系统投能结构见表10-3。

表10-3 种植业子系统投能结构

项目	有机辅助能 /MJ·hm^{-2}	无机辅助能 /MJ·hm^{-2}	总投能 /MJ·hm^{-2}	有机投能/ 无机辅助能	能流循环指数
本系统	103091.50	25762.01	128853.51	4.00	0.786
全国平均水平	49600.50	14700.00	64300.50	3.37	0.77

从表10-3中可以看出，在种植业子系统中，单位面积投能量远高于全国平均水平（64300.50 MJ/hm^2），大体为平均水平的一倍，这样可以有效地增加复垦土壤的肥力。复垦整理土地在平整时土层被打乱，结构性差、耕作层与犁底层界面不明显、容重大、孔隙度低、通透性差、微生物活动弱、基础肥力低。复垦整理土壤的土体结构差，水肥气热不协调，保蓄供肥能力较弱。土壤基础肥力一般比常规田低1~2个等级。同正常同类土壤相比，复垦整理土壤表土养分仅为常规田耕作层含量的一半左右。

能流循环指数是反映农业生态系统内部系统稳定性和自我维持能力的一个指标。在种植业子系统投能结构中，若以无机能为主，则说明系统的自给能力差；反之，若以有机能为主，则说明系统的自给能力强。分析该种植业子系统的能量投入中的能流循环指数可知，人工辅助能投入量为128853.51 MJ/hm^2，其中无机能为25762.01 MJ/hm^2，占21.4%；有机能为103091.50 MJ/hm^2，占78.6%（能流循环指数）。无机能/有机能为4.00，高于全国平均水平的3.37。这种投能结构优于全国有机能77%的平均水平，结构良好，说明系统内有机肥料和劳动力相对充足。但是系统内有猪、鸡和鹿的饲养，有农副产品加工的废料，有机肥来源丰富，在这种情况下还可加大粪便及废料的利用，能流循环指数还有提高的空间。

种植业子系统中人工能投入为130.7 GJ，占辅助能投入的2.30%；机械能投入508.6 GJ，占辅助能投入的8.95%，机械能/人工能为3.89，人工能与机械能的投入水平都很低，这从另一侧面反映了种植业子系统产量的提高主要依赖于化肥能的投入。

种植业子系统的能流特征如下：

总产投比：对系统的投入与其产出的能量之比，可以说明系统的生产率。总产出能量是指单位面积生物的全部能量。即：

总产投比（系统生产率）=总产出能量／总投入人工辅助能。

有效光能利用率=（总产出能量/总投入的有效光合辐射）×100%。

有机能（无机能）产投比=总产出能量/有机能（无机能）辅助能总量。

种植业子系统的能流特征参数计算结果见表10-4。

表10-4 种植业子系统各项产投比

生态指标	有效光能利用率	总产投比	有机能产投比	无机能产投比
计算值	0.34%	2.27	2.84	11.36

种植业子系统的有效光能利用率为0.34%，虽然低于当地0.5%的平均水平，但在复垦农田土壤肥力远低于当地条件的情况下，效率已属不低（注：全球绿色植物的光能利用率平均为0.1%，而耕地农作物平均为0.4%，高产的草地为2.2%~3%，高产的农田为

1.2%～1.5%）。这是由于在该区域引进了科学的种植技术，如套作及新的品种等，改变了原有的种植方式，从而改变了农田系统的投能结构，尤其是有机辅助能的投入量增加。投能结构的调整提高了该地区太阳能利用潜力的实现程度。

种植业子系统的总产投比为2.27，无机能产投比为11.36，有机能产投比为2.84。可见，无机能转化效率较高，有机能转化效率较低，应加强鸡和猪粪便的利用。

饲养业子系统分析各能量投入及产出见表10-5。

表 10-5   饲养业子系统能量投入与产出

项目	能量投入/GJ						总产能/GJ	产投比
	人力	精饲料	粗饲料	电力	机械	仔雏		
平均值	59.2	1298.7	5163.5	5.2	205.7	444.0	3663.3	0.51

由表10-2可知，饲养业子系统中，人工辅助能投入共为7176.3 GJ，其中无机能投入210.9 GJ，占2.94%；有机能投入6965.4 GJ，占97.06%。无机能与有机能之比为1：33.03，与一般养殖业水平相当，结构较合理。反映了饲养业子系统的产量有赖于有机能投入，其中大部分为饲料能；电力和机械等无机能的投入较低，说明系统的稳定性和自我能力及可持续能力较好。

饲养业子系统中人工辅助能产投比为0.51，饲料转化率为0.38，稍高当地养殖业水平，这是由于进行了规模化及专业化养殖，提高了饲料的转化效率，从而提高了产投比，生态效率较理想。但子系统由于系统外输入的精饲料数量较大，系统内能量循环水平较低，其产量的提高主要依赖于精饲料能力，因此系统抗干扰能力弱。如遇市场饲料价格上涨，将要大大影响系统的经济效益。

农副产品加工子系统能量投入与产出见表10-6。

表 10-6   农副产品加工子系统能量投入与产出

项目	能量投入/GJ			总产能/GJ	产投比
	人力	电力	机械		
平均值	177.7	10310.4	60610.0	620287.0	0.88

农副产品加工子系统产投比为0.88，能量的投入以机械能和电力为主。与一般农副产品加工业水平相当，结构较合理。

全系统人工辅助能产投比为0.90，高于发达国家输入的石油农业（美国为0.1，英国为0.17，日本为0.25），显示了生态农业的优越性。但与我国典型生态农业模式相比（北京留民营农场为1），还有一定差距。目前综合养殖模式的产业结构基本合理，但农牧渔业比例不够协调，且投能结构还存在问题，从而影响了系统的生态效率，如能加大系统内饲料的投入，生态效率会得到很大提高。种植业子系统在全系统中比重偏大，土地生产力不高，应加大牧渔业比例。

10.4.3   生态农业系统的物质循环分析

地球上的各种化学元素和营养物质在自然动力和生命动力的作用下，在不同层次的生态系统和生物圈里，沿着特定的途径从环境到生物体，再从生物体到环境，不断地进行流动和循环，构成了生物地球化学循环。那些对生命活动必不可少的各种元素和无机化合物的运动称为物质循环。

农业生态系统是一个养分输入输出系统，进行物质循环和养分平衡分析，有助于了解各种营养元素在农业生态系统中的循环平衡情况，可以对农业生态系统的功能进行定量评价。大观园物质循环情况见表10-7。

表10-7　大观园物流结构分析

项目	种植业子系统	饲养业子系统	全系统
总输入 N/kg	16362.59	17031.90	33394.49
无机 N/kg	2704.54	0.00	2704.54
有机 N/kg	13658.05	17031.90	30689.95
化肥 N/kg	2054.54	0.00	2054.54
有机 N/总输入 N	0.83	1.00	
有机 N/无机 N	5.05		
化肥 N/总输入 N	0.13		
系统外输入 N/kg	2704.54	11988.00	14692.54
系统外输入 N/总输入 N	0.17	0.70	0.44

10.4.3.1　系统物流投入结构和系统稳定性分析

种植业子系统养分输入输出情况见表10-8。

表10-8　种植业子系统养分输入输出　　　　　　　　　　　　(kg/hm^2)

项目	N	P_2O_5	K_2O
养分输入	371.03	239.20	77.00
养分输出	324.14	236.40	98.37
赢亏	46.90	2.79	−21.37

由表10-8可以看出，平均输入种植业子系统的 N 为371.03 kg/hm^2，P_2O_5 为239.20 kg/hm^2，K_2O 为77.00 kg/hm^2，N、P_2O_5、K_2O 之比为1.55∶1∶0.32。平均输出种植业子系统的 N 为324.14 kg/hm^2，P_2O_5 为236.40 kg/hm^2，K_2O 为98.37 kg/hm^2，N、P_2O_5、K_2O 之比为1.37∶1∶0.42。由此计算，在该种植业子系统内 N、P 在总输入输出关系上是盈余的，而 K 则处于较严重的缺乏状态。

有机氮与无机氮之比为6.57，有机氮利用率很高，得益于充分的秸秆还田、饲养业粪便还田及农副产品加工业产生的废料还田，所以农田的投 N 量主要依赖于系统的内部循环。但是氮肥平均施用量超过国际公认的上限225 kg/hm^2，N 的盈余量很大，P 次之，K 出现了亏损。大量盈余的养分，会在生产过程中通过各种途径进入到环境当中。随着养殖业比例不断增大，从养殖业产出的粪尿量逐渐增大，氮和磷的盈余加之粪尿中含有的氧化物，造成的污染会逐渐呈现较严重的问题。

饲养业子系统的投 N 量为17031.90 kg，几乎全部经饲料形式输入。系统内部自给粗饲料27.27%，系统外部输入精饲料70.39%。

为进一步从物流投入角度分析系统的稳定性，采用了稳定度作为衡量指标。种植业子系统稳定度为20.2%，该值稍偏低，说明农田系统自我维持能力相对稳定，稍有不足；计算得饲养业子系统稳定度为4.6%，该值较低，表明该子系统自我维持能力差。可以看出，协调种植业和饲养业子系统的稳定性与外部投入的关系，改善综合养殖场物质投入结构与比例，是生态农业重建的当务之急。

10.4.3.2 物流效率分析

种植业子系统的氮素产投比为87.36%，略低于当地水平；无机氮效率为0.89 MJ/hm^2，有机氮效率为3.17 MJ/hm^2；氮素归还率为0.52，略高于当地水平，籽粒氮与化肥氮的比率为0.52，明显高于全国0.42的水平。由此可知，虽然复垦土壤肥力较低，但单位面积投入化肥氮的绝对值较高，物质转化效率也相对较高，单位面积产出也较高。饲养业子系统的N素产投比分别为31.80%，产投比较低；N素自给率分别为27.27%，说明饲养业子系统N素大部分系统外输入，自我维持能力较差。

10.4.3.3 物流平衡分析

全系统N素均有盈余，农田土壤库中盈余46.90 kg/hm^2，饲养业子系统盈余11616.08 kg，余量较大，而K素有一定亏损。说明系统内部的大量氮素的输入已使养殖场逐步走向良性循环，尤其是种植业子系统的农田土壤肥力与以前相比已有改善，复垦土壤中有机质含量、碱性N、速效P及速效K含量逐年增加。分析造成这一结果的主要原因是：（1）农林种植逐年施肥；（2）农林种植的残枝落叶微生物使土壤中有机质及养分含量增加，但与当地农田土相比，肥力水平尚低；（3）农民施肥习惯中少施或不施K肥。除速效磷外，有机质、全氮、速效钾略低于耕作土壤的理想状况，因此，今后应增大农田K素投入，尤其是有机K投入，改善土壤。

10.4.4 生态农业系统能值指标动态分析

通过能值分析得出一系列能值指标，将农业生态系统的各种生态流统一为能值尺度，可以定量分析农业生态系统的结构和功能，了解人类社会对环境的影响、资源的利用状况，为正确处理人类社会经济活动与自然环境的关系，实现采矿迹地可持续发展提供科学依据。

（1）净能值产出率（NEYR）。迁安市瑞阳生态农业大观园农业生态系统2010年净能值产出率为2.75，高于全国农业系统平均净能值产出率（1.42）。说明了该生态系统整体功能较好，投入能值的转换率较高，同量投入的情况下，系统可获得较多的能值产出，产品具有价格竞争力。这是因为系统内有农副产品加工子系统，对农业产品进行了深加工，实现了农业产品二次升值，提高了经济效益，增加了农民的收入，增强了系统的市场竞争力。

（2）能值投资率（EIR）。瑞阳生态农业大观园农业生态系统自2007年开始建设起，系统能值投资率在持续上升，2010年为6.5，高于福建（1.73）、广东（3.12）和我国平均水平（4.93），但低于日本（14.03）和意大利（8.52）。这一数据表明，一方面农业生态系统每单位无偿自然环境资源的利用投入了一定的购买能值，对无偿自然环境资源的利用效率较高；另一方面农业系统无偿环境资源利用未达到最高效率，生态系统购买能值投入以肥料能值为主，而农用机械和电力的投入都很低，应适当加大购买能值（特别是高科技）的投入，以提高系统的经济发展水平和市场竞争力。

（3）环境负载率（ELR）。瑞阳生态农业大观园农业生态系统环境负载率为17.01，高于中国农业（2.80），并且高于发达国家水平，如日本（14.49）、意大利（10.43），说明该系统的发展处于一种高投入高产出的状态，同时也反映出该系统未来发展的环境压力较大。能值理论认为系统外界能值过度输入及对非更新资源高强度使用是导致系统环境恶化的一个重要原因。该系统环境负载率较高与大量不可更新资源如化肥、农药、农膜及燃油等投入比重较高不无关系。所以，今后应加大科技投入，推进农业机械化，发展农业科技设施，以高能值无污染的人工投入能值来促进农业的发展；逐步减少不可更新工业辅助能的投入，减轻对环境的压力。此外，不可更新工业辅助能占整个系统辅助能值的86%，反映出系统对工业辅助能依赖较强，可更新有机能投入相对较少。工业辅助能中的化肥、农药等的大量投入造成复垦土壤肥力得不到补充，引起了耕地生态环境质量的再次下降。

（4）系统生产优势度。瑞阳生态农业大观园农业生态系统的生产优势度指标为0.61，生态系统结构不佳。主要表现为，一方面种植业比重较大，畜牧业比重较小，林业和渔业生产所占份额很小；另一方面传统占主导地位的粮食作物地位下降，经济作物有占据主导地位的趋势，系统的平衡性被打破。应根据现实条件，适当发展林业和渔业，提高林业和渔业能值产出，并不断调整耕地系统内部各生产单元的结构，使系统达到较优化水平，更好地增强系统的稳定性、自控、调节及反馈能力。

（5）系统稳定性指数。瑞阳生态农业大观园农业生态系统稳定性指数为0.67，而1981—2004年我国农业生态系统稳定度均高于1.08，可以看出，该农业生态系统稳定性指数并不高，并且系统稳定性指数与系统生产优势度具有相反的变化趋势，系统各组成成分之间出现相对的不均衡性，系统内部网络连接不发达，其自控、调节与反馈作用不高，应加强农业生态系统结构调整，注重结构调整的科学性，以增强其系统的稳定性。

（6）可持续发展指数（ESI）。瑞阳生态农业大观园农业生态系统可持续发展指数为0.16，低于全国农业系统的可持续发展性能指标0.3。依据对环境负载率和系统可持续性能指标的综合分析，说明该生态经济系统可持续发展状态不良，农业竞争优势较低。

10.4.5 瑞阳生态农业大观园生态农业系统良性循环对策研究

（1）扩大系统开放程度，增加系统投入，提高系统能值产出。农业生态系统是一个耗散结构，要维持系统持续发展，系统必须是一个开放系统，并不断有外界能值反馈投入，使能值获得更快增长。以2010年为例，农业生态系统能值自给率为13.92%，外界输入的经济能值占总能值用量的86.08%。而外界输入的经济能值中，以化肥和农药等化学物质为主，现代科技投入相对不足，加之本地资源的稀缺，短时期内经济虽有一定的发展，但从长远来看，该农业生态系统是一个半封闭的系统，缺乏可持续发展动力的系统。因此，必须加大对外开放的程度，以促进外界资源、高新科学技术与人才的引入。

根据耗散结构理论，任何系统都有自发熵增过程，在人为不正确行为干预下，农业生态系统熵增过程加快。为了保证系统有序运转和农业生产持续发展，应从人类社会经济系统中输入更多负熵流（即辅助能），以补充限制因子，增加农业生态系统运转的生态资本，使系统内各子系统或各要素间产生协同效应，从而提高系统对自然与经济资源的转化效率、提高农业生态系统供给能力及对社会经济发展的支撑能力。该农业生态系统表征自然环境资源对经济活动承受力的指标——能值投入率呈上升趋势，2010年为6.5。农业发展对本地自然环境资源依赖程度较高，每单位无偿环境资源的利用只相应投入了较少辅助能值，导致系统对无偿自然环境资源的利用偏低，为了提高生产率，应该通过增加投入来进一步提高对自然资源的利用。该农业生态系统购买能值投入以化肥能值投入为主，而农用机械和电力的投入都很低，应该加大这些能源投入以提高系统的经济发展水平和市场竞争力。

（2）优化人工辅助能值投入结构，提高农业生态经济效益，减轻环境压力。辅助能值投入的结构和数量决定了农业产量和生态子系统对投入能值利用和转化效率的高低。有机辅助能直接投入农业生态系统中，其多寡表征了该系统自给能力的强弱；而工业辅助能为无机能，间接投入农业生产生态系统中，强化将太阳能转化为贮存食物能的过程，其投入规模在一定程度上表征了农业现代化水平的高低。

在不可更新工业辅助能值投入中，化肥能值投入占50%以上，最高时达到80%。化肥是农业面源污染问题的主要原因，会破坏土壤结构，造成土壤板结。化肥施用量的不断增加必然给农业生态环境带来巨大威胁，阻碍农业生态系统可持续发展及其农业循环经济发展水平的提高。此外，农药、地膜能值投入也在逐年迅速增加，造成农业生态环境不断恶化。因此，必须采取有效措施，减少化肥、农药和地膜等农业化学资源的投入，促进农业生态环境良性发展。农用机械和电力能值投入所占比例仍然很低，表明系统的现代化水平较低，应该大力引进先进生产技术，加大农用机械和电力能值的投入，提高机械化水平，实现农业现代化。这样不仅有利于更好地开发资源，而且也为农村剩余劳动力转移提供了条件。

在可更新有机能投入中，以人力、畜力和有机肥能值投入为主，三者占总有机能值投入的90%以上。有机能值的投入尚有一定潜力可挖，如推广良种、减少种子用量等，尤为重要的是广辟有机肥源，加大秸秆还田量，提高人畜粪尿利用率。在增加生产的同时也要注意提高投入能值利用效率，农业生产中各项能值的投入应根据系统实际保持恰当比例，如化肥应与有机肥按比例配合使用，否则，不匹配的能值投入虽能增加生产，但利用效率低，农业生态经济效益亦不高。

（3）调整农业产业结构，优化种植、畜牧业结构，提高系统生产效率。产业结构合理与否直接影响着农业生产发展和生态系统稳定。以2010年为例，在农业生态系统能值产出的构成中，种植业、饲养业和农副产品加工业能值产出分别占总能值产出的60.16%、12.37%和27.47%。种植业生产在农业生产中占绝对优势，是农业生态系统的支柱产业。但是种植业比例过大，是以大量开发水资源和大面积覆土为代价的，这种资源与农业生产的配置既不符合生产发展的规律，也不符合生态保护原则，还加大了投资。此外，农牧结合是保持农业持续发展的前提，畜牧业比重较小，这使得农业资源得不到充分利用，浪费严重。应根据现实条件，适当发展林业和畜牧业，提高林业和畜牧业能值产出，更好地增强系统的稳定性、自控、调节及反馈能力。

目前，经济作物生产在种植业生产中占绝对优势，该地区光热资源丰富，在水资源承载能力有限的情况下，应遵循农业生态经济原则，以现代食物观念为指导，继续对农业生产结构进行调整，提高耗水少、经济效益高的作物（油料等）种植面积，压缩高耗水作物（玉米等）的种植面积。

（4）推广节约型农业生产体系，开展农业清洁生产，加快发展农业循环经济。为了实现农业生态系统健康持续发展，必须加快发展农业循环经济，这就要求广泛推广以生物防治为主的病虫害综合防治、再生能源开发利用、农业面源污染治理、节水、节肥及节药等技术，建设节约型农业生产体系。积极开展农业清洁生产，推广秸秆气化和科技养畜等技术，开发生物质能源，提高农业投入品的利用效率。全面发展生活污水净化技术，推动生活垃圾资源化处理，提高废弃物的资源化循环利用水平。

（5）保护水、耕地等本地自然资源，提高系统生产持续性。水资源和耕地资源是农业生态系统发展的资源和环境基础，实现农业持续健康快速发展，必须切实加强水和耕地资源的保护，防止基本能值资源的退化。水资源是生态农业形成发展的主导因素，"有水成为绿洲，无水则为荒漠"。水资源紧缺是农业可持续发展的关键限制因素，土壤贫瘠、生产力低而不稳等一系列问题的最终原因都是因为缺水。

为了增加收入，一方面，大力复垦，依靠扩大种植面积来提高产量；另一方面，采取掠夺式经营方式，大量使用化肥、农药和地膜等，提高单产的同时极大损耗了土壤肥力；此外，过量开采地下水、灌溉方式不科学及灌溉设施落后等极大地浪费了水资源。过量灌溉、重灌轻排、深层提水和粗耕污染等原因又导致土壤盐渍化危害加深，盐渍化又直接危害农作物生长，使土地生产能力下降，承载力普遍降低。

从生态系统所处位置分析，近期开源已不可能，可行的只有节流。要用总揽全局的眼光，对流域内水资源统一调度，协调规划，上下游兼顾；与此同时，改革落后的灌溉方式，不断健全灌溉工程系统，改进地面灌溉，推广节水微灌技术和有限灌溉技术，提高灌水效率，促进水资源利用效率的提高。

（6）建立优化、配套的农业技术科教体系。科学技术属高能值转换率和高能质等级，从本质上讲，农业的发展最终必须依靠现代农业科技进步。据发达国家统计，农业产值的增长有60%~80%来自新科技的应用。应该进一步加大农业科技投入，提高劳动者素质，促进现代科学技术在农业生产中的推广和应用，合理利用农业自然环境资源，注重农业的整体性和生态合理性，促进物质和能量的良性循环，把传统农业技术的精华与现代高科技结合起来，建立优化、配套的农业技术科教体系。现阶段需要加强发展的研究领域有：1）种植产量高、质量优、能值产出率高、抗性强和适应性好的优良农作物品种，饲养生长快、品质优和能值产出率高的畜禽良种；2）发展农业节水技术，健全灌溉工程系统，实施喷灌、滴灌及管理灌溉等技术；3）发展自然灾害预测预报和防治技术；4）发展农作物病虫草鼠害综合防治技术；5）发展耕作栽培、改土施肥及植保等技术；6）发展生物工程技术等。

同时，要围绕农业生产产前、产中及产后服务，以科技服务、质量安全、销售服务及信息服务为重点，加快农业社会化服务体系的建设步伐，建立与农村市场体系相适应的信息网络，提供生产经营中的各种技术信息与服务，提供准确、实用的市场需求及科技信息，减少获取信息成本，最大限度降低生产经营决策的失误，规避市场风险，使生态系统的经济效益和生态效益最大化。

10.5　国内外其他矿区生态修复典型案例

10.5.1　英国伊甸园

英国伊甸园采用的是以生态文化利用主导的矿山生态修复及旅游开发模式。英国伊甸园位于英国康沃尔郡，在英格兰东南部伸入海中的一个半岛尖角上，总面积达 15 hm²。其所在地原是当地人采掘陶土遗留下的巨坑，该工程投资 1.3 亿英镑，历时两年，于 2000 年完成，2001 年 3 月对外开放。在开业的第一年内就吸引游客超过两百万，开业至今游客量过千万。

英国伊甸园是世界上最大的单体温室，它汇集了几乎全球所有的植物，超过 4500 种、13.5 万棵花草树木在此安居乐业。在巨型空间网架结构的温室万博馆里，形成了大自然的生物群落。其目标宣言是"促进对植物、人类和资源之间重要关系的理解，进而对这种关系进行负责任的管理，引导所有人走向可持续发展的未来"。

伊甸园是围绕植物文化打造，融合高科技手段建设而成的，以"人与植物共生共融"为主题，以"植物是人类必不可少的朋友"为建造理念，是具有极高科研、产业和旅游价值的植物景观性主题公园。

由 8 个充满未来主义色彩的巨大蜂巢式穹顶建筑构成，其中每 4 座穹顶状建筑连成一组，分别构成"潮湿热带馆"和"温暖气候馆"，两馆中间形成露天花园"凉爽气候馆"。穹顶状建筑内仿造地球上各种不同的生态环境，展示不同的生物群，容纳了来自全球成千上万的奇花异草。

伊甸园的穹顶由轻型材料制成，这个材料不仅重量轻，有自我清洁的能力，且可以回收。此外，伊甸园里的其他建筑也都采用环保材料和清洁可再生能源，可以说伊甸园本身就是一个节能环保的典范，做到了在一个已经受到工业污染和破坏的地区重建一个自然生态区。

伊甸园修复案例如图 10-1 所示。

图 10-1　英国伊甸园修复案例

10.5.2　美国密歇根州港湾高尔夫球场

美国密歇根州港湾高尔夫球场采用的是以服务升级换代主导的矿山生态修复及旅游开发模式。港湾高尔夫球场位于美国密歇根州，占地 405 hm²，是一个修建在废弃工业旧址上的度假胜地和高尔夫社区。最初这里是一个采石场，随着 1981 年水泥厂的关闭，也结束了为了从事水泥生产对当地页岩和石灰石长达百年的开采，但却留下了 161.87 hm²（400 英亩）的荒地，看起来就像"月球表面"。在这片贫瘠的土地上，几乎寸草不生。

项目的设计开始于 20 世纪 90 年代，一家私人公司通过与当地政府合作，将高尔夫和其他设施整合进一个集生态恢复和开发为一体的总体规划中，从而对退化的自然景观进行改善。通过规划设计，将这片退化的采石场废地转变成为集 27 洞高尔夫球场、游艇码头、酒店和私人住宅社区为一体的高端度假区。

一个游艇码头，通过爆破分开一个 36 hm² 采石场和密歇根湖的窄石墙通道修建而成；一座 27 洞高尔夫球场，部分球洞下就掩埋着水泥窑粉尘，球手可以在石灰石和页岩开采后留下的陡峭峡谷间享受击球乐趣；一家度假酒店，建造在原有工厂的旧址上；800 处住宅和度假别墅，其中大部分住宅沿着采石场遗留的人工悬崖修建，自然而然地转变成为可欣赏游艇码头和高尔夫球场风光的绝佳宝地。

28 hm² 的原有土地被打造成为包含 1600 m 湖滨线和 8000 m 自然廊道的公园。水泥窑粉尘可以用作球场建设的填土。一层 45.72 cm（18 in）厚的黏土重壤层覆盖并固定住了随处飘移的水泥窑粉尘。球道粗造型所用的表层土，大多是从之前采石场废弃的材料里筛选出来的，或者是由现场的其他区域搬运过来。

密歇根州港湾高尔夫球场修复案例如图 10-2 所示。

图 10-2 美国密歇根州港湾高尔夫球场修复案例

10.5.3 加拿大布查德花园

加拿大布查德花园采用的是以休闲空间营造主导的矿山生态修复及旅游开发模式。布查德花园是废墟上建起的美丽田园，它是加拿大温哥华维多利亚市的一个私家园林。一百多年前，那里是一个水泥厂的石灰石矿坑，在资源枯竭以后被废弃。布查德夫妇合力建造了这座花园。布查德太太把石矿场纳入家居庭院美化之中，有技巧地将罕见的奇花异木揉合起来，创造出享誉全球的低洼花园，所采用的花卉植物多是夫妇俩周游世界各地时亲手收集的。

花园占地超过 22.26 hm²（55 acre），坐落于面积达 52.61 hm²（130 acre）的庄园之中。与一般平平整整的花园不同，布查德夫人因地制宜保持了矿坑的独特地形，花园 1904 年初步建成，之后经过几代人的努力，花园不断扩大，进而发展出玫瑰园、意大利园和日式庭院。时至今日，布查德夫妇的园艺杰作每年吸引逾百万游客前来参观。

布查德花园由下沉花园、玫瑰园、日本园、意大利园和地中海园等 5 个主要园区构成，有 50 多位园艺师在这里终年劳作，精心维护。每年 3—10 月有近 100 万株和 700 多个不同品种的花坛植物持续盛开，其他月份，游客则可以观赏到枝头挂满鲜艳浆果的植物，以及精心修剪成各种形状的灌木和乔木。随着季节不同，布查德花园的观赏内容有着不同的内容、主题和季相特色。

　　花园道路纵横交错，到处是花墙、树篱。不同主题由不同的专业设计师设计完成，花园的日常养护管理也是由专业园艺师负责进行，做到了每种花卉都能以最佳的观赏效果展示给观众。

　　利用地势起伏构建景观层次，从单调园艺走向主题园区。布查德花园修复案例如图10-3 所示。

图 10-3　加拿大布查德花园修复案例

10.5.4　罗马尼亚盐矿主题公园

　　罗马尼亚盐矿主题公园采用的是主题文化演绎主导的矿山生态修复及旅游开发模式。萨利那·图尔达盐矿（Salina Turda）位于罗马尼亚，盐矿从有文献被记载的中世纪 1075年一直到 1932 年都在持续不断出产盐，直到 1992 年被改建成包含有博物馆、运动设施和游乐场的缤纷主题公园，更被《商业内幕》（Bussiness Insider）评论为世界上"最酷的地下景观"。

　　创意设计理念（发挥创意思维，彰显鲜明特色）：将旧矿业的基础设施与现代的游乐园设施和科幻风格的建筑创意结合，使整个主题公园呈现宛如外太空的科技场景，最终奇幻色彩成为该公园最鲜明、最特色的吸引点。

　　项目开发模式（保留原有资源，进行多元开发）：保留原有矿坑中的走廊形成景观廊道；保留嶙峋的洞窟及巨大的钟乳石构成园区背景；保留原有盐矿运输通道，作为游客体验通道；保留原有盐湖，形成划船游乐场地等。

　　特色产品设置（运动主题鲜明，养疗功能助力）：主题公园内设有地下摩天轮、迷你高尔夫球场、保龄球场、运动场和游船等运动娱乐场地及设施，丰富的运动型项目布满全区，供游人任意使用；而水疗中心和盐矿疗养处则可供某些特殊疾病患者进行康疗养体。

　　盐洞拥有新旧两个入口，且洞内主要分两层，每层有一个大厅，盐洞内建有电梯沟通上下层，但大部分景点都需步行参观。上层大厅里有包括迷你高尔夫球场在内的运动场和剧院等休闲娱乐场所。下层大厅建立在井底的一个小岛上，并设有摩天轮和码头，也可以坐在船里游览美景。

　　罗马尼亚盐矿主题公园修复案例如图 10-4 所示。

图 10-4 罗马尼亚盐矿主题公园修复案例

10.5.5 日本国营明石海峡公园

日本国营明石海峡公园其修复主题是"使园区得到生命的回归"。设计师通过"大地艺术"和"水景"手法，在生态恢复的基础之上寻求人与人的交流及人与自然对话的场所。

日本国营明石海峡公园原来是一处大型采石采砂场，从 20 世纪 50 年代到 90 年代中期，这里为修建关西空港及大阪与神户城市沿海的人工岛提供了 1.06 万亿 m³ 的砂石，挖掘深度达 100 m 以上，构成范围达 140 km² 左右的裸露山体。20 世纪 80 年代开始，该岛所在的兵库县委托著名设计师安藤忠雄进行规划设计，并成立绿化专家委员会，进行恢复植被。规划强调恢复自然的状态，形成良好的景观和创造为人服务的游憩空间。整体目标首先是治愈山体几十年来被开采留存的伤痕。绿化委员会认为种植必须从苗木开始，而成树在这样恶劣的自然环境中难以成活，苗木却能顺其自然，因此从 1994 年开始总计 24 万棵苗木的栽种工程。而科学的种植方式使这一计划得以实现，具体包括在基岩上固定蜂窝状的立体金属板网，灌入新土后覆以草帘涵养水分。灌溉系统采用埋置聚乙烯管，密度为 1 m 间隔。同时，由于当地降水量相对较低，因此为了植物生长的需要，采用收集地表水和中水循环再利用等技术。雨水收集管埋设于道路下方，同时，公园还要成为区域的服务基础设施，包括国际会议中心、星级旅馆、大型温室和露天剧场等设施创造面向未来的休闲场所。

10.5.6 浙江绍兴东湖风景区

绍兴东湖位于绍兴古城的东部，距离古城约 6000 m，以崖壁、石桥、湖面和岩洞巧妙结合，成为国内著名的园林，属于浙江省的三大名湖之一。绍兴东湖虽然小，但由于它的奇洞及奇石所形成的奇景使东湖成为稀有的"湖中之奇"。其历史最远可追溯到秦朝，秦汉时期，东湖一带成为采石场，隋朝时开采达到顶峰。大规模的开山取石，经过千百年工匠的辛劳，东湖如鬼斧神凿一般，成就了无数的悬崖峭壁。清朝时，陶浚宣在此构筑园林，仿造桃源的意境，在湖上筑堤为界，堤内是湖，架桥建亭，于此东湖成为浓缩越国山水精华之地。东湖利用了原有的自然环境和人文资源，并且借助古典园林的造景手法，在采石场建起一座围墙，将水面加宽，从而形成美丽的东湖。通过长期的人工修饰，如今东湖已经成为一处巧夺天工的大盆景。设计师因地制宜、因形就势，利用原有自然环境——采石场，在此基础上再加以人工修复，达到了自然与人工的天然合一效果。

10.5.7　黄石国家矿山公园

黄石国家矿山公园采用的是以工业记忆复原主导的矿山生态修复及旅游开发模式。黄石国家矿山公园位于湖北省黄石市铁山区境内，"矿冶大峡谷"为黄石国家矿山公园核心景观，形如一只硕大的倒葫芦，东西长 2200 m、南北宽 550 m、最大落差 444 m、坑口面积达 108 万 m^2，被誉为"亚洲第一天坑"。

黄石国家矿山公园占地 23.2 km^2，分设大冶铁矿主园区和铜录山古矿遗址区，拥有亚洲最大的硬岩复垦基地，是中国首座国家矿山公园，湖北省继三峡大坝之后第二家"全国工业旅游示范点"，同时在 2013 年入选《中国世界文化遗产预备名单》。

通过生态恢复的景观设计手法来恢复矿山自然生态和人文生态。把公园开发建设的着眼点放在弘扬矿冶文化，再现矿冶文明，展示人文特色，提升矿山品位，打开旅游新路上。打造"科普教育基地、科研教学基地、文化展示基地和环保示范基地"，为人们提供一个集旅游、科学活动考察和研究于一体的场所，实现了人与自然和谐共处、共同发展的主题。

园内设"地质环境展示区、采矿工业博览区和环境恢复改造区"三大板块，以世界第一高陡边坡、亚洲最大硬岩复垦林为核心，观赏绿树成荫桃李芬芳石海绿洲，展示"石头上种树"的生态奇迹。划分日出东方、矿冶峡谷、矿业博览、井下探幽、天坑飞索、石海绿洲、灵山古刹、雉山烟雨、九龙洞天和激情滑草等十大景观，使游客体验到思想之旅、认识之旅、探险之旅和科普之旅，满足不同层面及不同地域的游客求知、求新、求奇及求趣的需求。以生态恢复景观设计为手段，恢复矿山公园的生态环境，再现怡人的自然生态景观，创造良好的游览环境。以深厚、悠久的矿山工业文化为内涵，保护景区内的历史文化遗迹，提供多角度观景点，力求将独特的矿业文化风貌展现给游人。以景观塑造为设计重点，突出景观要素，景区设置、景点命名、建筑形式和雕塑小品都力图体现矿山生态恢复主题。

黄石国家矿山公园修复案例如图 10-5 所示。

图 10-5　黄石国家矿山公园修复案例

10.5.8　上海辰山植物园

上海辰山植物园采用的是以自然科普性格主导的矿山生态修复及旅游开发模式。上海辰山植物园位于上海市松江区，植物园园址早期是上海地区四大原矿产区之一，通过对采石场遗址进行改造，形成独具魅力的岩石草药专类园、沉床式花园——矿坑花园；展览温室由热带花果馆、沙生植物馆（世界最大室内沙生植物展馆）和珍奇植物馆，为亚洲最大展览温室。于 2011 年 1 月 23 日对外开放，由上海市政府与中国科学院以及国家林业局、中国林业科学研究院合作共建，是一座集科研、科普和观赏游览于一体的 AAAA 级综合性植物园。园区植物园分中心展示区、植物保育区、五大洲植物区和外围缓冲区等四大功能区，占地面积达 207 万 m²，植物园整体布局构成中国传统篆书"园"字。绿环构思充分体现了缓冲带思想，将内部空间有机地融合在一起，同时对外部起到屏障作用，是华东地区规模最大的植物园，同时也是上海市第二座植物园。定期举办科普活动、主题花展（如国际兰展），辰山植物园科普导览 APP 提供植物花月历及养花咨询。是以华东区系植物收集、保存与迁地保育为主，融科研、科普、景观和休憩为一体的综合性植物园。

上海辰山植物园修复案例如图 10-6 所示。

图 10-6　上海辰山植物园修复案例

10.5.9　上海天马山世茂深坑酒店

深坑酒店位于上海松江国家风景区佘山脚下，是一座深达 80 m 的废弃大坑，该深坑原系采石场，经过几十年的采石，形成一个周长千米、深百米的深坑。世茂集团充分利用了深坑的自然环境，极富想象力地建造了一座五星级酒店，整个酒店与深坑融为一体，相得益彰。这是人类建筑史上的奇迹，也是自然、人文及历史的集大成者。

深坑酒店地上 3 层、地下 17 层、水下 1 层，并设有蹦极等娱乐项目。整个投资在 6 亿元左右，含天然室内花园、大型景观瀑布、景观总统房和水中情景房等。酒店海拔 −65 m，是世界上人工坑内海拔最低的酒店。酒店客房沿崖壁而建，面向横山，充分彰显"融于自然"的设计理念。主楼使用玻璃和金属板材，曲线的立面形式源于"瀑布"。所有酒店客房都设置退台的走廊和阳台作为"空中花园"，可以近距离观赏对面百米飞瀑和横山景致。结合酒店基地采石坑的特点，酒店还引入了蹦极中心、水下餐厅、景观餐厅、水上 SPA 及室内游泳池等适合崖壁和水上活动的多种娱乐服务。除蹦极中心和景观餐厅位于地面层外，其余项目均临水设置。

10.5.10　采煤塌陷区光伏+综合利用

安徽淮南采煤塌陷区太阳能浮动电站建设就是一个典型案例。该项目位于安徽省阜阳市颍上县，是全球单体规模最大，综合利用采煤沉陷区闲置水面最大的漂浮式光伏电站项目。总建设规模 65 万千瓦（一期建设规模 25 万千瓦），占地面积约 13000 亩。项目充分利用采煤沉陷区闲置水面，通过覆盖水面降低蒸发量、抑制水中微生物的成长进而实现对水质的净化，实现对周边水域环境的长期保护。在优化生态环境的同时，在水面上合理铺设光伏组件用于吸收太阳能发电，形成了"水下养殖、水上发电"的"渔光互补"模式，昔日百姓身上的"包袱"变成了今日的手里"财富"，废弃的塌陷区也成为地方增收的钱袋子、新能源发展的新基地及碳中和的主力军。

10.5.11　滦平抽水蓄能电站

滦平抽水蓄能电站如图 10-7 所示，位于河北省承德市滦平县小营镇哈叭沁村，是全国首个利用废弃矿坑建设的抽水蓄能电站，电站总装机容量 1200 MW，安装 4 台单机容量300 MW的立轴单级混流可逆式水泵水轮机。上水库正常蓄水位为 940 m，相应库容1792 万 m^3。下水库正常蓄水位为 460 m，相应库容 2635 万 m^3。最长输水系统水平长度为1506 m。

图 10-7　滦平抽水蓄能电站生态修复工程图

滦平抽水蓄能电站的建设，对促进新能源开发，节能减排、环境保护及保障电力系统安全稳定运行等方面均具有积极作用。利用已有矿坑，实现变废为宝和资源经济综合效益最大化的目标。滦平抽水蓄能电站项目是国内首个与矿坑综合治理相结合的新能源工程，工程的实施将促进矿区生态环境修复和保护，打造成国内与矿坑综合治理结合的示范工程。近年来，承德市积极践行习近平生态文明思想，努力实现碳中和、碳达峰目标，为承德建设清洁能源强市又迈出了坚实一步。

10.5.12　矿坑生态修复利用工程——冰雪世界项目

矿坑生态修复利用工程——冰雪世界项目位于湖南省长沙市坪塘镇，为长沙新生水泥厂历时 50 年开采遗留下来的石灰石矿坑，矿坑深 100 m，长 440 m，宽约 350 m。在产业面临转型时，区域内有生态提质改造和生态修复的要求，而该地块被划入了"湘江新区大王山旅游度假区"。项目建设一处悬浮于悬崖之上的冰雪世界和水上乐园的综合娱乐设施，主体建筑长 220 m、宽 160 m，充分利用深坑落差打造独一无二的悬崖滑道和一些高落差的刺激设施。

该项目是目前世界唯一在废弃矿坑内建造的大型冰雪游乐项目，同时也是世界首个以矿坑遗址重生为主题乐园的大胆构想和尝试。该工程采用地景式设计手法，将建筑隐藏于地平线以下与矿坑融为一体，建造过程攻克了喀斯特地质环境重载、大跨建筑的建造难题，覆盖冰雪世界的顶部、地面、崖壁及深坑底部，利用一些游乐设施和通道连接起来，研发了裸露岩壁绿色生态修复技术，完美修复遗留废弃矿坑这个巨大疤痕，带动周边产业的蓬勃发展。

10.5.13　贺兰山矿区生态修复

贺兰山矿区生态修复（矿山复青山，愿景变美景）主要采用的是遵循自然生态的解决方案。贺兰山是我国重要的自然地理分界线和西北重要生态屏障，富藏煤炭等资源。20世纪50年代开始，贺兰山进入大规模工业化开采阶段。矿山企业遍地开花，非正规小煤窑不计其数。最辉煌时曾居住着10多万人，医院、商场、学校及餐馆等一应俱全，有贺兰山"百里矿区"之称。因长期简单粗放的资源利用形式，致使贺兰山生态系统愈发脆弱，矿山地质环境遭到破坏，流域环境污染加剧，生物多样性不断下降，湿地生态功能逐渐退化，部分野生动物因栖息地大幅压缩濒临灭绝，区域生态环境质量和整体功能亟待提升。

2017年以来，先后对保护区内及周边244处人类活动点实施清理整治，对外围重点区域严重影响生态质量功能的34处点位实施综合治理，依法关闭退出煤矿、非煤矿山和涉煤企业214家，拆除建筑物55万 m^2，平稳引导矿山企业关闭退出。实施矿山生态修复项目24个，累计完成治理面积146.8 km^2，植树造林14.68万亩，播撒草籽101 km^2。利用遗留工业遗址和废弃矿坑打造了石炭井工业文旅小镇和大磴沟生态修复示范区等"旅游+生态修复"项目。

按照贺兰山、六盘山、罗山生态功能及生态系统的关联性，将保护修复范围分为保护区、生态关联区和生态延展区3个圈层，针对不同区域的突出问题和自然地理特征进行布局。3个圈层的保护、治理与修复也各有侧重，以贺兰山为例，自然保护区内落实最严格的保护措施，全面禁伐、禁牧、禁采、禁火、禁止新建墓葬；保护区外围的关联区，重点是环境污染的治理，同时围绕自然保护区建设生态绿廊；在生态延展区，实施产业生态化，打通被割裂的生态屏障。

2018年，成功申报贺兰山东麓山水林田湖草生态保护修复工程试点，按照"整体保护、系统修复、综合治理"的理念，通过实施180个工程项目，系统提升了贺兰山东麓生态质量，推动黄河流域生态保护和高质量发展先行区建设的目标实现。2021年6月，贺兰山生态保护修复成为首批中国十大基于自然的解决方案典型案例之一，被自然资源部和世界自然保护联盟公布推广，也为其他西部地区特别是资源枯竭城市生态保护修复提供了可复制、可推广的成功经验。

参 考 文 献

[1] 曹宇, 王嘉怡, 李国煜. 国土空间生态修复: 概念思辨与理论认知 [J]. 中国土地科学, 2019, 33 (7): 1-10.

[2] 蓝楠, 刘中兰. 国外废弃矿区闭矿立法对我国的启示 [J]. 中国国土资源经济, 2014, 27 (12): 56-59, 40.

[3] 代宏文. 矿区生态修复技术 [J]. 中国矿业, 2010, 19 (8): 58-61.

[4] 李海东, 胡国长, 燕守广. 矿区生态修复目标与模式研究 [J]. 生态与农村环境学报, 2022, 38 (8): 963-971.

[5] 胡振琪. 我国土地复垦与生态修复30年: 回顾、反思与展望 [J]. 煤炭科学技术, 2019, 47 (1): 25-35.

[6] 李富平, 贾淯斐, 夏冬, 等. 石矿迹地生态修复技术研究现状与发展趋势 [J]. 金属矿山, 2021, (1): 168-184.

[7] 刘向敏, 马宗奎, 张超宇, 等. 矿山生态修复工程管理现状、问题与对策建议 [J]. 中国国土资源经济, 2020, 33 (4): 23-28.

[8] 方建德, 林成芳. 土壤有机质形成转化过程及其影响因素综述 [J]. 亚热带资源与环境学报, 2024, 19 (1): 24-34.

[9] 贾鲁净, 杨联安, 冀泳帆, 等. 卫星遥感反演土壤有机质研究进展 [J]. 遥感信息, 2023, 38 (2): 1-9.

[10] 卫晓锋, 孙紫坚, 陈自然, 等. 基于成土母质的矿产资源基地土壤重金属生态风险评价与来源解析 [J]. 环境科学, 2023, 44 (6): 3585-3599.

[11] 渠晨晨, 任稳燕, 李秀秀, 等. 重新认识土壤有机质 [J]. 科学通报, 2022, 67 (10): 913-923.

[12] 郑聚锋, 陈硕桐. 土壤有机质与土壤固碳 [J]. 科学, 2021, 73 (6): 13-17, 4.

[13] 李明明. 中国土壤的形成因素与分类 [J]. 地球, 2014 (6): 31-35.

[14] 杨海君, 肖启明, 刘安元. 土壤微生物多样性及其作用研究进展 [J]. 南华大学学报 (自然科学版), 2005 (4): 21-26, 31.

[15] 王清奎, 汪思龙, 冯宗炜, 等. 土壤活性有机质及其与土壤质量的关系 [J]. 生态学报, 2005 (3): 513-519.

[16] 胡振琪, 魏忠义, 秦萍. 矿山复垦土壤重构的概念与方法 [J]. 土壤, 2005 (1): 8-12.

[17] 崔龙鹏, 白建峰, 史永红, 等. 采矿活动对煤矿区土壤中重金属污染研究 [J]. 土壤学报, 2004 (6): 896-904.

[18] 武天云, SCHOENAU J J, 李凤民, 等. 土壤有机质概念和分组技术研究进展 [J]. 应用生态学报, 2004 (4): 717-722.

[19] 钦佩, 安树青, 颜京松. 生态工程学 [M]. 南京: 南京大学出版社, 2019.

[20] 谢沐希, 张俊伶, 贾吉玉, 等. 自然和农田生态系统中土壤微生物群落组装的研究进展 [J]. 土壤通报, 2023, 54 (6): 1503-1512.

[21] 万凌凡, 刘国华, 樊辉, 等. 青藏高原东南部森林群落生态位特征与物种多样性的影响因素 [J]. 生态学报, 2024 (13): 1-11.

[22] 杨效文, 马继盛. 生态位有关术语的定义及计算公式评述 [J]. 生态学杂志, 1992 (2): 37, 46-51.

[23] 霍笑康, 王永刚, 周灵同, 等. 结合生态网络解析白洋淀浮游生物生态位和种间联结性特征 [J]. 环境科学, 2024, 45 (9): 5298-5307.

[24] 陈玉凯, 杨琦, 莫燕妮, 等. 海南岛霸王岭国家重点保护植物的生态位研究 [J]. 植物生态学报,

2014，38（6）：576-584.

［25］ 李德志，石强，臧润国，等．物种或种群生态位宽度与生态位重叠的计测模型［J］．林业科学，2006（7）：95-103.

［26］ 李博，杨持，林鹏．生态学［M］．北京：高等教育出版社，2000.

［27］ 李庆康，马克平．植物群落演替过程中植物生理生态学特性及其主要环境因子的变化［J］．植物生态学报，2002（S1）：9-19.

［28］ 李孝龙，周俊，彭飞，等．植物养分捕获策略随成土年龄的变化及生态学意义［J］．植物生态学报，2021，45（7）：714-727.

［29］ 刘建国．当代生态学博论［M］．北京：中国科学技术出版社，1992.

［30］ MIDDLETON B. Wetland Restoration：Flood Pulsing and Disturbance Dynamics［M］. New York：John Wiley & Sons，Inc，1999.

［31］ VAN DER Valk. Succession Theory and Wetland Restoration［M］. Proceedings of INTECOL's V International wetlands conference，Perth，Australia，1999.

［32］ 李锋，成超男，杨锐．生态系统修复国内外研究进展与展望［J］．生物多样性，2022，30（10）：312-323.

［33］ 刘聪聪，何念鹏，李颖，等．宏观生态学中的植物功能性状研究：历史与发展趋势［J］．植物生态学报，2024，48（1）：21-40.

［34］ 李权荃，金晓斌，张晓琳，等．基于景观生态学原理的生态网络构建方法比较与评价［J］．生态学报，2023，43（4）：1461-1473.

［35］ 阎恩荣，斯幸峰，张健，等．E. O. 威尔逊与岛屿生物地理学理论［J］．生物多样性，2022，30（1）：11-18.

［36］ 付战勇，马一丁，罗明，等．生态保护与修复理论和技术国外研究进展［J］．生态学报，2019，39（23）：9008-9021.

［37］ 王晓芳，王月霞，姚静，等．剥离耕作层土壤重构利用技术研究［J］．山东农业大学学报（自然科学版），2023，54（2）：274-277.

［38］ 倪含斌，张丽萍，吴希媛，等．矿区废弃地土壤重构与性能恢复研究进展［J］．土壤通报，2007（2）：399-403.

［39］ 胡振琪．矿山复垦土壤重构的理论与方法［J］．煤炭学报，2022，47（7）：2499-2515.

［40］ 张玉锴，阎凯，李博，等．中国土壤重构及其土水特性研究进展［J］．农业资源与环境学报，2023，40（3）：511-524.

［41］ 雷少刚，夏嘉南，卞正富，等．论露天矿区近自然生态修复［J］．煤炭学报，2024，49（4）：2021-2030.

［42］ 白中科，周伟，王金满，等．再论矿区生态系统恢复重建［J］．中国土地科学，2018，32（11）：1-9.

［43］ 张莉，王金满，刘涛．露天煤矿区受损土地景观重塑与再造的研究进展［J］．地球科学进展，2016，31（12）：1235-1246.

［44］ THOMPSON S，KATUL G，PORPORATO A. Role of microtopography in rainfall-runoff partitioning：An analysis using idealized geometry［J］. Water Resources Research，2010，46（7）：1-11.

［45］ 邝高明，朱清科，赵磊磊，等．黄土丘陵沟壑区陡坡微地形分布研究［J］．干旱区研究，2012，29（6）：1083-1088.

［46］ 赵荟，朱清科，秦伟，等．黄土高原干旱阳坡微地形土壤水分特征研究［J］．水土保持通报，2010，30（3）：64-68.

［47］ SCHOR H，GRAY D. Landforming：An environmental approach to hillside development，mine reclamation and watershed restoration [J]. Landscape Architecture, 2008, 98 (1): 110-111.

[48] 胡振琪, 理源源, 李根生, 等. 碳中和目标下矿区土地复垦与生态修复的机遇与挑战 [J]. 煤炭科学技术, 2023, 51 (1): 474-483.

[49] 胡振琪. 再论土地复垦学 [J]. 中国土地科学, 2019, 33 (5): 1-8.

[50] 毕银丽, 彭苏萍, 杜善周. 西部干旱半干旱露天煤矿生态重构技术难点及发展方向 [J]. 煤炭学报, 2021, 46 (5): 1355-1364.

[51] 王佟, 刘峰, 赵欣, 等. 生态地质层理论及其在矿山环境治理修复中的应用 [J]. 煤炭学报, 2022, 47 (10): 3759-3773.

[52] 陈孝杨, 周育智, 严家平, 等. 覆土厚度对煤矸石充填重构土壤活性有机碳分布的影响 [J]. 煤炭学报, 2016, 41 (5): 1236-1243.

[53] 胡建民, 胡欣, 左长清. 红壤坡地坡改梯水土保持效应分析 [J]. 水土保持研究, 2005 (4): 271-273.

[54] 唐梦, 陈静, 杨灵懿, 等. 气候变化下中国主要生物燃油树种分布与变迁 [J]. 生态学报, 2023, 43 (24): 10156-10170.

[55] 申世永, 朱蓉蓉, 张凯煜. 植被恢复模式对河岸边坡土壤性质的影响研究 [J]. 环境科学与管理, 2024, 49 (3): 162-167.

[56] 李鹏, 刘晓君, 刘苑秋, 等. 退化红壤区不同植被恢复模式的土壤养分空间分布特征 [J]. 中南林业科技大学学报, 2023, 43 (8): 113-124.

[57] 刘永兵, 郭威, 宿俊杰, 等. 矿山人工植被—土壤恢复效果评价研究 [J]. 测绘科学, 2023, 48 (5): 213-219, 246.

[58] 易海杰, 张晓萍, 何亮, 等. 黄土高原不同地貌类型区植被恢复潜力及其土地利用变化 [J]. 农业工程学报, 2022, 38 (18): 255-263.

[59] 李亚宁. 长江流域边坡植被恢复效果评价及影响因素研究 [D]. 武汉: 华中农业大学, 2022.

[60] 赵枢娟. 矸石山综合治理技术应用与研究 [J]. 环境与生活, 2023, (10): 89-92.

[61] 李伟娅. 泥石流灾害后植被生态环境恢复遥感监测方法研究 [J]. 环境科学与管理, 2023, 48 (5): 131-134.

[62] 胡育文, 贾剑波, 申新山, 等. 乌海市煤矸石边坡不同修复技术及其效果评价 [J]. 中国水土保持科学 (中英文), 2024: 1-14.

[63] 程强. 植被混凝土技术在高陡边坡生态修复中的应用——以焦作某矿山地质环境恢复治理工程为例 [J]. 化工矿产地质, 2023, 45 (4): 334-340.

[64] 杨菲, 肖唐付, 周连碧, 等. 铜矿尾矿库无土修复植物营养元素含量特征 [J]. 地球与环境, 2011, 39 (4): 464-468.

[65] 代宏文, 王春来, 汪庚火, 等. 杨山冲尾矿库复垦建立植被技术研究 [J]. 资源·产业, 2000 (7): 25-28.

[66] 张鸿龄, 孙丽娜, 孙铁珩. 陡坡无土排岩场植被生态修复技术 [J]. 生态学杂志, 2010, 29 (1): 152-156.

[67] 李勇, 吴钦孝, 朱显谟, 等. 黄土高原植物根系提高土壤抗冲性能的研究 [J]. 水土保持学报, 1990, 4 (1): 1-6.

[68] 刘国彬. 黄土高原草地土壤抗冲性及其机理研究 [J]. 水土保持学报, 1998 (1): 93-96.

[69] 季贵斌, 梁力, 赵颖. 高速公路边坡混播植被群落生态适应性综合评价 [J]. 安全与环境学报, 2016, 16 (6): 360-365.

[70] 吴云霄, 雷析, 王文强. 先锋种对护坡群落演替和护坡性能的影响 [J]. 环境科学与技术, 2016, 39 (12): 94-99, 133.

[71] 刘善军，吴立新，毛亚纯，等．天-空-地协同的露天矿边坡智能监测技术及典型应用［J］．煤炭学报，2020，45（6）：2265-2276.

[72] 赵国贞，吕义清，关军琪，等．底山村矸石山生态修复及其边坡稳定性分析［J］．煤炭工程，2021，53（4）：152-157.

[73] 胡振琪，赵艳玲，毛缤．煤矸石规模化生态利用原理与关键技术［J］．煤炭学报，2024，49（2）：978-987.

[74] 胡振琪，宫有寿．煤矸石山生态修复［M］．北京：科学出版社，2021.

[75] LI A, CHEN C, CHEN J, et al. Experimental investigation of temperature distribution and spontaneous combustion tendency of coal gangue stockpiles in storage［J］. Environmental Science and Pollution Research, 2021, 28（26）: 34489-34500.

[76] 王兴华，刘峰，倪萌，等．矸石山自燃治理及生态修复研究与应用［J］．煤炭科学技术，2020，48（S2）：128-131.

[77] 杨鑫光，李希来，王克宙，等．煤矸石山生态恢复的主要路径［J］．生态学报，2022，42（19）：7740-7751.

[78] 刘海亚．基于植被恢复力的矿区生态修复适应性管理研究［D］．徐州：中国矿业大学，2024.

[79] 项元和，于晓杰，魏勇明．露天矿排土场生态修复与植被重建技术［J］．中国水土保持科学，2013，11（S1）：48-54.

[80] 成少平，谷海红，宋文，等．基于遥感信息的矿区生态扰动监测研究——以迁安市为例［J］．金属矿山，2021（5）：182-189.

[81] 白清才．采矿区塌陷及沉陷区治理方式探析［J］．资源节约与环保，2023（3）：24-27.

[82] 周彤．多源流视角下我国采煤塌陷地综合开发的政策变迁研究［D］．徐州：中国矿业大学，2022.

[83] 徐艳，王璐，樊嘉琦，等．采煤塌陷区生态修复技术研究进展［J］．中国农业大学学报，2020，25（7）：80-90.

[84] 张成业，李军，雷少刚，等．矿区生态环境定量遥感监测研究进展与展望［J］．金属矿山，2022（3）：1-27.

[85] 贺军亮，张淑媛，查勇，等．高光谱遥感反演土壤重金属含量研究进展［J］．遥感技术与应用，2015，30（3）：407-412.

[86] PAL S, ZIAUL S. Detection of land use and land cover change and land surface temperature in English Bazar urban centre［J］. Egyptian Journal of Remote Sensing & Space Science, 2016, 20（1）: 125-145.

[87] 王晓红，聂洪峰，李成尊，等．不同遥感数据源在矿山开发状况及环境调查中的应用［J］．国土资源遥感，2006（2）：69-71.

[88] 刘举庆，李军，王兴娟，等．矿山生态环境定量遥感监测与智能分析系统设计与实现［J］．煤炭科学技术，2024，52（4）：346-358.

[89] 杨翠霞，赵廷宁，谢宝元，等．基于小流域自然形态的废弃矿区地形重塑模拟［J］．农业工程学报，2014，30（1）：236-244.

[90] 朱志军，杨婷，黄国华．矿山公园建设前景探讨［J］．矿业工程，2006（5）：57-58.

[91] 雷少刚，卞正富，杨永均．论引导型矿山生态修复［J］．煤炭学报，2022，47（2）：915-921.

[92] 张绍良，张黎明，侯湖平，等．生态自然修复及其研究综述［J］．干旱区资源与环境，2017，31（1）：160-166.

[93] 夏嘉南，李根生，卞正富，等．水文保留曲面下草原露天矿内排土场地貌近自然重塑［J］．煤炭学报，2022，47（7）：2756-2767.

[94] 韩博，王婉洁．中国国家矿山公园建设的现状与展望［J］．煤炭经济研究，2019，39（10）：64-69.

［95］孙琦，白中科，曹银贵．基于生态风险评价的采煤矿区土地损毁与复垦过程分析［J］．中国生态农业学报，2017，25（6）：795-804.

［96］张前进，白中科，郝晋珉，等．黄土区大型露天矿农业用地格局演变的分析［J］．农业工程学报，2006（11）：98-103.

［97］张鸿龄，孙丽娜，孙铁珩，等．矿山废弃地生态修复过程中基质改良与植被重建研究进展［J］．生态学杂志，2012，31（2）：460-467.

［98］张进德，郗富瑞．我国废弃矿山生态修复研究［J］．生态学报，2020，40（21）：7921-7930.

［99］关军洪，郝培尧，董丽，等．矿山废弃地生态修复研究进展［J］．生态科学，2017，36（2）：193-200.

［100］卞正富，于昊辰，韩晓彤．碳中和目标背景下矿山生态修复的路径选择［J］．煤炭学报，2022，47（1）：449-459.

［101］黄光球，刘权宸，陆秋琴．基于状态 Petri 网的矿区生态环境脆弱度动态评价方法［J］．安全与环境学报，2017，17（4）：1583-1588.

［102］邹兰兰．灵泉露天煤矿生态环境遥感监测与修复效果评价［D］．徐州：中国矿业大学，2023.

［103］李淑娟，郑鑫，隋玉正．国内外生态修复效果评价研究进展［J］．生态学报，2021，41（10）：4240-4249.

［104］尹建平．平朔矿区煤矸石山生态修复模式［J］．露天采矿技术，2021，36（4）：87-88，92.

［105］王保霞．平朔矿区土地复垦与生态重建措施研究［J］．煤炭工程，2020，52（8）：159-162.

［106］龚西征．两山引领政府主导社会参与全域推进生态修复拓展高质量发展新空间——湖州市露天废弃矿山生态修复实践［J］．浙江国土资源，2019（8）：16-21.

［107］孙天钾．国土空间规划体系下城市水体生态修复路径探索——以湖州市为例［J］．中国科技投资，2021（19）：27-28.

［108］张立昌．矿区生态环境动态修复在孝义铝矿的实践［J］．矿业工程，2005（5）：48-49.

［109］郭春燕．平朔露天煤矿复垦区植物群落特征及人工林健康评价研究［D］．太原：山西大学，2020.